机电系统设计

薛 龙 王 伟 曹莹瑜 黄继强 梁亚军 黄军芬 编著

机械工业出版社

本书根据作者多年的教学与科研工作经验编写，为机械电子相关领域本科生、研究生以及科研工作者提供了系统的理论知识、完整的技术路线和丰富的应用案例。本书主要内容包括机电系统的执行装置结构及原理、机电系统精密机械传动技术、机电系统伺服驱动技术、计算机伺服控制接口技术和典型机电系统的工程应用等。

本书适合在校本科生和研究生作为教材使用，同时，也适合工程技术人员进修和自学使用。

图书在版编目（CIP）数据

机电系统设计/薛龙等编著. —北京：机械工业出版社，2021.11（2025.1重印）

ISBN 978-7-111-70161-3

Ⅰ.①机… Ⅱ.①薛… Ⅲ.①机电系统-系统设计 Ⅳ.①TH-39

中国版本图书馆CIP数据核字（2022）第027062号

机械工业出版社（北京市百万庄大街22号 邮政编码100037）
策划编辑：吕德齐　　　　责任编辑：吕德齐　张　丽
责任校对：梁　静　王　延　封面设计：鞠　杨
责任印制：张　博
北京建宏印刷有限公司印刷
2025年1月第1版第2次印刷
184mm×260mm · 17.25印张 · 426千字
标准书号：ISBN 978-7-111-70161-3
定价：69.00元

电话服务　　　　　　　　网络服务
客服电话：010-88361066　机　工　官　网：www.cmpbook.com
　　　　　010-88379833　机　工　官　博：weibo.com/cmp1952
　　　　　010-68326294　金　书　网：www.golden-book.com
封底无防伪标均为盗版　　机工教育服务网：www.cmpedu.com

前 言

《中国制造 2025》提出的新一代信息技术产业、高档数控机床和机器人、航空航天装备、海洋工程装备及高技术船舶、先进轨道交通装备、节能与新能源汽车、电力装备、农业机械装备、新材料、生物医药及高性能医疗器械十大领域，无不依托于装备制造业。制造业是国民经济的主体，是立国之本、兴国之器、强国之基，而机械、电子、信息技术又是制造业的根本。现代科学技术的发展极大地推动了不同学科的交叉与渗透，引起了工程领域的技术变革，使工业生产由机械化电气化迈入机电一体化、数字化、智能化的发展新阶段。

本书第一作者从 20 世纪 90 年代初就开始从事机电一体化技术的科研和教学工作，参加和主持了“九五”至“十二五”期间的“863 计划”相关项目，以及“十三五”国家重点研发计划、国家科技重大专项 04 专项等多项科研项目，在机电一体化和机器人技术方面积累了丰富的经验，非常希望把对机电技术的热爱和理解传递给大家。本书是作者根据多年的教学与科研工作经验，使用通俗易懂的文字编写而成的，适合相关专业本科生和研究生作为教材使用，同时也适合工程技术人员进修和自学使用。

全书内容共 10 章：第 1 章绪论，介绍机电一体化技术的内涵、演化过程和未来的发展趋势，重点介绍机电一体化系统关键技术、功能构成原理和系统评价指标，围绕着机电一体化系统设计的要求，培养学生加深对机电一体化系统的认识和理解，从而让学生建立起有关机电一体化系统的集成设计概念；第 2 章伺服驱动执行装置，主要介绍电动、液压、气动三种主要执行装置，从满足伺服驱动的要求出发，详细分析三类执行装置的结构、原理和性能特点等知识内容，提高学生对机电产品的执行元件的理解、设计和运用能力；第 3 章精密机械传动技术，通过精密机械传动总则分析了传动的类型和原则，详细介绍齿轮传动系统和传动比、少齿差行星轮传动、谐波齿轮传动、RV 减速器、滚珠螺旋传动等传动系统，以及精密直线导轨；第 4 章半导体变流技术，介绍晶闸管及其触发电路的工作原理，分析常用的单相、三相可控整流电路的工作原理、基本数量关系、负载性质对整流电路的影响；第 5 章伺服控制技术，从控制论观点出发，介绍典型位置伺服系统的组成及工作原理，分析闭环伺服系统的稳定性、稳态特性、静态特性；第 6 章传感检测技术，介绍传感检测系统的组成、传感器的分类、位移检测传感器、速度和加速度的测量、力和力矩的测量、检测信号的处理方法；第 7 章步进伺服驱动技术，介绍步进电动机的结构、原理、特点，分析典型驱动电路的原理及设计过程；第 8 章直流伺服驱动技术，介绍单闭环直流调速系统，转速、电流双闭环直流调速系统以及直流可逆调速系统；第 9 章交流伺服驱动技术，介绍交-直-交变频器、脉宽调制控制技术和矢量控制变频调速系统等内容，对交流调速系统有比较全面的阐释；第

10 章计算机伺服控制接口技术及应用，介绍计算机伺服控制系统的构成及分类，通过典型产品介绍驱动器的接口技术，给出计算机控制系统设计的一般过程，并通过两个工程实例来阐述计算机控制系统设计的方法和步骤。

全书编写工作分工为：第 1 章、第 2 章、第 7 章由薛龙编写，第 3 章、第 8 章由曹莹瑜编写，第 4 章、第 5 章由王伟编写，第 6 章由黄军芬编写，第 9 章由黄继强编写，第 10 章由梁亚军编写，全书由王伟统稿。

本书在编写过程中参考了大量相关的图书资料，在此对参考文献的作者表示感谢。硕士研究生康克、赵震玺、陆闯、刘陈华、云欣怡、张鑫、孙东升参与了全书的校稿，在此一并表示感谢。

由于编著者水平有限，书中难免有不妥之处，敬请广大读者和专家批评指正。

编著者

目　录

第1章　绪　论

机电一体化作为一种光、机、电交叉学科深度融合的技术，已经涉及人们生活的方方面面，从手机、家用电器、医疗康复器械等民生产品，到机械制造、石油化工、轨道交通、航空航天等民用和军工装备，机电一体化技术和产品无处不在。机电一体化是微电子技术赋予了机械技术的数字化、智能化的一场技术革新，极大地释放了机械技术潜能。美国政府针对制造业回归推行的“再制造”和我国政府力推《中国制造2025》规划，表明世界各国都在争夺以机器人、数控机床为代表的典型机电一体化技术的制高点。

1.1　机电一体化的基本含义

1.1.1　机电一体化的定义

1. 日本关于机电一体化的定义

20世纪70年代日本人提出Mechatronics这个英语合成名词。从这一时期开始，机电一体化技术内涵不断发展变化，国内外学者理解和认识都有所不同，但是，日本机械振兴协会经济研究所于1981年3月所做出的解释被大家普遍接受。其内容是“机电一体化乃是在机构的主功能、动力功能、信息与控制功能上引进了电子技术，并将机械装置与电子设备以及软件等有机结合而成的系统的总称”，它体现了机电一体化产品及其技术的基本内容和特征，具有指导性的定义。

2. 对机电一体化技术的理解

（1）机电一体化体现了学科融合性、交叉性　它是机械技术、微电子技术相互交叉、相互融合的产物，尤其是以微电子技术为代表的3C（Computer、Control、Communication，简称3C）技术，有别于其他技术的一大特点是它具有很强的粘贴性和渗透性。没有任何一类技术能像信息技术一样能“粘贴”“渗透”于机理毫不相关的、属于不同领域的其他技术，从而孕育出一个个崭新的技术领域。机电一体化技术就是信息技术“渗透”于机械技术的结果，在“渗透”的过程中，信息技术连带着把许多其他领域的技术也“溶解”了进来，使机电一体化技术的内容十分丰富，几乎到了无处不在、无所不包的地步，对社会、经济的发展产生了惊人的影响。

（2）机电一体化体现了系统性　机电一体化是从系统的观点出发，综合运用机械技术、自动控制技术、计算机技术、信息技术、传感测试技术、电力电子技术、接口技术、信息变换技术以及软件编程技术，打破了机械工程、电子工程、信息工程、控制工程传统设计方法和设计理论，体现了技术的系统性和综合性。

（3）机电一体化具有智能特征　机电一体化有别于机械的电气化。电气化仍属于传统机械范畴，主要功能是代替和放大了人的体力。作为机电一体化，其中的微电子装置取代了某些机械部件的原有功能外，还赋予了机械产品许多新的功能，如自动检测、自动信息处理、自动记录、自动调节与控制、自我诊断与保护等，即机电一体化系统不仅是人与肢体的延伸，还是人的感官和头脑的延伸，具有智能化的特征。

（4）机电一体化既是技术，又是产品　它具有“技术”和“产品”两方面内容，首先，它是机电一体化技术，主要包括使机电一体化产品（或系统）可以实现、使用和发展的技术原理；其次，它又是机电一体化产品，是机械系统和微电子系统有机结合的新一代产品。

1.1.2　机电一体化的关键技术

机电一体化技术是由多种技术相互交叉、相互渗透形成的一门综合性边缘技术，它所涉及的技术领域非常广泛。概括起来，机电一体化设计的关键技术包括下述6个方面内容：

（1）精密机械技术（机电一体化技术的基础）　机械技术是机电一体化技术的基础。机电一体化产品的主功能和构造功能大都以机械技术为主来得以实现。在机械传动和控制与电子技术相互结合的过程中，对机械技术提出了更高的要求，如传动的精密性和精确度的要求与传统机械技术相比有了很大的提高。在机械系统技术中，新材料、新工艺、新原理以及新结构等方面在不断地发展和完善，以满足机电一体化产品对缩小体积、减轻重量、提高精度和刚度以及改善工作性能等方面的要求。尤其是那些关键零部件，如导轨、滚珠丝杠、轴承、传动部件等的材料、精度对机电一体化产品的性能、控制精度影响很大。

（2）传动与伺服驱动技术（机电一体化系统的核心部分）　传动技术是伺服驱动系统的执行器，其中机电一体化产品中的执行元件有电动、气动、液压传动和磁力传动等类型，多采用电动式执行元件。驱动装置主要是各种电动机的驱动电源电路，目前多为电力电子器件及集成化的功能电路构成。伺服系统是使物体的位置、方位、状态等输出被控量能够跟随输入目标（或给定值）的任意变化的自动控制系统。伺服驱动技术主要是指机电一体化产品中的执行元件和驱动装置设计中的技术问题，它涉及设备执行操作的技术，对所加工产品的质量具有直接的影响。执行元件一方面通过接口电路与计算机相连，接收控制系统的指令，另一方面通过机械接口与机械传动和执行机构相连，以实现规定的动作。因此，伺服驱动技术直接影响着机电一体化产品的功能执行和操作，对产品的动态性能、稳定性能、操作精度和控制质量等具有一定的影响。

（3）检测与传感器技术（闭环系统的关键部件）　在机电一体化产品中，工作过程的各种参数、工作状态以及与工作过程有关的相应信息都要通过传感器进行接收，并通过相应的信号检测装置进行测量，然后送入信息处理装置以及反馈给控制装置，以实现产品工作过程的自动控制。机电一体化产品要求传感器能快速和准确地获取信息并且不受外部工作条件和环境的影响，同时检测装置能不失真地对信息信号进行放大和输送以及转换。

（4）信息处理技术（控制的基础技术）　信息处理技术是指在机电一体化产品工作过程中，与各种参数和状态以及自动控制有关的信息进行交换、存取、运算、判断和决策分析等。在机电一体化产品中，实现信息处理技术的主要工具是计算机。计算机技术包括硬件和软件技术、网络与通信技术、数据处理技术和数据库技术等，主要结构为单片机技术+PLC

技术+通信技术，这里应特别注意通信技术在机电一体化技术中的意义。如近年来蓬勃发展的现场总线（FieldBus）技术，不仅是一种技术，更重要的是一种思想。它不仅对过程控制系统有重要意义，在单体装备上的应用也取得很大的成功。在机电一体化产品中，计算机信息处理装置是产品的核心，它控制和指挥整个机电一体化产品的运行，因此，计算机应用及其信息处理技术是机电一体化技术中最关键的技术。它包括目前广泛研究并得到实际应用的人工智能技术、专家系统技术以及神经网络技术等。

（5）自动控制技术（计算机控制的关键技术）　所谓自动控制技术是指机器或装置在无人干预的情况下按规定的程序或指令自动进行操作或控制的过程。机电一体化产品中的自动控制技术包括高精度定位控制、速度控制、自适应控制、校正、补偿等。机电一体化产品中自动控制功能的不断扩大，使产品的精度和效率都在迅速提高。通过自动控制，机电一体化产品在工作过程中能及时发现故障，并自动实施切换，减少停机时间，使设备的有效利用率提高。由于计算机的广泛应用，自动控制技术越来越多地与计算机控制技术结合在一起，它已成为机电一体化技术中十分重要的关键技术。此技术的难点在于现代控制理论的工程化和实用化，控制过程中边界条件的确定，优化控制模型的建立以及抗干扰等。

（6）系统总体技术（包括系统的总体设计和接口技术，即用跨学科的思维能力来进行综合集成）　系统总体技术是从系统学的观念出发把多个元素按照预定的目标组合起来，使整体的功能和性能大于各组成要素功能和性能之和，从整体目标出发，用系统的观点和方法，将机电一体化产品的总体功能分解成若干功能单元，找出能够完成各个功能的可能技术方案，再把功能与技术方案组合成方案组进行分析、评价，综合优选出适宜的功能技术方案。系统总体技术的主要目的是在机电一体化产品各组成部分的技术成熟、组件的性能和可靠性良好的基础上，通过协调各组件的相互关系和所用技术的一致性来保证实现产品经济、可靠、高效率和操作方便等。系统总体技术是最能体现机电一体化设计特点的，也是保证其产品工作性能和技术指标得以实现的关键技术。

1.2　机电一体化系统功能构成及评价

1.2.1　从仿生学角度认识机电一体化五大要素

1. 人体五大构成要素及功能

从仿生学角度考虑，人和动物就是一个高级的机电一体化系统，这个系统的构成包括头脑、感官、肌肉、内脏、骨骼五大要素。骨骼构造出人的躯体，内脏消化食物为肌体提供动力，肌肉驱动躯体的各部分实现人体的运动功能，耳、鼻、舌、眼等感官提供感知内外环境变化的计算、检测功能，头脑提供人们日常生活的目的行为的控制功能，人体构造的五大要素及其相应的五大功能如图1-1所示。

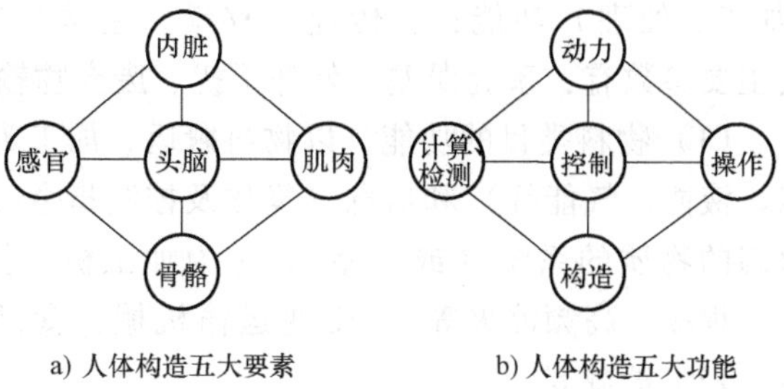

图1-1　人体构造的五大要素与功能

2. 机电一体化系统五大构成要素

典型的机械传动系统主要由电动机、

减速器、进给丝杠、工作台等部件组成，目的是实现工作台的往复直线运动。如果把这个简单系统作为一个高精度数控机床的进给工作台，需要具备较高的定位精度和重复定位精度，良好的可控性能，满足位置和速度的控制要求。为了满足这些功能要求，用常规的机械技术手段解决是非常困难的，如果采用机电一体化技术构建这个系统，利用计算机控制，把驱动电动机作为控制电动机，用传感器检测工作台直线位移或者电动机转速，则构建成一个机电伺服控制系统，如图 1-2 所示。

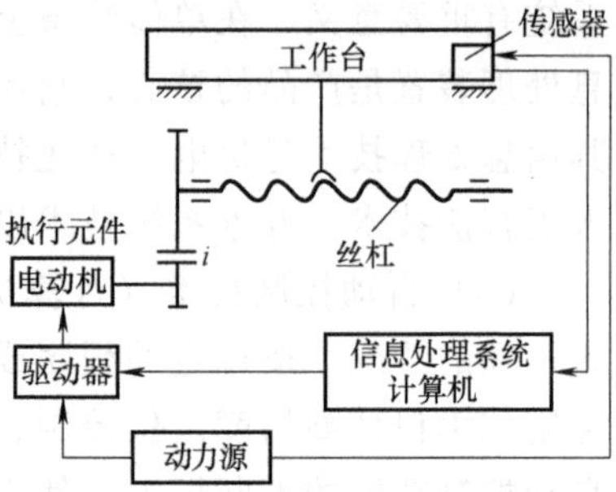

图 1-2　机电一体化系统基本构成

通过分析这个典型机电一体化系统，可以认识到：机电一体化系统由机械系统（如工作台）、电子信息处理系统（如计算机）、动力系统（如动力源）、传感检测系统（如传感器）、执行元件系统（如电动机）五个子系统组成，即构成机电一体化系统的五大要素。

3. 人体要素与机电一体化系统要素对应关系

人体要素与机电一体化系统要素的对应关系见表 1-1。

表 1-1　人体要素与机电一体化系统要素的对应关系

人体要素	机电一体化系统要素	功能
头脑	控制器（计算机等）	控制（信息存储、处理、传送）
感官	检测传感器	计算、检测（信息收集与变换）
肌肉	执行元件	驱动（操作）
内脏	动力源	动力（提供能量）
骨骼	机构	构造

1.2.2　机电一体化系统的功能构成

机电一体化系统是为了满足人类生活、生存、发展需要而研制的一种高级工具，用这种工具来解决人们对物质、能量、信息的生活需求。根据不同的使用目的，要求机电一体化系统能对输入的物质、能量和信息（即工业三大要素）进行某种处理，输出人们需要的物质、能量和信息。人们把具有满足人们使用要求的这种功能称为机电一体化系统的目的功能，即主功能，围绕着主功能的实现要求机电一体化系统必须具备能够提供动力、检测、控制和构造等功能，这样就构成了机电一体化系统的五种功能，如图 1-3 所示。

1. 主功能（目的功能）

主功能是实现系统目的的，是对输入的物料、能量和信息进行预处理的，包括：①变换（加工、处理）功能；②传递（移动、输送）功能；③储存（保持、积蓄、记录）功能。其主要参数有：系统误差、外部干扰、废弃物输出、变换效率。

（1）物料类目的功能　以物料搬运、加工为主，输入物质（原料、毛坯等）、能量（电能、液能、气能等）和信息（操作及控制指令等），经过加工处理，主要输出改变了位置和形态的物质的系统（或产品），称为加工机。例如：各种机床（切削、锻压、铸造、电加工、焊接、高频淬火等）、交通运输机械、食品加工机械、起重机械、纺织机械、印刷机械、轻工机械等。

（2）能量类目的功能　以能量转换为主，输入能量（或物质）和信息，输出不同形式

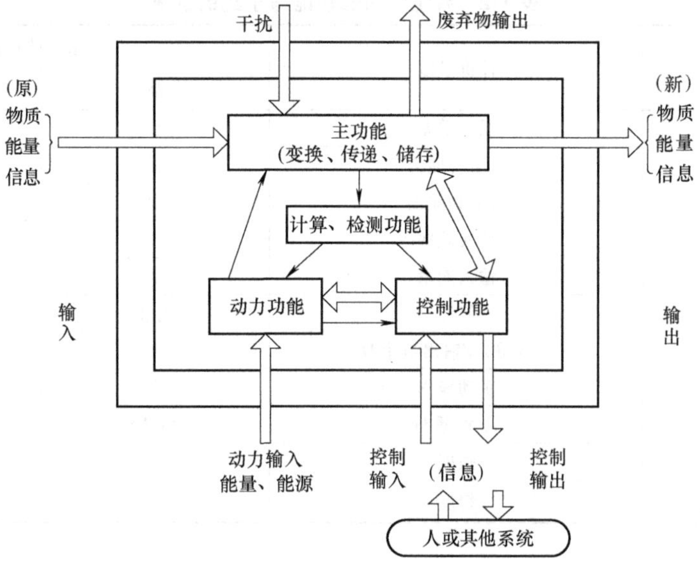

图 1-3 系统内部功能

能量（或物质）的系统（或产品），称为动力机。其中输出机械能的为原动机，例如电动机、水轮机、内燃机等。

（3）信息类目的功能 以信息处理为主，输入信息和能量，输出某种信息（如数据、图像、文字、声音等）的系统（或产品），称为信息机。例如：各种仪器、仪表、电子计算机、电报传真机以及各种办公机械等。

2. 动力功能

动力功能是为系统提供所需动力，让系统得以运转的功能。目前提供的能源形式比较多，常用的有电能、液压能和气压能等主要能源，其主要参数有：输入能量、能源。

3. 计算、检测功能

计算、检测功能的作用是对系统内部信息和外部信息进行收集和计算。利用传感器检测机电一体化系统内部各种控制信息和外部环境信息，使系统实现闭环控制的功能，其主要参数是精度。

4. 控制功能

控制功能的作用是根据系统内部信息和外部信息对整个系统进行控制，使系统正常运转，实施“目的功能”。其主要参数有：控制输入/输出口个数、手动操作。

5. 构造功能

构造功能是将组成系统各要素组合起来，进行空间匹配，形成一个统一整体。其主要参数有：尺寸、重量、强度。

1.2.3 机电一体化系统的评价

根据系统的内部功能，建立系统的功能与价值对照表（见表 1-2），机电一体化的目的是提高系统的附加价值，所以附加价值就成了机电一体化系统的综合评价指标。作为机电一体化产品的评价依据，也可以根据价值评价方法，指导机电一体化产品的开发和设计。

表 1-2 系统的内部功能与系统的价值

系统内部功能	评价参数	系统的价值	
		高	低
主功能	系统误差	小	大
	抗干扰能力	强	弱
	废弃物输出	少	多
	变换效率	高	低
动力功能	输入能量	少	多
	能源	内装	外设
控制功能	控制输入/输出口个数	多	少
	手动操作	少	多
构造功能	尺寸、重量	小、轻	大、重
	强度	高	低
计算、检测功能	精度	高	低

1.3 机电一体化产品的分类及技术特点

机电一体化产品还在不断地发展，很难进行正确地分类。下面按其用途和功能两个方面进行粗略分类，就可看到机电一体化产品的概貌。

1.3.1 机电一体化技术发展历程

机电一体化技术的发展历程，大体上可以分为三个阶段。

（1）20 世纪 60 年代以前为第一阶段，称为“萌芽阶段” 在这一时期，人们自觉或不自觉地利用电子技术的初步成果来完善机械产品的性能。特别是在第二次世界大战期间，出现了许多性能相当优良的军事用途的机电产品。这些机电结合的军事用途的技术，在战后转为民用，对战后经济的恢复和技术的进步起到了积极的作用。

（2）70 年代到 80 年代为第二阶段，称为“蓬勃发展阶段” 在这一时期，人们自觉地、主动地利用 3C 技术的巨大成果创造新的机电一体化产品。在这一阶段，应该特别指出的是，日本在推动机电一体化技术的发展方面起了主导作用。日本 1971 年颁布了《特定电子工业及特定机械工业振兴临时措施法》，要求企业界“应特别注意促进为机械配备电子计算机和其他电子设备，从而实现控制的自动化和机械产品的其他功能”。日本的企业界为了生存，竭尽全力实施了政府的这一法规。

（3）从 90 年代后期开始为第三阶段，称为“智能化阶段” 机电一体化技术向智能化新阶段迈进，在人工智能技术、神经网络技术及光纤技术等领域取得了巨大进步，为机电一体化技术开辟了发展的广阔天地。大量的智能化机械产品不断涌现。现在，“模糊控制”技术已经相当普遍，甚至还出现了“混沌”控制的产品。可以说，21 世纪机电一体化技术趋势将以智能化为核心。

1.3.2 机电一体化产品演化过程

从杠杆到齿轮，从水轮机到核电站，从风筝到航天飞机，从珠算到电子计算机……无不展示机械技术的神奇，惊叹机械技术无限发展空间。以微电子技术取代机械主功能、检测功能、信息处理功能等机电一体化技术的融合，将会为人类打开又一个惊奇的世界。

1）在原有机械本体上采用微电子控制装置，可实现机械的高性能和多功能。如产业机械的电子化产品、工业机器人、发动机控制系统、装有微处理器的洗涤机等。

2）用电子装置局部取代机械控制装置，如电子缝纫机、自动售货机、无刷电动机、电子控制的针织机和汽车电子化等。

3）用电子装置取代原来执行信息处理功能的机构，如石英电子钟表、电子计算机、电子计费器、电子秤、字符处理机、电子交换机和按钮式电话机等。

4）用电子装置取代机械的主功能，如电加工机床、激光加工机和超声波缝纫机等。

5）信息设备和电子装置有机结合的信息电子机械设备，如电报传真机、复印机、录像机、录音机和办公室自动化设备等。

6）检测装置、电子装置和机构有机结合的检测用电子机械设备，如自动探伤机、形状识别装置、CT扫描诊断仪以及生物化学自动分析仪等。

1.3.3 机电一体化技术设计原理

从方法学的观点出发，机电一体化技术应遵循以下设计原理：

1. 整体最优化原理

机电一体化技术要求从系统的观点出发，综合机械技术和信息技术，实现整体最优化。其实，最优化原理是人类进行科学技术活动的基本思想动力。精益求精是这一思想的生动描述。人们为达到一定的目标，采用直接或间接的方法求得达到该目标的最佳途径。这里强调“整体最优化”，正是运筹学思想在机电一体化技术中的体现。

2. 智能化原理

智能化是机电一体化技术与传统机械自动化技术的主要区别之一，也是21世纪机电一体化技术发展的主要方向。“智能”主要概括出人类的感知能力、记忆能力和思维能力（概念能力、判断能力、推理能力）。这里所说的“智能化”，是对机器行为的描述，是“仿人智能”或者称为“人工智能”（artificial intelligence）。具体地说，智能化就是在控制理论的基础上，吸收人工智能、运筹学、计算机科学、模糊数学、心理学、生理学和混沌动力学等新思想、新方法，模拟人类行为，以求得到更高的控制目标。

3. 仿生原理

如果说智能化是“仿人智能”，那么“仿生”便是对所有生物行为的模仿。生物世界是亿万年生物进化的结果，是适者生存这条自然规律“精雕细刻”的结果，是人类的学习宝库。现代信息技术和机械技术使这一模仿较容易成为可能。

4. 柔性化原理

柔性化原理也可称为“软化原理”。由于使用了微电子技术，可尽量用软件功能代替硬件功能。因为“软化”可以使机械系统近乎完全“贴近”实际工况的需要，极大地提高产品的性能。例如，加工中心机床、电梯的加减速无感控制、汽车发动机的电喷技术、汽车的防抱死装置等，都广泛地采用了柔性化控制原理。

5. 融合原理

融合原理也可称为“合二为一原理”。这里指的是产品的各个部分的相互融合。例如，机械传动部分的轴与电动机的轴的连接，传统方法是用联轴器。在机电一体化设计中，就可以把电动机设计成机械传动的一部分，在一些家电、航空航天和纺织机械等产品中，已经这样设计了，并且取得节材、节能和提高性能的显著效果。

6. 可再生原理

可再生原理要求：从开始设计之初，就应当考虑当产品生命结束时，产品残存部分的可分解性和再生利用问题。在一些国家已经制定了有关产品可回收的法律。

7. 美学原理

用机电一体化技术设计的产品，除了性能好之外，还要求设计者从美学的角度出发，使其无论在色彩方面还是造型方面都与环境相协调，柔和一体，小巧玲珑，做到精益求精。

上述7条原理是互补的，并不是互相排斥的，是精益求精思想在不同侧面的反映。

1.4 机电一体化技术发展趋势

机械技术、微电子技术、计算机与控制技术等的进步，将极大地推动机电一体化技术的发展。现代的机电一体化技术，将朝着微型化、模块化、数字化、智能化、集成化的方向发展。

1. 微型化

微型化是精细加工技术发展的必然，也是提高效率的需要。从20世纪80年代开始，机电一体化向微机电系统发展，用来解决常规机电一体化系统所不能解决的问题。它将传统的执行机构、传感器以及信号处理与控制电路等集成于一体。所以，微型化是微机电系统的重要特征。目前研制的微机电系统主要有光盘读取头、微机械光开关、光扫描器、微型机器人等。

2. 模块化

标准化、模块化是机电一体化发展的重要趋势。对于机电一体化产品，普遍使用模块化设计和生产的产品单元，如驱动模块单元、运动控制模块单元等。模块化极大促进了机电一体化新产品的开发。用户选择标准模块，不仅能够降低产品的开发成本、提高可靠性，还可以缩短产品的研制周期。

3. 数字化

嵌入式控制系统和嵌入式软件的发展，为机电一体化系统或产品的数字化、智能化奠定了基础。数字化要求机电一体化产品的软件具有高可靠性、可维护性以及自诊断能力，人机界面友好、易于使用，并且用户可根据实际需要进行制定。数字化的实现有利于远程操作、诊断和修复。

4. 智能化

智能化是将人工智能、神经网络、模糊控制等现代控制理论和技术，应用到机电一体化系统或产品中，使其具有一定的智能。

5. 集成化

集成化既包含各种技术的相互渗透、相互融合和各种产品不同结构的优化与融合，又包含在生产过程中同时处理加工、装配、检测、管理等多种工序。为了实现多品种、小批量生产的自动化与高效率，应使系统具有更广泛的柔性。首先可将系统分解为若干层次，使系统功能分散，并使各部分协调而又安全地运转。然后，再通过硬件、软件将各个层次有机地联系起来，使其性能最优、功能最强。

习　题

1. 什么是机电一体化，其目的是什么?
2. 机械电气化和机电一体化有什么区别?
3. 从仿生学角度考虑，机电一体化系统包括哪些基本要素?
4. 机电一体化的主要支撑技术有哪些? 它们的作用是什么?
5. 机电一体化产品有哪几种功能? 其主要评价指标是什么?
6. 未来机电一体化技术的发展趋势有哪些方面?
7. 试列举 10 种常见的机电一体化产品。

第2章 伺服驱动执行装置

机电一体化产品的主要目的是实现系统对输入的物质、能量和信息进行某种处理，获得所需要的新的物质、能量和信息，满足人们对物质文化生活的需要。在这个物质、能量和信息的变换、加工、处理过程中，需要机电一体化产品能够提供机械力、运动和能量，这个过程通常依靠伺服驱动技术来实现，因此，伺服驱动技术是机电一体化的核心技术。

在机电一体化产品中的伺服驱动执行元件包括电动、气动、液压等各种类型，常见的伺服驱动有电液马达、脉冲液压缸、步进电动机、直流伺服电动机和交流伺服电动机等。本章主要学习伺服驱动系统的执行装置，通过学习掌握其构造、运动原理、特性、应用以及机械能传递等相关技术。

2.1 概述

2.1.1 伺服驱动执行装置及其分类

从机电一体化角度考虑，伺服驱动执行装置就是按照电信号的指令，利用来自电、液和气等各种能源的能量实现旋转运动、直线运动的装置。

伺服驱动执行装置按照动力系统提供方式，一般可以分为一次动力系统和二次动力系统。一次动力主要包括内燃机、汽轮机和水轮机等，常用于移动场所；二次动力主要包括电动执行装置、液压执行装置和气动执行装置，常用于固定场所。

电动执行装置包括直流（DC）电动机、交流（AC）电动机和步进电动机等实现旋转运动的电动机，以及实现直线运动的直线电动机、螺线管和可动线圈。电动执行装置由于其能源容易获得，使用方便，所以应用广泛。

液压执行装置有液压缸、液压马达等，这些装置具有体积小、输出功率大等特点。

气动执行装置有气缸、气马达等，这些装置具有重量轻、价格便宜等特点。

伺服驱动执行装置按利用的能源分类如下。

- 按利用的能源分类
  - 液压执行装置
    - 液压缸
    - 液压马达
  - 电动执行装置
    - 实现旋转运动
      - 直流（DC）电动机
      - 交流（AC）电动机
      - 步进电动机
    - 实现直线运动
      - 直线电动机
      - 螺线管
      - 可动线圈
  - 气动执行装置
    - 气缸
    - 气马达

2.1.2 动力驱动装置的特点

1. 电动执行装置

（1）优点

1）以电为能源，在大多数情况下容易获得。

2）容易控制。

3）可靠性、稳定性和环境适应性好。

4）与计算机等控制装置的接口连接简单。

（2）缺点

1）在多数情况下，为了实现一定的旋转运动或者直线运动，必须使用齿轮等运动传递和变换机构。

2）容易受载荷的影响，获得大功率比较困难。

2. 液压执行装置

（1）优点

1）容易获得大功率，重型设备主要以液压传动为主。

2）功率/重量比大，要比电动执行元件几乎大一个数量级，可以减小执行装置的体积。

3）由于液压系统能够通过容易布置和随意弯曲的管道进行能量传递和分配，在空间安排和结构布局方面比传统的机械方式具有更大的灵活性，控制比较方便。

4）由于液体的不可压缩性，液压系统刚度高，能够实现高速、高精度的位置控制，油液兼有润滑作用，有利于延长元器件的工作寿命。

5）在液压系统中利用蓄能器容易实现能量的贮存和系统消振。

（2）缺点

1）由于油液的黏度对温度很敏感并受闪点的限制，液压系统必须严格控制工作温度，而且还要求采用阻燃、防爆等技术措施，稳定性较差。

2）液压器件的机械间隙一般都很小，为防止过度的磨损，对油液的清洁度要求都较高。

3）为防止漏油而污染环境，液压系统的密封要求比较严格。

4）由于油液的黏性损失，使系统的传动效率较低。

5）液压油源和进油、回油管路等附属设备占空间较大。

6）由于液压系统中不少环节都具有非线性的特性，系统的设计和分析比电气系统复杂。

7）以液压方式实现信号的检测、处理和传递不如电气方式方便。

3. 气动执行装置

（1）优点

1）空气黏度低，系统流动阻力小，因此可在较短的时间内很快达到所需的压力和速度，动作迅速、反应快，可以实现高速直线运动，可实现气源的集中供应和远距离输送。

2）利用空气的可压缩性容易实现力的控制和缓冲控制。

3）气体不是易燃的工作介质，能够安全、可靠地应用于易燃、易爆场所。

4）主要以空气作为工作介质，可以直接排向大气，动力系统不需要设置回程管道，系统结构简单，价格低。

（2）缺点

1）由于空气的可压缩性，高精度的位置控制和速度控制都比较困难。

2）气压系统工作压力较低（一般小于0.8MPa），因而气动系统的输出力小。

3）气压系统的工作噪声较大，尤其在超声速排气时，因此需要加装消声器。

4）空气本身没有润滑性能，如不使用特殊的无油气动元件，则在气动系统中需要加配油雾器等附加装置，使排气对环境造成一定影响。

2.1.3 动力驱动装置的性能

对于动力驱动装置，功率/重量比、体积和重量、响应速度和操作力、能源及自身检测功能、成本及寿命、能量的效率等是其主要性能指标，是机电一体化产品设计所考虑的重要因素，表2-1列出了各种执行装置的性能比较。

表2-1 各种执行装置的性能比较

比较项目	电动式	液压式	气动式
输出功率/重量比	小	大	中
快速响应特性	中≈20Hz	大≈100Hz	小≈10Hz
简单动作速度	慢	一般	快
控制特性	良好	一般	差
减速机构	需要	不需要	不需要
占用空间	小	大	大
使用环境	良好	差	良好
可靠性	良好	差	一般
防爆性能	差	一般	良好
价格	一般	高	低

2.1.4 动力驱动装置的应用

电动执行装置虽然有功率不能太大的缺点，但由于其良好的可控性、稳定性和对环境的适应性等优点，在许多领域都得到了广泛的应用。在有利于环境保护的电动汽车和混合动力汽车上也有望得到应用。

液压执行装置的最大优点是输出功率大，因此，在轧制、成形、建筑机械等重型机械和汽车、飞机上都得到了应用。

气动执行装置由于其重量轻、价格低、速度快等优点，适用于工件的夹紧、输送等生产线自动化方面。此外，在一些利用气体可压缩性的领域，气动执行装置得到大量使用。

2.1.5 新型动力驱动装置

由于新技术的快速发展和新材料的不断涌现，出现了一些新的执行装置，不断满足人们的一些特殊需要。

1）压电执行装置：在压电陶瓷等材料上施加电压而产生形变。

2）静电执行装置：采用硅的微细加工技术制造，利用静电引力原理。

3）形状记忆合金执行装置：利用镍钛合金等材料具有的形状随温度变化的特点，当温度变化恢复时形状也恢复的形状记忆性质。

4）FMA 执行装置：利用纤维强化胶在流体压力的作用下产生变形的原理。

5）MH 执行装置：利用储氢合金在温度变化时吸收和放出气体的性质。

此外还有流体执行装置（ER 流体、EHD 流体）、ICPF 膜执行装置、光执行装置。这些新型执行装置有望作为微型执行装置使用。

2.2　电动执行装置

所谓伺服系统就是指使物体的位置、方位、状态等的输出量能够随输入量（或给定值）的变化而变化的系统。作为伺服电动机，为了满足这种要求，就需要它有良好的可控性。伺服电动机主要靠脉冲来定位，伺服电动机接收到一个脉冲，就会旋转一个脉冲对应的角度，从而实现位移控制，伺服电动机本身具备发出脉冲的功能，所以伺服电动机每旋转一个角度，都会发出对应数量的脉冲，和伺服电动机接收的脉冲形成呼应，系统就会感知发送了多少脉冲给伺服电动机，同时又接收了多少脉冲回来，这样，就能够很精确地控制电动机的转动，从而实现精确的定位。

2.2.1　直流伺服电动机

2.2.1.1　特点

直流电动机是指能将直流电能转换成机械能的装置，直流伺服电动机只需要提供直流电，使用方便。而且直流伺服电动机作为控制电动机具有起动转矩大、体积小、重量轻、转矩和转速容易控制、效率高等突出优点。

它的缺点是由于转子上安装了具有机械运动的电刷和换向器，因此存在使用寿命短和噪声大等问题，需要定时维护、更换电刷。此外，直流电动机要满足伺服可控特性，在位置控制和速度控制时，必须使用角度传感器来实现闭环控制。

2.2.1.2　工作原理

以永磁式直流电动机为例，直流伺服电动机构造如图 2-1 所示，由永磁体定子、线圈、转子铁心、电刷和换向器构成。

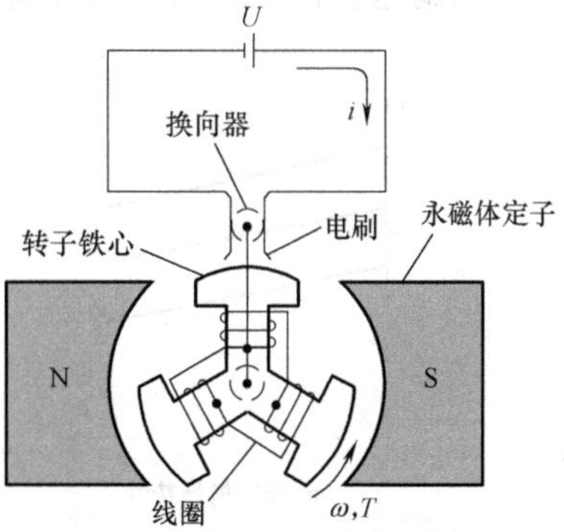

图 2-1　直流伺服电动机的构造

其工作原理是通电导体中通过电流在磁场中受到安培力作用，安培力就是驱动直流电动机转子转动的动力源，其大小和方向采用左手定则判断，即当电流通过电刷、换向器流入处于永磁体磁场中的转子线圈（电枢绕组）时，就会在左手定则确定的方向上产生电磁力，驱动转子转动。为了得到连续的旋转运动，就必须随着转子的转动角度不断改变电流方向。因此，必须有电刷和换向器，此时转子末端的电刷与转换片交替接触，从而线圈上的电流方向也改变，产生的电磁力方向不变，所以电动机能保持一个方向转动。

2.2.1.3 直流电动机的特性方程

枢控式直流伺服电动机是通过转子的线圈电压 u 和线圈电流 i 来进行控制的电动机。电动机的输出转矩方程可以表示为

$$T=K_T\Phi i \tag{2-1}$$

式中 K_T——转矩常数；

Φ——磁通量。

直流电动机的感应电动势方程为

$$E=K_E\Phi n \tag{2-2}$$

式中 K_E——电动机常数；

n——转速。

电枢回路的电压平衡方程式为

$$U=Ri+E \tag{2-3}$$

式中 R——电枢回路的总电阻。

根据式（2-2）和式（2-3）可以得到电动机转速的表达式，即

$$n=\frac{U-Ri}{K_E\Phi} \tag{2-4}$$

可以看出，通过控制电枢的电压就可以控制电动机的转速。根据式（2-1）和式（2-4），可以得到电动机的转矩-转速特性表达式，即

$$n=\frac{U}{K_E\Phi}-\frac{R}{K_EK_T\Phi^2}T \tag{2-5}$$

2.2.1.4 直流电动机调速方法

直流电动机依据调整电压、电阻和励磁磁通量，分为三种调速方法：

（1）改变电枢电源电压　励磁电流保持恒定，改变电枢电压，其转速随外加电压的改变而改变，如图 2-2a 所示。这种方法起动转矩大、机械特性好、经济实惠，特别是它具有恒转速的调速特性，因而目前普遍采用这种调速方法。

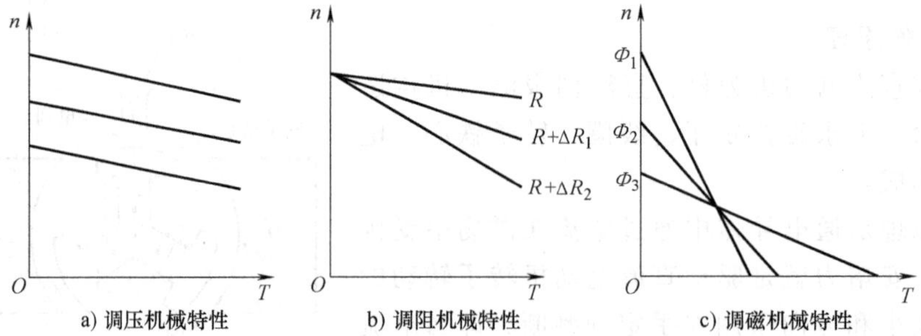

图 2-2　直流伺服电动机的转矩-转速特性

（2）改变电枢回路电阻　改变电枢回路中的串联电阻，利用串联电阻的分压原理进行调速，如图 2-2b 所示。其线路简单易行，控制简单。缺点是串联电阻要消耗功率，所以效率低、经济性差、机械特性软，故一般很少使用。

（3）改变气隙磁通　当气隙减小时，若负载转矩不变，势必使电枢电流增大，使输入

功率、输出功率增大，所以通常在减小磁通时，要求负载转矩减小以保持输出功率不变，如图 2-2c 所示。这种控制法也称为恒功率调速。

2.2.1.5 直流伺服电动机的结构

直流伺服电动机原理与常规直流电动机是没有本质区别的，但是伺服电动机要求具有快速的响应特性和良好的可控性，因此进行伺服电动机的结构设计时要考虑满足这两个条件。

影响电动机的快速起停，从力学角度考虑有两个关键因素，一个是转子的转动惯量，另外一个是驱动转矩，要想实现电动机的快速的起停特性，可以选择减小转子的转动惯量和增加转子的驱动转矩两种办法，但是随着转矩的增加，又带来了电动机散热的问题，所以这也是一个需要综合考虑的问题。

对于电动机的可控性，要求伺服电动机具有频繁的起停和正反转的能力，这是伺服系统要具备的最基本的能力。根据电动机的起停特性方程，在起停和换向的瞬间，电动机要产生正常情况下数倍或数十倍的热量，极易烧损电动机。解决伺服电动机频繁起停的问题，关键因素就是要解决电动机的散热问题。这里采用的办法有两个，一个是增大转子线圈的散热面积，另一个考虑增加线圈的绝缘等级和热容量。

根据上述考虑，目前常见以下的直流伺服电动机。

1. 小惯量直流伺服电动机

电动机的转动惯量对伺服电动机的起动特性有很大的影响，为了尽量减小电枢的转动惯量，小惯量直流伺服电动机转子设计成光滑无槽铁心圆柱体，电枢绕组用耐热的环氧树脂和玻璃布带固定在电枢铁心表面，定子的励磁方式可采用电磁式或永磁式。又因为转动惯量与转动物体半径的平方成正比，所以将转子的直径设计得较小，而长度相对较长，使电动机能够得到相同的输出转矩，该电动机转子的形状如图 2-3 所示。

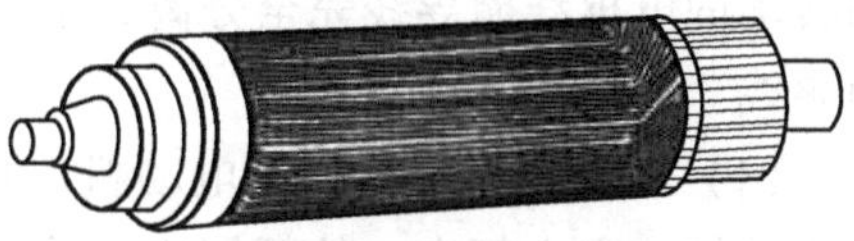

图 2-3 小惯量直流伺服电动机

小惯量直流伺服电动机的特点：转子的转动惯量小，只有一般直流电动机的十分之一，机电时间常数也只有几毫秒（一般电动机至少为几十毫秒），反应快，但是容易受负载波动变化的影响；转矩/惯量比大，且过载能力强，最大转矩可比额定转矩大 10 倍；转子的直径小，其散热表面积就小，这类电动机的热惯性小、承受过载运转的时间就不能太长；由于转子没有开槽，所以它运转时的均衡性好、低速性能好、转矩波动小、线性度好、摩擦小，调速范围可达数千比一，低速状态下运行时无爬行现象。

就电动机本身而言，小惯量有利于伺服工作中的频繁起停，一般用于需要快速动作、功率较大的伺服控制系统，如雷达天线、导弹发射架、数控机床等。

2. 大惯量直流伺服电动机

大惯量直流伺服电动机又称大惯量宽调速直流伺服电动机，其结构与普通直流电动机比较相似。由于电动机转子的惯量较大，系统中负载部分的惯量影响已经不占主导地位，负载的波动对系统运转影响较小，使系统能够比较平稳地工作，这是在电动机工作品质得到很大提高以后出现的比较先进的控制方案。大部分中、小功率大惯量直流伺服电动机的定子都采用永磁性材料的励磁方式，使电动机的重量大大减轻、结构更加简化、耗能减少、性能更加优异。

大惯量直流伺服电动机的特点：采用了恒定强磁材料制成的恒磁定子及一系列相应结构，使电动机的输出转矩很大，在数控机床上可以不用减速齿轮直接驱动丝杠。转子的热容量高，热时间常数大，加上电枢线圈的绝缘材料选用了 H 级，因而电动机的过载能力很强，其最大输出转矩可以达到额定值的 5~10 倍。正因为过载能力强，尽管转子的惯量较大，但其动态响应特性仍然很好。为防止电动机意外过热，电动机中还装有（100±6）℃的热控开关。要注意防止电动机工作过程中永磁定子退磁问题，其主要原因是电流引起，以产生最大不可逆转去磁能力的电流为限，必须引起特别注意。

3. 直流力矩电动机

直流力矩电动机是一种低速、大转矩永磁式直流伺服电动机，结构呈扁平状，长度与直径比为 1∶5。此类电动机可以长期在低速或者堵转情况下运行，能够产生足够大的输出转矩。考核此类电动机的指标不是输出功率而是输出转矩的能力。电动机的重量和消耗的功率也是直流力矩电动机的重要评价参数。

直流力矩电动机的产品的范围很宽，小至直径几十毫米、转矩不足 1N · m，大至直径 1m 以上、转矩可达几千牛 · 米。转速范围从每分钟几百转到每小时几转，甚至每月几转的极低转速。直流力矩电动机在可穿戴式外骨骼机器人上有较好的应用前景。

4. 动圈式转子直流伺服电动机

现代伺服控制系统对快速响应性的要求越来越高，尽可能减小伺服控制系统的转动惯量，以便减小机电时间常数，提高伺服系统的快速响应能力。为了最大限度地减小电动机转动部分的惯量，最有效的办法是使旋转部分无铁心，此类电动机将导磁材料与推动电动机转轴转动的电枢线圈导线完全分离，电动机转动部分仅为在内、外磁场间隙中通电-受力-运动的导线。

（1）杯形电枢直流伺服电动机　电枢绕组用漆包线绕在线模上，再用环氧树脂浇注成杯形结构，空心杯内、外两侧均由铁心构成磁路。磁极采用永久磁钢，安装在外定子上。内、外定子分别用软磁材料和永磁材料制成，其结构如图 2-4 所示。

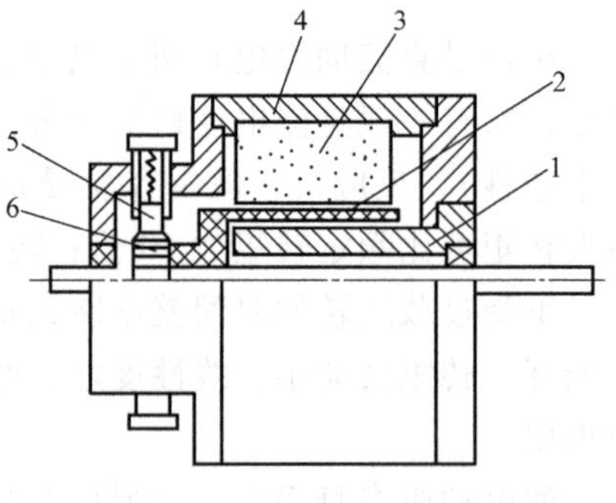

图 2-4　杯形电枢直流伺服电动机结构
1—内磁轭　2—电枢绕组　3—永久磁钢
4—机壳　5—电刷　6—换向器

杯形电枢直流伺服电动机的特点：转动惯量小，机电时间常数小（最小在 1ms 以下）；快速响应性好，速度调节方便；转矩波动小，低速运转平滑，噪声小；损耗小，效率高；换向好，寿命长。用于需要快速动作的伺服控制系统，如机器人的腕、臂关节等。

（2）印制绕组直流伺服电动机　在圆形绝缘薄板上，其绕组在圆盘两面呈放射形分布。磁极轴向安装，极靴呈扇形，它是一种盘式无铁心直流伺服电动机，一般为永磁式。转子呈薄片圆环状，厚度一般为 1.5~2mm，印制裸露的绕组构成电枢，转子的绝缘基片是环氧玻璃布胶片。黏合在基片两侧的铜箔用印制电路制成双面电枢绕组，呈放射状分布，电枢导体还兼作换向片。定子磁极轴向安装，极靴呈扇形，由永久磁钢和前后盘状轭铁组成，轭铁兼作前、后端盖。组成多极磁钢黏合在轭铁的一侧，在电动机中形成轴向的平衡气隙。整个电动机呈扁平状，结构如图 2-5 所示。

印制绕组直流伺服电动机的特点：电枢无铁心，绕组匝数少，电感很小，换向性能好；转动惯量小，机电时间常数小，快速响应性好，旋转平稳；散热条件好；可提高电动机的堵转电流和额定负载。适用于低速运行和起动、反转频繁的系统及要求薄形安装的场合，如机器人关节控制。

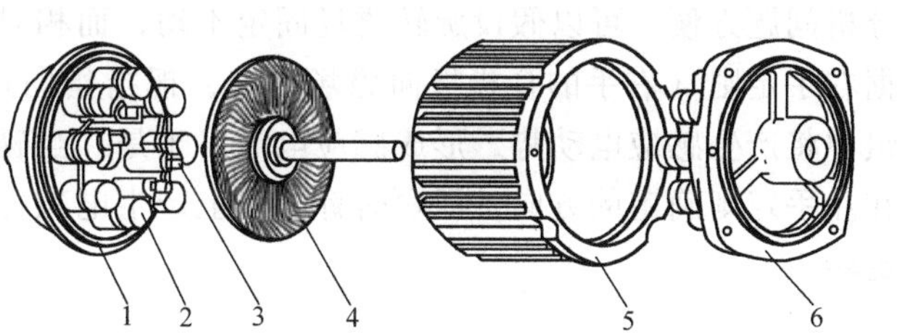

图 2-5 印制绕组直流伺服电动机结构

1—后轭铁（端盖） 2—永久磁钢 3—电刷
4—印制绕组 5—机壳 6—前轭铁（端盖）

(3) 绕线盘式直流伺服电动机 绕线盘式直流伺服电动机是一种盘式无铁心的直流伺服电动机，一般为永磁式。其电枢绕组由导线排列成圆盘状并用合成树脂模压成型。绕线盘式直流伺服电动机的结构如图 2-6 所示。主要特点：电枢绕组表面积大，散热效果好，其他性能和印制绕组直流伺服电动机相似。

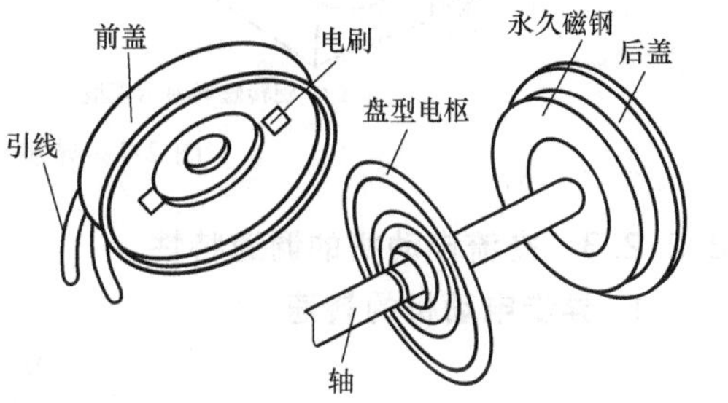

图 2-6 绕线盘式直流伺服电动机结构

2.2.2 交流伺服电动机

2.2.2.1 特点

20 世纪 80 年代中后期，随着微处理器、新型数字信号处理器（DSP）的应用，出现了数字控制系统，控制部分操作可完全由软件进行，整个伺服装置市场都转向了交流系统。此时出现了很多专业生产厂家，典型生产厂家如德国西门子、美国科尔摩根和日本松下及安川等。

交流伺服电动机的最大优点是没有电刷和换向器，也没有产生火花的危险；输出转矩大且稳定，响应速度快，转动平滑；电子换相方式灵活，可以方波换相或正弦波换相，容易实现智能化；转子无绕组发热，外定子绕组散热效果好；效率很高，电磁辐射很小，寿命长，可用于各种环境。缺点是与直流电动机相比驱动电路复杂，控制复杂。

2.2.2.2 工作原理

以异步电动机为例分析交流伺服电动机的工作原理，图 2-7a 是异步交流电动机的旋转磁场演示模型，由笼型转子和 U 形磁铁组成，在外加机械力转动 U 形磁铁时，电动机的转子随着一起转动。

尽管笼型转子没有外加任何电源，但是它处于 U 形磁铁构成的磁场环境里，当外加机械力驱动磁场转动时，相当于笼型导体在磁场中做切割磁力线运动，产生感应电动势，由于回路是闭合的，进而在回路中出现感应电流，那么，在这个磁场作用下的电流，就会受到电磁力作用，驱动笼型转子转动。所以，在这个实验模型中发生了两个物理现象，一个是产生感应电动势，另一个是感应电流受到电磁力，分别通过右手和左手定则来判定矢量的作用关系，可以证明笼型转子是与旋转的 U 形磁铁同向旋转的。

不通过旋转磁铁能获得旋转磁场吗？交流电提供了一个完美的答案。如图 2-7b 所示，交流电通过异步电动机的定子线圈，形成了旋转的磁场。假设磁场沿顺时针方向旋转，为了分析问题方便，可以假设旋转磁场固定不动，而相对的定子绕组沿逆时针方向旋转，这时根据右手定则（右手的食指指向磁场方向，拇指指向速度方向，中指指向电流方向）转子绕组中将产生感应电动势，形成感应电流。于是，当磁场中的转子绕组上有电流流动时，就会在左手定则确定的方向，即顺时针方向上产生电磁力矩，使转子沿着与旋转磁场相同的方向旋转。

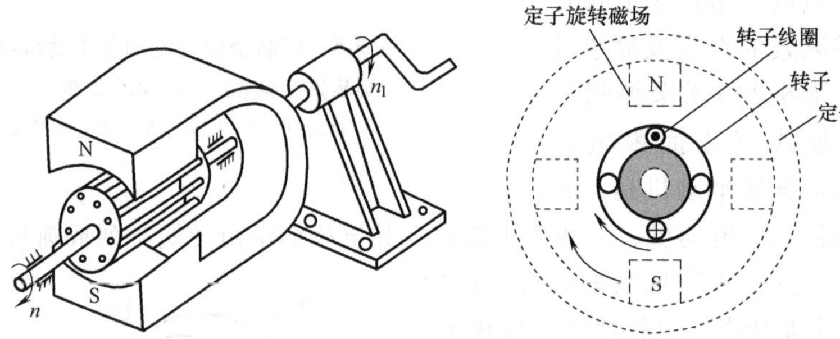

a) 旋转磁场演示模型　　b) 异步交流电动机旋转磁场

图 2-7　异步交流电动机的工作原理

2.2.2.3　交流电动机的调速特性

1. 异步电动机的转速

$$n=\frac{60f}{p}(1-s)=n_0(1-s) \tag{2-6}$$

式中　n——电动机转速（r/min）；

f——电源电压频率（Hz）；

p——电动机磁极对数；

n_0——电动机定子旋转磁场转速或称同步转速（r/min），$n_0=\frac{60f}{p}$；

s——转差率，$s=\frac{n_0-n}{n_0}$。

由式（2-6）可见，改变异步电动机转速的方法有 3 种：

（1）改变磁极对数 p 调速　一般常见的交流电动机磁极对数不能改变，磁极对数可变的交流电动机称为多速电动机。通常，磁极对数设计成 4/2、8/4、6/4、8/6 等几种。显然，磁极对数只能成对地改变，转速只能成倍地改变，速度不可能平滑调节。

（2）改变转差率 s 调速　这种方法适用于绕线式异步电动机，在转子绕组回路中串联电阻，通过调节串联电阻的阻值大小来调整转差率。若阻值调大，转速降低，而转差率增大致使电动机机械特性变软。调速范围通常为 3∶1。

（3）改变频率 f 调速　如果电源频率能平滑调节，那么速度也就可能平滑改变。目前，高性能的调速系统大都采用这种方法，为此设计出了专门为电动机供电的变频器（VFD）。

2. 变频调速器

三相异步电动机定子电压方程为

$$U\approx E=4.44kfw\Phi \tag{2-7}$$

式中　U——定子相电压；

E——定子相电势；

w——定子绕组匝数；

k——定子绕组基波组系数；

Φ——定子与转子间气隙磁通最大值。

在式（2-7）中，w、k 为电动机结构常数，改变频率调速的基本问题是必须考虑充分利用电动机铁心的磁性能，尽可能使电动机在最大磁通条件下工作，同时又必须充分利用电动机绕组的发热容限，尽可能使其工作在额定电流下，从而获得额定转矩或最大转矩。

对于交流异步电动机，电动机反电动势为

$$E=4.44kfw\Phi \tag{2-8}$$

若忽略定子阻抗压降时，有

$$U=4.44kfw\Phi \tag{2-9}$$

可见，若电源电压 U 不变，随着电源频率 f 的增加，气隙磁通 Φ 将减小，根据公式

$$T=K_{\mathrm{T}}\Phi i\cos\varphi \tag{2-10}$$

可见，若磁通 Φ 减小，则电动机输出转矩 T 减小，严重时会带不动负载。在减小 f 调速时，由于铁心会饱和，不能同时增大 Φ（增大 Φ 会导致励磁电流迅速增大，使产生转矩的有功电流相对减小，严重时会损坏绕组），因此，降低 f 调速，只能保持 Φ 恒定，要保持 Φ 不变，只能降低电压 U 且保持。当异步电动机的定子电压和频率为额定值，变频调速方法主要有以下三种办法。

（1）保持 U/f 为常数的比例控制方式　当忽略定子阻抗电压降时，根据式（2-9）有

$$\frac{U}{f}=k\Phi \tag{2-11}$$

式中　k——常数。

可见，当 U 和 f 成比例变化时，可维持 Φ 不变。但是，在低频时，定子绕组的电阻 r 已经不能忽略，最大转矩 $T_{\max}$ 将随 f 减小而减小。

（2）保持 E/f 为常数的恒磁通控制方式　根据式（2-8），若能保持 E/f 为常数，则磁通 Φ 将不变，这样就保持了电动机输出转矩 T_{m} 不变，如图 2-8a 中实线所示。

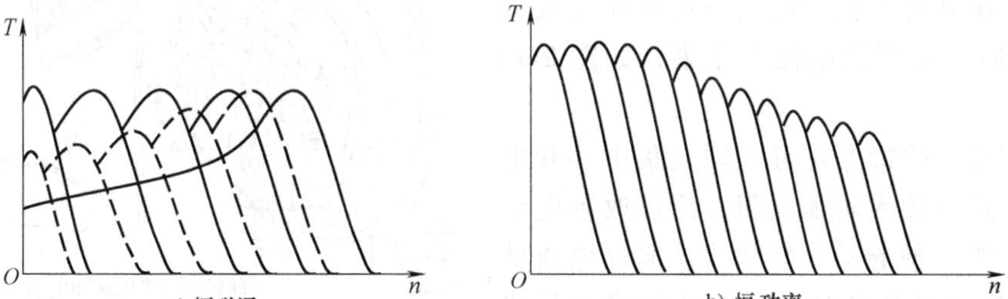

a) 恒磁通　　b) 恒功率

图 2-8　交流电动机的变频调速特性

（3）保持电动机输出功率 P_{d} 为常数的恒功率控制方式　当电动机转速超过额定转速 n_{e} 时，在频率 f 超过额定频率 f_{e} 的情况下，若仍保持 U/f 为常数，将使 U 超过额定值，这是不允许的。因此在 f 大于 f_{e} 时，根据式（2-10），Φ 将减小并引起转矩减小，得到近似恒功率的特性，如图 2-8b 所示。

2.2.2.4 交流伺服电动机结构

交流伺服电动机按结构可分为异步电动机和同步电动机，转子是由绕组形成的电磁铁构成的为异步电动机，转子是由永磁体或者带有凸极的导磁体构成的为同步电动机。交流伺服电动机的结构如图 2-9a、b 所示。前面提到的无刷直流伺服电动机（从定子产生逆转磁场角度考虑），其定子有相同的结构，如图 2-9c 所示。上述三种伺服电动机的定子上装有能够产生旋转磁场的定子绕组，让单相或者三相交流电流通过定子绕组，在定子内产生旋转磁场。异步电动机和同步电动机定子绕组施加正弦波交流电，而无刷电动机定子绕组需要方波交流电。

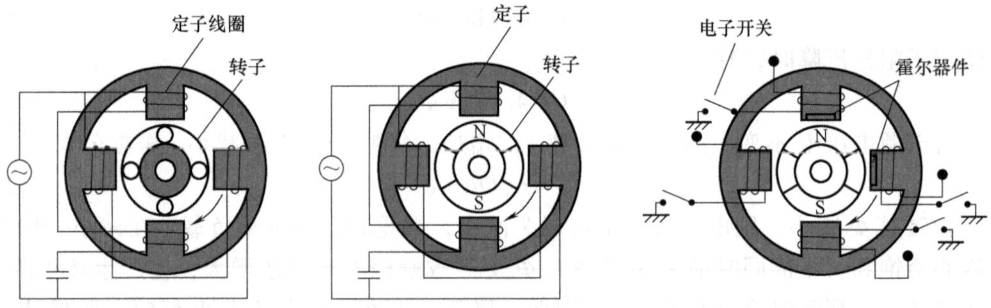

a) 异步交流伺服电动机　　b) 同步交流伺服电动机　　c) 无刷直流伺服电动机

图 2-9　交流伺服电动机和无刷直流伺服电动机的构造

1. 异步交流伺服电动机

异步交流伺服电动机多指感应式伺服电动机，由定子和转子两部分组成，结构和工作原理与感应电动机相似。定子铁心中按一定规律缠绕导线绕组，转子结构有绕线型、笼型和杯形几种形式。

（1）绕线型转子　绕线型转子的绕组和定子绕组相似，是用绝缘的导线连接成三相对称绕组，然后接到转子轴上的三个集电环（或称滑环），再通过电刷把电流引出来，如图 2-10 所示。

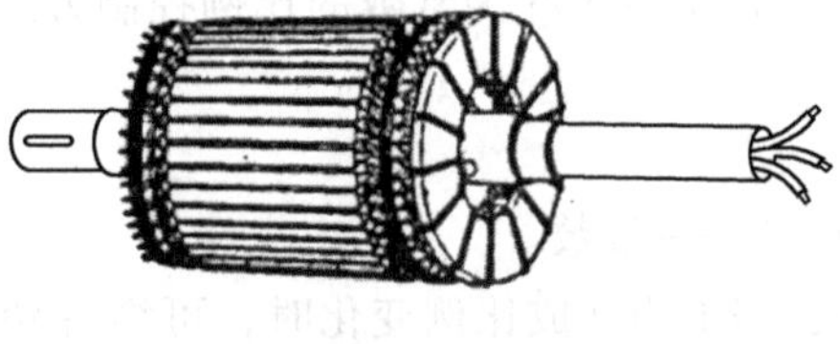

a) 未装集电环的绕线型转子

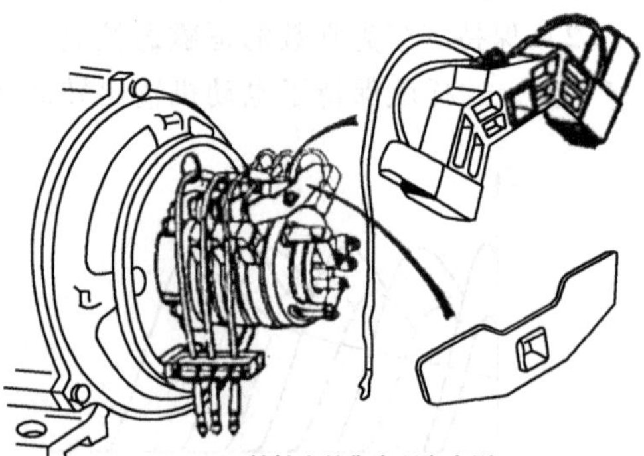

b) 转轴上的集电环和电刷

图 2-10　绕线型转子

绕线型转子的特点是可以通过集电环和电刷在转子回路中接入附加电阻，用以改善电动机的起动性能（使起动转矩增大，起动电流减小），或调节电动机的转速。有的绕线型异步电动机还装有一种提刷短路装置，当电动机起动完毕而又不需要调节速度时，可移动手柄，使电刷被提起而与集电环脱离，同时使三只集电环彼此短接起来，这样可减小电刷与集电环间的机械损耗和磨损，提高运行的可靠性。

（2）笼型转子结构　与普通的异步电动机笼型转子相比较，其主要是需要采用高效的导电材料制造，例如黄铜、青铜等。笼型转子也可以采用具有良好导电特性的铝合金压铸而成。为了减小转子的转动惯量，转子通常制作成细长形。笼型转子外形结构如图 2-11 所示。

（3）杯形转子结构　杯形转子伺服电动机由内定子、外定子和杯形转子等构成。外定子用硅钢片冲制叠压而成，两相绕组嵌于其内圆均布的槽中。内定子也用硅钢片冲制叠压而成，一般不嵌放绕组，而仅作为磁路的一部分。转子由非磁性导电金属材料加工成杯形，安装于内、外定子铁心之间的气隙中。杯形转子交流伺服电动机结构如图 2-12 所示。

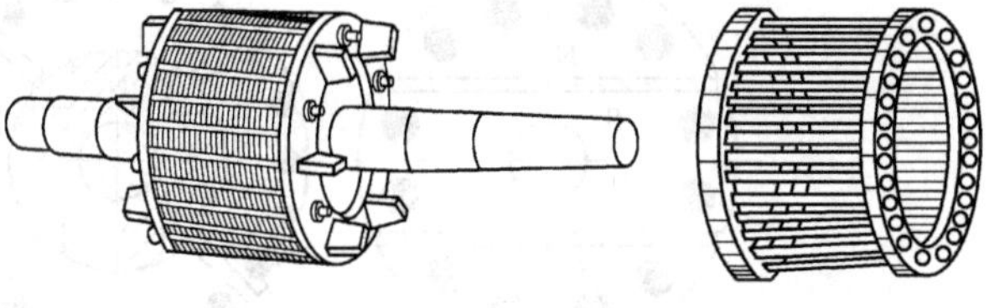

a) 笼型转子外形　　b) 去掉铁心后的结构

图 2-11　笼型转子的外形结构

由于异步电动机的转子惯性矩可以做得很小，所以响应速度很快，主要应用于中等功率以上的伺服系统。

异步交流伺服电动机的特点：转动惯量小、运动平稳、噪声低，但功率因数和效率较低。

2. 同步交流伺服电动机

同步电动机分为永磁式同步电动机、反应式同步电动机和磁滞式同步电动机三种。

（1）永磁式同步电动机　永磁式同步电动机工作原理如图 2-13 所示，与直流电动机恰好相反，它是将永磁体装在转子上，而定子上装有能够产生旋转磁场的线圈（定子绕组）。定子铁心通常由带有齿和槽的硅钢片冲制压叠而成，在槽中嵌入三相或者两相绕组，让单相或者三相交流电通过定子绕组，在定子上产生旋转磁场，旋转磁场与转子磁场相互作用驱动转子转动。

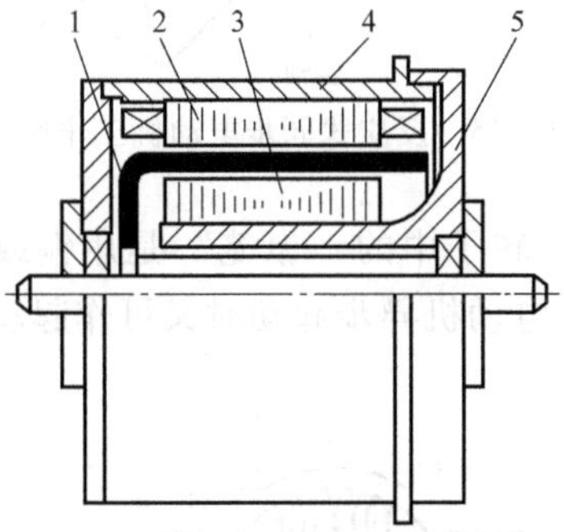

图 2-12　杯形转子交流伺服电动机结构

1—杯形转子　2—外定子　3—内定子　4—机壳　5—端盖

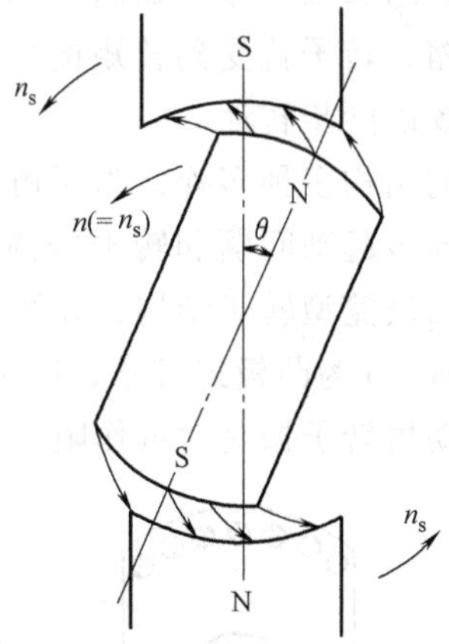

图 2-13　永磁式同步电动机工作原理

永磁式同步电动机转子结构有多种形式，如图 2-14 所示，它们都是由永久磁钢和笼型起动绕组两部分组成，永久磁钢可以制成两极或者多极，起动绕组的结构与笼型伺服电动机结构相同，起动初期依靠笼型绕组，就可以使电动机像异步电动机一样产生起动转矩。等到转子的速度接近同步转速时，定子旋转磁场就与转子永久磁场相互吸引把转子控制为同步转速，与旋转磁场一起进行同步旋转。

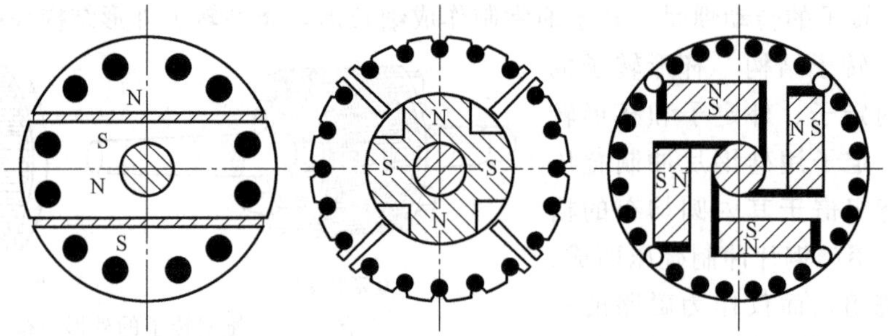

图 2-14　永磁式同步电动机转子结构

随着高性能、低价格的永磁材料（如钕铁硼）的应用，永磁式同步电动机优势更加明显，与其他同步电动机相比，输出转矩大，体积小，耗电少，结构简单可靠。目前输出功率从几瓦到几百瓦，甚至上千瓦的永磁同步电动机，被广泛应用于机床、机械设备、搬运机构、印刷设备、装配机器人、加工机械、高速卷绕机、纺织机械等场合，满足了传动领域的发展需求。

（2）反应式同步电动机　图 2-15 是反应式同步电动机原理图，其结构类似于永磁式同步电动机，定子与一般的同步电动机或者异步电动机一样，转子结构形式多种多样，但是必须有明显的凸极。凸极转子可以看成具有两个方向，一个是顺着外凸极的方向，称为竖轴的方向，另一个是与凸极轴线正交的方向，称为横轴方向，转子直轴与横轴的磁阻必须不同，反应式同步电动机正是利用长轴和短轴磁阻不同而工作。由于磁通的收缩，转子就受到转矩的作用，迫使转子与旋转磁场以同步转动。

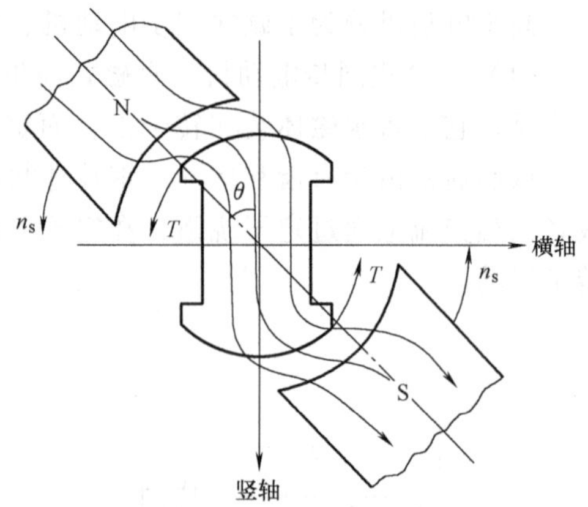

图 2-15　反应式同步电动机工作原理图

转子的结构多种多样，为了解决反应式同步电动机的异步起动问题和转子振荡问题，转子最常用的是凸极笼型转子结构，如图 2-16 所示，其中 图 2-16a、b 为凸极式转子，图 2-16c 为隐极式转子，转子中的“鼠笼”是用铜或铝制成的，当电动机转子振荡时可作阻尼绕组削弱振荡，而在电动机异步起动时又可作起动绕组产

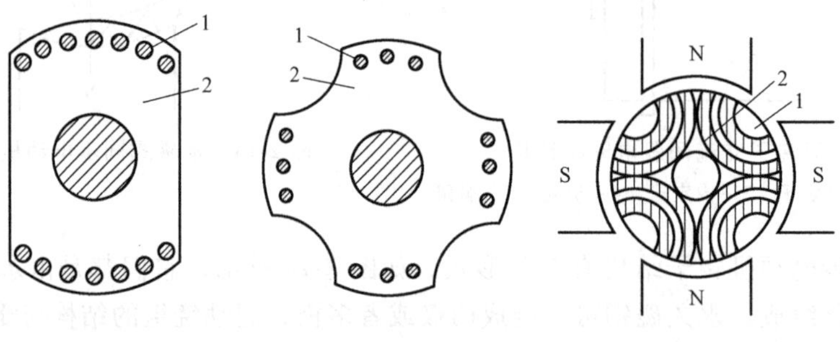

a) 凸极式转子(一)　　b) 凸极式转子(二)　　c) 隐极式转子

图 2-16　反应式同步电动机转子

1—鼠笼条　2—铁心

生异步转矩，使反应电动机异步起动，当异步转速接近同步转速的 0.95～0.97 倍时，依靠反应转矩自动切入同步转速。

反应式同步电动机由于结构简单、成本低廉、运行可靠，因而在自动及遥控领域、同步联络装置、录音传真及钟表工业中应用广泛。产品有单相和三相之分，功率从几瓦到几百瓦。

（3）磁滞式同步电动机　磁滞式同步电动机工作原理如图 2-17 所示。它是利用磁滞转矩起动和运行的小功率同步电动机，转子用剩磁和矫顽力比较大的永磁材料制成。图 2-17a 是无切向力磁滞转矩产生原理示意图，用两个磁极 N、S 代表定子的旋转磁场。在磁场中，铁磁性转子的单元磁体沿磁场的磁力线方向排列。为了便于说明，转子上只画了两个磁分子（1 和 2），它们都在中心的磁力线上。它们的极性 N、S 由定子磁极决定。由于磁分子的轴线与定子磁场轴线一致，所以不产生切向力和转矩。图 2-17b 是定子磁场旋转一个角度的磁滞转矩产生原理示意图，由于永磁材料磁分子之间具有很大的内摩擦力，转子单元磁体不能立刻转动同样的角度，故产生磁滞现象，两者的轴线之间有某一夹角 θ，于是产生切向力和转矩。这种因磁滞现象而产生的转矩称磁滞转矩。如果磁场连续旋转，则转子将被带动一起旋转。

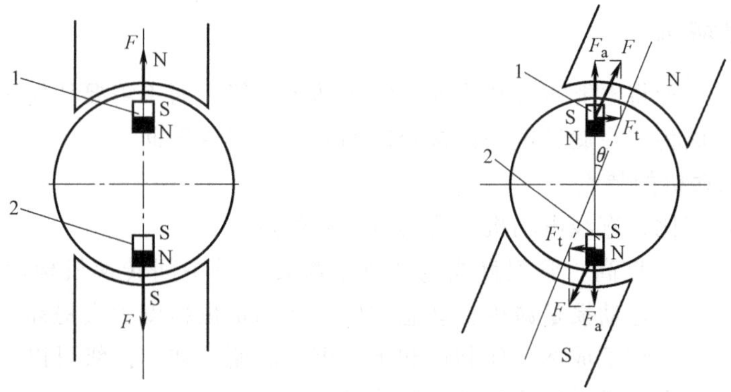

a) 无切向力　　b) 有切向力

图 2-17　磁滞式同步电动机工作原理示意图

磁滞电动机在起动过程中，不仅有磁滞转矩，还有转子涡流产生的异步转矩，因此比较容易起动和牵入同步。磁滞电动机的定子结构和异步电动机相同。它可以是三相的，也可以是单相的。如果是单相的，也应采用分相起动措施（见单相异步电动机）。转子常用铁钴钒或铁钴钼合金制成的磁滞环套在磁性或非磁性套筒上。套筒安装在轴上，可以采用磁性套筒，也可以采用非磁性套筒，这二者磁力线路径有差异。

当转子低于同步速度运行时，转子和旋转磁场之间存在相对运动，磁滞转子切割旋转磁场而产生涡流。转子的涡流与旋转磁场互相作用就产生涡流转矩，此时的涡流转矩与交流异步电动机完全相同，随着转子的转速增加而减小，当达到同步时，涡流转矩为 0。产生涡流转矩最大好处是可以增加起动转矩，不附加任何起动绕组就能够自行起动。

磁滞同步电动机的主要优点是结构简单，工作可靠，有较大的起动力矩，不需要任何的起动装置就能平稳地达到同步速度，可以带动具有较大惯性的负载平滑地牵入同步运行，运转噪声小。其缺点是效率不高，电动机的体积重量都较其他类型同步电动机大，价格较贵。

常用于钟表机构、录音机、电视设备、记录仪表、陀螺和其他自动化系统的同步驱动装置中，功率小至不足1W，大到200W，其中功率小于50W的使用最为广泛。

3. 无刷直流伺服电动机

无刷直流伺服电动机的构造与同步电动机相同，转子由永磁体构成，如图2-9c所示。直流伺服电动机用电刷和换向器构成机械式换向机构，而无刷直流伺服电动机用磁极检测传感器、转角传感器和晶体管换向器（半导体开关构成的直流-交流转换器）组成电子式换向装置。

无刷直流电动机的工作原理与同步电动机相同，其特性与直流电动机相同。这种电动机由于没有电刷及电刷上的电压降和摩擦损耗而且转子惯量小，所以具有稳定、可靠、效率高、响应速度快等直流电动机和交流电动机的优点，在各种伺服系统中应用范围很广。目前还出现了将控制电路缩小，直接装在电动机内部的新产品。

2.2.3 步进电动机

由于步进电动机的结构、原理和步进电动机的驱动控制联系非常密切，所以此内容与步进电动机的驱动一起介绍，详见第7章。

2.2.4 直线电动机

直线电动机是一种将电能直接转换成直线运动机械能，而不需要任何中间转换机构的驱动装置。它可以看成将一台旋转电动机按径向剖开，并展成平面。

2.2.4.1 直线电动机的特点

与旋转电动机相比，直线电动机主要具有下列优点：

（1）简化结构、精度高　管型直线电动机不需要经过中间转换机构而直接产生直线运动，使结构大大简化，运动惯量减少，动态响应性能和定位精度大大提高，无回转误差；同时也提高了可靠性，节约了成本，使制造和维护更加简便。初、次级可以直接成为机构的一部分，这种独特的结合使得上述优势进一步体现出来。

（2）适合高速和极低速直线运动　因为不存在离心力的约束，普通材料也可以达到较高的速度，而且如果初、次级间用气垫或磁垫保持间隙，运动时无机械接触，那么运动部分也就无摩擦和噪声，可实现非常低速的运行。这样，传动零部件没有磨损，可大大减小机械损耗，避免拖缆、钢索、齿轮与带轮等所造成的噪声，从而提高整体效率。

（3）初级绕组利用率高　在管型直线感应电动机中，初级绕组是饼式的，没有端部绕组，因而绕组利用率高。

（4）无横向边缘效应　横向边缘效应是指由于横向开断造成的边界处磁场的削弱，而圆筒形直线电动机横向无开断，所以磁场沿周向均匀分布。

（5）容易克服单边磁拉力问题　因为径向拉力互相抵消，所以直线电动机基本不存在单边磁拉力的问题。

（6）易于调节和控制　通过调节电压或频率或更换磁级材料，可以得到不同的速度、电磁推力，适用于低速往复运行场合。

（7）适应性强　直线电动机的初级铁心可以用环氧树脂封成整体，具有较好的防腐、防潮性能，便于在潮湿、粉尘和有害气体的环境中使用；而且可以设计成多种结构形式，满足不同情况的需要。

（8）高加速度　这是直线电动机驱动相比丝杠、同步带和齿轮齿条驱动的一个显著优势。

直线电动机唯一的缺点是不具有减速作用，当承受切削反力时，需要耗费很大的电能。目前，国内在此方面的研究还有欠缺。如遇到大负载而且驱动轴是竖直面的情况，仍需要采用旋转电动机驱动丝杠等机械转换装置来实现。

2.2.4.2　直线电动机的分类

原则上对于每一种旋转电动机都有其相应的直线电动机，故它的种类很多，但一般按照工作原理来区分，可分为直线异步电动机、直线直流电动机和直线步进电动机三种。

1. 直线异步电动机

直线异步电动机与笼型异步电动机工作原理完全相同，两者只是在结构形式上有所差别。图 2-18b 是直线异步电动机的结构示意图，它相当于把旋转异步电动机（见图 2-18a）沿径向剖开，并将定、转子圆周展开成平面。直线异步电动机的定子一般是初级，而它的转子则是次级。在实际应用中初级和次级不能做成完全相等长度，根据初、次级间相对长度，可把平板型直线电动机分成短初级和短次级两类，如图 2-19 所示，由于短初级结构比较简单，制造和运行成本较低，故一般常用短初级，在特殊情况下才采用短次级。

平板型直线异步电动机仅在次级的一侧具有初级，这种结构形式称为单边型。单边型除了产生切向力外，还会在初、次级间产生较大的法向力，有时为了充分地利用次级和消除法向力，可以在次级的两侧都装上初级，这种结构形式称为双边型，如图 2-20 所示。

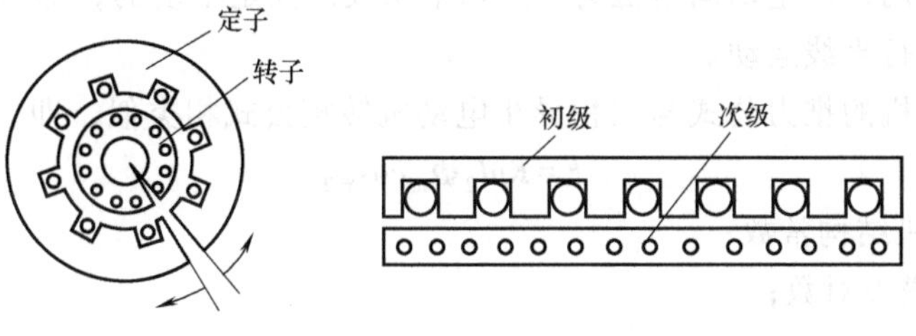

a) 旋转式　　b) 直线式

图 2-18　异步电动机的结构

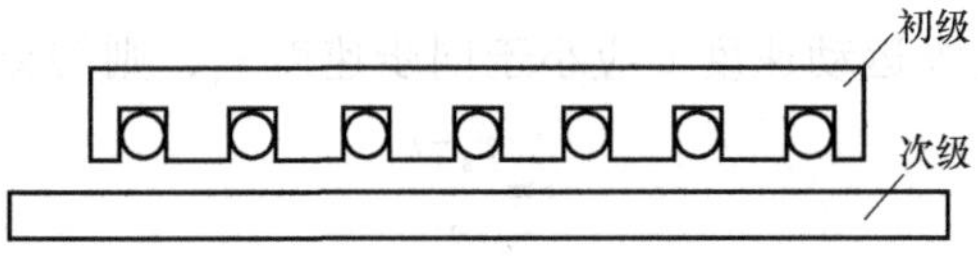

a) 短初级

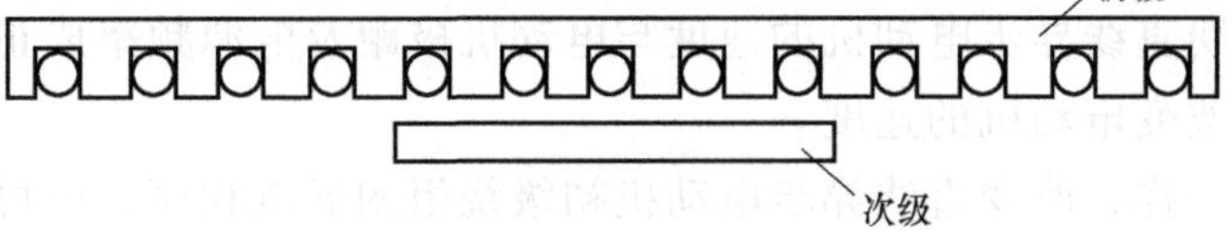

b) 短次级

图 2-19　平板型直线电动机

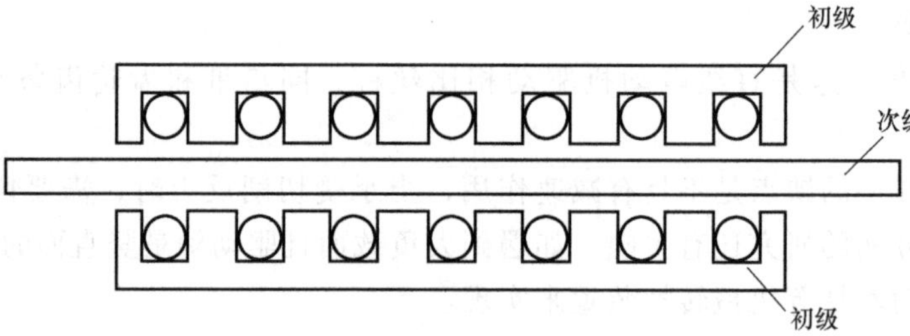

图 2-20　双边型直线电动机

直线异步电动机的工作原理如图 2-21 所示。当初级的多相绕组中通入多相电流后，会产生一个气隙磁场，但是这个磁场 B 是直线移动的，磁场按通电的相序顺序进行直线移动，故称为行波磁场。显然，行波磁场的移动速度与旋转磁场在定子内圆表面上的线速度是一样的，用 v_s 表示，即

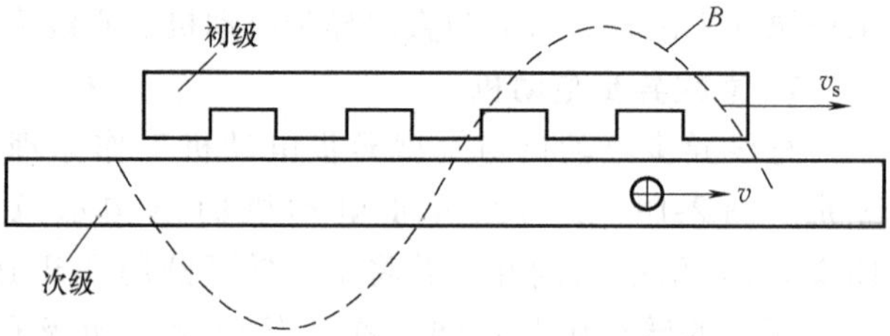

图 2-21　直线异步电动机的工作原理

$$v_s = 2f\tau \tag{2-12}$$

式中　τ——极距（cm）；

f——电源频率（Hz）。

次级导条切割行波磁场的磁感线时，次级导条将产生感应电动势和电流，导条中的电流和气隙磁场相互作用，产生切向电磁力 F。如果初级是固定不动的，那么，次级就顺着行波磁场运动的方向进行直线运动。

直线异步电动机的推力公式与三相异步电动机转矩公式相类似，即

$$F = KpI_2\Phi_m\cos\varphi_2 \tag{2-13}$$

式中　K——电动机结构常数；

p——初级磁极对数；

I_2——次级电流；

Φ_m——初级一对磁极的磁通量的幅值；

$\cos\varphi_2$——次级功率因数。

在推力 F 作用下，次级运动速度 v 应小于同步速度 v_s，则转差率 s 为

$$s = \frac{v_s - v}{v_s} \tag{2-14}$$

故次级移动速度为

$$v = (1-s)v_s = 2f\tau(1-s) \tag{2-15}$$

式（2-15）表明直线异步电动机的速度与电动机极距及电源频率成正比，因此，改变极距或电源频率都可改变电动机的速度。

与旋转电动机一样，改变直线异步电动机初级绕组的通电相序，就可改变电动机运动的方向，从而可使直线电动机进行往复运动。直线异步电动机的机械特性、调速特性等都与交流伺服电动机相似，因此，直线异步电动机的起动和调速以及制动方法与旋转电动机也

相同。

除了上述平板型直线异步电动机外，还有管型直线异步电动机，如果将图 2-22a 所示的平板型直线异步电动机的初级和次级沿箭头方向卷曲，则构成管型直线异步电动机，如图 2-22b 所示。

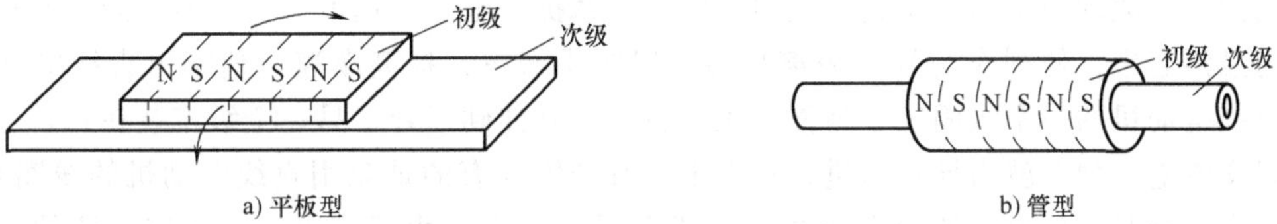

图 2-22 直线异步电动机

2. 直线直流电动机

直线直流电动机主要有两种——永磁式和电磁式。永磁式推力小，但运行平稳，多用在音频线圈和功率较小的自动记录仪表中；电磁式驱动功率较大，但运动平稳性较差，一般用于驱动功率较大的场合。

永磁式直线直流电动机结构如图 2-23 所示，这种电动机没有整流子，故具有无噪声、无干扰、易维护、寿命长等优点。在线圈的行程范围内，永久磁铁产生的磁场强度分布很均匀。当可动线圈内通入电流后，载有电流的导体在磁场中就会受到的电磁力的作用，这个电磁力的方向可以用左手定则来判断。只要线圈受到的电磁力大于线圈支架的静摩擦力，就可以使线圈产生直线运动。改变电流的大小和方向，就可控制线圈运动的推力和方向。当用于大功率的场合时，可将电动机的永磁体改为由电磁铁来代替，这就是电磁式直线直流电动机。

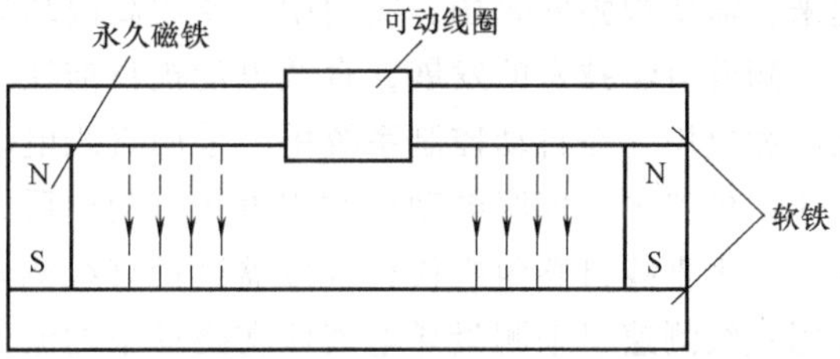

图 2-23 永磁式直线直流电动机

3. 直线步进电动机

直线步进电动机（linear stepper motor，LSM）是一种高速、高精度、高可靠性的数字直线执行器，在不需要闭环的条件下，能够提供一定精度的、可靠的位置和速度控制。直线步进电动机主要有反应式和永磁式两种，下面以反应式步进电动机为例介绍其驱动原理。

反应式直线步进电动机的工作原理与旋转式步进电动机相同，图 2-24 是四相反应式直线步进电动机的结构原理图，它的定子和动子都由硅钢片叠成。定子上下两表面都开有均匀分布的齿槽。动子是一对具有 4 个极的铁心，极上套有四相绕组，每个极的表面也开有齿槽，齿距与定子齿距相同。当某相动子齿与定子齿对齐时，相邻相的动子齿轴线与定子齿轴线错开 1/4 齿距。上下两个动子铁心用支架刚性连接起来，可以一起沿着定子表面滑动，显然，当控制绕组按照 A-B-C-D-A 的顺序轮流通电，根据步进电动机一般原理，动子将以

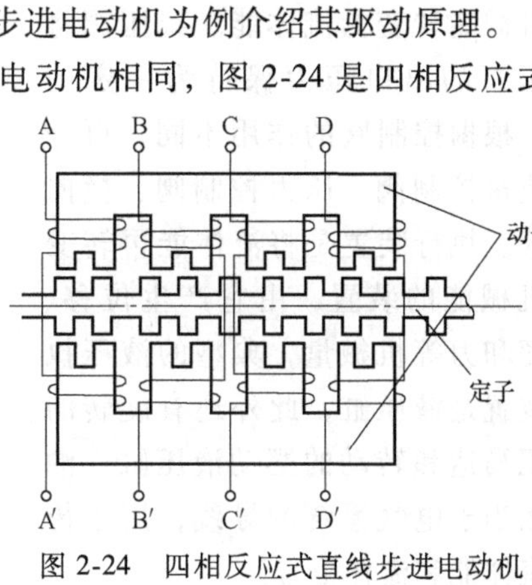

图 2-24 四相反应式直线步进电动机

1/4 齿距的步距向左运动，当通电顺序改为 A-D-C-B-A 相序时，动子则向右移动，通电方式可以是单拍、双拍和单双拍。

2.2.4.3 直线电动机的应用

交流直线感应电动机（LIM）最初主要用于超高速列车。磁悬浮列车就是用直线电动机来驱动的。一般的列车由于车轮和铁轨之间存在摩擦，限制了速度。而磁悬浮列车是将列车用磁力悬浮起来，使列车与导轨脱离接触，以减小摩擦，提高车速。列车由直线电动机牵引，直线电动机的一个级固定于地面，跟导轨一起延伸到远处，另一个级安装在列车上。初级通以交流电，列车就沿导轨前进，列车上装有磁体（有的是兼用直线电动机的线圈），磁体随列车运动时，使设在地面上的线圈（或金属板）中产生感应电流，感应电流的磁场和列车上的磁体（或线圈）之间的电磁力把列车悬浮起来。

磁悬浮列车的优点是运行平稳，噪声小，所需的牵引力很小，只要几千瓦的功率就能使磁悬浮列车的速度达到 550km/h。磁悬浮列车减速时，磁场的变化减小，感应电流也减小，磁场减弱，造成悬浮力下降。悬浮列车也配备了车轮装置，它的车轮像飞机的起落架一样，在行进时能及时收入列车，停靠时可以放下来，支持列车。要使质量巨大的列车靠磁力悬浮起来，需要很强的磁场，实用中需要用高温超导线圈产生强大的磁场。

随着科学技术的发展，直线电动机目前在交通运输、机械工业和仪器仪表工业中已得到推广和应用。在自动控制系统中，采用直线电动机作为驱动、指示应用也更加广泛，例如在快速记录仪中，伺服电动机改用直线电动机后，可以提高仪器的精度和频带宽度；在雷达系统中，用直线自整角机代替电位器进行直线测量可提高精度，简化结构；在电磁流速计中，可用直线测速机来测量导电液体在磁场中的流速；另外，在录音磁头和各种记录装置中，也常用直线电动机传动。

2.3 液压执行装置及伺服系统

2.3.1 液压系统

液压系统由液压泵、溢流阀、控制阀、液压执行装置、油箱等组成，如图 2-25 所示。液压泵将电动机或发动机驱动的旋转机械能转变为流体能。减压阀将液压泵的出口压力保持为一定的值。根据控制阀的作用不同，可分为流量控制阀、压力控制阀、换向阀等。执行装置是将流体能再转变为机械能的装置，由它产生位移、速度和力等机械量，典型的液压执行装置是液压缸，此外还有旋转的液压马达和转动的摆动液压缸。油路相当于电气系统的导线，用于传递流体能和流体信号。

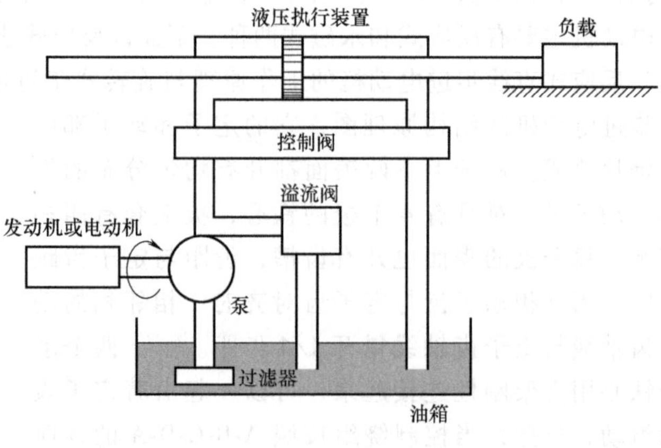

图 2-25 液压系统

2.3.2 液压缸

液压缸有仅在活塞的单端受到液压作用的单行程液压缸和活塞两端都受到液压作用的往复液压缸。单行程液压缸的回程运动是由载荷、重力或者弹簧力来驱动的。在往复液压缸中，还可分为双杆型和单杆型两种液压缸。除此以外，还出现了不少特殊结构的液压缸，如钢索液压缸，缸筒能卷曲的液压缸、带有自锁装置的液压缸等。在液压伺服系统中，一般都采用控制性能好的往复双杆型液压缸。

为了满足各种需求，液压缸的规格、品种日趋齐全，结构多种多样。例如：用于仪器仪表和生活设施的液压缸，其直径只有4mm，而用于重型机械设备上的液压缸直径可超过1.8m，长度也超过20m，有的液压缸的工作吨位可高达上万吨；液压缸的稳定工作极限速度可低至0.03mm/min，速度上限已超过1.5m/s；特种液压缸可在-60~200℃的温度范围内正常工作，而液压缸的使用寿命最长可以运行超过6000km。

钢索液压缸用外表包有尼龙的钢丝绳替代活塞杆，钢丝绳两端分别连接在活塞的两侧，外边的钢丝绳分别套在液压缸两端的滑轮上，运动时钢丝绳依靠滑轮导向，其结构如图2-26所示。由于用钢丝绳代替活塞杆传递动力，所以钢索液压缸的重量轻，没有下垂和单面磨损现象。这种缸不像普通液压缸活塞杆伸出时需要占用空间，所以轴向安装尺寸小，而且能随意改变安装角度，并通过滑轮或滑轮组改变运动方向、距离、速度和力的大小。但是，钢索液压缸的工作刚性差，一般使用的工作压力在2~3MPa。

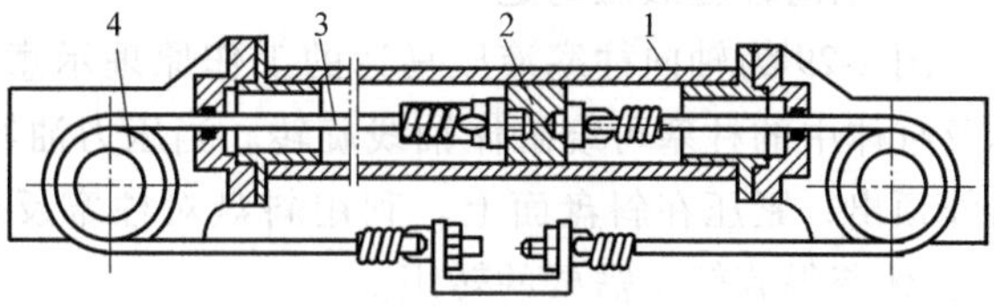

图2-26 钢索液压缸

1—缸套 2—活塞 3—包覆尼龙的钢丝绳 4—滑轮

2.3.3 液压马达

液压马达可以分为齿轮液压马达、叶片液压马达和柱塞液压马达等。下面主要介绍这三种结构的工作原理。

2.3.3.1 齿轮液压马达

齿轮液压马达的结构与齿轮泵一样，都是由两个齿轮和壳体构成，由两个口的压力差来决定旋转方向。齿轮液压马达具有结构简单、重量轻、价格便宜、抗振动等优点。

齿轮液压马达的密封性差、容积效率低、工作转矩小，一般用于高速、低转矩的场合（转速范围1000~10000r/min）。

齿轮液压马达的工作原理如图2-27所示，压力油从马达的一侧流入，两个互相啮合的轮齿使得这两个轮齿齿槽中的两个表面只有一部分受压力油的作用，从而使齿轮承受不平衡的转矩而产生转动。由于两个啮合轮齿接触点到两齿轮节点的距离在啮合时是变化的，因此不平衡转矩也变化，所以齿轮马达的输出转矩具有脉动性。

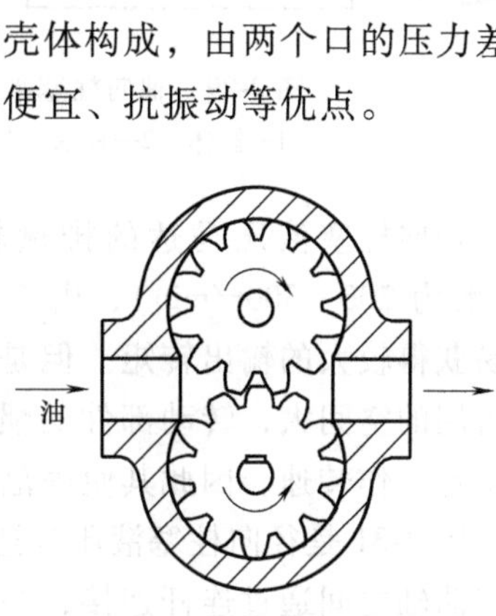

图2-27 齿轮液压马达

2.3.3.2 叶片液压马达

叶片液压马达具有输出转矩平稳、噪声低、转矩/重量比高、惯量小、动作灵敏等优点，适用于换向频率高的场合。叶片液压马达的最大弱点是机械特性较软，负载增加时转速迅速下降，泄漏大，不能低速工作。一般最低转速不低于100r/min，最高转速可达2000r/min。

图2-28为叶片液压马达工作原理示意图。其结构是在转子的径向上插入若干（通常为9~13）片叶片，叶片的悬伸部分在液压的作用下产生转矩。压力油从马达右端的进油口通过端面配油槽输入进油腔，迫使转子沿顺时针方向旋转。此时，进油腔的体积逐渐变大，使马达继续进油。与此对应，排油腔的容积逐渐变小，使排油腔内的油液通过端面配油槽从左端排油口排出，实现马达的连续回转。

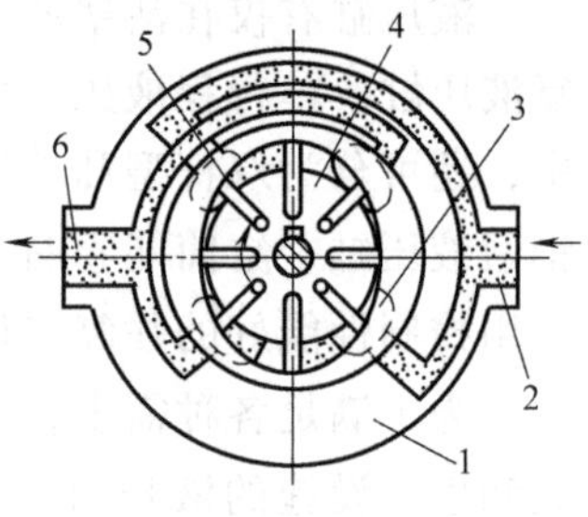

图2-28 叶片液压马达
1—外壳 2—进油口 3—配油槽 4—转子 5—叶片 6—排油口

2.3.3.3 柱塞液压马达

1. 轴向柱塞液压马达

图2-29为轴向柱塞液压马达的工作原理示意图。它的斜盘及配油盘是固定不动的，缸体及缸体中的柱塞可绕缸体轴线旋转。当压力油经过配油盘进入柱塞底部时，柱塞被压力油向外顶出、紧压在斜盘面上。利用斜盘对柱塞反作用力在垂直于柱塞轴线方向的分力使柱塞-缸体获得旋转所需要的转矩。

2. 径向柱塞液压马达

径向柱塞液压马达的工作原理与轴向柱塞液压马达非常相似，如图2-30所示。不同之处在于它的柱塞1沿缸体3进行径向往复运动。其圆环形的定子2及配油轨4相当于轴向柱塞液压马达的斜盘及配油盘。利用缸体相对于定子的偏心，使柱塞做往复运动，实现缸孔容积吸油及压油的变化。

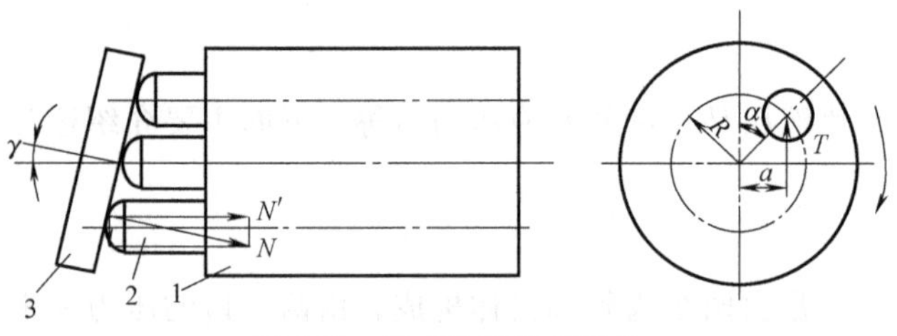

图2-29 轴向柱塞液压马达
1—缸体 2—柱塞 3—斜盘

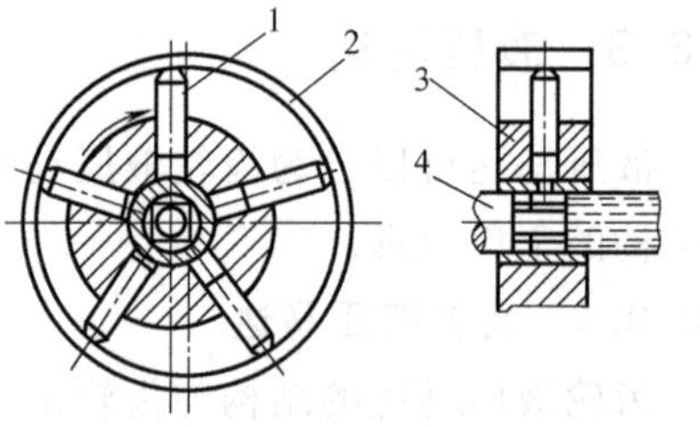

图2-30 径向柱塞液压马达
1—柱塞 2—定子 3—缸体 4—配油轨

径向柱塞液压马达的排量较大、工作转速较低（一般为200~300r/min），由于其径向尺寸大，因此容易获得较大的输出转矩。但是这种柱塞液压马达径向占用的空间大，转动部件的惯性大，不易获得极低的稳定工作转速，因此其使用范围有限。

图2-31是径向柱塞液压马达的结构示意图，各活塞与曲轴之间通过连杆连接，与曲轴连为一体的旋转阀控制各个液压缸按顺序供油，使曲轴能够连续转

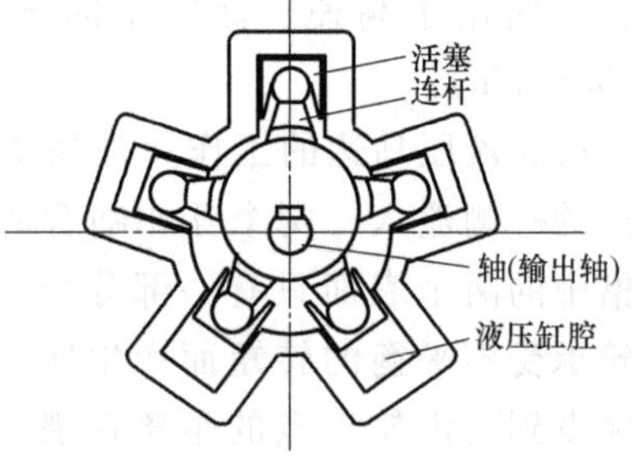

图2-31 径向柱塞液压马达结构示意图

动。径向活塞液压马达虽然结构复杂，但效率较高。

2.3.4　液压伺服阀的工作原理

液压伺服系统中解决压力、流量和流动方向的控制方式主要有两种，一种是通过改变液压泵的转速或者斜板角度来控制出口流量的泵控制方式；另一种是用液压阀来调节油路的面积，从而控制执行装置的流量、压力等的阀控制方式。与阀控制方式相比，泵控制方式具有系统结构简单、能量效率高等优点，从节能的观点出发，泵控制方式作为直接驱动方式获得了很多关注。但是从响应速度、控制精度和价格等方面来看，还是阀控制方式更优越，应用得也较多。为此本章主要讲解阀控制方式。

液压伺服阀是液压伺服系统中重要的环节，为了加深对液压伺服阀的了解，本节主要围绕机械液压伺服系统（简称机液伺服系统），建立液压伺服的概念，便于更好学习电液伺服阀及液压伺服系统。

机液伺服系统的主要优点是结构简单、工作可靠、容易维护。与电液伺服系统相比，其增益调整不方便。由于机液伺服系统的反馈机构存在间隙，影响系统性能，不像电液伺服系统易于实现校正，因此它的系统快速性和精度难于同时满足要求。电液伺服阀能够把微小的电气信号转换成大功率的液压能（流量和压力）输出，它集电控和阀控优势于一体，具有体积小、结构紧凑、功率放大倍率高、线性度好、死区小、灵敏度高、动态性能好、响应速度快等优点，故得到了广泛应用。

1. 机械液压伺服阀

将阀控液压动力机械的输出量，通过机械装置反馈到输入端所组成的闭环回路，称为机械液压伺服系统，如图 2-32 所示。机液伺服系统主要用来进行位置控制。机液伺服系统在飞机的舵面控制、车辆转向控制、仿形机床以及伺服变量系统操纵机构中应用广泛。

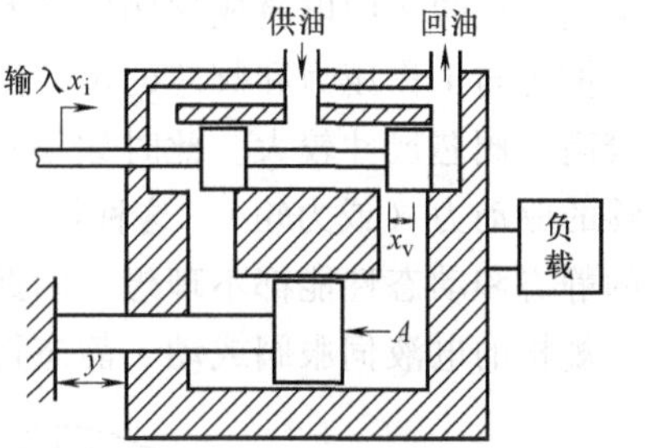

图 2-32　内反馈机械液压伺服系统结构原理图

机械液压伺服系统有内反馈式和外反馈式两种反馈形式。图 2-32 为内反馈机械液压伺服系统的结构原理图，它由三通阀控制差动液压缸组成。当输入信号 x_i 按图示方向作用在阀芯后，阀芯与缸体间的相对位移 x_v 即三通阀的开口量。高压油经过阀口进入液压缸的无杆腔，推动缸体带动负载随 x_i 的方向运动。当缸体位移量 y 与输入位移量 x_i 相等时，$x_v=0$，阀口闭合，缸体停止不动。如果阀芯反向，缸体带动负载也反向运动。因这种机械液压伺服系统是由缸体的运动直接使阀开口量减小而形成反馈，故称内反馈。内反馈系数为 1。如果机械液压伺服系统是通过执行元件的外部杠杆系统形成反馈的，称外反馈系统。外反馈系统的反馈系数决定于杠杆比。图 2-33 为液压伺服系统仿形加工原理示意图。

2. 单级电液伺服阀

电液伺服阀既是电液转换元件又是功率放大元件。在电液伺服系统中，电液伺服阀将功率很小的电信号放大并转换成液压功率输出。它的输入量是电信号，输出量则是和输入量成正比的负载流量或负载压力。由于阀的输出流量（或压力）是由阀芯位移所引起的，因此，也可以将阀芯位移作为输出量。根据上述功能，电液伺服阀包括两个部分：一个是电气-机械转换器，它把输入的电信号转换成与其成比例的位移，另一个是主控制阀，它将位移转换成相应的流量或压力输出。

图 2-34 为单级电液伺服阀的工作原理图，图中跨接在两个导磁体 2 上的永磁铁 1 使导磁体磁化，在导磁体的两对极掌间形成较强的恒定磁场。当在线圈 3 内通以电流时，衔铁 5 磁化，使其上、下端有不同的极性。衔铁处于导磁体两极产生的磁场内，在两个磁场的作用下，衔铁受到吸力（或斥力）而绕其中心旋转。衔铁中心为一个具有一定刚度的销轴 4，当衔铁受到的电磁力矩与销轴的回复力矩平衡时就停止运动，故衔铁的偏转角度与线圈内的电流值对应。这就是一个电气-机械转换器或称为力矩马达，这种形式的马达称为衔铁式力矩马达。

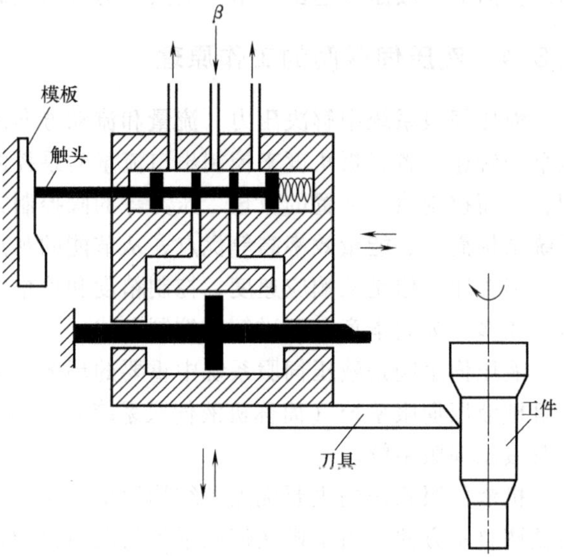

图 2-33　液压伺服系统仿形加工原理示意图

在这个液压伺服系统中，衔铁的下端与主控制阀的阀芯连在一起，在行程不大时，阀芯得到与线圈 3 中电流成比例的位移。但是阀芯和阀套间存在摩擦力（由液压卡紧力引起），摩擦力与工作压力和阀芯的尺寸近似成比例。当要求伺服阀有较大功率输出时，其工作压力较高，阀芯尺寸较大。此时如果直接用力矩马达带动，力矩马达的尺寸也要较大，以产生足够的驱动力（或力矩）。这种情况下，由于受到力矩马达性能的影响，所组成的电液伺服阀的静态和动态性能都不理想。因此，用力矩马达直接带动阀芯的单级驱动方式，只有在某些小规格的电液伺服阀或动、静态性能要求较低的电液比例阀中采用。

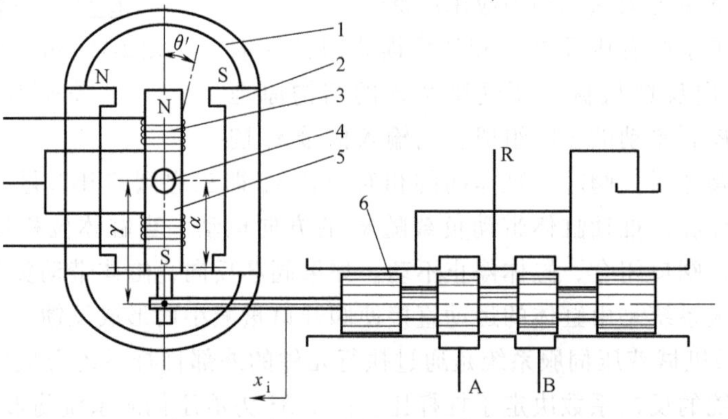

图 2-34　单级电液伺服阀工作原理图

1—永磁铁　2—导磁体　3—线圈　4—销轴　5—衔铁　6—阀芯

3. 动圈式电液伺服阀

在目前市场上见到的电液伺服阀中，多数设有一个前置液压放大器，它将力矩马达输出的力放大后再推动主阀阀芯。因此一般电液伺服阀由电气-机械转换器、液压前置放大器和主控制阀三部分组成，常称为二级伺服阀。

图 2-35a 是动圈（位置反馈）式电液伺服阀的结构示意图。图中上半部分是电气-机械转换器，下半部分为主控制阀及液压前置放大器。压力油由 P 口进入主滑阀 4，A、B 口接执行元件，T 口回油。主滑阀 4 是空心的，由动圈 7 带动的小滑阀 6 与主滑阀的内孔配合，成为液压前置放大器。动圈靠近小滑阀，并用两个弹簧 8、9 定位。小滑阀上的两条控制边与主滑阀上两个横向孔形成两个可变节流口 11、12。P 口来的压力油液进入主阀后，除经主控油路外，还经过固定节流口 3、5，可变节流口 11、12，小滑阀的环形槽和主滑阀中部的横向孔到 T 口回油。

这里首先引入液压桥概念，液压桥工作主要依靠前置阀芯的位移使两个可变液阻发生变化，因而液压桥将产生负载压力和负载流量，驱动功率级阀芯移动，即前置级的阀套，且功率阀芯一边移动一边逐渐消减前置级滑阀的原开启面积的变化量，直到前置级滑阀的两个可变节流控制口的面积相等，此时功率阀芯将停止在某一预定的位置上。

图 2-35b 是由两个固定节流口和两个可变节流口组成一个液压桥。桥路中固定节流口与可变节流口连接的节点 a、b 分别与主滑阀上、下两个台肩端面连通，主滑阀可在节点压力作用下运动。平衡位置时，节点 a、b 的压力相同，主滑阀保持不动。如果小滑阀在动圈作用下向上运动，可变节流口 11 加大，12 减小，a 点压力降低，b 点压力上升，主滑阀将随之向上运动。由于主滑阀又兼作小滑阀的阀套（起反馈作用），故当主滑阀向上移动的距离与小滑阀一致时，将停止运动。同样，在小滑阀向下运动时，主滑阀也随之向下移动相同的距离。

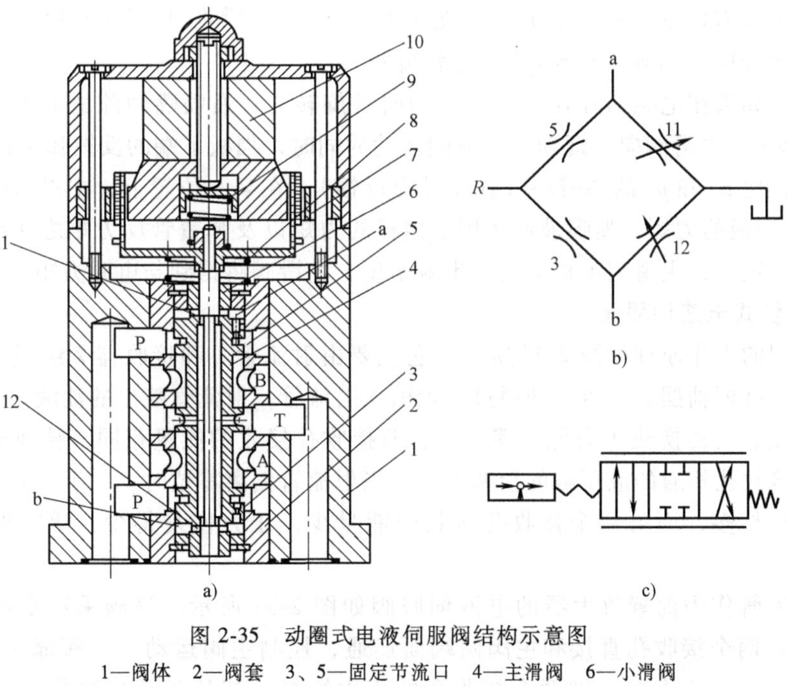

图 2-35　动圈式电液伺服阀结构示意图

1—阀体　2—阀套　3、5—固定节流口　4—主滑阀　6—小滑阀

7—动圈　8—下弹簧　9—上弹簧　10—磁钢　11、12—可变节流口

这种阀的特点是结构比较简单，工作可靠；力矩马达线性范围宽，调整方便；前置级滑阀流量增益大，输出流量大；和喷嘴挡板式液压马达比较，力矩马达体积大，工作电流大；小滑阀（以及主滑阀）的工作行程为零点几毫米，比喷嘴挡板阀的工作缝隙大得多，对油

液清洁度的要求较低，抗污染能力好；由于马达动圈和滑阀阀芯直接连接，运动部分的惯量大，固有频率低。

4. 喷嘴挡板式电液伺服阀

喷嘴挡板（力反馈）式电液伺服阀的结构如图 2-36 所示。图中上半部为衔铁式力矩马达，下半部为主滑阀及液压前置放大器。力矩马达是横向放置的，挡板 9 与衔铁 5 相互垂直地固定在一起。当衔铁受到电磁力作用时，将和挡板一起以弹簧管 6 中的某一点为支点偏转。弹簧管同时起扭簧作用，也兼起隔离作用，可防止油液进入力矩马达，防止油液中可能存在的铁粉影响力矩马达的稳定。压力油液除经主滑阀进入执行元件外，还经固定节流孔 10、13 到主滑阀两端面，再经过两个喷嘴 7、8 和挡板 9 形成的间隙回油。这就是液压前置放大器的回路。其情况和动圈式电液伺服阀中的小滑阀相似，只是以喷嘴挡板阀来代替小滑阀，同样利用液压桥原理实现所需功能，图中 10、13 是固定阻尼口，7、8 是可变阻尼口。

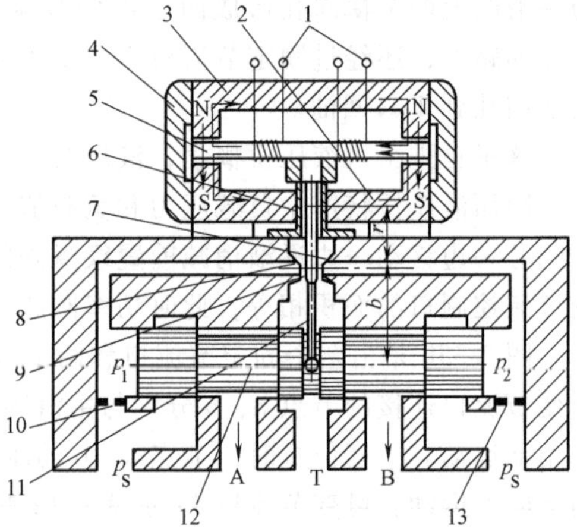

图 2-36 喷嘴挡板式电液伺服阀的结构

1—线圈 2、3—导磁体 4—永磁铁 5—衔铁 6—弹簧管 7、8—喷嘴 9—挡板 10、13—固定节流孔 11—反馈弹簧杆 12—主阀

当线圈中没有电流通过时，挡板 9 处于中位，主滑阀两端压力相等（$p_1=p_2$），主滑阀处于中间零位。如果在电磁力作用下，挡板顺时针旋转时，右喷嘴间隙增加，左喷嘴间隙缩小，使得 $p_1>p_2$，主滑阀向右运动。主滑阀运动的同时，挡板下端的反馈弹簧杆 11 又使挡板逆时针偏转，使 p_1 和 p_2 的差减小（这就是力反馈）。在某一位置上，主滑阀通过反馈弹簧杆 11 作用于挡板的力矩、喷嘴液流作用于挡板的力矩以及弹簧管反力矩之和等于力矩马达产生的电磁力矩时，主滑阀不再运动。也就是说，主滑阀将得到与电磁力矩相对应的位移。

5. 射流管式电液伺服阀

射流管阀的工作原理如图 2-37 所示，它主要由射流管 1 和接收器 2 组成。射流管由枢轴 3 支承，可绕枢轴摆动。压力油通过枢轴引入射流管，射流管喷出的油液由接收器 2 上两个接收孔接收后又转换成压力能。零位时，两接收孔接收的能量相同，转换成的压力也相同，两腔与接收孔相通的液压缸的活塞不动。当射流管偏离零位时，一个接收孔接收的能量多，压力恢复得多，而另一个接收孔接收的能量少，压力恢复得少，活塞即产生相应的运动。

采用射流管作为前置放大器的电液伺服阀如图 2-38 所示。该阀采用衔铁式力矩马达带动射流管。两个接收孔直接和主阀两端面连通，控制主阀运动。主阀靠一个板簧定位，其位移与主阀两端压力差（即两个接收孔的压力恢复）成比例。这种伺服阀的最小通流尺寸（喷嘴口）为 0.2mm，与喷嘴挡板阀的工作间隙 0.025～0.05mm 相比，相差 4～8 倍，故对油液的清洁度要求较低。图示结构中，由于力矩马达需带动射流管，负载惯量较大，响应速度低于喷嘴挡板式伺服阀。改进后的射流管式伺服阀的响应速度与喷嘴挡板式接近。

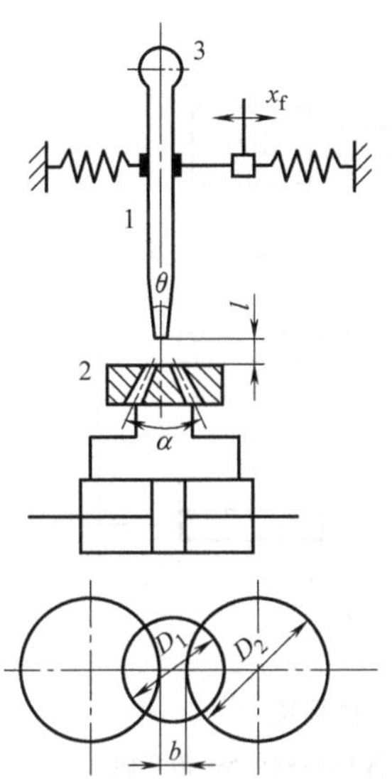

图 2-37　射流管阀的工作原理图

1—射流管　2—接收器　3—枢轴

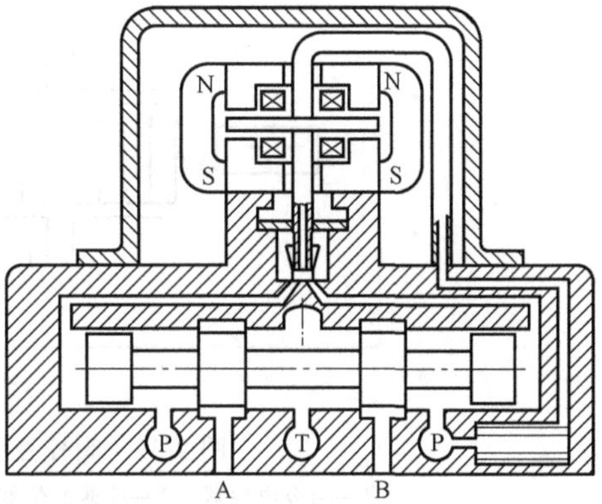

图 2-38　射流管式伺服阀

2.3.5　电液伺服系统

电液伺服系统是由电信号处理部分和液压的功率输出部分组成的控制系统，在信号处理部分采用电气元件，系统的输入是电信号，在功率输出部分使用液压元件，两者之间利用电液伺服阀作为连接的桥梁，有机地结合起来，构成电液伺服系统。系统综合电、液两种元件的长处，具有响应速度快、输出功率大、结构紧凑等优点，因而得到了广泛应用。

电液伺服系统根据被控制物理量的不同可以分为位置伺服控制系统、速度伺服控制系统、力或压力伺服控制系统。

2.3.5.1　电液位置伺服控制系统

电液位置伺服控制系统常用于机床工作台的位置控制、机械手的定位控制、稳定平台水平位置控制等。在电液位置控制系统中，按控制元件的种类和驱动方式分为节流式控制（阀控）系统和容积式控制（泵控）系统两类。目前，广泛应用的是阀控系统，它包括阀控液压缸和阀控液压马达系统。

1. 阀控液压缸电液位置伺服控制系统的工作原理

阀控液压缸电液位置伺服控制系统如图 2-39 所示。它采用双电位器作为检测和反馈元件，控制工作台的位置，使之按照给定指令运动。

该系统由指令电位器 1、反馈电位器 2、放大器 3（由电子电路组成的放大器）、电液伺服阀 4 和液压缸 5 组成。指令电位器将滑臂的位置指令 x_i 转换成电压 u_i，被控制的工作台位置 x_f 由反馈电位器检测，并转换成电压 u_f。两个电位器接成比较电路，其输出电压为

$$\Delta u_i = u_i - u_f = k(x_i - x_f) \tag{2-16}$$

式中　k——电位器增益，$k = u/x_o$（u 为电桥供电电压）；

x_o——电位器滑臂的行程。

当工作台位置 x_f 与指令位置 x_i 一致时，电桥输出的偏差电压 $\Delta e_i = 0$，此时放大器输出

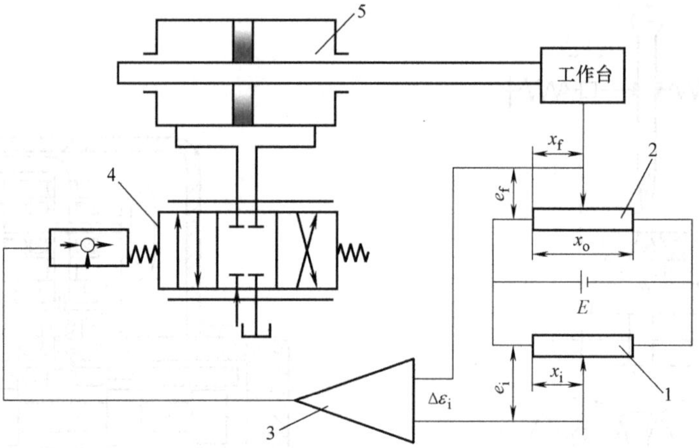

图 2-39 阀控液压缸电液位置伺服控制系统

1—指令电位器 2—反馈电位器 3—放大器 4—电液伺服阀 5—液压缸

为零，电液伺服阀处于零位，没有流量输出，工作台不动，系统处于一个平衡状态。

若反馈电位器滑臂电位与指令电位器的滑臂电位不同时，例如指令电位器的滑臂右移一个位移 Δx_i，在工作台位置变化之前，电桥输出偏差电压，经过放大器放大并转换成电流信号控制电液伺服阀，经电液伺服阀转换并输出液压推动液压缸，驱动工作台向右移动。随着工作台的移动，电桥输出偏差电压逐渐减小，当工作台位移 Δx_f 等于指令电位器滑臂位移 Δx_i 时，电桥又重新处于平衡状态，输出偏差电压等于零，工作台停止运动，反之亦然。这样，工作台位置能够精确地跟随指令电位器滑臂位置任意变化，实现位置的伺服控制。

2. 电液位置伺服系统应用实例

利用液压伺服控制系统，对张力、位置、厚度和速度等参数进行控制的应用非常广泛，带材跑偏控制就是其中一种，图 2-40 所示是轧钢机上的电液位置伺服跑偏控制系统。

跑偏控制系统由光电检测器、伺服放大器、电液伺服阀、液压缸、卷取机和能源装置组成。光电检测器用来检测钢带的横向跑偏及方向，它由电源和光电管接收器组成。

图 2-40a 为钢带卷取机跑偏控制装置原理及液压系统图。卷取机的卷筒 4 将连续运动的钢带 5 卷取成钢卷，钢带在卷取机前产生随机跑偏量 Δx。卷取机 3 及其传动装置安装在平台上，在伺服液压缸 2 的驱动下平台沿卷筒轴线方向产生的轴向位移为 Δx_p。跑偏量 Δx 在光电检测器 6 感应后产生相应的电信号输入液压控制系统，使卷筒产生相应的位移，即纠偏量 Δx_p，使 Δx_p 跟踪 Δx，以保证卷取钢卷的边缘整齐。伺服液压缸 2 和跑偏传感器辅助液压缸 8 都由电液伺服阀 9 进行控制。液控单向阀组 11、12 及电磁换向阀 7 组成转换油路，10 为能源装置。系统投入工作前先使调节跑偏传感检测的辅助液压缸 8 与电液伺服阀 9 相通，使光电检测器自动调零，然后转换油路使伺服液压缸 2 与电液伺服阀 9 相通，系统投入正常工作。

如图 2-40b 所示，利用光电管作为一个桥臂构成的电桥电路，输出的电压信号是反映带边偏离的偏差信号，送入放大器。当钢带正常运行时，光电管的一面接收光照，其电阻为 $R_1=a$，调整电阻 R_2、R_3，使 $R_1R_3=R_2R_4$，电桥平衡无输出。当钢带跑偏，带边偏离检测装置的中央位置时，光电管接收的光线发生变化，电阻也随之变化，使电桥失去平衡，产生反

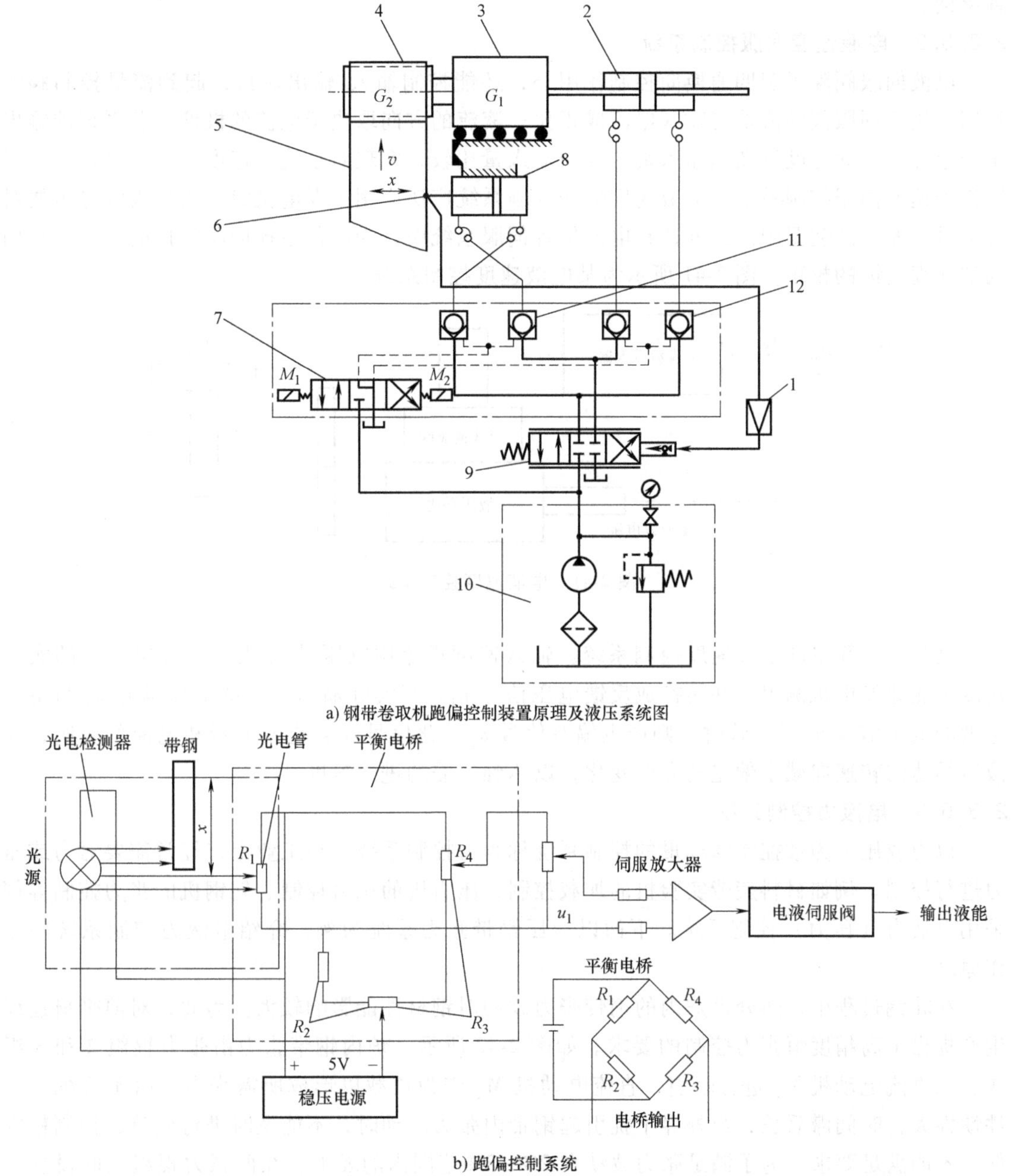

a) 钢带卷取机跑偏控制装置原理及液压系统图

b) 跑偏控制系统

图 2-40　电液位置伺服跑偏控制系统

1—伺服放大器　2—伺服液压缸　3—卷取机　4—卷筒　5—钢带　6—光电检测器
7—电磁换向阀　8—辅助液压缸　9—电液伺服阀　10—能源装置　11、12—液控单向阀组

映带边偏离值的偏差信号 u_1，此信号经放大器放大后输入电液伺服阀，伺服阀输出与输入信号成正比的流量，使伺服液压缸拖动卷取机的卷筒向跑偏的方向跟踪，当跟踪位移和跑偏位移相等时，偏差信号等于零，卷筒停止移动，在新的平衡状态下卷取，完成了自动纠偏过程。本系统中，由于检测装置安装在卷取机移动部件上，与卷筒机一起移动，实现了直接位

置反馈。

2.3.5.2 电液速度伺服控制系统

电液伺服阀除了起四通换向控制作用外，还能控制输入/输出流量，起到流量控制阀的作用。流经伺服阀的流量与输入电流成正比，液流的方向取决于电流的极性。若系统的输出量为速度，将此速度反馈到输入端，并与输入量比较，实现对系统的速度控制，这种控制系统称为速度伺服控制系统。电液速度伺服控制系统广泛应用于发电机组、雷达天线等需要对转速进行控制的装置中。此外，在电液位置伺服系统中，为改善主控回路的性能，也常采用局部速度反馈的校正。图 2-41 所示为某电液速度控制系统。

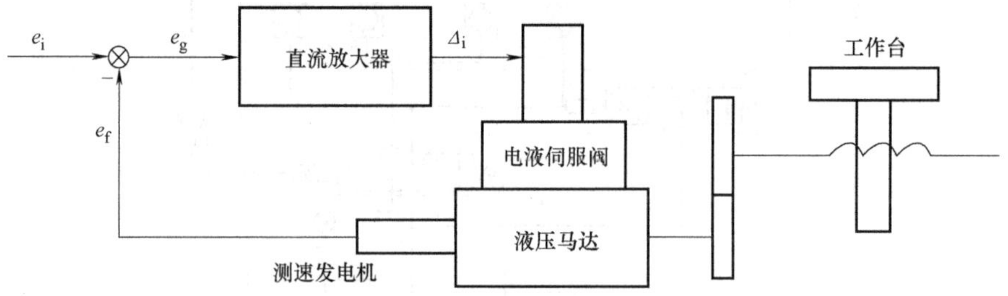

图 2-41 电液速度控制系统

这是一个简单的电液速度控制系统。输入速度指令用电压量 u_i 表示，液压马达的实际速度由测速发电机测出，并转换成反馈电压信号 u_f。当实际输出速度的电压信号 u_f 与指令速度的电压信号 u_i 不一致时，则产生偏差信号 u_g，此信号经直流放大器和电液伺服阀，使液压马达的转速向减小偏差的方向变化，以达到所需的进给速度。

2.3.5.3 电液力控制系统

以力或压力为被控制物理量的控制系统称为力控制系统。在工业上，经常需要对力或压力进行控制。例如材料疲劳实验机的加载控制、压力机的压力控制、轧钢机的张力控制等都采用电液力（压力）控制系统。下面以液压钢带张力系统为例，介绍电液力控制系统的工作原理。

在轧钢过程中，热处理炉内的钢带张力波动对钢材性能影响较大。为此，对薄带材连续生产提出了高精度恒张力控制的要求。如图 2-42 所示，炉内钢带张力由张力辊组 2 和 8 组成。以直流电动机 M_1 进行牵引，直流电动机 M_2 作为负载以形成所需张力。由于系统各部件惯性大，时间滞后长，当外界干扰引起钢带内张力波动时，不能及时进行调整，控制精度低，不能满足要求。为了满足张力波动在 2%~3%范围内的要求，在两张力辊组之间设立一液压张力控制系统来提高控制精度，在转向辊左右两轴承座下各装一力传感器 6 作为检测器，两传感器检测所得信号的平均值与给定信号值相比较。

钢带张力控制系统工作原理：信号经伺服放大器放大后输入电液伺服阀。若实际张力与给定值相等，则偏差信号为零，电液伺服阀无输出，液压缸 1 保持不动。当张力增大时，偏差信号使伺服阀在某一方向产生开口量，输出一定流量，使液压缸 1 活塞向上运动，抬起浮动辊 5，张力减少到额定值；反之，当张力减少时，产生的偏差信号使伺服阀控制液压缸活塞向下运动，浮动辊下移张紧钢带，张力升高到额定值。因此，系统是一个恒值控制系统，它保证了钢带张力符合要求，提高了钢材质量。

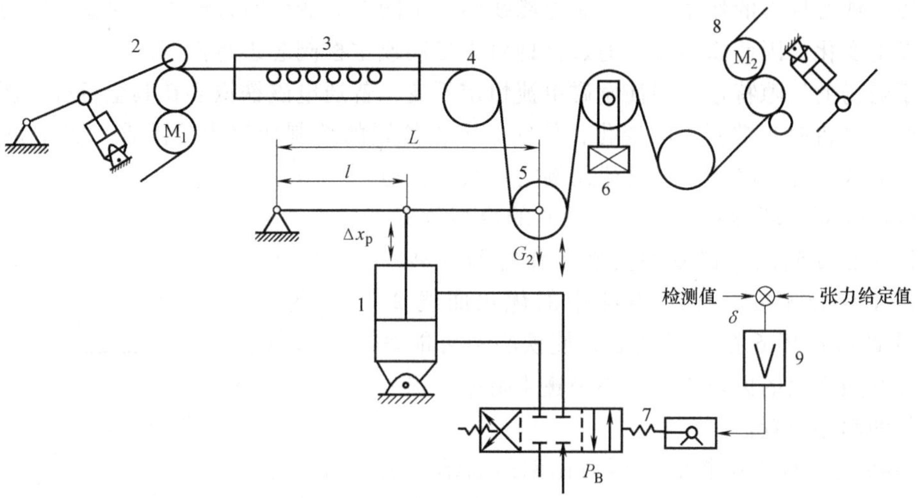

图 2-42　钢带张力控制系统原理图

1—液压缸　2、8—张力辊组　3—热处理器　4—转向辊　5—浮动辊　6—力传感器　7—电液伺服器　9—伺服放大器

2.3.6　电液比例控制

虽然电液伺服阀可以实现比较精确的运动控制，但由于伺服阀中喷嘴挡板、阻尼孔、主控阀芯等精密部件对工作油液的洁净度要求十分苛刻，稍有堵塞就无法正常工作，限制了它应用的普及。为此，在能够满足性能要求的情况下，电液比例阀得到比较广泛的应用。

电液比例阀是一种按输入的电信号连续地、按比例地控制液压系统的液流方向、流量和压力的阀。在电液比例阀中，比例电磁铁驱动先导阀或直接驱动主控阀芯，使系统结构得到大大简化，与液压伺服阀相比，使用条件的要求也可适当降低，比较适合常规的液压控制系统。由于采用了压力、流量、位移内反馈和动压反馈及电校正等手段，阀的稳态精度、动态响应和稳定性都可以达到比较理想的水平。

比例阀适用于既要求能连续控制压力、流量和方向，又不需要很大的控制精度的场合。比例阀分为压力阀、流量阀和方向阀等，近来出现了功能复合化的趋势。电液比例阀的发展主要有两个途径：一是用比例电磁铁取代传统液压阀的手动调节装置或取代普通电磁铁发展起来的，二是由电液伺服阀简化结构、降低精度发展起来的。下面介绍的比例阀均指前者，它是当今比例阀的主流，与普通液压阀可以互换。

直流比例电磁铁是 20 世纪 70 年代以来在电液比例阀中应用最广泛的一种电气-机械转换器件，图 2-43 为它的结构原理图。图中，铁心 3 上包覆着两圈由减摩材料组成的滑动环 5，使铁心能够在两个同轴的导磁隔套内顺利滑动。在两导磁隔套的中间设置有一个两端为锥形的隔磁环 1，它的位置与形状对比例电磁铁的性能有决定性的影响。推杆 7 与铁心紧固在一

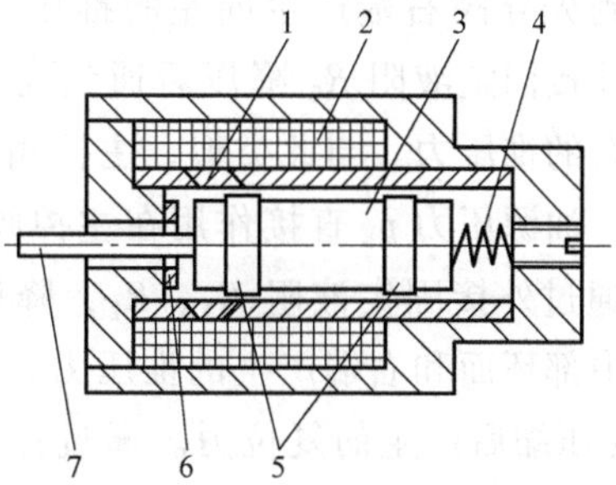

图 2-43　直流比例电磁铁结构原理

1—隔磁环　2—电磁线圈　3—铁心　4—弹簧　5—滑动环　6—限位环　7—推杆

起，起传递铁心推力的作用。当控制电磁线圈 2 中的电流变化时，电磁场对铁心的电磁牵引力也将发生变化，因此铁心可以通过推杆对先导阀或主控阀芯进行控制。

由于磁场的气隙特性，即使励磁电流恒定不变，普通电磁铁铁心在其全行程上所受到的电磁牵引力也将有非常剧烈的变化，使铁心工作位置的控制变得十分困难，图 2-44 中的曲线 1 反映了这一变化趋势。在直流比例电磁铁中，通过设计合理的隔磁环形状及相对于铁心的恰当位置，就可以使铁心受到的电磁牵引力在工作行程的某一区段内基本保持不变，如图 2-44 中的优化曲线 2。图 2-43 中的限位环 6 挡住了铁心，使铁心不可能进入牵引力剧烈变化的区段Ⅰ。调整弹簧 4 则可以调节铁心工作的起始位置。

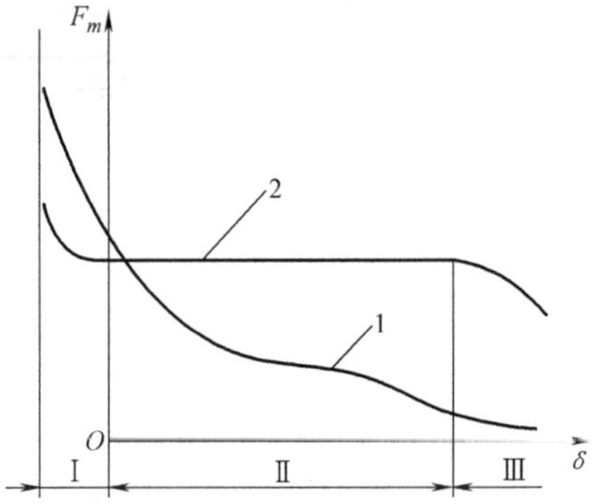

图 2-44　铁心电磁牵引力的变化曲线

图 2-45 为一种直接控制式压力比例阀的结构示意图，其中铁心的实时位置由电感式差动位移传感器检测，并通过运算放大器反馈到控制信号中，铁心受到的电磁推力直接施加在压力控制弹簧上，控制主控阀口处的关闭压力，使系统油压得到实时的控制。当然，此阀口也可以作为先导型溢流阀的先导阀口。

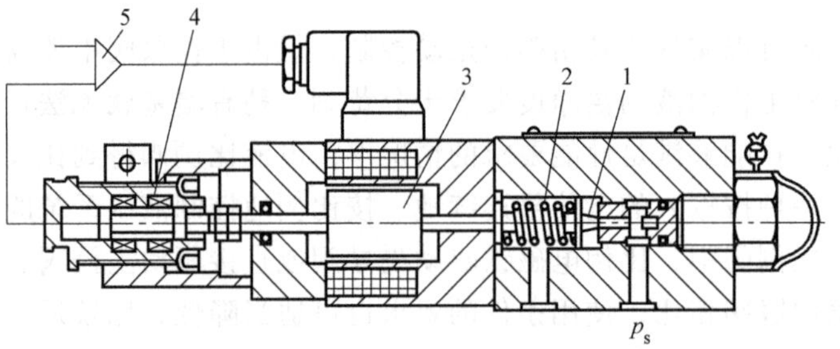

图 2-45　直接控制式压力比例阀的结构示意图

1—主控阀口　2—压力控制弹簧　3—铁心　4—位移传感器　5—运算放大器

图 2-46 为一种位置反馈型先导控制比例节流阀。先导阀芯受力情况：比例电磁铁 1 的电磁吸力、先导弹簧 4 受压缩后的复位力共同作用在先导控制阀芯 3 上，油源压力 p_s 直接通到先导阀右端产生向左的推压力，以及 p_s 通过外接固定液阻 R_2 降压后通到先导阀左端产生向右的推压力。与此类似，主控阀芯 2 的受力情况：油源压力 p_s 直接作用在主控阀芯 2 的右端，p_s 通过外接固定液阻 R_1、R_2，降压后通到先导阀中部环面和右端产生的推压力，以及主阀弹簧 5 受压缩后产生的复位力。通过控制比例电磁铁的电磁吸力就可以调节先导控制阀芯 3 的位置，从而引起图中 a 处（先导节流口）开度变化，进而打破主控阀芯 2 的力平衡状态，引起主控阀芯

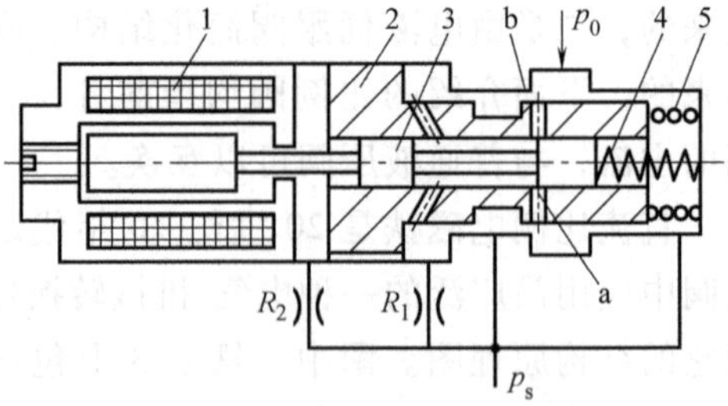

图 2-46　位置反馈型先导控制比例节流阀结构示意图

1—比例电磁铁　2—主控阀芯　3—先导控制阀芯　4—先导弹簧　5—主阀弹簧

2 的位移，以此控制图中 b 处（主阀节流口）节流口的状态，达到节流控制的目的。

比例阀用于模拟控制，是介于普通开关控制与伺服控制之间的控制方式，普通液压阀只能通过预调的方式对液流的压力、流量进行定值控制，但是当设备机构在工作过程中要求对液压系统的压力、流量参数进行调节或连续控制，例如，要求工作台在工作进给时按慢、快、慢连续变化的速度实现进给，或按一定精度模拟某个最佳控制曲线实现力的控制，普通液压阀则实现不了，这时可以用电液比例阀对液压系统进行控制。而比例阀特别适合于设备改造中，使设备自动化控制水平大为提高，其在现代液压系统中占比例很大。

与普通液压阀相比，比例阀的优点是：①能简单地实现远距离控制；②能连续地、按比例地控制液压系统的压力和流量，从而实现对执行机构的位置、速度和力的连续控制，并能防止或减小压力、速度变换时的冲击；③油路简化，元件数量少。

2.4 气动执行装置及伺服系统

2.4.1 气动系统

气动系统的结构示意图如图 2-47 所示。其由气压发生装置、控制元件、执行元件和辅助元件几部分构成。

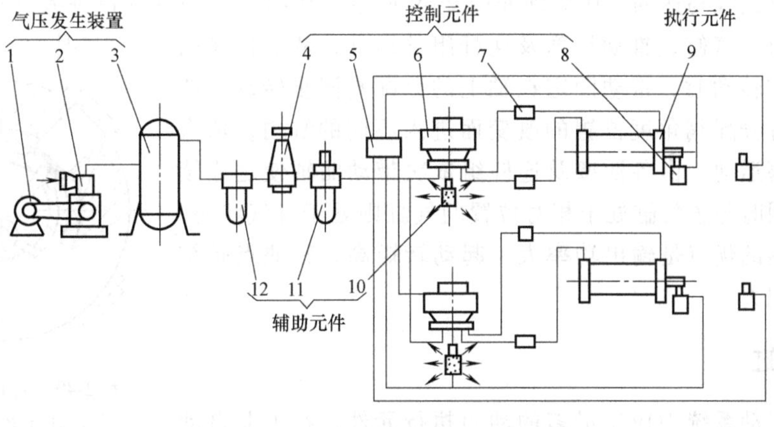

图 2-47 气动系统的结构示意图

1—电动机 2—空气压缩机 3—储气罐 4—压力控制阀 5—逻辑元件 6—方向控制阀 7—流量控制阀 8—机控换向阀 9—气缸 10—消声器 11—油雾器 12—空气过滤器

1）气压发生装置包括内燃机或电动机、空气压缩机、储气罐及气源处理元件，其中气源处理元件又包括后冷却器、过滤器、干燥器和排水器。

2）控制元件包括压力控制阀、流量控制阀、方向控制阀和控制传感器及逻辑元件。压力控制阀包括增压阀、减压阀、安全阀、顺序阀、压力比例阀；流量控制阀包括速度控制阀、缓冲阀、快速排气阀；方向控制阀包括电磁换向阀、气控换向阀、人控换向阀、机控换向阀、单向阀、梭阀；控制传感器包括磁性开关、限位开关、压力开关、气动传感器；逻辑元件是指用膜片、阀芯等改变气流方向，具有一定逻辑功能的气动元件。

3）执行元件包括气缸、摆动气缸、气马达、气爪、真空吸盘。

4）辅助元件包括油雾器、空气过滤器、消声器、接头与气管等。

2.4.2 气马达

气马达的种类很多，在容积式气马达中又有叶片式、活塞式和齿轮式等形式，其工作原理与液压马达相同。现仅介绍最常用的叶片式、径向柱塞式气马达。

2.4.2.1 叶片式气马达

图 2-48 是叶片式气马达的工作原理图。压缩空气由 A 孔输入后分为两路：一路经定子两端密封盖的槽进入叶片底部（图中未示），将叶片推出顶在定子内壁上，相邻叶片间形成滑动密闭空间；另一路压缩空气进入相应的密闭空间而作用在两个叶片上。由于叶片伸出量不同使压缩空气的作用面积不同，因而产生了转矩差。叶片带动转子在此转矩差的作用下按逆时针方向旋转。做功后的气体由 C 孔和 B 孔排出。若改变压缩空气的输入方向，可以改变转子的转向。这种气马达的转速可以达到 25000r/min，在气动工具中应用较多。

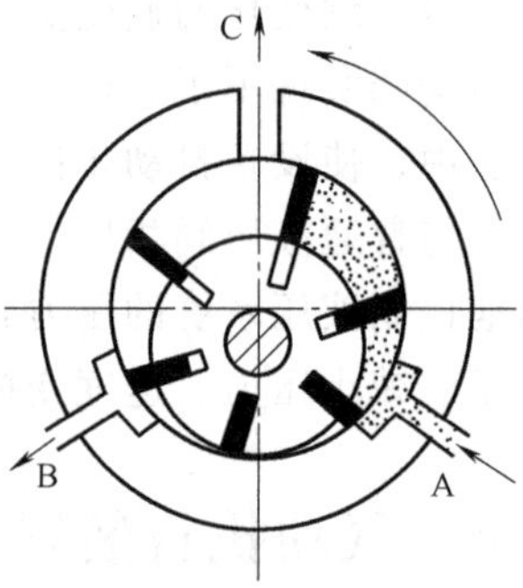

图 2-48 叶片式气马达工作原理图

2.4.2.2 径向柱塞式气马达

径向柱塞式气马达的工作原理如图 2-49 所示。压缩空气经进气口进入分配阀（又称配气阀）后再进入气缸，推动活塞及连杆组件运动，从而迫使曲轴转动。曲轴转动时，带动固定在轴上的分配阀同步转动，使压缩空气随着分配阀角度位置的改变而进入不同的缸内，依次推动各个活塞运动。由各活塞及连杆组依次带动曲轴使之连续旋转，与此同时与进气缸处于相对位置的气缸则处于排气状态。径向活塞马达的优点是输出功率大、起动转矩高，其缺点是结构复杂、体积大。

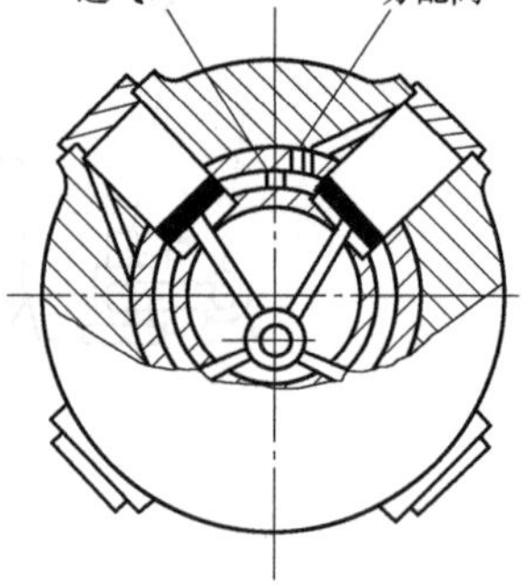

图 2-49 径向柱塞式气马达工作原理图

2.4.3 气缸

气缸是气动系统中应用最多的动力执行元件，在工业自动化领域中扮演着十分重要的角色，是自动化领域的先锋。当前，世界各主要气动器件公司都推出了大量品种丰富、功能齐全、品质优异的气缸产品。以下介绍几种典型的结构新颖的气动产品。

2.4.3.1 无杆气缸

为了优化配置气动系统的空间，各种形式的无杆气缸应运而生。无杆气缸具有结构简单、节省安装空间的优点，特别适用于小缸径长行程的场合。无活塞杆气缸有绳索气缸、钢带气缸、纵剖式气缸和磁性耦合无杆气缸等。这些气缸与机器人上的气缸不同，不是利用活塞杆，而是用绳索、活塞梭、磁铁等机构来传递活塞运动。

1. 绳索气缸、钢带气缸

这类气缸用绳索、钢带等代替刚性活塞杆连接活塞，将活塞的推力传到气缸外，带动执行机构进行往复运动。其中绳索气缸是在钢丝绳外包一层尼龙，要求表面光滑，尺寸一致，以保证绳索与缸盖孔的密封。通常采用滑轮导向机构，在同样活塞行程下，安装长度比普通气缸小一半。

为了克服绳索气缸密封困难问题及结构尺寸大的缺点，采用钢带代替刚性活塞杆，这就是所谓的钢带气缸，主要特点是密封和连接容易、运动平稳，与测量装置结合，易实现自动控制。

2. 纵剖式气缸

图 2-50 是纵剖式气缸的结构。在气缸筒的轴向开有一条槽，与普通气缸一样，可在气缸两端设置空气缓冲装置。活塞带动与负载相连的拖板一起在槽内移动。为了防泄漏及防尘，在开口处采用聚氨酯密封带和防尘不锈钢覆盖带，并固定在两端缸盖上。

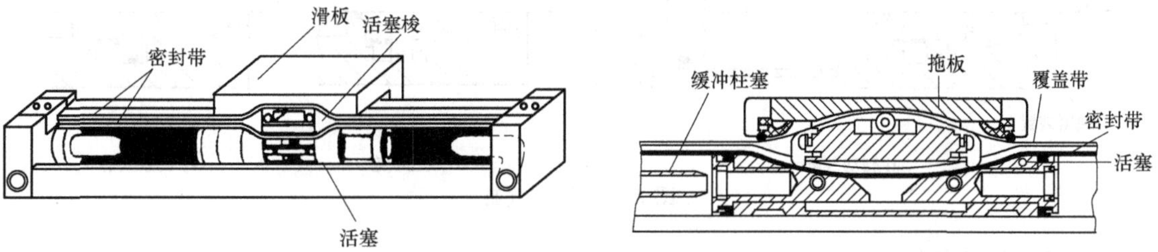

图 2-50　纵剖式气缸的结构

这种气缸具有与绳索气缸相似的优点，但机械接触式无杆气缸占据的空间更小，不需要设置防转动机构。适用于缸径为 8～80mm 的气缸，最大行程（在缸径≥40mm 时）可达 6m。气缸运动速度高，标准型为 0.1～1.5m/s；高速型为 0.3～3.0m/s。由于负载与活塞是通过气缸槽内运动的滑块连接的，因此在使用中必须注意径向和轴向负载，为了增加承载能力，必须加导向机构。

3. 磁性耦合无杆气缸

图 2-51 为磁性耦合无杆气缸的结构原理图。在活塞上安装一组高磁性的稀土永久磁环，磁力线通过薄壁缸筒（不锈钢或铝合金非导磁材料）与套在外面的另一组磁环作用。由于两组磁环极性相反，具有很强的吸力。当活塞在两端输入气压作用下移动时，在磁力作用下，带动缸筒外的磁环与负载一起移动。在气缸行程两端设有空气缓冲装置。它的特点是小型、轻量化、无外部泄漏、维修保养方便。

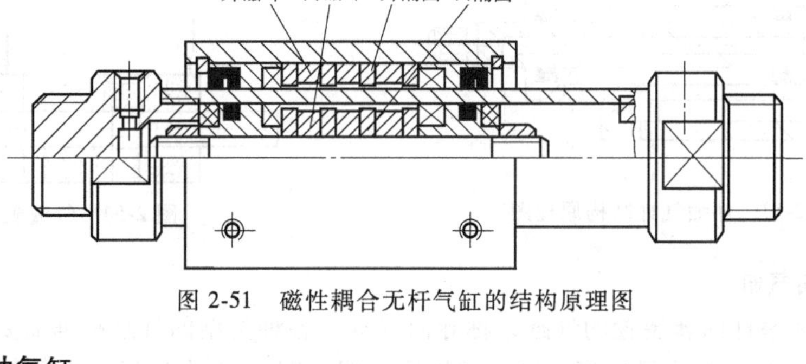

图 2-51　磁性耦合无杆气缸的结构原理图

2.4.3.2　制动气缸

带有制动装置的气缸称为制动气缸，也称锁紧气缸。制动装置一般安装在普通气缸的前端，其结构有卡套锥面式、弹簧式和偏心式等形式。图 2-52a 所示的制动气缸为卡套锥面式制动装置，它由制动闸瓦、制动活塞和弹簧等构成。

制动气缸的工作原理如图 2-52b、c 所示，在工作中其制动装置有两个工作状态，即放松状态和制动夹紧状态。如图 2-52b 所示，在 C 口输入气压，使制动活塞受压右移，则制动机构处于放松状态，气缸活塞杆可以自由运动；如图 2-52c 所示，当气缸由运动状态进入制动状态时，C 口迅速排气，压缩弹簧迅速使制动活塞复位并压紧制动闸瓦。

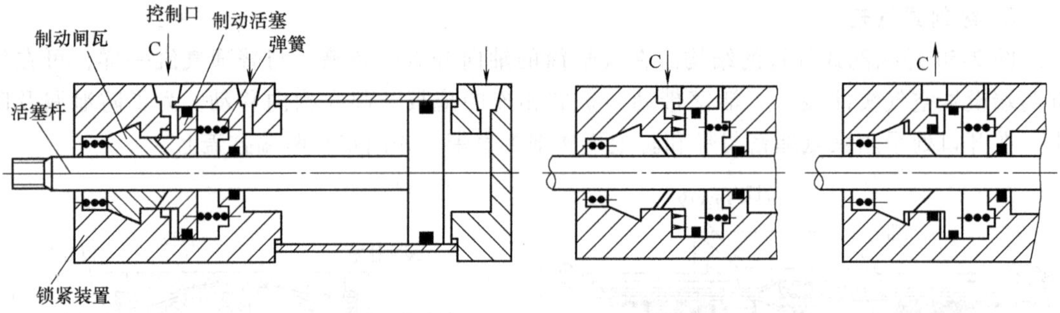

a) 制动气缸　b) 放松状态　c) 夹紧状态

图 2-52　制动气缸

2.4.3.3　伸缩气缸

伸缩气缸分为单作用和双作用两种，图 2-53 为其结构原理图。其特点是行程长、径向尺寸较大、轴向尺寸小、推力和速度随工作行程的变化而变化。气缸的推力由最后一级即直径最小的一级来确定。

2.4.3.4　气液阻尼缸

气液阻尼缸按其结构分为串联式和并联式两种，如图 2-54 所示。串联式气液阻尼缸结构实际上是用同一根活塞杆将气缸与液压缸串联在一起所构成的，两缸之间用隔板隔开，防止空气与液压油互窜。在液压缸的进出口处连接了调速用的液压单向节流阀（或单向阀+节流阀），当气缸活塞向左伸出时，带动液压缸活塞一起运动，液压缸左腔排油，单向阀关闭，液压油只能通过节流阀排入液压缸的右腔内。调节节流阀开度，控制排油速度，便可调节气液阻尼缸活塞的运动速度。当气缸活塞向右运动时快速回缩。

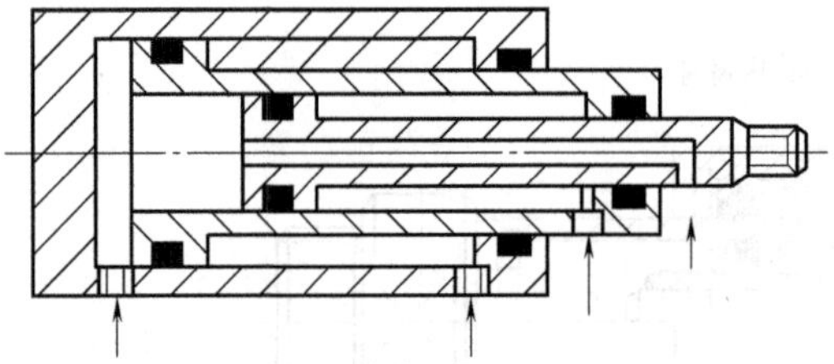

图 2-53　伸缩气缸结构原理图

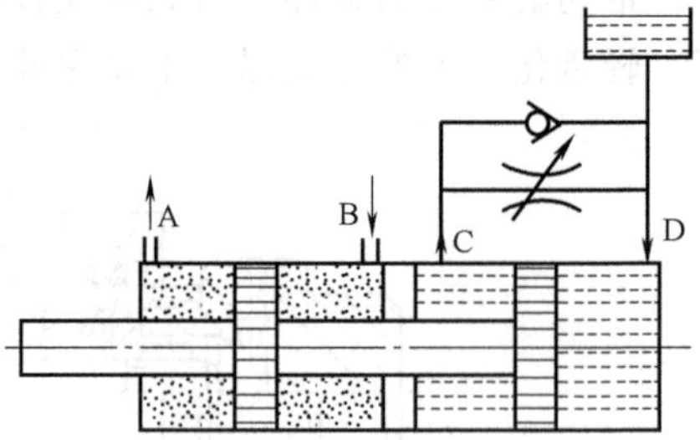

图 2-54　气液阻尼缸

2.4.3.5　导向气缸

设有防止活塞杆回转装置的气缸，称导向气缸。各种类型的气缸根据需要都可设置不同的导向装置，图 2-55 为内导向杆气缸的结构原理图，图 2-56 为异形杆导向气缸的结构原理图，图 2-57 所示为椭圆形活塞气缸的结构原理图，图 2-58 所示为滑台导向气缸的结构原理图。

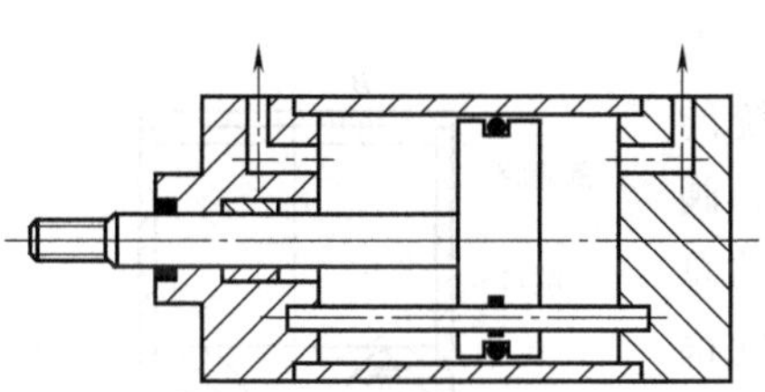

图 2-55　内导向杆气缸的结构原理图

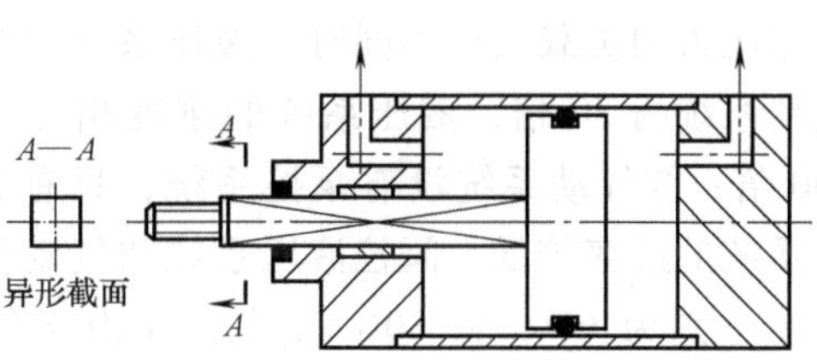

图 2-56　异形杆导向气缸的结构原理图

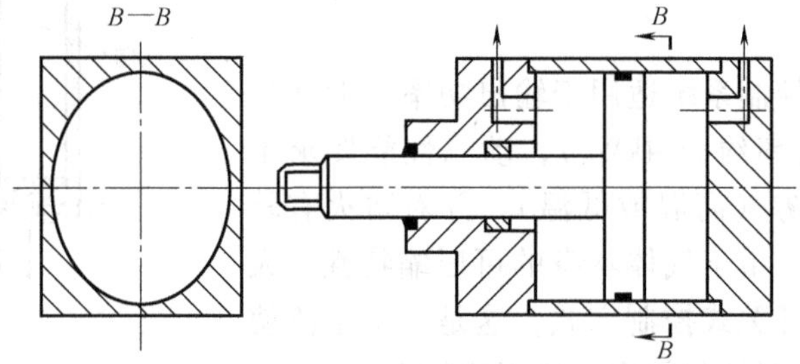

图 2-57　椭圆形活塞气缸的结构原理图

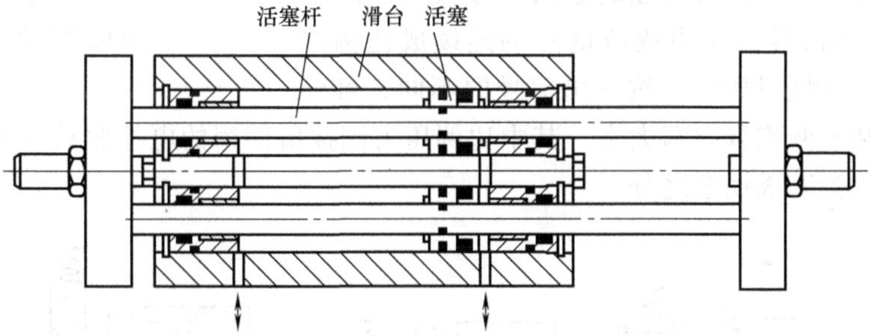

图 2-58　滑台导向气缸的结构原理图

2.4.3.6　冲击气缸

冲击气缸是把压缩空气的能量转换成活塞高速运动（最大速度可达 10m/s）的冲击动能的一种特殊气缸。图 2-59 为普通型冲击气缸结构原理图。和普通气缸不同的是，它有一个带有流线型喷口的中盖和蓄能腔。喷口的直径为缸径的 1/3。

图 2-60 为普通型冲击气缸的工作原理图。图 2-60a 为气缸的初始状态，活塞在工作压力作用下处于上限位置，封住喷口。图 2-60b 为蓄能状态，换向阀换向，工作气压向蓄能腔充气，头腔排气。由于喷口的面积为气缸截面积的 1/9，只有当蓄能腔压力为头腔压力的 8 倍时，活塞才开始移动。图 2-60c 为气缸的冲击状态，活塞开始移动瞬间，蓄能腔内的气压可认为已达到工作压力。一旦活塞离开喷口，则蓄能腔内的压缩空气经喷口以声速向尾腔充气，且气压作用在活塞上的面积突然增大 8 倍，于是活塞快速向下冲击做功。

2.4.4　气动比例/伺服控制阀

气动比例/伺服控制系统与液压比例/伺服控制系统比较有如下特点：①温度变化对气动比例、伺服机构的工作性能影响很小；②由于气体的可压缩性，气动系统的响应速度低，在工作压力和负载大小相同时，液压系统的响应速度约为气动系统的50倍，液压系统的刚度相当于气动系统的400倍；③气动系统没有泵控系统，只有阀控系统，阀控系统的效率较低，阀控液压系统和气动伺服系统的总效率分别为60%和30%左右；④由于气体的黏度很小，润滑性能不好，在同样加工精度情况下，气动部件的漏气和运动副之间的干摩擦相对较大，负载易出现爬行现象。

综合分析，气动控制系统适用于输出功率不大（气动控制系统的极限功率约为4kW），动态性能要求不高，工作环境比较恶劣（高温或低温），并对防火有较高要求的场合。同时，由于气体本身的可压缩特性，大多数气动控制都采用开关式控制方式，这是一个主流使用方式，气动比例/伺服控制阀实际使用比较少。

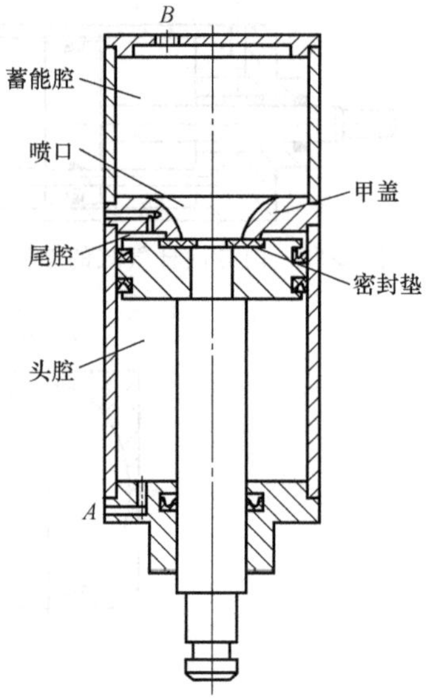

图 2-59　普通型冲击气缸的结构原理图

2.4.4.1　气动比例控制阀

气动比例控制阀能够通过控制输入信号（电压或电流），实现对输出信号（压力或流量）的连续成比例控制（也称电-气比例控制阀）。按输出信号的不同，可分为比例压力阀和比例流量阀两大类。其中比例压力阀按所使用的电控驱动装置的不同，又有喷嘴挡板型和比例电磁铁型之分。

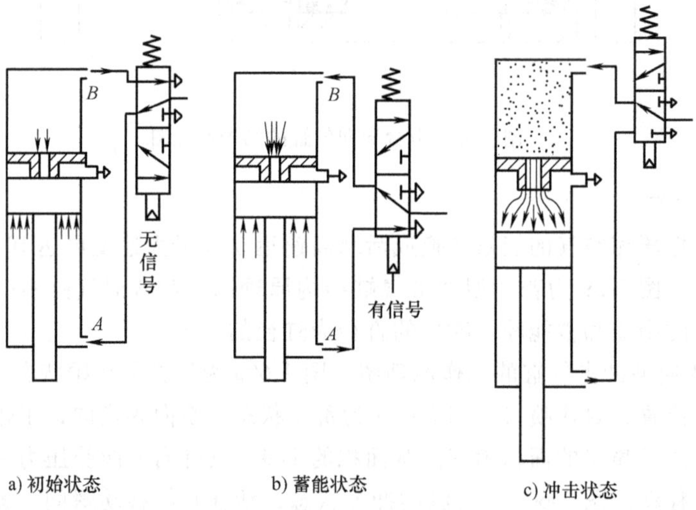

图 2-60　普通型冲击气缸工作原理图

与电-液控制阀对应，电-气比例控制阀也能够实现气体压力、流量的连续控制，它也相应具有类似电液控制阀所具备的各功能，但因为工作介质是可压缩性的气体，因此还有其自身的特点。

电-气比例控制阀主要由驱动机构和气动放大器两部分构成。电磁式驱动机构以磁力作用在可动部件上，通过与弹性元件的力平衡达到预想的控制位移。力马达、力矩马达和比例电磁铁也是电-气比例控制阀驱动机构的主要形式。气动放大器以节流控制、能量转换分配和脉宽调制的方法实现气流的压力、流量及功率的控制，由于气体的黏度比油液小很多，故不能将液压阀中的开口方式简单地移植到气动阀上，气动阀中更适合采用脉动方式的控制。

以下介绍费斯托（FESTO）公司出品的几种电-气比例控制阀。图2-61为一种比例电磁铁驱动的比例控制阀的结构图。比例电磁铁的吸力通过与弹簧的平衡直接控制阀芯的位置，达到控制气动参数的目的。

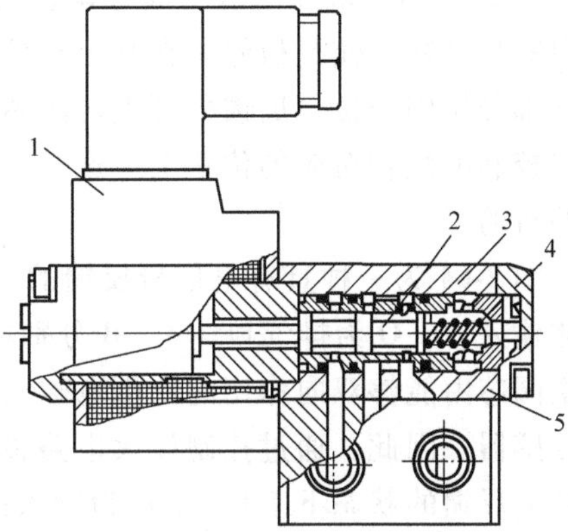

图2-61 比例电磁铁驱动的电-气比例控制阀结构图
1—比例电磁铁 2—滑柱 3—阀套 4—弹簧 5—阀体

这种控制阀在工作原理上存在以下缺点：首先，比例电磁铁的力-位移特性以及气体流过阀口时产生的气流力都对阀芯的准确位置产生直接影响，而且空气的润滑性能比油液差，因此这类阀的非线性、滞环等静态特性比较差；其次，该类阀靠弹簧复位，弹簧的预压缩量使阀在工作时将存在一定的零位死区。

为克服这些缺点，新型电-气比例控制阀普遍采用了阀芯位移或压力的电反馈方式。图2-62为一种MPPE型带电反馈的比例压力阀。P为压力气输入口，R为放气口，A为气体输出口。当压力传感器检测到输出口处的气压小于预定控制值时，电子数字控制电路输出控制信号打开开关阀Ⅰ，使主阀芯的上腔控制压力p_o增大、主阀芯下移，输出口得到压力补充。如果输出口气压大于预定控制值时，控制电路则关闭开关阀Ⅰ、打开开关阀Ⅱ，这样主阀芯上腔压力空气从放气口释放，p_o下降，主阀芯上移，输出口气压也随之得以降低。该输出口的压力反馈调节最终使输出口的气压达到预定控制数值。在这类阀上，主阀芯的两端都通有压力气体，平衡弹簧的刚度可以较小，阀芯的调节运动十分灵活。而且阀芯在开关阀的作用下进行“推开关”方式的调节运动，故调节的特性比较理想。

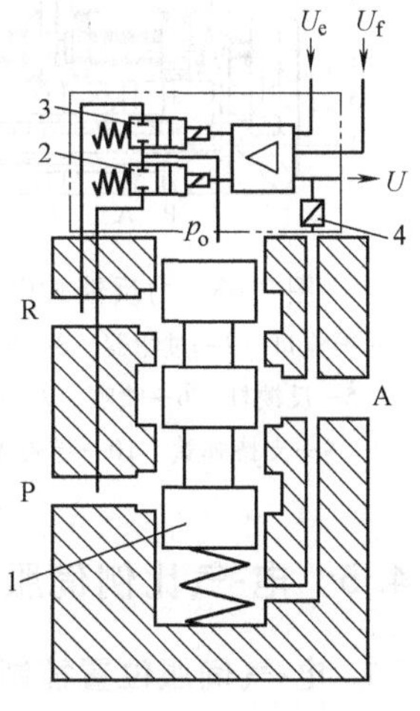

图2-62 MPPE型带电反馈的比例压力阀
1—主阀芯 2—开关阀Ⅰ 3—开关阀Ⅱ 4—压力传感器

2.4.4.2 气动伺服控制阀

气动伺服控制阀的工作原理与气动比例控制阀类似，它也是通过改变输入信号来对输出信号的参数进行连续、成比例的控制。与电液比例控制阀相比，除了在结构上有差异外，主要在于伺服阀具有很高的动态响应和静态性能。但其价格较贵，使用维护较为困难。气动伺服阀的控制信号均为电信号，故又称电-气伺服阀。它是一种将电信号转换成气压信号的电气转换装置，是电-气伺服系统中的核心部件。

图2-63为力反馈式电-气伺服阀结构原理图。其中第一级

气压放大器为喷嘴挡板阀，由力矩马达控制，第二级气压放大器为滑阀。阀芯位移通过反馈杆 5 转换成机械力矩反馈到力矩马达上。其工作原理为：当有一电流输入力矩马达控制线圈时，力矩马达产生电磁力矩，使挡板偏离中位（假设其向左偏转），反馈杆变形。这时两个喷嘴挡板阀的喷嘴前的空腔产生压力差（左腔高于右腔），在此压力差的作用下，滑阀移动（向右），反馈杆端点随着一起移动，反馈杆进一步变形，变形产生的力矩与力矩马达的电磁力矩相平衡，使挡板停留在某个与控制电流相对应的偏转角上。反馈杆的进一步变形使挡板被部分拉回中位，反馈杆端点对阀芯的反作用力与阀芯两端的气动力相平衡，使阀芯停留在与控制电流相对应的位置上。这样，伺服阀就输出一个对应的流量，达到了用电流控制流量的目的。

图 2-64 为一种具有电信号反馈的 MPYE 型二位五通方向控制伺服阀。图中，P 为压力气体输入口，O 为排气口，A、B 分别接入气动执行元件两端的进气口实现气动控制。该阀的主阀芯由能够双向作用的比例电磁铁推动，而且比例电磁铁内部还集成了检测其位移的位移传感器。因此，通过控制放大电路输入电磁铁的电压 ΔU（或电流），使伺服阀处于阀芯位移电反馈的状态下工作，ΔU 为输入信号 U_i 与阀芯位移反馈信号 U_f 之差。双向比例电磁铁具有优越的动态特性，阀的动态响应频率极高。由于阀芯复位靠电磁铁的磁路实现，阀芯不受弹簧力负载作用，因此阀的功耗很小。该阀的整套电控部分都集成在阀内，结构简洁。由于阀芯和阀套之间的摩擦力和气流动力均处在控制单元的大闭环之内，所以它们对阀的工作性能几乎不产生什么影响。

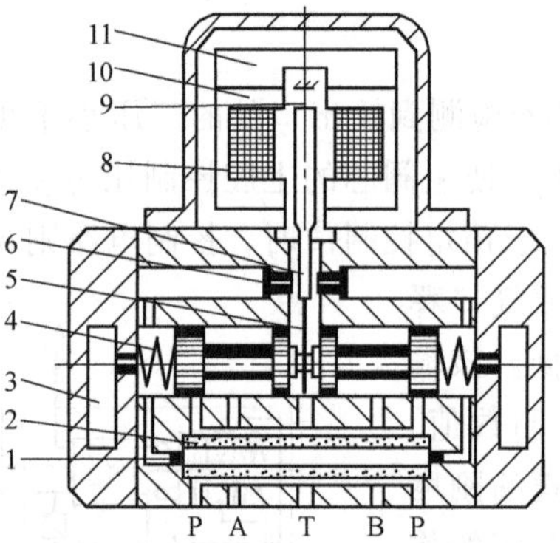

图 2-63　力反馈式电-气伺服阀

1—节流口　2—过滤器　3—气室　4—补偿弹簧　5—反馈杆　6—喷嘴　7—挡板　8—线圈　9—支持弹簧　10—导磁体　11—磁铁

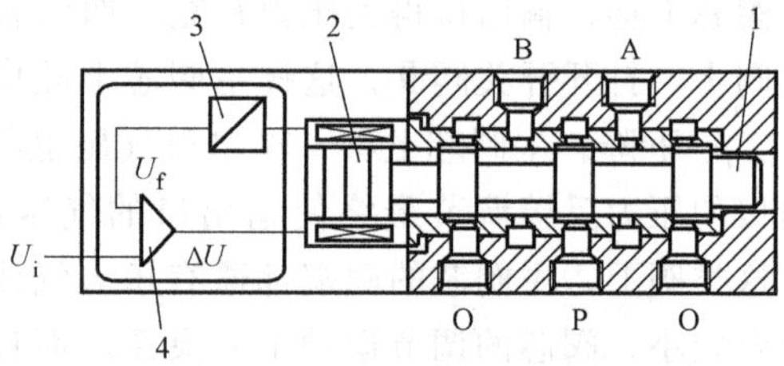

图 2-64　MPYE 型方向控制伺服阀

1—主阀芯　2—比例电磁铁　3—位移传感器　4—控制放大电路

2.4.5　电-气比例伺服回路

1. 电-气伺服位置控制系统

图 2-65 为一个典型的电-气比例伺服运动位置控制回路。在这一回路中，通过位移传感器、气压传感器等检测环节，将运动控制过程中的位移、速度、加速度等信号及时地反馈到控制系统中，构成了完整的运动轨迹控制系统，从理论上看可以进行气缸运动的控制。

在传统控制技术中，需要建立比较精确的数学模型，即应用一定的数学处理手段，从实际工程系统的大量测试数据中，归纳出系统输入与输出的内在联系，并通过一定的数学表达式加以描述，并在系统中按此数学规律对缺陷加以补偿。但是对于可压缩的气体传动，需要考虑下面这几个问题：

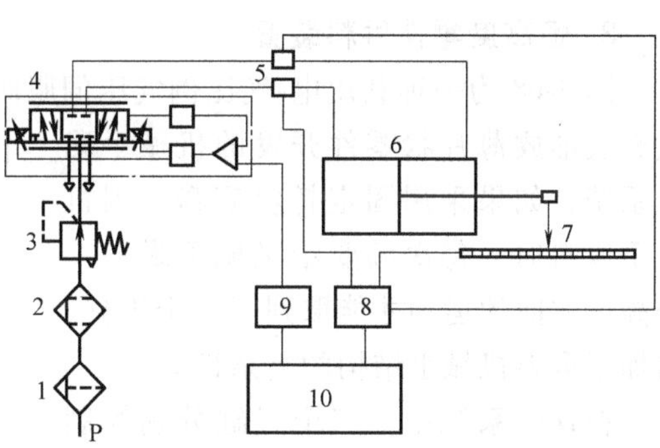

图 2-65　典型电-气比例伺服运动位置控制回路
1—空气过滤器　2—油雾分离器　3—减压阀　4—电-气比例伺服单元　5—气压传感器　6—气缸　7—位移传感器　8—A/D 转换器　9—D/A 转换器　10—控制计算机

（1）可压缩气体中的摩擦力影响　由于气体介质的可压缩性，在气动伺服控制系统中，气缸摩擦的非线性特性对工作性能的影响十分突出。普通标准气缸的摩擦力-运动速度特性如图 2-66 中的曲线 A，即：气缸在静止时活塞所受到的摩擦力较大，一旦开始运动，摩擦力将急剧减小；而在达到一定速度以后摩擦力又会随着速度的增加而逐渐增大。从改善摩擦力角度考虑，尽量选用优质的气缸产品，使其摩擦力特性较为平缓（如图 2-66 中的曲线 B）。

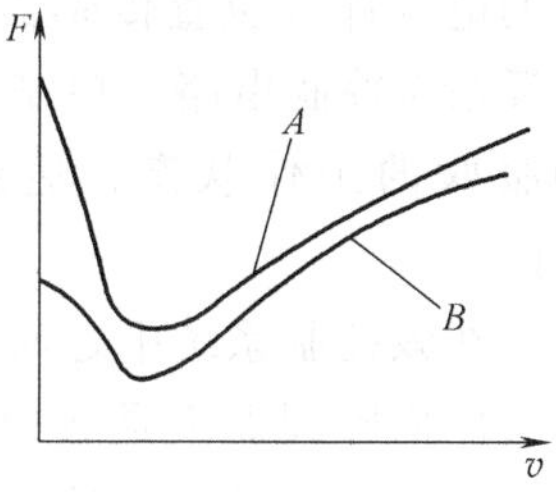

图 2-66　气缸的摩擦力-运动速度特性

（2）采用现代控制方法　从控制方法角度考虑，如果在控制系统中仍然采用传统的建立精确数学模型的控制方式，系统很难同时适应曲线转折点的两边摩擦阻力的变化，因此无法实现运动的平稳控制，尤其在活塞低速工作时就会产生严重的爬行现象，所以采用现代控制方法也是十分重要的技术措施。模糊控制技术能够解决无法建立精确数学模型的复杂、大规模非线性系统的控制问题。模糊控制实质上是一种通过实质测试预先建立一套一一对应数据记录关系表的计算机软件控制，需要进行较大工作量的计算机软件编制工作。

2. 卷纸张力的控制

在造纸及印刷工业中，经常需要对卷筒纸进行卷取和开卷操作。在这种过程中，由于纸卷的直径在不断地变化，故必须对卷纸系统进行有效控制才能够维持卷取过程的平稳运行。卷纸的张力要根据纸的材质、印刷工艺等因素来确定，卷纸张力过大会撕裂纸张，卷纸张力过小又会引起纸张出皱、印刷着色不匀等缺陷。为保证卷纸张力的恒定和实现精准控制，卷纸驱动系统的输出力矩应随卷筒上纸面实际所处的直径成比例地改变，也就是驱动马达的输出力矩需要相应改变。

图 2-67 为卷纸张力控制系统原理图，它由信号比较电路 1、气阀驱动放大电路 2、电-气压力比例阀 3、气马达 4、张力传感器 5 和张力测试电路 6 等器件组成。工作时，控制系统将要求的张力信号 T_i 输入控制系统，该信号先在信号比较电路中与张力传感器检测出的张力信号进行比较，其差值信号输入气阀驱动放大器，使电-气压力比例阀对气源气压 p_i 进行受控减压，保证气马达的输出力矩始终能够与所需要的卷取张力相对应。

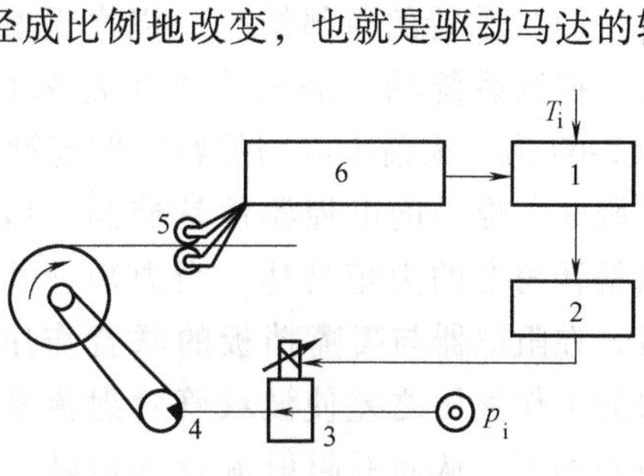

图 2-67　卷纸张力控制系统原理图
1—信号比较电路　2—气阀驱动放大电路　3—电-气压力比例阀　4—气马达　5—张力传感器　6—张力测试电路

3. 恒高度零件供料装置

图 2-68 为一种利用电-气比例气压伺服阀实现的料位高度控制系统。针对自动化生产线上叠层堆放薄片状零件开发的机械手码放系统，如果采用固定托料底盘，则机械手取料时，每次都要给机械手附加一个高度方向的运动才能取到下一个工件，增加了取料机械手结构的复杂性。

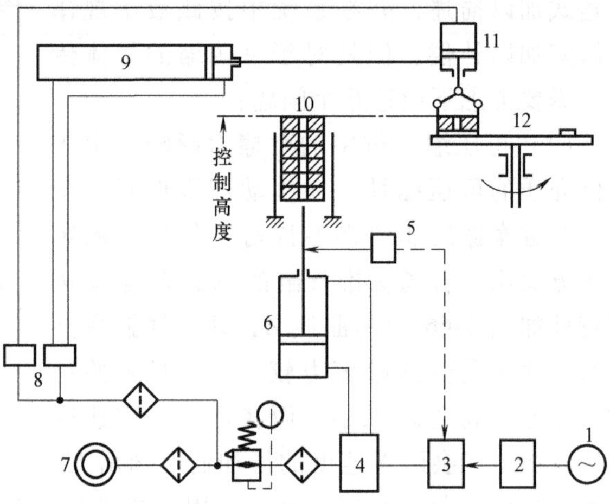

图 2-68 零件料位高度控制系统

1—控制电源 2—指令信号发生器 3—放大器 4—电-气比例气压伺服阀 5—料位检测电路 6—高度报送气缸 7—气源 8—电磁铁 9—机械手推送气缸 10—零件料堆 11—机械手夹持气缸 12—工作台

在这一系统中，三个气缸分别控制片状零件的料位高度、取料机械手的报送和它的夹放运动，使每个气缸都能够得到非常可靠的控制。其中，零件的料位高度通过设置在高度推送气缸活塞杆上的电位计式位置传感器检测，并将信号反馈至控制电路，控制电-气比例气压伺服阀的工作状态，达到高度控制的目的。

在该控制系统中之所以采用电-气比例气压伺服阀而不是方向控制伺服阀的原因是：当零件逐件取走时，高度报送气缸所承受的载荷也随着零件数量的减少而降低，如果采用方向控制阀，气体的释压膨胀会使位置控制的准确性大受影响，此点在气动控制中需要特别注意。

4. 火箭主推力喷管伺服控制系统

在导弹、火箭上，其飞行姿态和路径是依靠改变主推力喷管的喷射方向来进行控制的，由于它的控制系统是在高温燃气的恶劣环境中工作，因此有许多极有特点的结构值得了解。与常规控制系统不同，这一控制系统的动力来源是燃气。在该控制系统内有一个燃气发生器，当燃气发生器内的固体燃料点燃后，便获得高压、高温燃气作为控制系统的动力。如此设计可以使控制系统的动力系统达到最大的推力-重量比，最大限度减轻火箭的负载质量。

（1）独特的内部结构　以高温燃气作为动力介质之后，控制系统的伺服阀当然不能采用传统的滑阀形式，图 2-69 为在火箭中应用的燃气射流管伺服阀构造示意图。伺服阀上唯一的电控器件是控制一级喷嘴挡板结构中挡板偏转角度的力矩马达，当力矩马达使挡板产生偏移之后，在阻尼器与喷嘴挡板的联合作用下，左右两波纹管内的工作气压之差使波纹管对射流管回转中心的作用力矩不相等，从而引起射流管的偏转，控制高速燃气气流对气流输出口的选择。

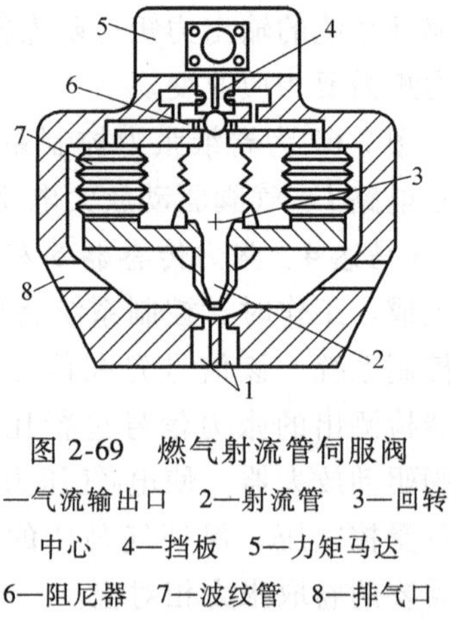

图 2-69 燃气射流管伺服阀

1—气流输出口 2—射流管 3—回转中心 4—挡板 5—力矩马达 6—阻尼器 7—波纹管 8—排气口

推动主推力喷管运动的驱动执行元件是膨胀型燃气叶片马达，其构造如图 2-70 所示。这是一只能够双向旋转的气动叶片马达，由伺服阀出口喷出的压缩气体，流入进气口 1 或进气口 2，驱动叶片马达旋转。定子 6 为圆筒形，开槽转子 3 偏心地安置在定子内，马达主要依靠叶片 4 旋转时产生的离心力使叶片紧贴定子表面形成密封。马达为对称结构，出气口 5 设置在对称轴线上端。

（2）火箭姿态主控回路　火箭姿态控制伺服系统的原理框图如图 2-71 所示。在此装置中，燃气发生器 1 产生的燃气压力达 13.6～13.8MPa，温度为 1065℃；经过减压阀 2 减压后，燃气射流管伺服阀 3 的工作压力为 4MPa，由阀出口流出气体进入叶片马达 4，驱动减速器及角度传感器 5 摆动，推动主推力喷管 6 摆动，控制主推力喷管喷气角度，并把转角信号反馈给主控信号放大器 7。

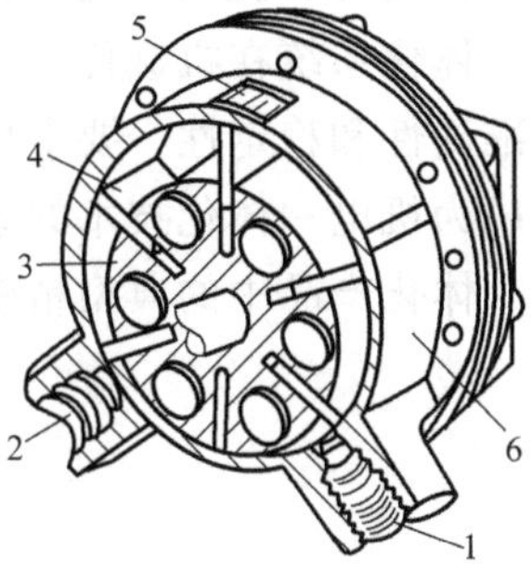

图 2-70　膨胀型燃气叶片马达

1—进气口 1　2—进气口 2　3—开槽转子　4—叶片　5—出气口　6—定子

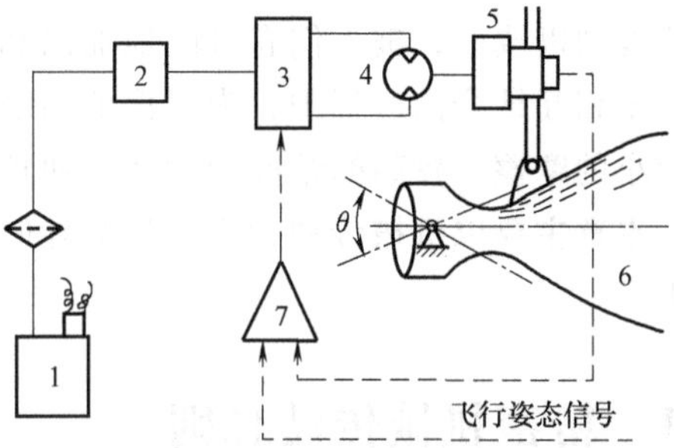

图 2-71　火箭姿态控制伺服系统原理框图

1—燃气发生器　2—减压阀　3—射流管伺服阀　4—叶片马达　5—驱动减速器及角度传感器　6—主推力喷管　7—主控信号放大器

习　题

1. 什么是执行装置？按利用的能源可分为哪三类？

2. 简述直流伺服电动机工作原理？与普通电动机相比较，有哪些特点？

3. 直流伺服电动机有几种调速方法？分析其调速机械特性曲线。

4. 交流伺服电动机有哪几类，变频调速有哪几种方法？

5. 与直流伺服电动机和交流伺服电动机对照分析，简述无刷直流电动机工作原理。

6. 交流同步电动机有哪几种起动方法？

7. 简述直线电动机的分类，并详述磁悬浮列车工作原理。

8. 简述喷嘴挡板液压伺服阀的工作原理。

9. 试分析轧钢机中钢带热处理过程的张力液压调整系统的工作原理。

10. 车刀按靠模的形状加工工件，试说明机液伺服系统如何工作。

11. 液压伺服系统和气压伺服系统设计上有哪些差别？对起动伺服系统设计有什么影响？

12. 以滑阀式气压伺服阀为例，分析气压伺服阀的工作原理。

第3章　精密机械传动技术

精密机械传动技术是通过精密的机械传动、导向机构，将动力所提供的运动方式、方向或速度加以改变，被人们有目的地加以利用。同时，机电一体化系统在机械传动与控制、电子技术相互结合的过程中，为了保证系统响应的快速性、准确性和稳定性，要求机械结构具有较小的摩擦、较高的精度和刚性，使精密机械传动技术成为机电一体化技术的基础。

本章主要以机械传动为主，机械导向为辅，介绍机电一体化产品中的典型精密机械传动技术。

3.1　精密机械传动总则

机械传动有多种形式，主要可分为三大类：摩擦传动、啮合传动、螺旋传动。

1）摩擦传动是靠机构间的摩擦力传递动力和运动的，包括带传动、绳传动和摩擦轮传动等。摩擦传动容易实现无级变速，一般适用于轴间距较大的传动场合，过载打滑还能起到缓冲和保护传动装置的作用，但这种传动一般不能用于大功率的场合，也不能保证准确的传动比。因此摩擦传动不属于精密机械传动，本章不进行介绍。

2）啮合传动是靠主动件与从动件啮合或借助中间件啮合传递动力或运动的，包括齿轮传动、同步带（齿形带）传动、链传动和谐波传动等。啮合传动能够用于大功率的场合，传动比准确，但一般要求较高的制造精度和安装精度。其中齿轮传动、谐波传动以及新兴的RV传动在机电系统中使用广泛，后续章节将进行详细介绍。

3）螺旋传动是靠螺杆与螺母的相对运动，将旋转运动转变为直线运动。按照摩擦性质不同可分为滑动螺旋传动、静压螺旋传动和滚动螺旋传动（又称滚珠丝杠传动）。滚动螺旋传动的摩擦系数、效率、磨损、寿命、抗爬行性能、传动精度和轴向刚度等虽比静压螺旋传动稍差，但远比滑动螺旋传动好，机械结构又较静压螺旋传动简单，在机电系统中应用广泛。因此本章在螺旋传动一节，以滚珠丝杠为例进行详细介绍。

3.2　同步带传动

3.2.1　同步带传动原理

同步带传动是一种啮合传动，如图3-1所示，它在带的工作面及带轮外周上均制成齿形，依靠带内周的等距横向齿与带轮相应齿槽之间的啮合来传递运动和动力。带内采用了承载后无弹性伸长的材料作强力层，以保持带的节距不变，使主、从动带轮能进行无滑动的传动，从而使圆周速度同步（故称为同步带传动）。同步带传动是一种综合了带、链传动优点的传动。

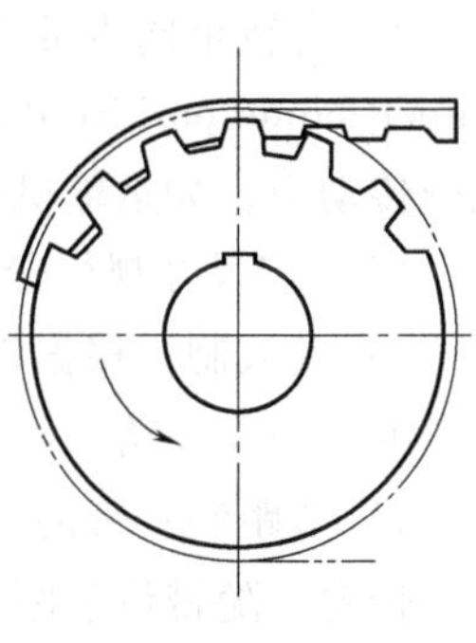
图 3-1　同步带传动

3.2.2　同步带结构

同步带一般由承载绳、带齿、带背和包布层组成，如图 3-2 所示。

1. 承载绳

承载绳用于传递动力和保持节距不变，采用抗拉强度较高、伸长率较小的材料制造的。目前常用材料有：

（1）钢丝　它是用多股钢丝按螺旋形绕制而成的。其抗拉强度高、伸长率小，但与基体材料黏结性较差，柔韧性和耐腐蚀性较差，主要用于以聚氨酯为基体的同步带中。

（2）玻璃纤维　它是用多股玻璃纤维按螺旋形绕制而成的。其与基体材料的黏结性好，柔韧性和耐腐蚀性较好，多用于以氯丁胶为基体的同步带中。目前我国生产的玻璃纤维的抗拉强度较低。

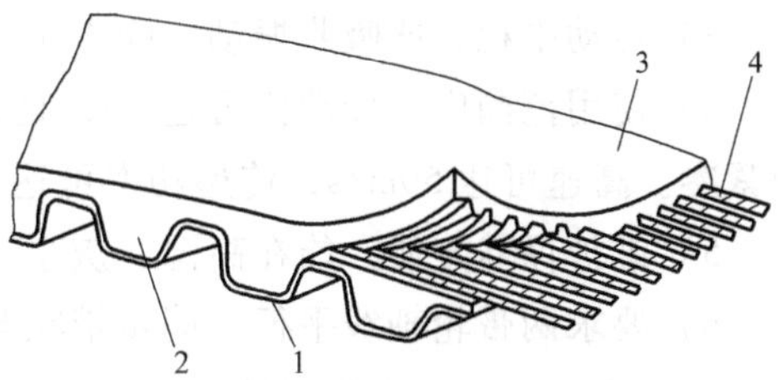

图 3-2　同步带结构
1—包布层　2—带齿　3—带背　4—承载绳

（3）芳香族聚酰胺纤维　它的韧性远高于钢丝和玻璃纤维，抗拉强度与钢丝相同。其耐腐蚀和高温稳定性好，价格较高。

2. 带齿与带背

带齿直接与带轮啮合，要求剪切强度和耐磨性高，耐热性和耐油性好，带背用于连接和包覆承载绳，要求柔韧性和抗弯强度高，与承载绳的黏结性好。目前常用的材料有：

（1）氯丁橡胶　它以氯丁二烯乳液聚合而成。抗疲劳性能、耐高温性和抗老化性好，与承载绳的黏结性也较好，但耐磨性及弹性均较低，需要在带齿面覆盖包布层。它可用于从中、小功率直到大功率、高速的同步带中。

（2）聚氨酯橡胶　它以液体聚氨酯橡胶浇注而成。它耐磨性和耐油性好，但耐热性差，环境温度只限于-20~80℃，抗老化性和黏结性也较差。它多用于中、小功率的同步带中。

3. 包布层

包布层一般用尼龙或锦纶丝织成。要求包布的抗拉强度和耐磨性好，与氯丁胶基体的黏结性好。

3.2.3　同步带传动分类和传动特点

1. 同步带传动分类

（1）按用途分　同步带传动可分为一般用同步带传动和高转矩同步带传动两大类。

1）一般用同步带传动即梯形齿同步带传动，适用于中、小功率传动，如各种仪器、办公机械、纺织机械中。

2）高转矩同步带传动即圆弧齿同步带传动，国外称为 HTD（high torque drive）、STPD（super torque positive drive）传动。它适用于大功率，传递功率可达数百千瓦，常用于重型机械传动中，如运输机械、石油机械、机床等。

（2）按尺寸规格分　同步带传动分为模数制同步带传动和节距制同步带传动。

1）模数制：根据带的主参数——模数来确定带、带轮的各部分尺寸。由于模数制在结构上的不合理及给国际交流带来不便，已逐渐为节距制所代替。

2）节距制：带的主参数为带齿节距。目前列入 ISO 标准的有不同节距的六种型号同步带及带轮。随带齿节距增大，带的各部分尺寸也增大，所传递功率增加。

节距制已正式列入 ISO 标准，为世界各国所采用，我国的国家标准也采用了节距制。

2. 同步带主要传动特点

1）传动比准确，同步带是啮合传动，工作时无滑动。

2）传动效率高，效率可达 98%。与 V 带相比，可节能 10%以上。

3）传动平稳、能吸收振动、噪声小。

4）使用范围广，传动比可达 10，且带轮直径比 V 带小得多，也不需要大的张紧力，结构紧凑。高速可达 50m/s，传递功率可达 300kW。

5）维护保养方便，能在高温、灰尘、水及腐蚀介质等恶劣环境中工作，无须润滑。

6）要求两带轮轴线平行，同步带在与两带轮轴线垂直的平面内运行，带轮中心距要求较严格，安装不当易产生干涉、爬齿、跳齿等现象。

7）带与带轮的制造工艺较复杂，成本受批量影响大。

3.3　齿轮传动系统与传动比

为了得到大传动比的传动，机械中常用多对齿轮组成轮系来实现。

设计机电一体化齿轮传动系统，要研究它的动力学特性，从而获得高精度、高稳定性、高速性、高可靠性和低噪声的齿轮传动系统。

3.3.1　最佳总传动比

首先把传动系统中的工作负载、惯性负载和摩擦负载综合为系统的总负载，方法有：

1）峰值综合：若各种负载为非随机性负载，将各负载的峰值取代数和。

2）方和根综合：若各种负载为随机性负载，取各负载的方和根。

负载综合时，要转化到电动机轴上，称为等效峰值综合负载转矩或等效方和根综合负载转矩。使等效负载转矩值最小或负载加速度最大的总传动比，即最佳总传动比。

图 3-3 所示为传动系统的计算模型。转子惯量为 J_m、输出转矩为 T_m 的直流伺服电动机通过总传动比为 i 折算到电动机轴上的等效惯量为 J_{eg} 的齿轮系，带动惯量为 J_L、工作负载转矩为 T_L、摩擦负载转矩为 T_f 的负载。设齿轮系的传动效率为 η，传动比 $i>1$，即

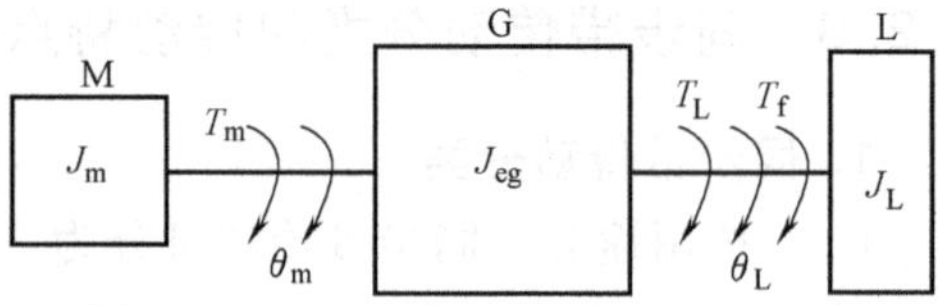

图 3-3　传动系统计算模型

$$i=\frac{\theta_m}{\theta_L}=\frac{\dot{\theta}_m}{\dot{\theta}_L}=\frac{\ddot{\theta}_m}{\ddot{\theta}_L}>1 \tag{3-1}$$

式中　θ_m、$\dot{\theta}_m$、$\ddot{\theta}_m$——分别为电动机的转角、角速度、角加速度；

θ_L、$\dot{\theta}_L$、$\ddot{\theta}_L$——分别为负载的转角、角速度、角加速度。

1. 负载加速度最大的总传动比

T_L 和 T_f 换算到电动机轴上分别为 T_L/i 和 T_f/i，J_L 换算到电动机轴上为 J_L/i^2。按动力学第二定律，有

$$T_m-\left(\frac{T_L+T_f}{i\eta}\right)=\left(J_m+J_{eg}+\frac{J_L}{i^2\eta}\right)\ddot{\theta}_m=\left(J_m+J_{eg}+\frac{J_L}{i^2\eta}\right)i\ddot{\theta}_L \tag{3-2}$$

整理得

$$\ddot{\theta}_L=\frac{T_m i\eta-(T_L+T_f)}{(J_m+J_{eg})i^2\eta+J_L} \tag{3-3}$$

令 $\partial\ddot{\theta}_L/\partial i=0$，得负载加速度最大的总传动比为

$$i=\frac{T_L+T_f}{T_m\eta}+\sqrt{\left(\frac{T_L+T_f}{T_m\eta}\right)^2+\frac{J_L}{\eta(J_m+J_{eg})}} \tag{3-4}$$

令 $\eta=1$，$T_L=T_f=J_{eg}=0$，则

$$i=\sqrt{\frac{J_L}{J_m}} \tag{3-5}$$

2. 等效峰值综合负载转矩最小的总传动比

令峰值综合工作负载转矩和摩擦负载转矩分别为 T_{Lp} 和 T_{fp}，换算到电动机轴上的等效峰值负载转矩为 T_{emp}，则

$$T_{emp}=\left(\frac{T_{Lp}+T_{fp}}{i\eta}\right)+\left(J_m+J_{eg}+\frac{J_L}{i^2\eta}\right)i\ddot{\theta}_L \tag{3-6}$$

令 $\partial T_{emp}/\partial i=0$，得等效峰值综合负载转矩最小的总传动比 i_p 为

$$i_p=\sqrt{\frac{T_{Lp}+T_{fp}+J_L\ddot{\theta}_L}{(J_m+J_{eg})\ddot{\theta}_L\eta}} \tag{3-7}$$

与之对应的等效峰值综合负载转矩的最小值为

$$(T_{emp})_{min}=2\sqrt{\frac{(T_{Lp}+T_{fp}+J_L\ddot{\theta}_L)(J_m+J_{eg})\ddot{\theta}_L}{\eta}} \tag{3-8}$$

此时电动机的输出转矩 T_m 应满足

$$T_m\geqslant(T_{emp})_{min} \tag{3-9}$$

3. 等效方和根综合负载转矩最小的总传动比

令方和根综合工作负载转矩和摩擦负载转矩分别为 T_{LR} 和 T_{fR}，折算到电动机轴上的等效方和根综合负载转矩为 T_{emR}，则

$$T_{emR}=\sqrt{\left(\frac{T_{LR}}{i\eta}\right)^2+\left(\frac{T_{fR}}{i\eta}\right)^2+\left[\left(J_m+J_{eg}+\frac{J_L}{i^2\eta}\right)i\ddot{\theta}_L\right]^2} \tag{3-10}$$

令$\partial T_{emR}/\partial i=0$，得等效方和根综合负载转矩最小的总传动比 i_R 为

$$i_R=\frac{\sqrt{T_{LR}^2+T_{fR}^2+(J_L\ddot{\theta}_L)^2}}{(J_m+J_{eg})\ddot{\theta}_L\eta} \tag{3-11}$$

3.3.2 总传动比分配

齿轮系统的总传动比确定后，根据对传动链的技术要求选择传动方案，使驱动部件和负载之间的转矩、转速达到合理匹配。若总传动比较大，又不采用谐波、RV 等传动方式，而采用多级齿轮传动的，需要确定传动级数，并在各级之间分配传动比。单级传动比增大使传动系统简化，但大齿轮的尺寸增大会使整个传动系统的轮廓尺寸变大。可按下述三种原则适当分级，并在各级之间分配传动比。

1. 最小等效转动惯量原则

（1）小功率传动　以图 3-4 所示的电动机驱动的两级齿轮传动系统为例，简化假设传动效率为 100%，各主动小齿轮转动惯量相同，轴与轴承的转动惯量不计，各齿轮均为同宽度同材料的实心圆柱体。该齿轮系中各转动惯量换算到电动机轴上的等效转动惯量 J_e 为

$$J_e=J_1+\frac{J_1+J_2}{i_1^2}+\frac{J_3}{i_1^2i_2^2} \tag{3-12}$$

已知：$i=i_1i_2$，$J_2=J_1i_1^4$，$J_3=J_1i_2^4$，得

$$J_e=J_1\left(1+i_1^2+\frac{1}{i_1^2}+\frac{i^2}{i_1^4}\right) \tag{3-13}$$

令$\partial J_e/\partial i_1=0$，得

$$i_2=\sqrt{\frac{i_1^4-1}{2}} \tag{3-14}$$

当 $i_1^4\gg1$ 时

$$i_2\approx i_1^2/\sqrt{2} \tag{3-15}$$

$$i_1\approx(\sqrt{2}i_2)^{\frac{1}{2}}\approx(\sqrt{2}i)^{\frac{1}{3}}\approx(2i^2)^{\frac{1}{6}} \tag{3-16}$$

对于 n 级齿轮系进行同类分析，可得

$$i_1=2^{\frac{2^n-n-1}{2(2^n-1)}}i^{\frac{1}{2^n-1}} \tag{3-17}$$

$$i_K=\sqrt{2}\left(\frac{i}{2^{n/2}}\right)^{\frac{2^{(K-1)}}{2^n-1}},(K=2,3,\cdots,n) \tag{3-18}$$

例如：有 $i=80$、$n=4$ 的小功率传动系统，试按等效转动惯量最小原则分配传动比。

解得

$$i_1=2^{\frac{2^4-4-1}{2(2^4-1)}}\times80^{\frac{1}{2^4-1}}=1.72268 \tag{3-19}$$

$$i_2=\sqrt{2}\left(\frac{80}{2^{4/2}}\right)^{\frac{2^{(2-1)}}{2^4-1}}=2.1085 \tag{3-20}$$

$$i_3=\sqrt{2}\left(\frac{80}{2^2}\right)^{\frac{4}{15}}=3.1438 \tag{3-21}$$

$$i_4=\sqrt{2}\left(\frac{80}{2^2}\right)^{\frac{8}{15}}=6.9887 \tag{3-22}$$

验算：$i=i_1i_2i_3i_4=79.996\approx80$。各级传动比的分配按“前小后大”次序，结构较紧凑。

小功率传动的级数可按图 3-5 选择。图 3-5 所示曲线为 J_e/J_1 与总传动比的关系曲线。由图 3-5 可见，为减小齿轮系的转动惯量，过多增加传动级数 n 是没有意义的，反而会增大传动误差，并使结构复杂化。

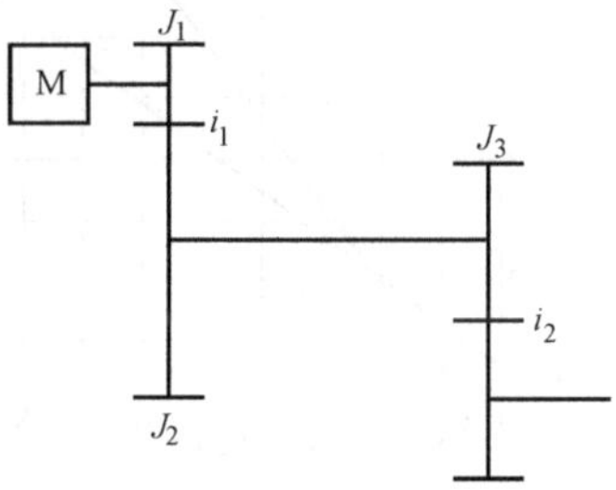

图 3-4　电动机驱动的两级齿轮系

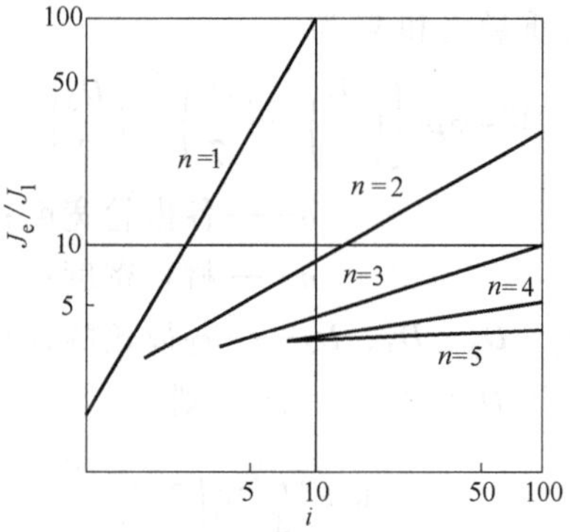

图 3-5　确定小功率传动级数的曲线

（2）大功率传动　大功率传动的转矩较大，小功率传动中的各项简化假设大多不合适。可用图 3-6 中的曲线确定传动级数，用图 3-7 中的曲线确定第一级传动比 i_1，用图 3-8 中的曲线确定随后各级传动比 i_K（$K=2$，3，…，n）。

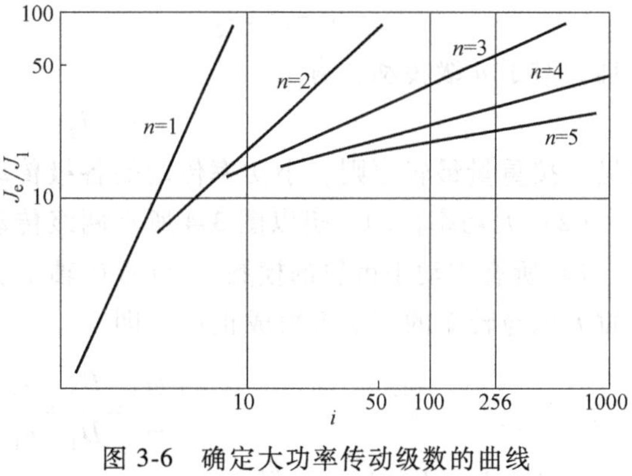

图 3-6　确定大功率传动级数的曲线

例如：设 $i=256$，可得：$n=3$，$J_e/J_1=70$；$n=4$，$J_e/J_1=35$；$n=5$，$J_e/J_1=26$。为兼顾 J_e/J_1 与结构的紧凑性，选 $n=4$。然后查图 3-7，得 $i_1=3.3$。在图 3-8 中 i_{K-1} 坐标轴上 3.3 处做垂线与 A 线交于第一点，在 i_K 坐标轴上查得 $i_2=3.7$。从 A 线上第一交点做水平线，与 B 线相交得到第二个交点值 $i_3=4.24$。由第二交点做垂线与 A 线相交得到第三个交点值 $i_4=4.95$。最后，验算：

$$i=i_1i_2i_3i_4=256.26 \tag{3-23}$$

大功率传动比的分配次序仍为“前小后大”。

2. 重量最轻原则

（1）小功率传动　仍以图 3-4 所示电动机驱动的两级齿轮系为例，简化假设同前，另外

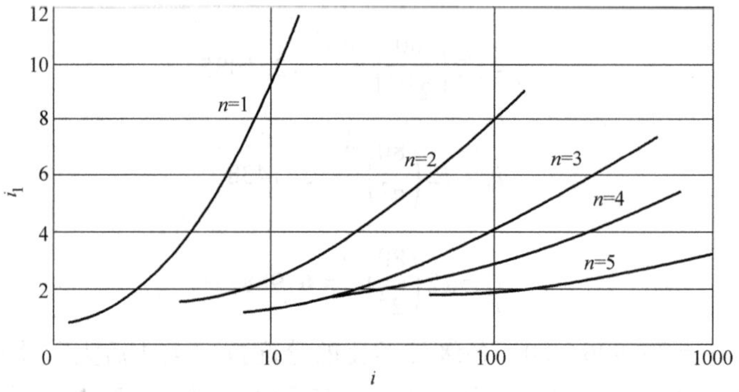

图 3-7 确定大功率传动中第一级传动比的曲线

假定各主动小齿轮的模数、齿数、齿宽均相等，则各齿轮的重量之和 W 为

$$W=\pi\rho b\left[\left(\frac{D_1}{2}\right)^2+\left(\frac{D_2}{2}\right)^2+\left(\frac{D_3}{2}\right)^2+\left(\frac{D_4}{2}\right)^2\right] \quad (3\text{-}24)$$

式中 b——各齿轮宽度；

ρ——材料密度；

D_1、D_2、D_3、D_4——各齿轮的计算直径。

由于 $D_1=D_3$，$i=i_1i_2$，则

$$W=\frac{\pi\rho b}{4}D_1^2\left(2+i_1^2+\frac{i^2}{i_1^2}\right) \quad (3\text{-}25)$$

令 $\partial W/\partial i_1=0$ 得

$$i_1=i^{\frac{1}{2}}=i_2 \quad (3\text{-}26)$$

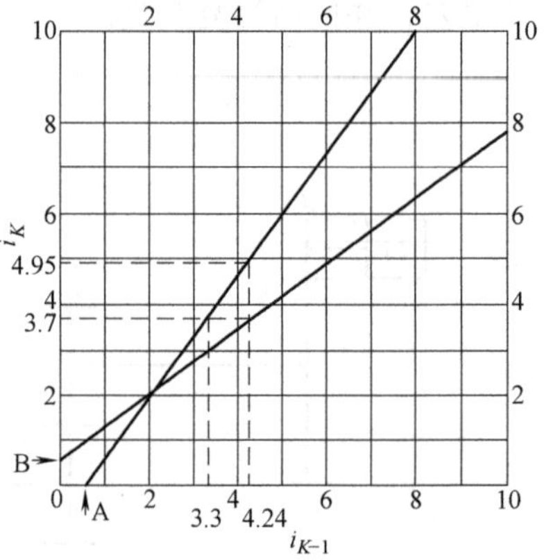

图 3-8 确定大功率传动第一级以后各级传动比的曲线

同理，对于 n 级传动，有

$$i_1=i_2=\cdots=i_n=i^{1/n} \quad (3\text{-}27)$$

可见，按重量最轻原则，小功率传动的各级传动比相等。

（2）大功率传动 仍以图 3-4 所示两级传动为例。假设：

1）所有主动小齿轮的模数 m 与所在轴上转矩 T 的三次方根成正比，其分度圆直径 D、齿宽 b 也与转矩的三次方根成正比，即

$$\frac{m_3}{m_1}=\frac{D_3}{D_1}=\frac{b_3}{b_1}=\sqrt[3]{\frac{T_3}{T_1}}=\sqrt[3]{i} \quad (3\text{-}28)$$

2）$b_1=b_2$，$b_3=b_4$，可得

$$W=\frac{\pi\rho}{4}b_1D_1^2\left[1+i+i_1\left(1+\frac{i}{i_1^2}\right)\right] \quad (3\text{-}29)$$

令 $\partial W/\partial i_1=0$，得

$$i=i_1\sqrt{2^{i_1}+1} \quad (3\text{-}30)$$

同理，对于三级齿轮传动，假设 $b_1=b_2$，$b_3=b_4$，$b_5=b_6$，可得

$$i_2=\sqrt{2i_1+1}$$

$$i_3=\sqrt{2i_2+1}=(2\sqrt{2i_1+1}+1)^{\frac{1}{2}}$$

$$i=i_1\sqrt{2^{i_1}+1}=(2\sqrt{2^{i_1}+1}+1)^{\frac{1}{2}} \tag{3-31}$$

根据以上传动比计算公式，可得图 3-9 所示的曲线和图 3-10 所示的曲线。例如：设 $n=2$，$i=40$，查图 3-9 得 $i_1=9.1$，$i_2=4.4$。设 $n=3$，$i=202$，查图 3-10 得 $i_1=12$，$i_2=5$，$i_3=3.4$。

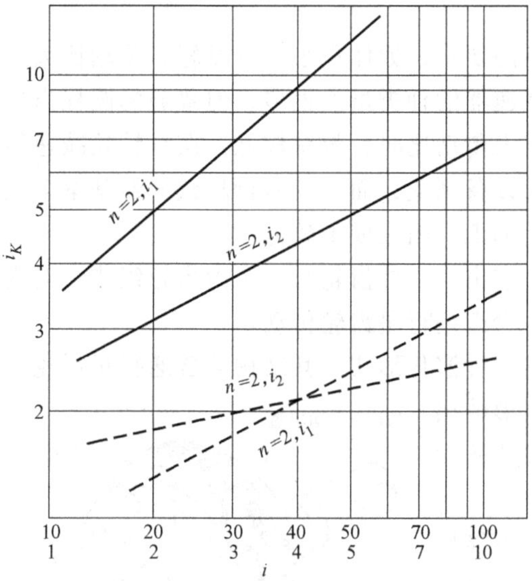

图 3-9　确定二级齿轮系各传动比的曲线（$i<10$ 查图中虚线）

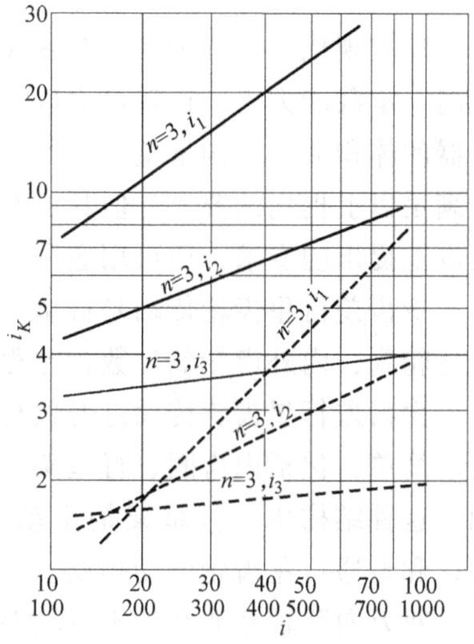

图 3-10　确定三级齿轮系各传动比的曲线（$i<10$ 查图中虚线）

由上可知，按重量最轻原则的大功率传动装置，各级传动比是“前大后小”的。

3. 输出轴转角误差最小原则

以图 3-11 所示四级齿轮传动系统为例，其四级传动比分别为 i_1、i_2、i_3、i_4；齿轮 1~8 的转角误差依次为 $\Delta\phi_1\sim\Delta\phi_8$。该传动链输出轴的总转角误差 $\Delta\phi_{\max}$ 为

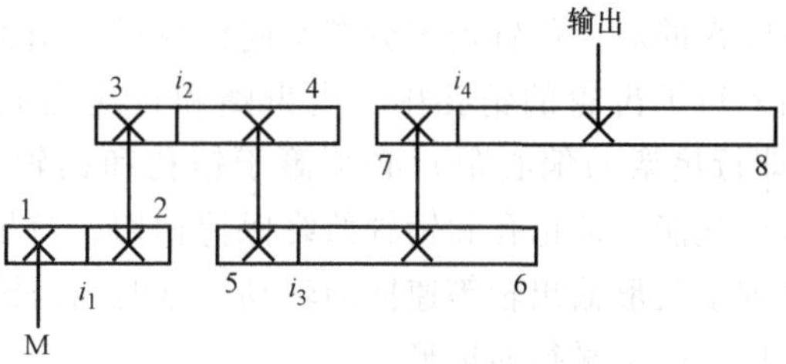

图 3-11　四级齿轮传动系统

$$\Delta\phi_{\max}=\frac{\Delta\phi_1}{i}+\frac{\Delta\phi_2+\Delta\phi_3}{i_2i_3i_4}+\frac{\Delta\phi_4+\Delta\phi_5}{i_3i_4}+\frac{\Delta\phi_6+\Delta\phi_7}{i_4}+\Delta\phi_8 \tag{3-32}$$

式中，$i=i_1i_2i_3i_4$。

同理，n 级齿轮系输出轴总转角误差为

$$\Delta\phi_{\max}=\sum\frac{\Delta\phi_k}{i_{kn}} \tag{3-33}$$

式中　$\Delta\phi_k$——第 k 个齿轮的转角误差；

i_{kn}——第 k 个齿轮所在轴至输出轴的传动比。

由此可见，为提高齿轮系的传动精度，由输入端到输出端的各级传动比应按“前小后大”次序分配，而且要使最末一级传动比尽可能大，同时提高最末一级齿轮副的精度。这

样可以减小各齿轮副的加工误差。

3.4 少齿差行星齿轮传动

3.4.1 少齿差行星齿轮传动的结构

随着现代工业的发展，对减速器提出了更高的要求，如体积小、重量轻、传动比大、效率高、承载能力大、运转可靠以及寿命长等。减速器的种类虽然很多，但普通的圆柱齿轮减速器的体积大、结构笨重；普通的蜗轮减速器在大传动比时，效率较低；摆线针轮减速器虽能满足以上提出的要求，但其成本高，需要专用设备制造；而少齿差行星减速器基本上能满足以上提出的要求，还可用通用刀具在插齿机上加工，因而成本较低。

少齿差行星齿轮传动是行星传动中的一种，它由一个外齿轮与一个内齿轮组成一对内啮合齿轮副，内外齿轮的齿数相差很小，故简称为少齿差行星齿轮传动。

少齿差行星齿轮传动是普通行星齿轮传动的一种演化形式，其结构较普通行星齿轮传动更加简单，包括内齿圈、行星架、行星齿轮和盘形输出轴。这种结构中，行星架是主动件，行星齿轮是从动件，和普通行星齿轮传动相反。

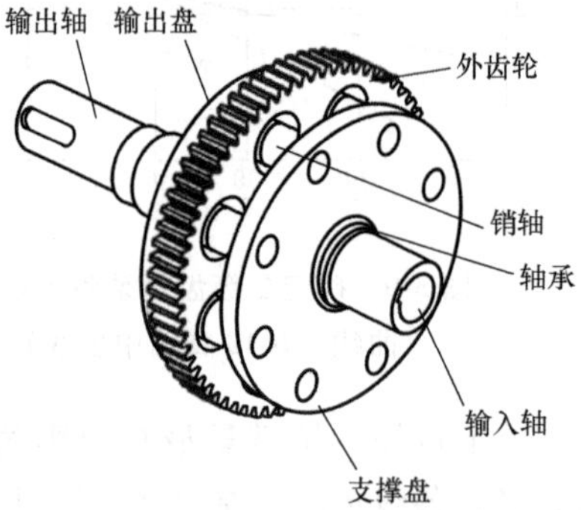

图 3-12 孔销式盘形输出机构

双万向联轴器的结构不仅轴向尺寸大，而且不能用于多个行星齿轮的场合，现已基本不用。目前使用最广泛的是孔销式盘形输出机构，如图 3-12 所示。在行星齿轮的辐板上沿圆周均匀分布有若干个销孔，在输出轴的圆盘的对应位置均匀分布有同样数量的销轴，将销轴插入行星齿轮的销孔中。内齿圈和行星齿轮的中心距（即行星架的偏心距）必须等于销孔和销轴半径的差，这样就能保证销孔和销轴始终保持相切，行星齿轮就能够推动盘形输出轴等速同向转动。这时内齿圈中心、行星齿轮中心、销孔中心和销轴中心正好形成一个平行四边形。

3.4.2 少齿差行星齿轮传动的结构和原理

少齿差行星齿轮传动原理如图 3-13 所示，当带曲柄的输入轴旋转时，空套在曲柄上的行星轮 Z_1 沿太阳轮 Z_2 滚动，当输入轴旋转 1 转，则行星轮 Z_1 反方向旋转 $(Z_2-Z_1)/Z_1$ 转，然后通过输出机构把行星轮 Z_1 的运动由输出轴输出，其速比为 $i=-Z_1/(Z_2-Z_1)$，负号代表旋转方向相反。

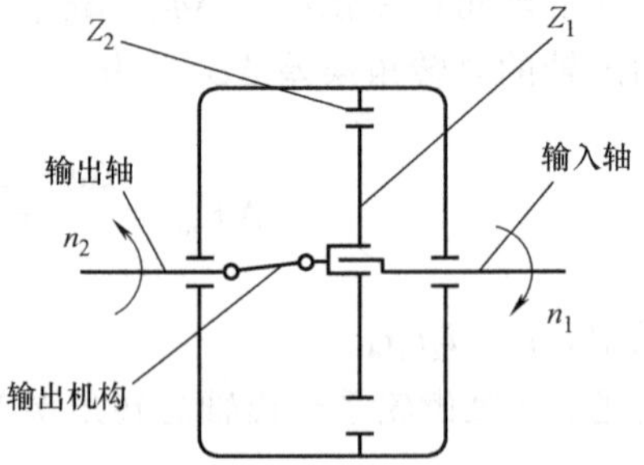

图 3-13 少齿差行星齿轮传动原理图

3.4.3 少齿差行星齿轮传动的几种形式及传动特点

1. 渐开线少齿差行星齿轮传动

渐开线齿轮由于加工方便，成本低，在实际生产中应用最为广泛。渐开线行星齿轮传动是一种至少有一个齿轮及其几何轴线绕公共几何轴线进行回转运动的齿轮传动装置。由于此装置采用数个行星轮，同时传递载荷，使功率分流并合理地采用内齿轮，因而具有一系列的优点。

但是目前国内市场的占有率很低，而且都是小功率的，造成这种局面的主要原因是渐开线少齿差减速器存在以下缺点：①行星轴承承受力大，寿命短。由于少齿差啮合传动容易发生各种干涉，为了消除干涉现象，设计中一般采用正角度变位传动，齿轮正变位后啮合角增大，使行星轴承径向载荷增大。②振动噪声较大、运行平稳性差。同时啮合的齿数少，由于内齿轮精加工比较困难，轮齿制造精度较低，啮合时冲击、噪声较大。③传动效率低，渐开线少齿差减速器单级传动效率仅为85%~90%。

2. 摆线针轮少齿差行星齿轮传动

摆线针轮少齿差行星齿轮传动是少齿差行星齿轮传动的一种主要形式。由于摆线针轮啮合的内齿轮是由针齿销、套组装而成的，因此工艺上较渐开线内齿轮保证了摆线齿形的精度。从而促进了这种传动的发展，到目前为止摆线针轮传动已是少齿差传动中应用最广泛、最基本的一种类型。

摆线针轮少齿差行星齿轮传动还具有以下优点：①传动比大、结构紧凑、体积小、重量轻；②在功率和传动比相同的条件下，体积和重量为定轴式减速器的50%~70%；③多齿啮合承载能力高，抗过载和耐冲击能力强；④寿命长；⑤维护简单。

摆线针轮少齿差行星齿轮传动存在的不足：转臂轴承承受的径向力较大，转速高，孔销式机构限制了转臂轴承的选择空间，使其成为摆线针轮行星齿轮传动的薄弱环节，因此，如何减小转臂轴承的承受载荷，提高摆线针轮行星齿轮传动转臂轴承的寿命，一直是人们力求解决的问题。

3. 柱销环少齿差行星齿轮传动减速器

柱销环行星齿轮传动是以摆线针轮行星齿轮传动为原始机构，在保留其优点的条件下，克服摆线针轮行星齿轮传动的缺点，对其进行演化，从而形成一种性能优异的新型行星齿轮传动。

柱销环少齿差行星齿轮传动利用柱销环机构来实现二同轴间的转速变换，突破了长期以来圆弧/摆线针轮传动的特征，变体积大、重量大、惯性大的摆线轮输入端为体积小、重量小、惯性小的柱销环输入端，使运转过程中噪声小、振动小、运转平稳，同时磨损很小，效率高。

3.5 谐波齿轮传动

工业生产中一些高精度的领域，如航空航天，对于各类机械传动提出了新的要求。例如，要求传动比大、体积小、重量轻、传动精度高、回差小，甚至要求达到零回差。这就推动机械传动方面产生了新的突破，谐波齿轮传动就是其中的一种。

3.5.1 组成和工作原理

谐波齿轮传动的工作原理与行星齿轮传动相同，如图3-14所示。若刚轮1固定，波发生器3装入柔轮2，使原为薄圆环形的柔轮产生弹性变形。柔轮长轴两端的齿与刚轮齿槽完全啮合，而柔轮短轴两端的齿与刚轮齿完全脱开，长轴与短轴间的齿则逐步啮入和啮出。当高速轴带动相当于系杆 H 的波发生器凸轮和柔性轴承连续转动时，柔轮上原来与刚轮啮合的齿对逐渐啮出、脱开、啮入、啮合，这样柔轮就相对刚轮沿着与波发生器相反的转向低速旋转（自转），通过低速轴输出运动。若将柔轮固定，由刚轮输出运动，其工作原理相同，只是刚轮输出运动的转向将与波发生器的转向相同。

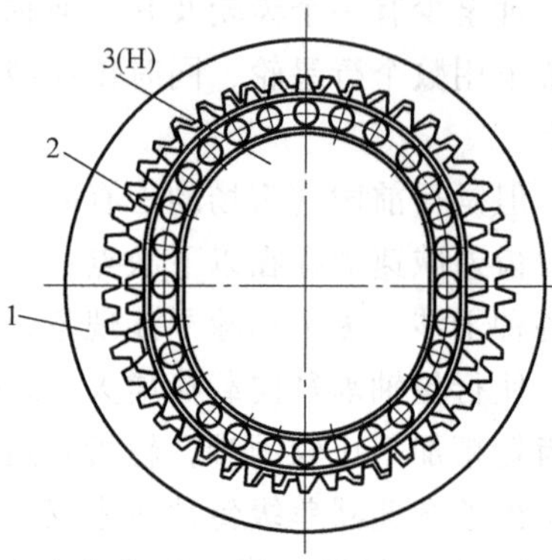

图 3-14　谐波齿轮传动结构示意图
1—刚轮　2—柔轮　3—波发生器

谐波齿轮传动是少齿差行星齿轮传动的一种变型。波发生器相当于行星齿轮系的转臂（H），柔轮（R）相当于行星齿轮，而刚轮（G）相当于中心轮内齿圈。单级谐波齿轮传动的传动比计算有两种基本情况：

第一种是刚轮固定，波发生器输入、柔轮输出，传动比为

$$i_{HR}^{G}=-\frac{Z_R}{Z_G-Z_R} \tag{3-34}$$

第二种是柔轮固定，波发生器输入、刚轮输出，传动比为

$$i_{HG}^{G}=\frac{Z_G}{Z_G-Z_R} \tag{3-35}$$

3.5.2　谐波齿轮传动基本构件的结构和材料

（1）柔轮　柔轮常用的材料有 30CrMnSiA、35CrMnSiA、60Si2、50CrMn、40CrNiMoA。常用柔轮结构有两种：大机型的谐波齿轮减速器常用杯形柔轮，与输出轴组装成一体；小机型的谐波齿轮减速器常将杯形柔轮与输出轴做成一体。

（2）刚轮　刚轮材料可用 45 钢、40Cr 钢、高强度铸铁或球墨铸铁，与钢制柔轮组成减摩运动副。刚轮常用的结构有环状与带凸缘环状。一般刚轮齿宽比柔轮齿宽大 2~5mm。

（3）波发生器　波发生器的结构形式主要有滚轮式、凸轮式、偏心盘式和行星式。比较常见的两种形式是双滚轮（或三滚轮）式波发生器和柔性轴承凸轮式波发生器，分别如图 3-15 和图 3-16 所示。其中凸轮式波发生器又分为三类，图 3-16a 为标准椭圆凸轮，加工简单，目前常用；图 3-16b 为以四力作用下圆环变形曲线为廓线的椭圆凸轮，β 值取为 20°~30°，柔轮峰值应力较小；图 3-16c 为双偏心圆弧凸轮，加工方便，但柔轮中应力较大。双滚轮（或三滚轮）式波发生器和柔性轴承凸轮式波发生器相比，双滚轮式波发生器结构简单，制造方便，效率较高，但因其对柔轮变形不能完全控制，载荷稍大时柔轮易产生畸变，承载能力较低，因而只适用于低精度轻载传动；柔性轴承凸轮式波发生器完全控制柔轮的变形，承载能力较大，刚度较好，精度也较高。

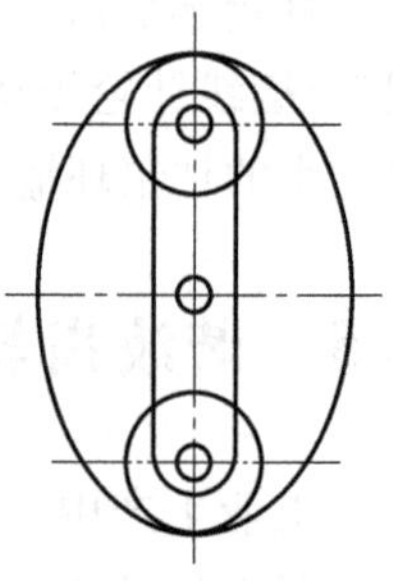

图 3-15　双滚轮式波发生器

（4）柔性轴承　柔性轴承材料一般用 GCr15 钢。外圈硬度为 55~60HRC，与柔轮内孔的配合为 H7/h7。内圈硬度为 61~65HRC，与凸轮的配合为 H7/js6。保持器多为尼龙整体式。保持器变形后，其外径不应与柔性轴承外环变形后处于短轴处的内表面相接触，其内径

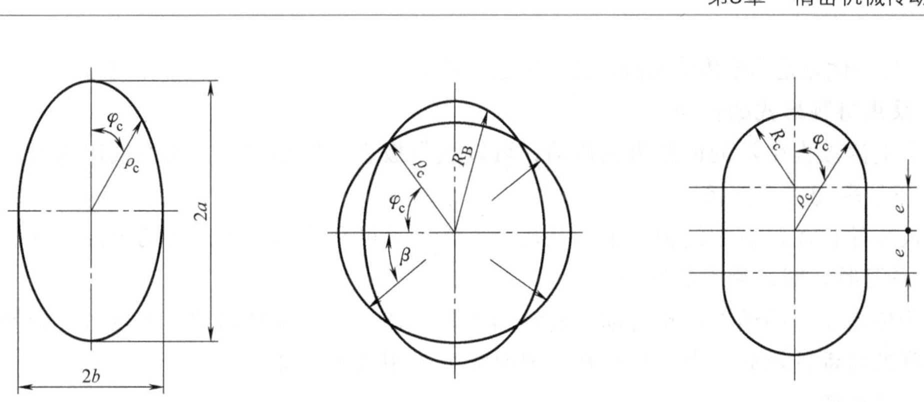

a) 标准椭圆凸轮　b) 在回转力作用下圆环变形曲线为廓线的椭圆凸轮　c) 双偏心圆弧凸轮

图 3-16　凸轮式波发生器

不应与柔性轴承内环变形后处于长轴处的外表面相接触。

3.5.3　谐波齿轮传动的主要特点

1. 传动比大且范围宽

单级谐波齿轮传动的传动比为50~500；采用行星式波发生器时，可达150~4000；多级和复式传动的传动比更大，可以达到2×10^6。

2. 承载能力强，传动平稳

谐波齿轮在工作时，同时参与啮合的齿对数可达40%~50%，而普通齿轮通常只有1~2对齿参与啮合。因此，谐波齿轮传动更加平稳，承载能力也更高。传递单位扭矩的体积和重量小，在相同工作条件下，谐波齿轮传动机构的体积，一般可比普通齿轮传动机构的体积小20%~50%，重量也大大减轻。

3. 齿面磨损小而均匀，传动效率高

当正确选择啮合参数时，柔轮齿相对于刚轮齿沿着一条滑动路径很短的轨迹移动，又由于柔轮的运动是靠波发生器产生的变形波来传递的，所以齿面的相对滑动速度很低，一般要比普通齿轮传动相对滑动速度小一到两个数量级；再加上轮齿接近面接触（两轮齿工作面曲率差很小，为0.3%~1.4%），因此，在工作过程中，谐波轮齿的磨损很小，而且均匀，摩擦损失也很小，传动效率较高。

4. 传动精度高

实践表明，在谐波齿轮传动元件的制造精度与普通齿轮相同的条件下，其精度可比一般齿轮传动高一级。若齿轮工作面经过很好的研磨，与经过同等精度研磨的一般齿轮传动相比，其运动精度可提高四倍。

5. 回差小，可实现零回差传动

回差的存在，对伺服系统来说是一个非线性因素，它将影响系统的精度和稳定性。在谐波齿轮传动中，回差的大小可以很容易地通过改变波发生器的尺寸、增加齿轮厚度或改变柔轮的形状来加以控制，从而实现无回差的啮合传动。

6. 可以通过密封壁传动，在真空条件下具有足够高的工作能力

在真空环境下的1100h实验表明，谐波齿轮传动无磨损也无胶合现象，同时传动精度基本没有降低。这一优点是其他传动无法比的，决定了其在航空航天、能源等领域不可替代的地位。

7. 采用特种形式的传动

具有电磁波发生器的谐波齿轮传动，可以获得极小的转动惯量，实现快速起动。

8. 不能获得中间速度

谐波齿轮传动没有中间轴，不能获得介于输入速度和输出速度之间的中间速度。

9. 必要时，需采用人工冷却

对于传递动力的谐波齿轮传动，若结构参数选择不当，或结构设计不良时，会导致大量发热，降低传动的承载能力，所以在必要时需要采用人工冷却。

10. 成本高

对柔轮的材料性能要求较高，加工精度也很高，所以制造较为困难，成本相对较高。

3.6 RV 减速器

RV 减速器是旋转矢量（rotary vector）减速器的简称。RV 减速器是在传统的摆线针轮、行星齿轮传动装置的基础上发展出来的一种新型传动装置。与谐波减速器一样，RV 减速器实际上既可用于减速，也可用于升速。由于其传动比很大（通常为 30~260），因此，一般在工业机器人、数控机床等产品上较少用于升速，故习惯上称为 RV 减速器。

与传统的齿轮传动装置比较，RV 减速器具有传动刚度高、传动比大、惯量小、输出转矩大，以及传动平稳、体积小、抗冲击力强等诸多优点；它与同规格的谐波减速器比较，其结构刚性更好、惯量更小、使用寿命更长。因此，它被广泛用于工业机器人、机床、医疗检测设备、卫星接收系统等领域。

RV 减速器的内部结构比谐波减速器复杂得多，其内部通常有 2 级减速机构，其传动链较长、间隙较大，传动精度一般不及谐波减速器；此外，RV 减速器的生产制造成本也较高，维护和修理均较为困难。因此，在工业机器人上，它多用于机器人机身上的腰、上臂、下臂等大惯量、高转矩输出关节的回转减速，在大型搬运和装配工业机器人上，有时手腕也采用 RV 减速器驱动。

3.6.1 基本结构

RV 减速器的基本结构如图 3-17 所示。减速器由芯轴、端盖、针轮、输出法兰、行星齿轮、曲轴组件、RV 齿轮等部件构成。

RV 减速器的径向结构可分为 3 层，由外向内依次为针轮层、RV 齿轮层（包括端盖 2、输出法兰 5 和曲轴组件 7）、芯轴层；3 层部件均可独立旋转。

针轮 3 实际上是一个内齿圈，其内侧加工有针齿；外侧加工有法兰和安装孔，可用于减速器的安装固定。中间层的端盖 2 和输出法兰（也称输出轴）5，通过定位销及连接螺钉连成一体；两者间安装有驱动 RV 齿轮摆动的曲轴组件 7；曲轴内侧套有两片 RV 齿轮 9。当曲轴回转时，两片 RV 齿轮可在对称方向进行摆动，故 RV 齿轮又称为摆线轮。

里层的芯轴 1 形状与减速器的传动比有关，传动比较大时，芯轴直接加工成齿轮轴；传动比较小时，它是一根套有齿轮的花键轴。芯轴上的齿轮称为太阳轮。用于减速时，芯轴通常连接驱动电动机的轴输入，故又称为输入轴。太阳轮旋转时，可通过行星齿轮 6 驱动曲轴

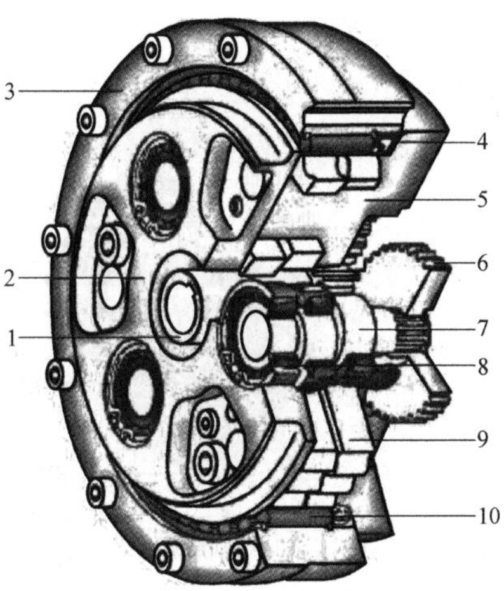

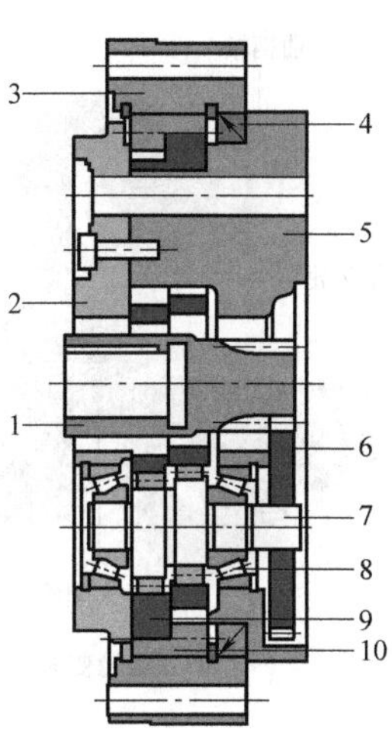

图 3-17　RV 减速器的内部结构

1—芯轴　2—端盖　3—针轮　4—密封圈　5—输出法兰　6—行星齿轮

7—曲轴组件　8—圆锥滚子轴承　9—RV 齿轮　10—针齿销

旋转，带动 RV 齿轮摆动。

太阳轮和行星齿轮间的变速是 RV 减速器的第 1 级变速，称为正齿轮变速。减速器的行星齿轮和曲轴组件的数量与减速器规格有关，小规格减速器一般布置 2 对，中大规格减速器布置 3 对，它们可在太阳轮的驱动下同步旋转。

RV 减速器的曲轴组件 7 是驱动 RV 齿轮摆动的轴，它和行星齿轮 6 之间一般为花键连接。

曲轴组件 7 的中间部位为 2 段偏心轴，RV 齿轮和偏心轴之间安装有滚针；当曲轴旋转时，它们可分别驱动 2 片 RV 齿轮，进行 180°对称摆动。曲轴组件 7 的径向载荷较大，因此，它需要用 1 对安装在端盖 2 和输出法兰 5 上的圆锥滚子轴承 8 支承。

RV 齿轮 9 和针轮 3 利用针齿销 10 传动。当 RV 齿轮摆动时，针齿销可推动针轮缓慢旋转。RV 齿轮和针轮构成了减速器的第 2 级变速，即差动齿轮变速。

3.6.2　变速原理

RV 减速器的变速原理如图 3-18 所示，减速器通过正齿轮变速、差动齿轮变速 2 级变速，实现了大传动比变速。

1）正齿轮变速。正齿轮变速原理如图 3-19a 所示，它是由行星齿轮和太阳轮实现的齿轮变速，假设太阳轮的齿数为 Z_1、行星齿轮的齿数为 Z_2，行星齿轮输出/芯轴输入的转速比（传动比）为 Z_1/Z_2，转向相反。

2）差动齿轮变速。当行星齿轮带动曲轴回转时，曲轴上的偏心段将带动 RV 齿轮进行图 3-18b 所示的摆动。因曲轴上的 2 段偏心轴为对称布置，故 2 个 RV 齿轮可在对称方向同时摆动。

图 3-18c 为其中的 1 片 RV 齿轮的摆动情况，另一片的摆动过程相同，但相位相差 180°。由于减速器的 RV 齿轮和壳体针轮之间安装有针齿销，RV 齿轮摆动时，针齿销将迫使 RV 齿轮沿针轮的齿逐齿回转。

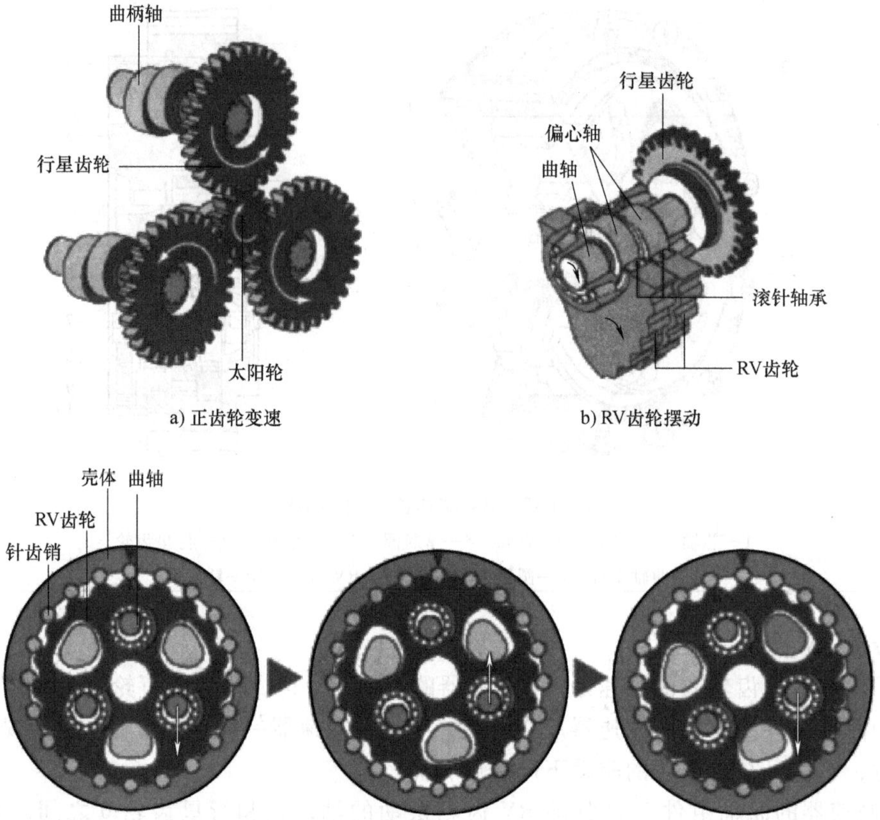

a) 正齿轮变速　　b) RV齿轮摆动

c) 齿差减速

图 3-18　RV 减速器的变速原理

如果 RV 减速器的 RV 齿轮固定，芯轴连接输入，针轮连接输出，并假设 RV 齿轮的齿数为 Z_3，针轮的齿数为 Z_4（齿差为 1 时，$Z_4-Z_3=1$）。当偏心轴带动 RV 齿轮顺时针旋转 360°时，RV 齿轮的 0°基准齿和针轮基准位置间将产生 1 个齿的偏移；相对于针轮而言，其偏移角度为

$$\theta_{\mathrm{i}}=\frac{1}{Z_4}\times 360° \tag{3-36}$$

因此，针轮输出/曲轴输入的转速比（传动比）为 $i=1/Z_4$；考虑到行星齿轮（曲轴）输出/芯轴输入的转速比（传动比）为 Z_1/Z_2，故可得到减速器的针轮输出/芯轴输入的总转速比（总传动比）为

$$i=\frac{Z_1}{Z_2}\frac{1}{Z_4} \tag{3-37}$$

由于 RV 齿轮固定时，针轮和曲轴的转向相同、行星轮（曲轴）和太阳轮（芯轴）的转向相反，故最终输出（针轮）和输入（芯轴）的转向相反。

但是，当减速器的针轮固定，芯轴连接输入，RV 齿轮连接输出时，情况有所不同。因为，一方面，通过芯轴的 $(Z_2/Z_1)\times 360°$逆时针回转，可驱动曲轴产生 360°的顺时针回转，使得 RV 齿轮的 0°基准齿相对于固定针轮的基准位置，产生 1 个齿的逆时针偏移，即 RV 齿

轮输出的回转角度为

$$\theta_o=\frac{1}{Z_4}\times 360^\circ \tag{3-38}$$

同时，由于 RV 齿轮套装在曲轴上，当 RV 齿轮偏转时，也将使曲轴的中心逆时针偏转 θ_o；曲轴中心的偏转方向（逆时针）与芯轴转向相同，因此，相对于固定的针轮，芯轴所产生的相对回转角度为

$$\theta_i=\left(\frac{Z_2}{Z_1}+\frac{1}{Z_4}\right)\times 360^\circ \tag{3-39}$$

所以，RV 齿轮输出/芯轴输入的转速比（传动比）将变为

$$i=\frac{\theta_o}{\theta_i}=\frac{1}{1+\frac{Z_2}{Z_1}Z_4} \tag{3-40}$$

输出（RV 齿轮）和输入（芯轴）的转向相同。这就是 RV 减速器差动齿轮变速部分的减速原理。

相反，如果减速器的针轮被固定，RV 齿轮连接输入，芯轴连接输出，则 RV 齿轮旋转时，将迫使曲轴快速回转，起到增速的作用。同样，当减速器的 RV 齿轮被固定，针轮连接输入，芯轴连接输出，针轮的回转也可迫使曲轴快速回转，起到增速的作用。这就是 RV 减速器差动齿轮变速部分的增速原理。

通过不同形式的安装，RV 减速器可有图 3-19 所示的 6 种不同使用方法，图 3-19a～c 用于减速；图 3-19d～f 用于增速。

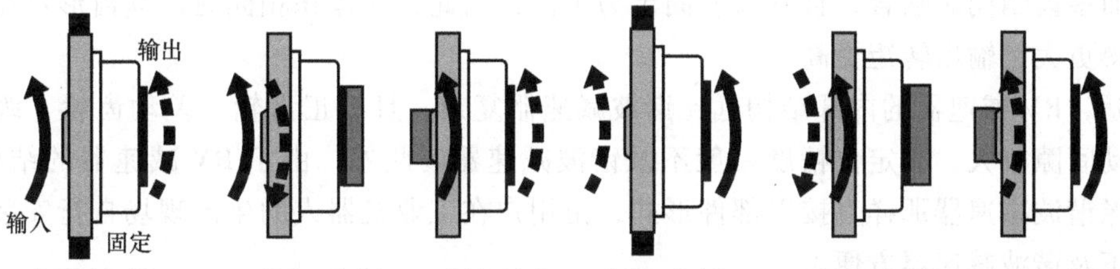

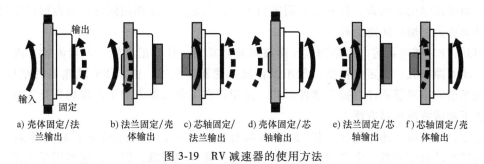

a) 壳体固定/法兰输出　b) 法兰固定/壳体输出　c) 芯轴固定/法兰输出　d) 壳体固定/芯轴输出　e) 法兰固定/芯轴输出　f) 芯轴固定/壳体输出

图 3-19　RV 减速器的使用方法

如果用正、负号代表转向，并定义针轮固定，芯轴输入，RV 齿轮输出时的基本减速比为 R，即

$$R=1+\frac{Z_2}{Z_1}Z_4 \tag{3-41}$$

则，对于图 3-19a 所示的安装方式，其输出/输入转速比（传动比）为

$$i_a=\frac{1}{R} \tag{3-42}$$

对于图 3-19b 所示的安装方式，其传动比为

$$i_b=-\frac{Z_1}{Z_2}\frac{1}{Z_4}=-\frac{1}{R-1} \tag{3-43}$$

对于图 3-19c 所示的安装方式，其传动比为

$$i_c=\frac{R-1}{R} \tag{3-44}$$

对于图 3-19d 所示的安装方式，其传动比为

$$i_d=R \tag{3-45}$$

对于图 3-19e 所示的安装方式，其传动比为

$$i_e=-(R-1) \tag{3-46}$$

对于图 3-19f 所示的安装方式，其传动比为

$$i_f=\frac{R}{R-1} \tag{3-47}$$

在 RV 减速器生产厂家的样本上，一般只给出基本减速比 R，用户使用时，可根据实际安装情况，按照上面的方法计算对应的传动比。

3.6.3 RV 减速器的主要特点

由 RV 减速器的结构和原理可见，它与其他传动装置相比，主要有以下特点：

(1) 传动比大　RV 减速器设计有正齿轮、差动齿轮 2 级变速，其传动比不仅比传统的普通齿轮、行星齿轮、蜗轮蜗杆、摆线针轮传动大，且还可做得比谐波齿轮传动更大。

(2) 结构刚性好　减速器的针轮和 RV 齿轮间通过直径较大的针齿销传动，曲轴采用的是圆锥滚针轴承支承；减速器的结构刚性好、使用寿命长。

(3) 输出转矩高　RV 减速器的正齿轮变速一般有 2~3 个行星齿轮；差动变速采用的是硬齿面多齿销同时啮合，且其齿差固定为 1 齿，因此，在体积相同时，其齿形可比谐波减速器做得更大、输出转矩更高。

但是，RV 减速器的内部结构远比谐波减速器复杂，且有正齿轮、差动齿轮 2 级变速齿轮，传动间隙较大，其定位精度一般不及谐波减速器。此外，由于 RV 减速器的结构复杂，它不能像谐波减速器那样直接以部件形式，由用户在工业机器人的生产现场自行安装，故其使用也不及谐波减速器方便。

总之，与谐波减速器相比，RV 减速器具有传动比大、结构刚性好、输出转矩高等优点，但其传动精度较低、生产制造成本较高、维护修理较困难，因此，它多用于机器人机身上的腰、上臂、下臂等大惯量、高转矩输出关节减速，或用于大型搬运和装配工业机器人的手腕减速。

3.7 滚珠螺旋传动

3.7.1 滚珠丝杠副的传动原理

滚珠螺旋传动是在丝杠和螺母滚道之间放入适量的滚珠，使螺纹间产生滚动摩擦。丝杠转动时，带动滚珠沿螺纹滚道滚动。螺母上装有反向器，与螺纹滚道构成滚珠的循环通道。为了使滚珠与滚道之间形成无间隙甚至过盈配合，可设置预紧装置。为延长工作寿命，可设置润滑件和密封件，具体结构如图 3-20 所示。

3.7.2　滚珠螺旋传动的典型结构和类型

滚珠螺旋传动的结构类型很多，其主要区别在于螺纹滚道的法向截面形状、滚珠的循环方式和消除轴向间隙的调整预紧方法三个方面。

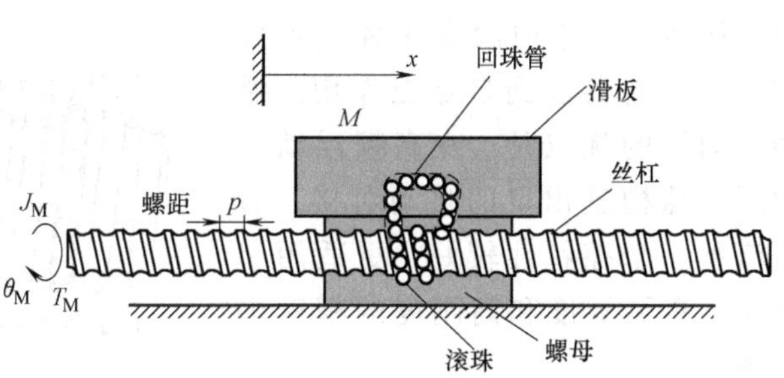

图 3-20　滚珠丝杠传动机构

3.7.2.1　螺纹滚道法向截面的形状

螺纹滚道法向截面的形状，常见的有单圆弧形（见图 3-21a）和双圆弧形（见图 3-21b）两种。在螺纹滚道法向截面内，滚珠与滚道接触点的公法线和丝杠轴线的垂线间的夹角 α 称为接触角，一般取 $\alpha=45°$。

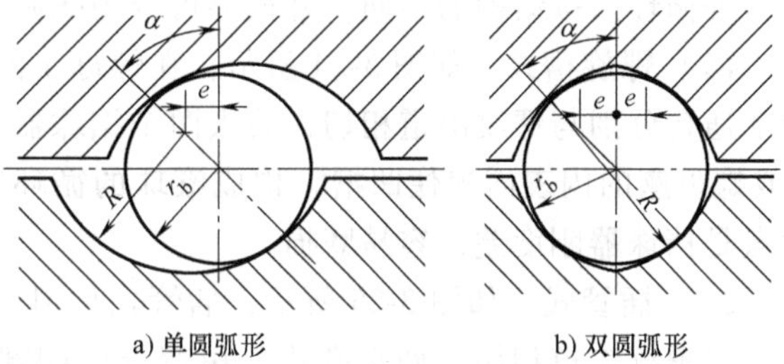

图 3-21　螺纹滚道法向截面

加工单圆弧滚道用砂轮成形比较简单，容易得到较高的加工精度。但接触角 α 随间隙及轴向载荷而变化，故传动效率、承载能力和轴向刚度等均不稳定。

双圆弧滚道的接触角 α 在工作过程中基本保持不变，故效率、承载能力和轴向刚度比较稳定。滚道底部与滚珠不接触，其空隙可存一定的润滑油，以减小摩擦和磨损。但磨削滚道砂轮的修整、加工和检验都比较困难。

滚道的半径 R 与滚珠直径 r_0 的比值，对承载能力有很大的影响，一般取 $R/r_0=1.04\sim1.15$，我国采用 $R/r_0=1.04$ 和 1.11 两种。

3.7.2.2　滚珠的循环方式

按照滚珠在整个循环过程中与丝杠表面接触的情况，可分为内循环与外循环两种。

1. 内循环

如图 3-22 所示，滚珠在循环的过程中始终与丝杠表面保持接触，这种循环方式称为内循环。在螺母 1 的侧孔内装有接通相邻滚道的反向器 3。利用反向器引导滚珠 4 越过丝杠 2 的螺纹顶部进入相邻滚道，形成一个循环回路。一般在同一螺母上装有 2~4 个反向器（称为 2~4 列），反向器沿螺母圆周方向均匀分布。内循环方式下，滚珠循环的回路短、流畅性好、效率高，径向尺寸也小，其缺点就是反向器加工困难，装配、调试也不容易。

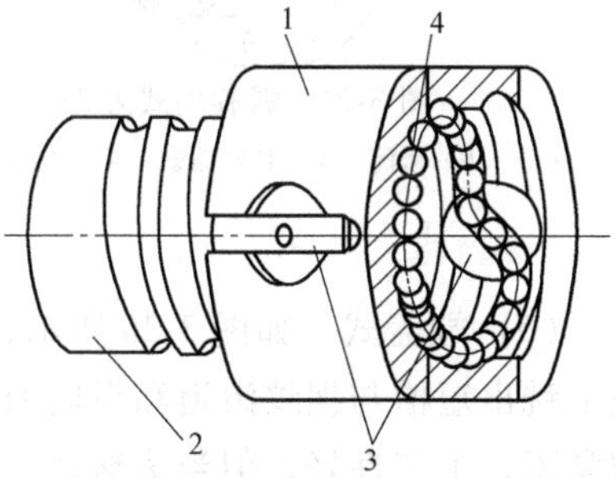

图 3-22　内循环

1—螺母　2—丝杠　3—反向器　4—引导滚珠

图 3-23 为浮动式反向器。其结构特点是反向器 1 与滚珠螺母 5 上的安装孔有 0.01~0.015mm 的配合间隙，并在反向器外圆弧面上铣出对称圆弧槽，槽内安装拱形片簧 4，外有弹簧套 2 借助片簧的弹力始终给反向器一个径向推力，使位于回珠槽内的滚珠始终与丝杠 3 表面保持一定的压

力。从而，使槽内滚珠代替了定位键而对反向器起到自定位作用。浮动反向器的优点是：在高频浮动中达到回珠槽进出口的自动对接，通道流畅、摩擦特性较好，更适用于高速、高灵敏度和高刚度的精密进给系统。

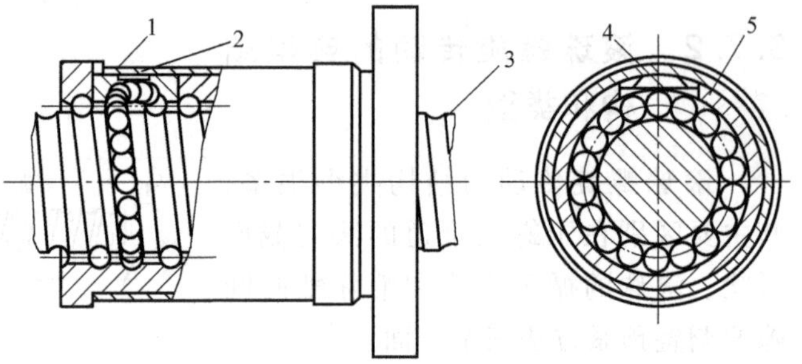

图 3-23 浮动式反向器

1—反向器 2—弹簧套 3—丝杠 4—拱形片簧 5—滚珠螺母

2. 外循环

滚珠在循环的过程中，有一段离开丝杠的表面，这种循环的方式称为外循环。按结构的不同，外循环可分为螺旋槽式、插管式和端盖式三种。

（1）螺旋槽式 如图 3-24 所示，在螺母 1 的外圆柱面上铣出螺纹凹槽，在其两端钻出两个通孔分别与螺纹滚道相切，装入两个挡珠器 4，引导滚珠 3 通过这两个孔，同时用套筒 2 或螺母座的内表面盖住凹槽，构成滚珠的循环回路。螺旋槽式结构简单，径向尺寸也小，缺点是挡珠器刚度差，容易磨损。

（2）插管式 如图 3-25 所示，插管式是用一弯管 2 代替螺旋槽式的凹槽，弯管的两端插入与螺纹滚道相切的两个孔内，用弯管的端部 6 引导滚珠进出弯管，构成滚珠循环回路 4。再用压板 1 和螺钉将弯管固定。插管式结构简单，制造容易，但径向尺寸较大。同时用弯管端部作为挡珠器比较容易磨损。

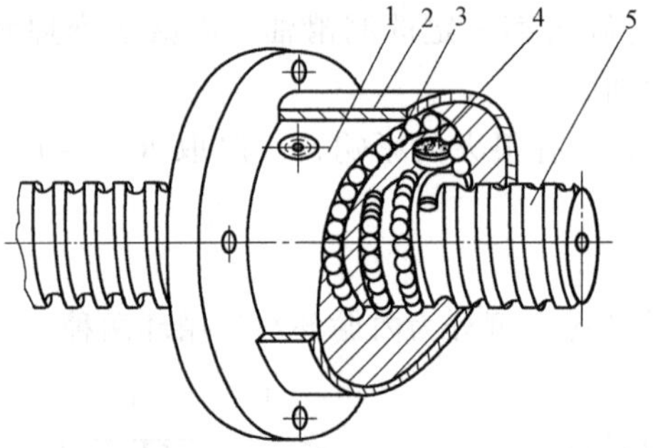

图 3-24 螺旋槽式外循环

1—螺母 2—套筒 3—引导滚珠 4—挡珠器 5—丝杠

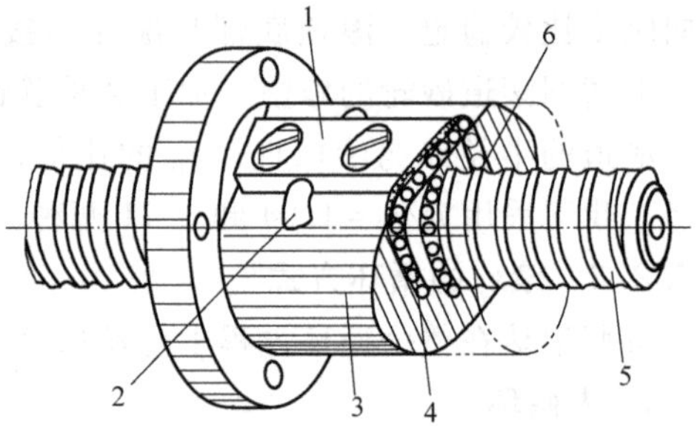

图 3-25 插管式外循环

1—压板 2—弯管 3—螺母 4—滚珠循环回路 5—丝杠 6—弯管端部

（3）端盖式 如图 3-26 所示，在螺母上钻有纵向通孔作为滚珠的通道，在螺母两端的盖上铣出短槽与螺纹滚道和纵向通孔相切，引导滚珠进出通道构成滚珠循环回路。端盖式结构紧凑，工艺性好，但当滚珠通过短槽时容易卡住。

3.7.2.3 消除轴向间隙的方法

若滚珠螺旋中有轴向间隙或在载荷作用下滚珠与滚道接触处有弹性变形，当丝杠转动方向改变时，将产生空程，因而影响机构的传动精度。为了消除空程，可在丝杠上装设两个螺母，调整这两螺母的轴向位置，使两螺母中的滚珠产生预紧力，分别压向丝杠滚道的两相反侧面，从而消除轴向间隙。

图 3-27 所示是用垫片调整间隙的结构。调整垫片厚度 t，可使螺母产生轴向移动，以达

到消除轴向间隙的目的。这种方法结构简单、工作可靠、调整方便。但当滚道有磨损时，不能随意调整间隙和预紧，它适用于一般精度的传动。

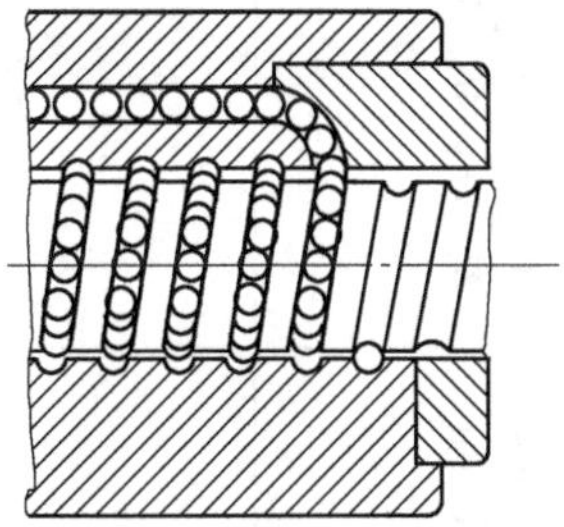

图 3-26　端盖式外循环

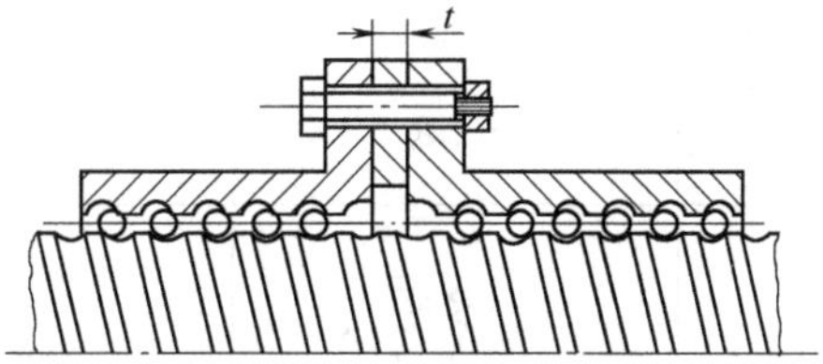

图 3-27　垫片调隙结构

3.7.3　滚珠螺旋传动特点

滚珠螺旋传动与滑动螺旋传动或其他直线运动副相比，有下列特点：

（1）传动效率高　一般滚珠丝杠副的传动效率为 85%～98%，是滑动丝杠副的 3～4 倍。

（2）运动平稳　滚动摩擦因数接近常数，起动摩擦力矩与工作摩擦力矩差别很小。起动时无冲击，低速时无爬行。

（3）能够预紧　预紧后可消除间隙，产生过盈，提高接触刚度和传动精度。因预紧而增加的摩擦力矩并不大。

（4）工作寿命长　滚珠丝杠螺母副的摩擦表面为高硬度（58～62HRC）、高精度，具有较长的工作寿命和精度保持性。寿命为滑动丝杠副的 4～10 倍。

（5）定位精度和重复定位精度高　由于滚珠丝杠副摩擦小、温升少、无爬行、无间隙，通过预紧进行预拉伸来补偿热膨胀。因此可达到较高的定位精度和重复定位精度。

（6）同步性好　用几套相同的滚珠丝杠副同时传动几个相同的运动部件，可得到较好的同步运动。

（7）可靠性高　它的润滑密封装置结构简单、维修方便。

（8）不自锁　用于垂直传动时，必须在系统中附加自锁或制动装置。

（9）经济性差　由于其结构工艺复杂，故制造成本较高。

3.7.4　滚珠丝杠的支承结构形式

滚珠丝杠副的支承主要是约束丝杠的轴向窜动，其次才是径向约束。

1）两端固定（双推-双推，F-F），见表 3-1（序号 1）刚度最高，进行预拉伸后可减少丝杠自身变形和补偿热膨胀，使刚度更高。适用于高精度、高刚度的工作条件。这种形式结构复杂、工艺困难、成本最高。

2）一端固定一端游动（双推-简支，F-S），见表 3-1（序号 2）丝杠有热膨胀的余地。

3）两端均为单向推力（单推-单推，J-J），见表 3-1（序号 3）可根据预计温升产生的热膨胀量进行预拉伸。

4）一端固定一端自由（双推-自由，F-O），见表 3-1（序号 4）结构简单，刚度、临界转速、压杆稳定性都较低，适用于较短和竖直安装的丝杠。

以上四种支承方式分别对应的总刚度等效计算模型及总刚度计算公式见表 3-1。

表 3-1 滚珠丝杠支承结构形式

序号	支承方式	支承方式简图	支承系数		等效计算模型		总刚度计算公式
			f_1	f_2			
1	双推-双推	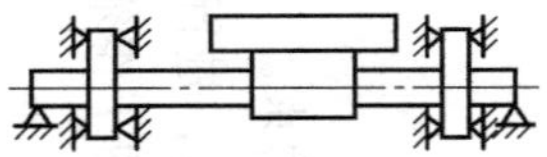	4	4.730	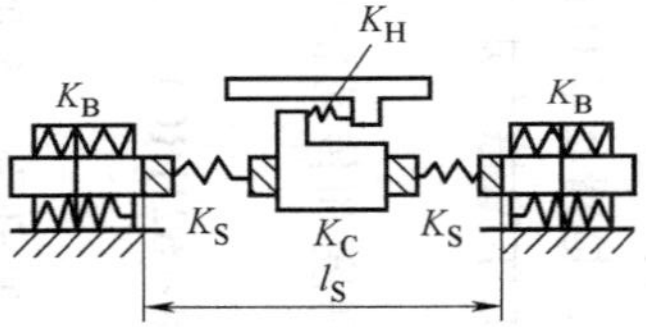	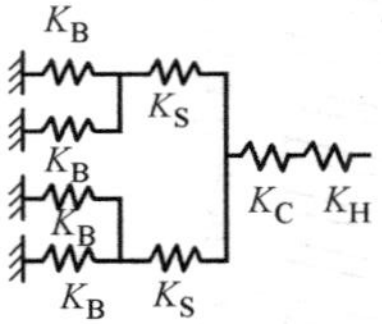	$\frac{1}{K_e}=\frac{1}{4K_B}+\frac{1}{4K_S}+\frac{1}{K_C}+\frac{1}{K_M}$
2	双推-简支	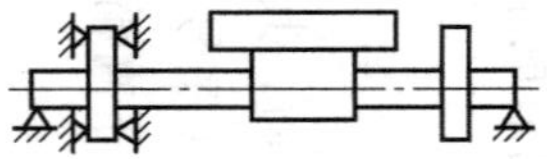	2	3.927	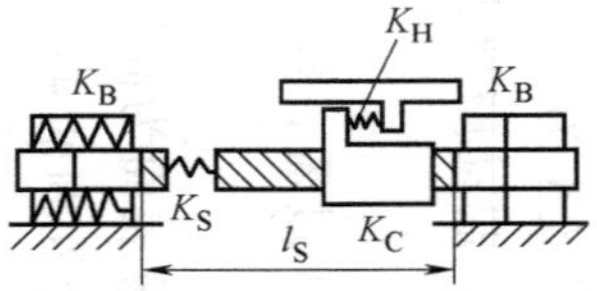	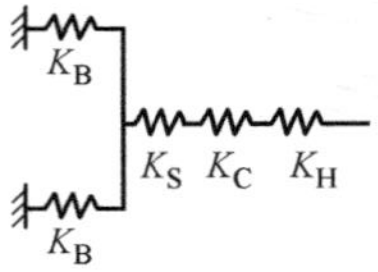	$\frac{1}{K_e}=\frac{1}{2K_B}+\frac{1}{K_S}+\frac{1}{K_C}+\frac{1}{K_M}$
3	单推-单推	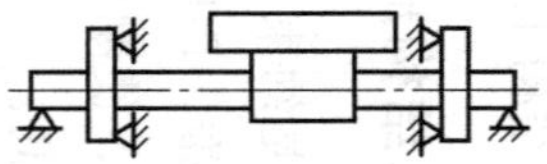	1	3.142	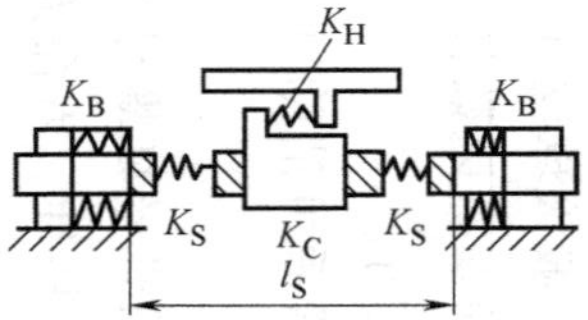	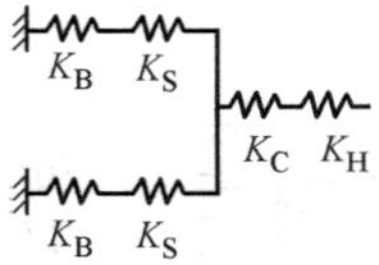	$\frac{1}{K_e}=\frac{1}{2K_B}+\frac{1}{4K_S}+\frac{1}{K_C}+\frac{1}{K_M}$
4	双推-自由	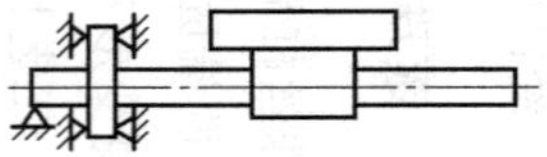	0.25	1.875	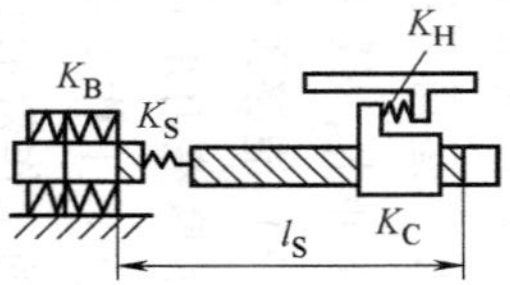	同 2	同 2

3.8　精密直线导轨

除了以上介绍的传动机构，导向机构作为精密机械的另一个重要组成部分，可以支承和限制运动部件，获得给定运动方向。

3.8.1　直线滚珠导轨

在导向领域中，直线导轨一直是关键性产品。随着精密及高速加工技术发展的需要，直线滚珠导轨应用范围日益扩大，其可靠的原理、灵活的运用使其替代传统导轨形式成为必然趋势。自1973年开始商品化以来，直线滚珠导轨在工业生产中得到了广泛应用，适应了现今机械对于高精度、高速度、节约能源以及重载荷的要求，已被广泛应用在各种组合加工机床、数控设备、冶金机械、磨床、重型机械乃至一般产业用的机械中。

1. 直线滚珠导轨的结构及原理

直线导轨有两个基本组件，一个作为导向的为固定组件（导轨），另一个是移动组件（滑块）。作为导向的导轨为淬硬钢，经精磨后置于安装平面上，其横截面的几何形状比较复杂，因为导轨上需要加工出沟槽，以利于滑动组件的移动。滑块包裹着导轨的顶部和两侧面。直线导轨以滚动钢球作为导轨和滑块之间的动力传输界面，因为滚动钢球适应于高速运动、摩擦因数小、灵敏度高，满足运动部件的工作要求，可进行无限滚动循环的运动，并将滑块限制在导轨上，使负载平台能沿导轨以高速度、高精度做直线运动。负载平台移动时，钢球就在滑块支架沟槽中循环流动，把滑块支架的磨损量分摊到各个钢球上，从而延长直线导轨的使用寿命。为了消除滑块支架与导轨之间的间隙，可预加载荷来提高导轨系统的稳定性。直线滚珠导轨的结构如图3-28所示。

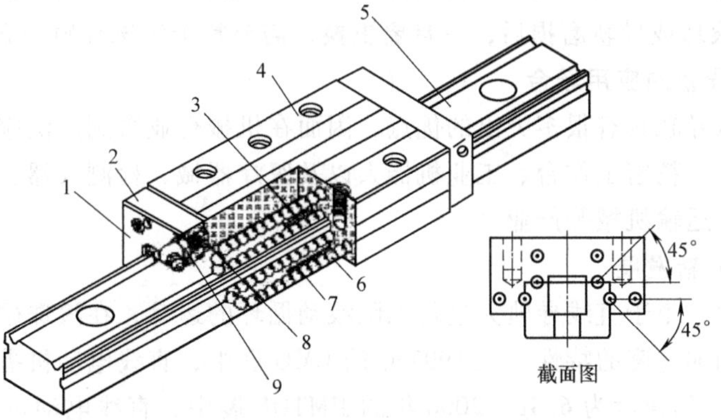

图3-28　直线滚珠导轨结构

1—末端密封　2—端盖板　3—内部密封　4—滑块

5—导轨　6—钢球　7—侧面密封　8—油阀　9—油杯

2. 直线滚珠导轨的特点

（1）优点

1）定位精度高，容易获得良好的行走精度。直线滚珠导轨可使摩擦因数减小到滑动导轨的1/50。由于动摩擦与静摩擦因数相差很小，运动灵活，可使驱动扭矩减小90%。滚珠导轨传动机构如图 3-29 所示。

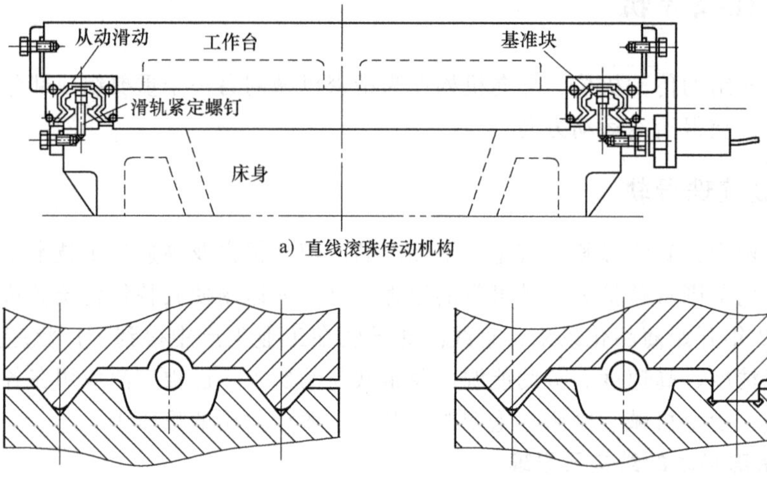

a) 直线滚珠传动机构

b) 传统滑动导轨传动机构

图 3-29　滚珠导轨传动机构

2）可实现无间隙轻快地高速运动。直线滚珠导轨由于摩擦阻力小，设备的工作效率提高了 20%~30%。

3）可长期维持设备的高精度。由于滚动接触的摩擦耗能小，滚动面的摩擦损耗也相应减少，故能使直线滚珠导轨系统长期处于高精度状态。

4）所有方向都具有高刚性。滚珠直线导轨的滑块与导轨间为微间隙或负间隙，因此可以极大提高导轨的整体刚性和运动精度。

5）容许负荷大。滑块和导轨紧密配合成一整体，刚性大，具有较大的负荷承载能力。

（2）缺点　滚珠或导轨磨损后，一旦要更换，需要整个滚珠导轨一起更换。

3. 直线滚珠导轨的应用场合

由于直线滚珠导轨具有很多突出的优点，因而在机械行业得到广泛应用，可用于各种数控机床、加工中心、精密工作台、工业机器人以及医疗器械、检测仪器、动力传输、各种半导体、轻工机械、运输机械等产业。

4. 直线导轨的新发展

在高速化方面，由于直线导轨为进行无限滚动循环的运动，在滚珠循环系统顺畅的情况下，具有高速度和加速度的特性。在 1997 年的 EMO 展中，直线电动机搭配直线导轨的展示速度为 200m/min，加速度为 6.4g。2000 年的 JIMTOF 展中，直线电动机搭配直线导轨的展示速度为 240m/min，加速度为 6.0g。直线导轨具有高速性与控制性的优点，期待其可以有很大的发展空间。

在环保方面，直线导轨向自润式、高防尘、低噪声与模组化的方向发展，主要有以下产品：

（1）自润式直线滚珠导轨　自润式直线导轨的设计理念是将润滑油储藏在直线导轨内，让其产生毛细现象，使润滑油直接润滑至负荷滚珠与轨道面上。所谓毛细现象是液体能在其他物质（如毛巾、纸）中慢慢扩散的特性，当液体分子的内聚力小于其所接触物质之间的吸引力时就会产生毛细现象。因为直线导轨的动力界面在滚珠上，自润式以润滑滚珠为目的，即降低滚珠与轨道面之间的摩擦阻力，减轻磨损，相对提高直线导轨的寿命。自润式直线滚珠导轨的结构如图 3-30 所示。

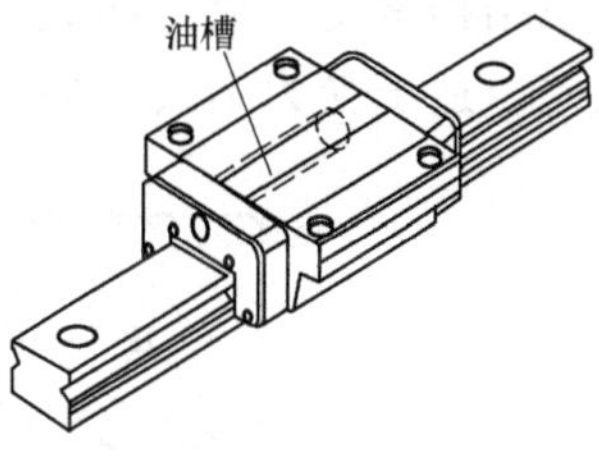

图 3-30 自润式直线滚珠导轨

（2）高防尘直线滚珠导轨 直线导轨在恶劣环境中使用时，选用适当的防尘配件，能有效阻止铁屑、粉尘等异物进入滑块内部，以避免因异物入侵而影响直线滚珠导轨的精度及寿命。高防尘直线滚珠导轨的结构如图 3-31 所示。

（3）定位式直线滚珠导轨 定位式直线滚珠导轨是一种整合直线轴承与位置测量器的直线滚珠导轨模块组，可提供直线导引及位置回馈的功能。借助直线滚珠导轨高刚性及磁性编码器高精度的优点，将直线滚珠导轨及编码器整合，可节省机构使用空间。尺身及感应读头位于直线导轨内，不易受外力破坏。其测量特性不会因含油、水、粉尘及切屑的恶劣工作环境而改变。另外也可用于振动、噪声及高温的环境。定位式直线滚珠导轨的结构如图 3-32 所示。

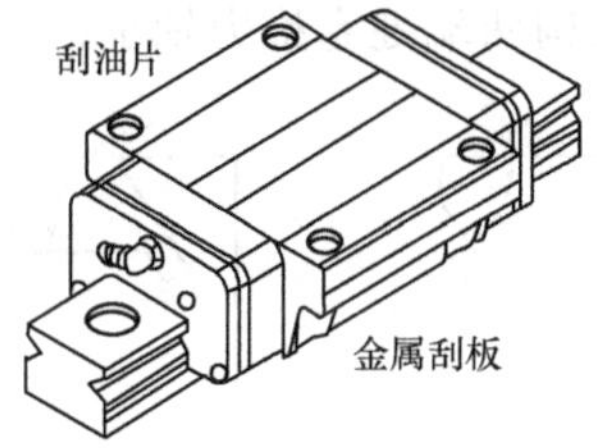

图 3-31 高防尘直线滚珠导轨

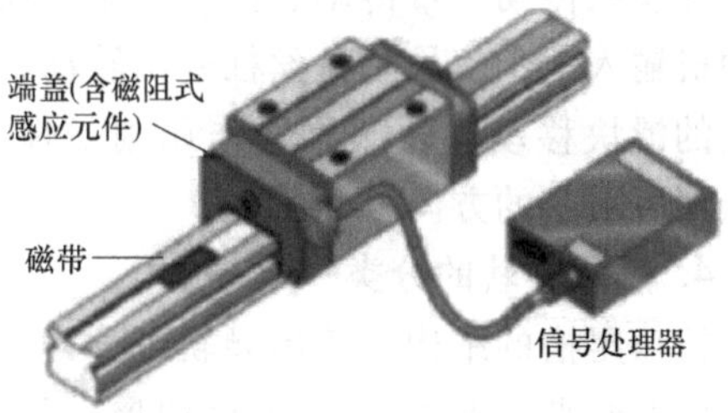

图 3-32 定位式直线滚珠导轨

3.8.2 燕尾导轨

1. 燕尾导轨的概念

燕尾导轨属于数控机床滑动导轨中的一种导轨，导轨的滑动面之间呈混合摩擦状态，丝杠带动工作台在其上滑动。由于该导轨截面大致呈等腰梯形，故称为燕尾导轨，如图 3-33 所示。其主要用于对零部件进行导向并支承其所引导的零部件。

2. 燕尾导轨的结构

燕尾导轨由导轨与滑块两部分组成。导轨是导向的固定组件，滑块是移动组件。滑块依靠与导轨之间的配合可以在导轨上进行往复直线运动。导轨的材质为淬硬钢，经精磨后置于安装平面上。燕尾导轨以平整截面作为导轨和滑块之间的动力传输界面，其滑块只能沿着燕尾导轨的纵向移动，所以只有这一个自由度，相比较传统的导轨而言，机构会显得更加精简。由于燕尾截面通常做得较大，所以在导轨的运动方向上起到传动作用，同时在导轨的垂直方向上也起到了增加系统刚度的作用。两部分零件均有一个外廓互补的梯形导轨，一般燕尾导轨的角度设计为 50°，如图 3-34 所示。燕尾

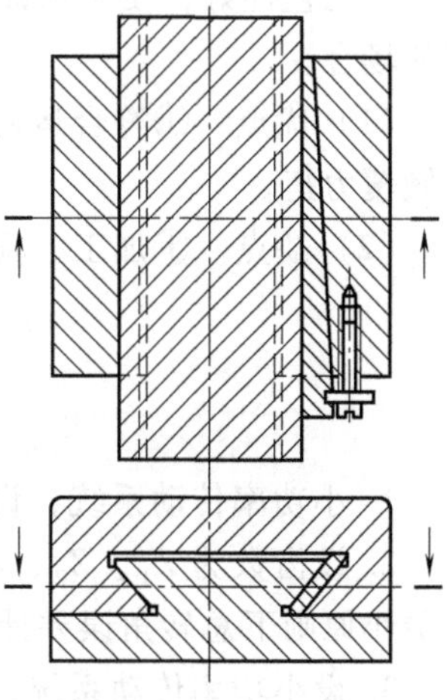

图 3-33 燕尾导轨

导轨结构紧凑，成自闭式，可以承受颠覆力矩，需设置侧间隙调整机构。这种导轨刚度较差，适于受力不大，要求结构尺寸比较紧凑的场合。

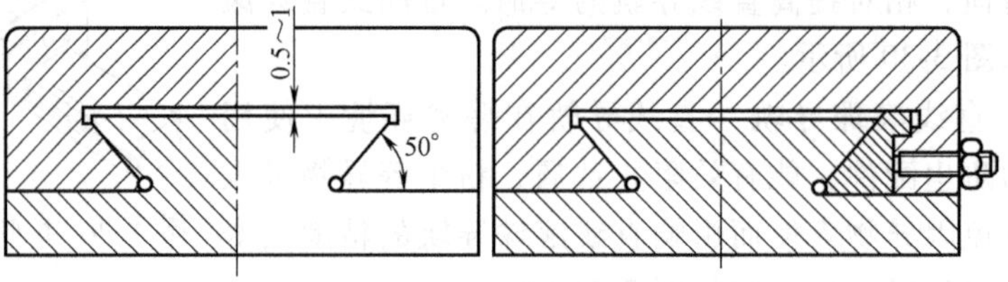

图 3-34　燕尾导轨的结构

3. 燕尾导轨的工作原理

导轨滑块使运动由曲线转变为直线，且新的导轨系统可使机床获得快速进给速度。移动平台与燕尾导轨上的滑块固定，平台通过其他构件与传动部件相连，如丝杠、传动带、齿轮等，即丝杠传动、带传动、齿轮齿条传动。例如在丝杠的端头有个伺服或者步进电动机，当电动机输入一个信号时，丝杠开始转动，由于丝杠在其结构两端处有推力轴承，所以与丝杠相连的滑块移动，而燕尾的作用则是保持滑块在燕尾所限定的方向移动。

4. 燕尾导轨的分类

按燕尾槽的结构，燕尾导轨可分为两大类：

（1）凸形　导轨不易积存切屑，但难以保存润滑油，只适合于低速运动，如图 3-35a 所示。

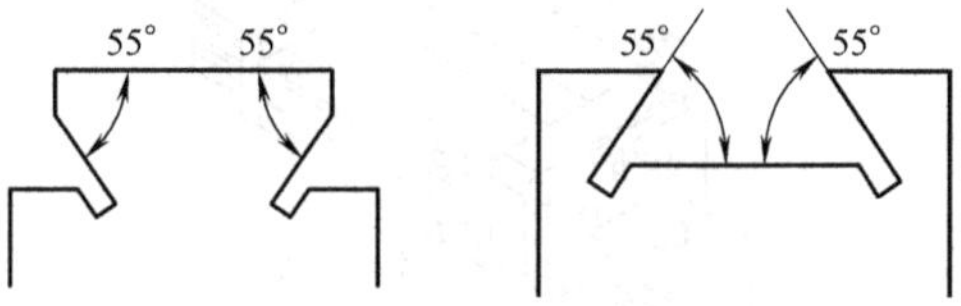

a) 凸形燕尾结构　　b) 凹形燕尾结构

图 3-35　燕尾槽结构图

（2）凹形　导轨润滑性能良好，适合于高速运动，如图 3-35b 所示。为防止落入切屑等，必须配备良好的防护装置。

5. 燕尾导轨的特点

燕尾导轨具有摩擦因数大、磨损快、使用寿命短、低速易产生爬行等缺点，但由于结构简单、工艺性好，便于保证刚度、精度，故广泛应用于对低速运动均匀性及定位精度要求不高的场合。

（1）优点　①符合运动学原理，尺寸紧凑，只需一根导轨；②调整间隙方便；③能承受倾覆力矩。

（2）缺点　①加工、检验比较困难；②刚度差，摩擦力大；③适用于速度低的部件。

习　题

1. 小功率传动系统，设总传动比 $i=80$，试分析并确定各级齿轮的传动比。

2. 设齿数为 Z_1、Z_2、Z_3、Z_4、Z_5、Z_6、Z_7、Z_8 的四级齿轮传动，写出输出轴转角误差最小原则下总转角误差计算公式，分析该系统误差及设计准则。

3. 设小功率传动系统，按照最小转动惯量原则，试推导二级齿轮传动的各级传动比。

4. 已知谐波齿轮传动，三波发生器，若刚轮 $Z_G=480$ 齿，试求柔轮齿数 Z_R、传动比 i

（刚轮固定）。

5. 目前工业机器人常见的减速器为RV减速器和谐波减速器，试分析这两类减速器与普通行星齿轮减速器的区别，以及为何要采用这两类减速器。

6. 已知丝杠进给系统，工作台重量为 $W=8000\text{N}$，$K_S=263\text{N}/\mu\text{m}$，$K_B=282\text{N}/\mu\text{m}$，$K_C=955\text{N}/\mu\text{m}$，$K_M=1000\text{N}/\mu\text{m}$，若轴承安装为双推-简支时，试求总刚度 K_e 以及轴向拉压固有频率。

第4章　半导体变流技术

晶闸管（SCR）又称可控硅，是最早出现的电力电子器件之一，属于半控型电力电子器件，在电力电子技术发展中起到了非常重要的作用。目前，在高电压、大电流的应用场合，晶闸管是无可替代的器件。

晶闸管价格低、工作可靠，因此在大容量、低频的电力电子装置中占主导地位。现在除普通晶闸管外，还有快速晶闸管、双向晶闸管、逆导晶闸管、门极关断晶闸管和光控晶闸管，形成了晶闸管类器件系列。

4.1　晶闸管

4.1.1　晶闸管的结构

晶闸管是一种三端四层半导体开关器件，共有三个 PN 结 J_1、J_2 和 J_3，如图 4-1a 所示。其电路符号为图 4-1b 所示，在其上层 P_1 引出阳极 A（Anode），在下层 N_2 引出阴极 K（Cathode），在中间 P_2 层引出门极 G（Gate），门极也称控制极。

目前生产的晶闸管，从外形上看，主要有螺栓型和平板型两种封装结构，如图 4-2 所示，螺栓型粗引出线是阴极，细引出线是门极，带螺栓的底座是阳极，螺栓型结构散热较差，用于 200A 以下容量的器件。平板型封装的上下金属分别是阳极和阴极，中间引出线是门极，平板型结构散热较好，用于 200A 以上容量的器件。

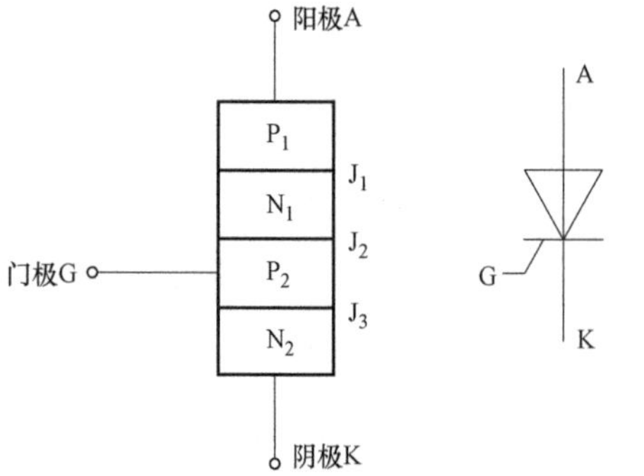

a) 结构图　　b) 图形符号

图 4-1　晶闸管结构和符号

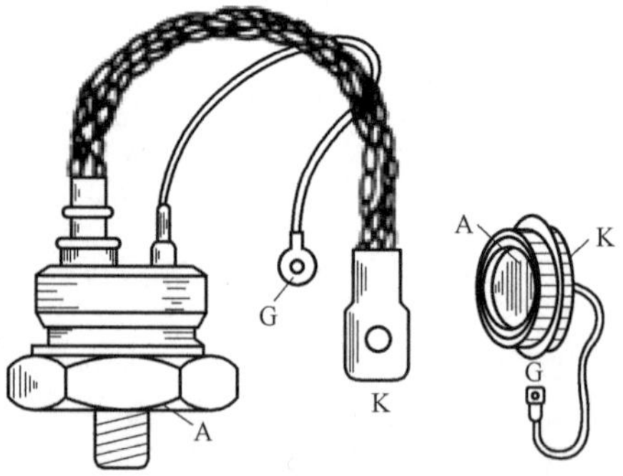

图 4-2　晶闸管的外形

4.1.2　晶闸管的工作原理

晶闸管三个PN结可等效为两个晶体管，如图4-3a所示。一个晶体管的集电极电流是另一个晶体管的基极电流。当门极不加电压时，A和K间加正向电压，J_1、J_3结承受正向电压，J_2结承受反向电压，所以晶闸管不导通，称为正向阻断状态；A和K间加反向电压，J_1、J_3结承受反向电压，晶闸管也不导通，称为反向阻断状态。因此，当晶闸管门极不加电压时，无论A和K之间所加电压方向如何，在正常情况下，晶闸管都不会导通。

当GK、AK之间加正向电压时，电流I_g流入晶体管VT_2的基极，产生集电极电流I_{c2}，它构成晶体管VT_1的基极电流，放大了的集电极电流I_{c1}，进一步增大VT_2的基极电流，如此形成强烈的正反馈，使VT_2和VT_1进入饱和导通状态，即晶闸管导通状态（见图4-3b）。此时，若去掉外加的门极电流I_g，晶闸管因内部的正反馈会仍然维持导通状态，所以晶闸管的关断是不可控制的，故称为半控型器件。

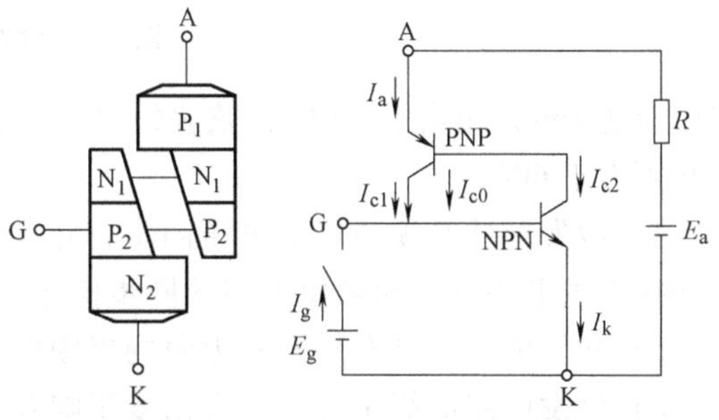

a) 结构图　　b) 等效电路

图4-3　晶闸管的结构图及等效电路

当A和K之间加反向电压时，两个晶体管都反偏，即使G和K之间加正向电压，晶闸管也不会导通。

通过对晶闸管导通过程的分析表明：1）只有晶闸管阳极和门极同时为高电位时，晶闸管才导通，两者缺一不可；2）晶闸管一旦导通，门极将失去控制作用，门极电压对晶闸管以后的导通与关断均不起作用，故门极控制电压只要是有一定宽度的正向脉冲电压即可，这个脉冲称为触发脉冲；3）若导通的晶闸管关断，必须使阳极电流降低到某一个数值以下。可通过增加负载电阻或施加反向阳极电压来降低阳极电流。

4.2　晶闸管的触发电路

4.2.1　晶闸管对触发电路的要求

晶闸管最重要的特性是正向导通的可控性。当阳极加上一定的正向电压后，还必须在门极按一定的规律准确可靠地施加足够的触发电压和电流，元件才能由关断转为导通。为此对触发电路提出以下的要求。

1）触发信号可为交流、直流或脉冲形式。它只在晶闸管阳极加正向电压时起作用，由于晶闸管导通后，门极控制信号就失去控制作用，为了减小门极的损耗，触发信号一般采用脉冲形式，常用脉冲形式的触发信号如图4-4所示，$4V<U_1<10V$，$U_2>0.25V$。

2）触发信号应有足够的功率（电压、电流）。由于元件门极参数的分散性以及它具有触发电压、电流随温度变化的特点，为使所有合格的元件均能可靠触发，可参考元件出厂的试验数据或产品目录设计触发电路输出的电压、电流值，并留有一定余量。

3）触发脉冲必须有一定的宽度，保证触发的晶闸管可靠导通。对于电感性负载，脉冲

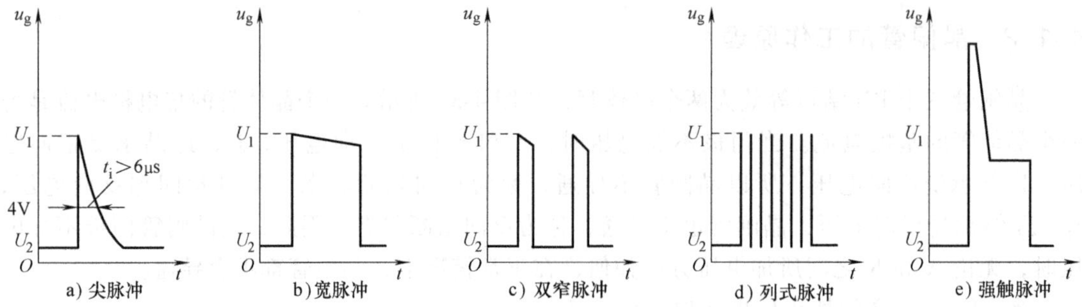

图 4-4　触发脉冲波形图

宽度应达 1ms，相当于 50Hz 正弦波的 18°。用单脉冲触发三相全控桥式整流电路时，脉冲宽度必须大于 60°。

4）触发脉冲必须与电源电压同步，并能在需要的移相范围内进行移相。为此，需要有能连接于主电路电源和触发电路的同步信号。

5）触发电路要具有触发延迟角的极限保护和事故保护环节。

6）触发电路应简单可靠，受温度影响及电源电压波动的影响要小，不应触发时，触发回路的干扰电压应小于不触发电压。门极电路需有抗干扰、避免误触发的措施等。

触发电路正确、可靠的工作对晶闸管变流装置的安全运行极为重要。若有干扰侵入触发电路，触发电路就会失去正常工作的能力，使变流装置工作失常，甚至造成损坏，因此必须采取保护措施。

4.2.2　晶闸管的触发电路

触发电路的种类很多。目前在自动调节系统中，常用的触发电路有单结晶体管触发电路，垂直移相控制的触发电路，其中包括同步电压为正弦波和同步电压为锯齿波的触发电路等。近几年来又出现了集成电路组成的触发组件和数字式移相触发电路等新类型。限于篇幅，只介绍几种常用类型。

1. 单结晶体管触发电路

单结晶体管简称单结管，是一种具有负阻特性的双基极二极管。利用它的负阻特性，可组成各种振荡器，也可组成触发器。这种触发器有一系列优点，在晶闸管整流电路中得到广泛应用。

单结晶体管整流电路要求在一定的整定条件下，每个周期晶闸管的触发延迟角也固定，这就要求触发电路在每次电压过零点后一定的角度发出脉冲，也就是触发电路必须与主电路同步。在单结晶体管的触发电路中，如果每次电源电压过零点时或在过零前一定的时间，把电容上的电压释放掉，重新从零开始充电，那么只要整定条件不变（R_e 值固定），发出第一个脉冲的时间就是固定的，就可在一定的触发延迟角 α 下让晶闸管触发导通。改变整定条件，发出第一个脉冲的时间也同样会改变。这样就可以有规律地去改变晶闸管的触发延迟角，称为触发脉冲的移相。

图 4-5a 所示电路就可以实现触发电路与主电路的同步，这种接线方式在中小型可控整流装置中使用较普遍。

与主电路同一电源的变压器（称作同步变压器）二次侧输出 100～120V 的电压，经全

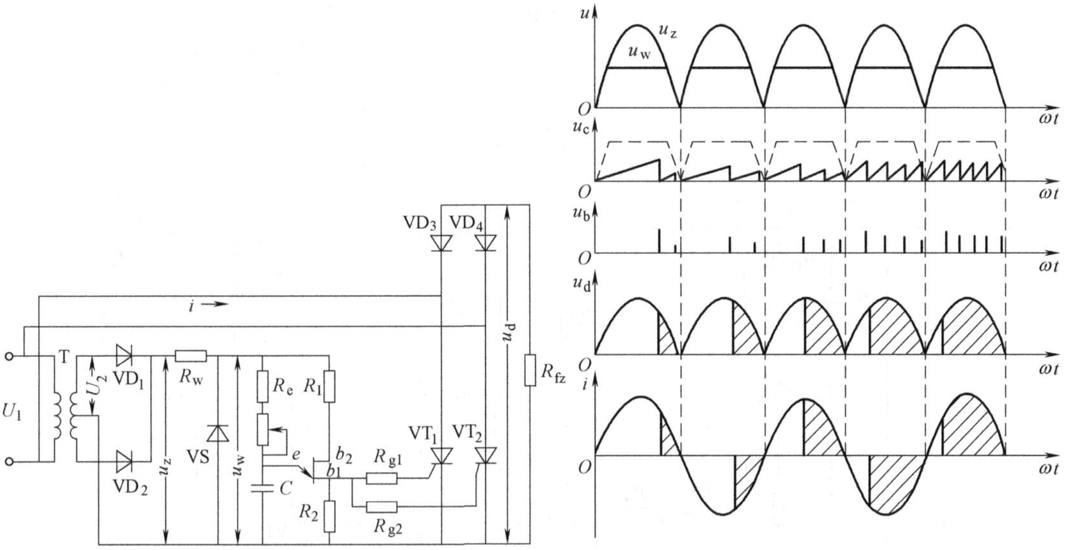

a) 电路图　　b) 波形图

图 4-5　单结晶体管触发电路组成的整流电路及波形图

波整流后获得脉动电压。再经稳压管削波，在稳压管两端获得一组梯形波电压，这一电压在电源电压过零点时也降到零点，将此电压供给单结晶体管触发电路，则每当电源电压过零点时，b_1、b_2 之间电压 U_{bb} 也降到零，e、b_1 之间导通，把电容上的电压释放掉，因而电容每次均能从零开始充电，获得与主电路的同步。触发电路每周期工作两个循环，每次发出的每一个脉冲同时触发两只晶闸管，使其中承受正向电压的晶闸管导通。第一个脉冲发出后，电容继续充电，可能发出第二个、第三个或更多的脉冲，由于晶闸管已因第一个脉冲触发导通，故后面的脉冲便是多余的了。从图 4-5b 的波形图可以看出，电容 C 充电速度越快，脉冲波越密，第一个脉冲发出的时间就越提前，即触发延迟角 α 越小。改变 R_e，可改变电容的充电速度，从而控制振荡周期 T 的大小，达到控制触发脉冲移相的目的。

触发脉冲周期 T 的大小可按式（4-1）计算

$$T=R_e C\ln\frac{1}{1-\eta} \tag{4-1}$$

单结晶体管触发电路比较简单，易于调试，其缺点是脉冲宽度窄，输出功率小，控制的线性度较差，移相范围一般小于 150°。

2. 锯齿波同步触发电路

在要求较高、功率较大的晶闸管装置中，大多数采用晶体管组成的触发电路，其中锯齿波同步触发电路是最常用的一种。如图 4-6 所示，它由同步移相、脉冲形成放大及强触发组成。

当同步移相控制 VT_4 由截止转为饱和导通时，④点电位从 15V 突降为 1V 左右，由于电容 C_3 两端电压不能突变，所以⑤点电位也突降到−27.3V，使 VT_5 立即截止，VT_7、VT_8 经 R_{12}、VD_6 供给足够基极电流立即转为饱和导通，脉冲变压器 T_P 二次侧输出触发脉冲。与此同时，电容 C_3 由 15V 经 R_{11}、VD_4、VT_4 放电，使⑤点电位从 2.1V 又降为−13.7V，迫使

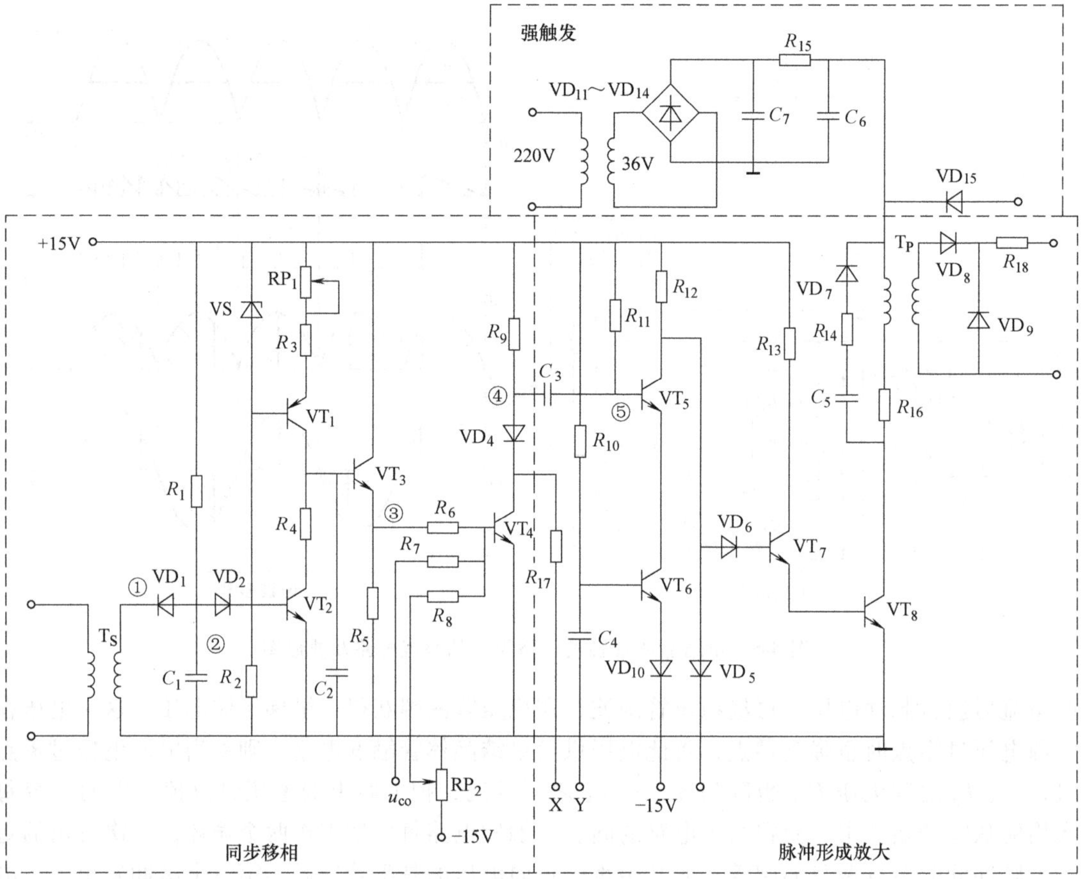

图 4-6　锯齿波同步触发电路

VT_7 和 VT_8 截止，输出脉冲终止。由此可见，脉冲产生的时刻是 VT_4 饱和导通的瞬时，也就是 VT_5 转为截止的瞬时。VT_5 截止持续时间即输出脉冲的宽度，所以脉宽由 C_3 的反向充电回路的时间常数（$\tau_3=C_3R_{11}$）决定，在窄脉冲时，通常使脉宽为 1ms。R_{12}、R_{16} 为晶体管的限流电阻，防止由于 VT_5 长时间截止（工作不正常或损坏时）致使 VT_7、VT_8 长时间过流而烧毁。VD_6 是为了增加 VT_7、VT_8 导通阈值，提高抗干扰能力，电容 C_5 是为了改善输出脉冲的前沿幅值。

4.3　单相可控整流电路

由晶闸管组成的可控整流电路可以把交流电变成可调的直流电。晶闸管可控整流装置具有体积小、效率高、控制灵敏等优点，因此得到广泛应用。晶闸管整流电路分为单相可控整流和三相可控整流两种电路。

4.3.1　单相半波可控整流电路

单相半波可控整流电路结构简单，但输出脉动大，变压器二次侧电流中含有直流分量，易造成变压器铁心直流磁化。

1. 电阻性负载

电炉、白炽灯和电焊等均属于电阻性负载。电阻性负载的特点是负载两端电压波形和流过的电流波形相同，相位相同，电流可突变。

图 4-7a 为电阻性负载单相半波可控整流电路图。变压器 TR 起到电压变换和隔离的作用；图 4-7b 为电阻性负载单相半波可控整流电路波形图。其特点是负载上的电流和所加电压波形相似。当晶闸管未触发导通时，负载上的电流、电压均为零，这时晶闸管的正向与反向分别承受了整流变压器 TR 二次侧交流电压 u_2 的正、负半波，最大值为$\sqrt{2}U_2$。

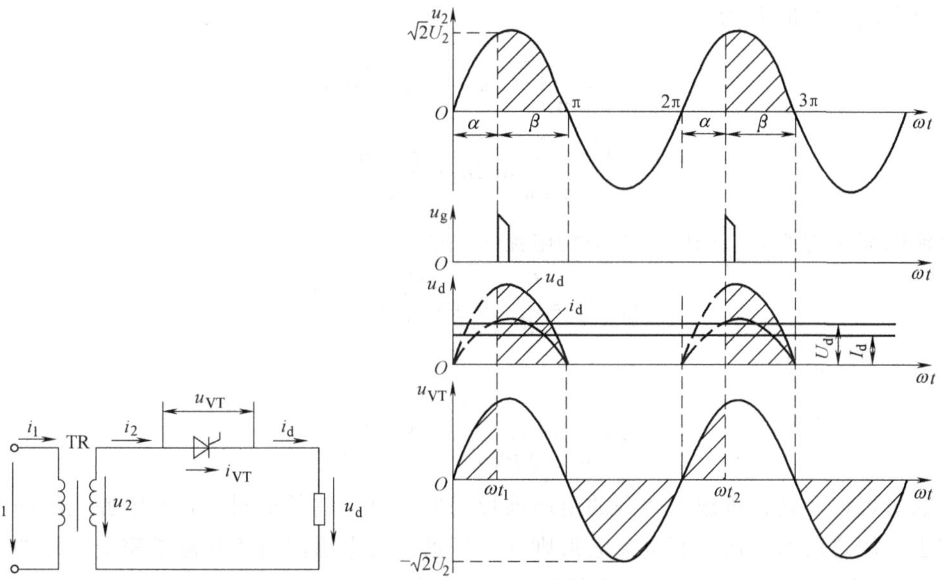

a) 电路图　　b) 波形图

图 4-7　电阻性负载单相半波可控整流电路及波形图

在 u_2 的正半周，晶闸管 VT 阳极电压为正、阴极电压为负，VT 承受正向电压。根据晶闸管的导通条件，在电源电压 u_2 正半周，因尚未给晶闸管 VT 施加触发脉冲，VT 处于正向阻断状态，如果忽略漏电流，则负载上无电流通过，输出电压 $u_d=0$，VT 承受全部电压，VT 上的电压 $u_{VT}=u_2$，当在某一时刻 t_1，加入触发脉冲使晶闸管导通，忽略晶闸管的正向管压降，则输出电压 $u_d=u_2$，VT 上的电压 $u_{VT}=0$，一直持续到 $u_2=0$，负载电流即晶闸管的阳极电流将小于它的维持电流 I_H，晶闸管 VT 关断，输出电压和电流为 0。

在 u_2 的负半周，晶闸管始终承受反向电压，不论有无触发信号，VT 均不导通，VT 上电压 $u_{VT}=u_2$，直到 u_2 的第二个周期，晶闸管又处于正向电压下，不断地重复以上过程。

改变晶闸管门极触发脉冲 u_g 的出现时刻，即改变触发延迟角 α 的大小，输出电压 u_d 的波形与输出电流 i_d 的波形随之相应变化。由图 4-7b 中的波形可以看出，输出电压 u_d 为极性不变，瞬时值变化的脉动直流电压，输出电压 u_d 的波形只在 u_2 的正半周出现，故称为半波可控整流。

输出直流电压平均值为

$$
\begin{aligned}
U_d &= \frac{1}{2\pi}\int_{\alpha}^{\pi}\sqrt{2}U_2\sin\omega t\mathrm{d}(\omega t) \\
&= \frac{\sqrt{2}}{2\pi}U_2(1+\cos\alpha) \\
&= 0.45U_2\left(\frac{1+\cos\alpha}{2}\right)
\end{aligned}
\tag{4-2}
$$

当 $\alpha=0°$ 时，整流输出直流平均值 U_d 最大，$U_d=0.45U_2$；随着触发延迟角 α 的增大，输出直流平均值减小，当 $\alpha=180°$ 时 $U_d=0$。

输出电压有效值 U 为

$$
\begin{aligned}
U &= \sqrt{\frac{1}{2\pi}\int_{\alpha}^{\pi}(\sqrt{2}U_2\sin\omega t)^2\mathrm{d}(\omega t)} \\
&= \frac{U_2}{\sqrt{2}}\sqrt{\frac{1}{2\pi}\sin2\alpha+\frac{\pi-\alpha}{\pi}}
\end{aligned}
\tag{4-3}
$$

输出直流电流平均值 I_d、晶闸管的平均电流 I_{dT} 为

$$
I_d = I_{dT} = \frac{U_d}{R} = 0.45\frac{U_2}{R}\frac{1+\cos\alpha}{2} \tag{4-4}
$$

回路电流的有效值为

$$
I = \frac{U}{R} = \frac{U_2}{\sqrt{2}R}\sqrt{\frac{1}{2\pi}\sin2\alpha+\frac{\pi-\alpha}{\pi}} \tag{4-5}
$$

从这里可以看到，负载上得到的电压波形与电源电压波形不同，它是电源电压的正弦半波被切去一块之后的波形，而电流波形则在变压器二次电源侧与负载侧是完全一样的。晶闸管 VT 导通期间，$U_{VT}=0$；晶闸管关断期间，晶闸管承受全部电源电压 U_2。

整流电路的功率因数 $\cos\varphi$ 取决于对电源要求的伏安容量（即视在功率）。按定义

$$
\cos\varphi = \frac{P}{S} = \frac{U}{U_2} = \frac{1}{\sqrt{2}}\sqrt{\frac{1}{2\pi}\sin2\alpha+\frac{\pi-\alpha}{\pi}} \tag{4-6}
$$

2. 电感性负载与续流二极管

负载由电感和电阻组成时称为电感性负载，例如各种电动机的励磁线圈，整流输出接电抗器的负载等。负载中电感量的大小不同，整流电路的工作情况及输出电压 u_d、电流 i_d 的波形具有不同的特点。为了便于分析，把电感与电阻分开，如图 4-8a 电路所示。图 4-8b 为电感性负载单相半波可控整流电路波形图。

由于电感对电流变化有抗拒作用，随着晶闸管导通后电流的上升，在电感两端产生的电动势 $L\mathrm{d}i_d/\mathrm{d}t$（极性为上正下负）阻碍电流上升，所以晶闸管刚一触发，回路电流不能立即升到 u_d/R_d 值，而是由零逐渐上升。当电流上升后，反电动势也逐渐减小，这时在电感中便储存了电磁能量。在 ωt_2 时电流上升到最大值，自感电动势为零，此时电感既不储能也不放能。当过了 ωt_3 时刻后，随着电源电压下降以及过零变负，电感中的电流在变小的过程中又产生出符号与前相反的 $L\mathrm{d}i_d/\mathrm{d}t$ 反电动势。只要这电动势大于电源的负电压，回路电流将继续流通，晶闸管关断不了，这时负载上出现了电源的负压。注意，这时电流方向并没有改

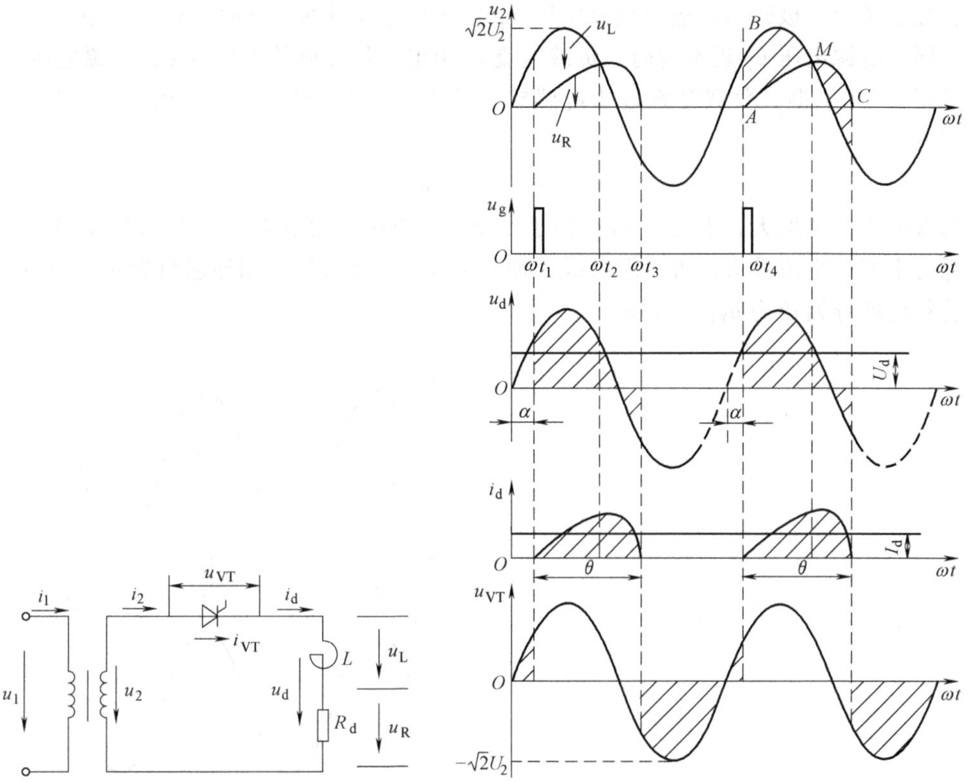

a) 电路图　　　　b) 波形图

图 4-8　电感性负载单相半波可控整流电路及波形图

变，负载电阻上还消耗电能，也就是电感中储存的能量放出来，一部分消耗在电阻上，一部分回送到供给电源。到 ωt_4 时刻，电感中因电流下降产生的自感电动势与电源负电压相等时，电流减小到零，晶闸管关断，并且立即承受反向电压。所以晶闸管在 α 时触发导通，在（$\alpha+\theta$）时关断。电压、电流波形如图 4-8b 所示。对于不同触发延迟角 α，不同负载阻抗角 $\phi=\arctan(\omega L/R_d)$，晶闸管的导通角 θ 也不同，当 $\omega L \gg R_d$（即 $\varphi \to 90°$）时，θ 将接近于 $(2\pi-2\alpha)$，这时负载上得到的电压正负面积接近相等，直流平均电压 $u_d=0$。

由于电感 L 的存在，延迟了晶闸管关断的时刻，使输出电压 u_d 的波形出现负值，因此输出直流电压的平均值下降。为了使电源电压波形降到零点以后晶闸管能关断，并使负载上不致出现负压，在整流电路的负载两端并联一个整流二极管，称为续流二极管 VD_R，如图 4-9a 所示，图 4-9b 给出了电路的工作波形图。

在 u_2 正半周 ωt_1 时刻，对晶闸管 VT 施加触发脉冲，晶闸管立刻导通，电流 i_d 上升，VD_R 承受反向电压，不导通，不影响电路的正常工作，与没有续流二极管的情况相同；在 $\pi\sim2\pi$ 期间，由于电流 i_d 减小，电感 L 两端产生自感电动势 e_L 为下正上负，VD_R 在 e_L 作用下与负载构成导通电路，使负载电流 i_d 继续流通，故将二极管 VD_R 称为续流二极管。VD_R 导通后其管压降近似为 0，此时负极性的电源电压 u_2 通过 VD_R 全部施加在晶闸管 VT 上，晶闸管 VT 因承受反向阳极电压而关断。在电源电压 u_2 负半周内，负载上的电压为续流二极管的管压降，忽略 VD_R 管压降，则输出电压 $u_d=0$，因而不出现负的 u_d。由图 4-9b 可以看出，加了续流二极管后，输出直流电压 u_d 的波形与电阻性负载时一样，而电流 i_d 波形则完全不同。电源电压 u_2 正半周时，负载电流 i_d 由电源经晶闸管 VT 供给；电源电压 u_2 负半周时晶闸管 VT 关断，负载电流 i_d 由电感放电经续流二极管续流维持，因此，负载电流由两部分组成

$$i_d=i_{VT}+i_{VD_R}$$

随着电感 L 的增大，电流 i_d 波形趋于平直，当电感 L 足够大时，即 $\omega L \gg R_d$ 时，电流 i_d 基本保持不变，电流波形接近一条直线，即 $i_d \approx I_d$。晶闸管每周期导通角为 $\theta_{VT}=\pi-\alpha$；续流二极管每周期导通角为 $\theta_{VD_R}=\pi+\alpha$。

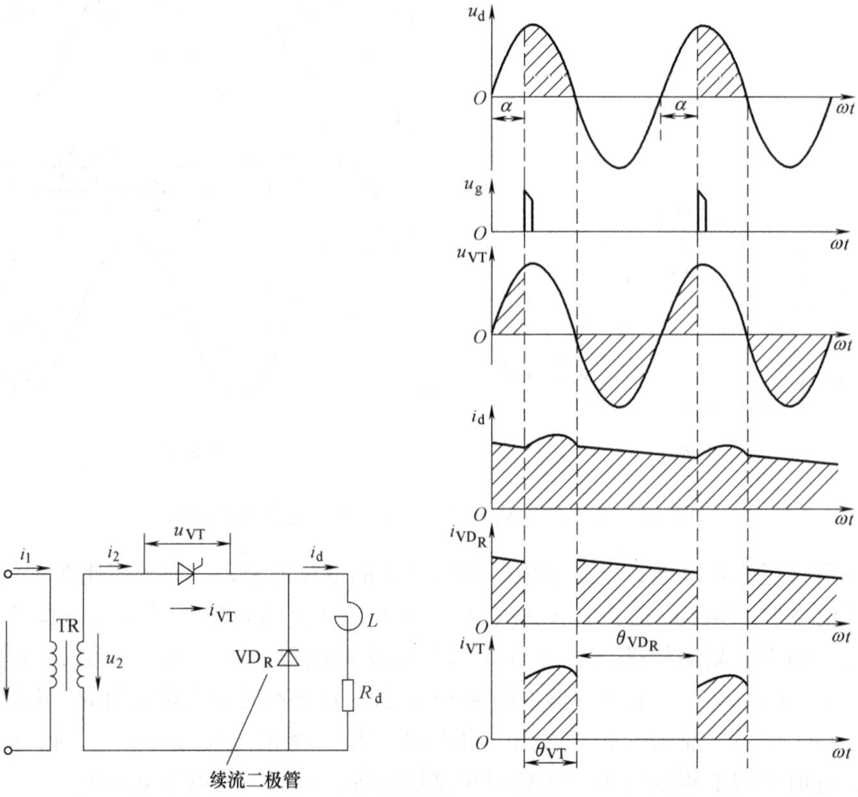

a) 电路图　　b) 波形图

图 4-9　有续流二极管的电感性负载单相半波可控整流电路及波形图

输出直流电压平均值为

$$U_d=\frac{1}{2\pi}\int_{\alpha}^{\pi}\sqrt{2}U_2\sin\omega t\mathrm{d}(\omega t)=\frac{\sqrt{2}}{2\pi}U_2(1+\cos\alpha)=0.45U_2\left(\frac{1+\cos\alpha}{2}\right) \tag{4-7}$$

输出电流平均值为

$$I_d=\frac{U_d}{R}=0.45\frac{U_2}{R}\frac{1+\cos\alpha}{2} \tag{4-8}$$

晶闸管电流平均值为

$$I_{dT}=\frac{1}{2\pi}\int_{\alpha}^{\pi}i_{d}\mathrm{d}(\omega t)=\frac{1}{2\pi}\int_{\alpha}^{\pi}I_{d}\mathrm{d}(\omega t)=\frac{1}{2\pi}I_{d}\theta_{VT}=\frac{\pi-\alpha}{2\pi}I_{d} \tag{4-9}$$

晶闸管电流有效值为

$$I_{VT}=\sqrt{\frac{1}{2\pi}\int_{\alpha}^{\pi}I_{d}^{2}\mathrm{d}(\omega t)}=I_{d}\sqrt{\frac{\pi-\alpha}{2\pi}} \tag{4-10}$$

续流二极管电流平均值为

$$I_{dVD_R}=\frac{\pi+\alpha}{2\pi}I_{d} \tag{4-11}$$

续流二极管电流有效值为

$$I_{dVD_R}=\sqrt{\frac{1}{2\pi}\int_{\pi}^{2\pi+\alpha}I_{d}^{2}\mathrm{d}(\omega t)}=I_{d}\sqrt{\frac{\pi+\alpha}{2\pi}} \tag{4-12}$$

单相半波可控整流电路的优点是线路简单、元件少、设计调整维修方便。其缺点是电阻性负载时，负载电流脉动大，电流波形系数 K_f 大，在同样的直流电流 I_d 时要求晶闸管的电流定额及变压器的视在容量 S 大。整流变压器二次绕组中，由于半波工作，存在直流分量，造成铁心直流磁化。为了使铁心不饱和，必须增大铁心截面。所以单相半波可控整流电路只适用于小容量，对装置的体积、重量等技术要求不高的场合。

3. 电容性负载

整流电路直接并联电容经滤波后再输出，这就是电容性负载。它的特点是晶闸管刚一触发导通就有很大的电容充电电流流过晶闸管，电流的大小由电源电压与电容电压之差及电源回路的阻抗大小决定。当电源阻抗较小时，冲击电流很大，如图 4-10 所示。由于晶闸管导通时允许的电流上升率是有限的。故可控整流电路不应在直流侧直接接大电容滤波。

单相半波可控整流电路仅用一只晶闸管，线路最简单，调整最容易。但输出电压脉动成分较大，变压器仅工作半周期，不能充分利用，交流电源侧电流有直流成分，要求设备容量较大。故适用于小容量的情况及对输出波形要求不高的场合。

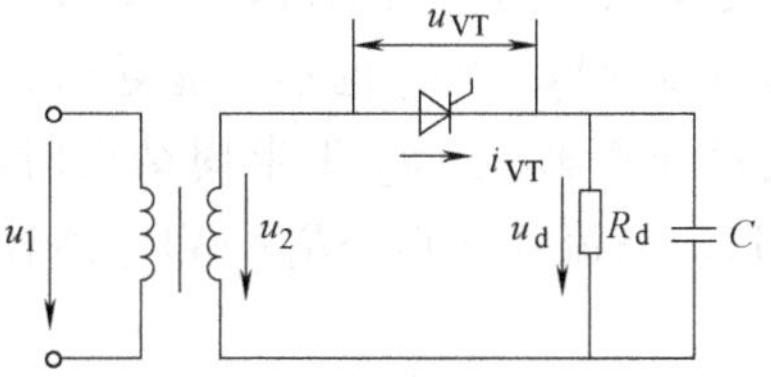

a) 电路图

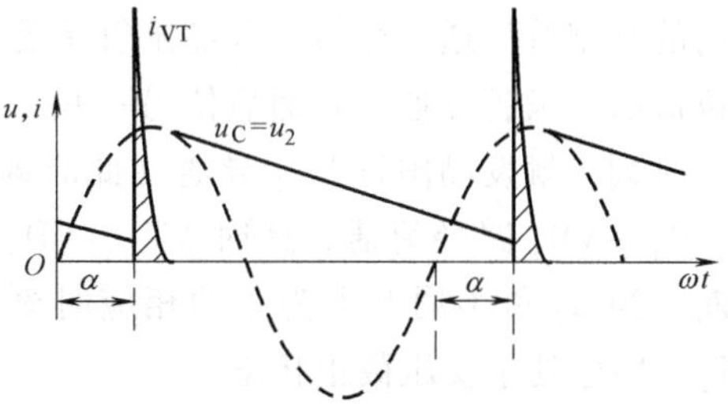

b) 波形图

图 4-10　电容性负载电路及波形图

单相半波整流电路明显的缺点是：整流输出电压低，电压电流脉动大，变压器的利用率低，输出功率小等。为了较好地满足负载需要，在一般中、小容量的晶闸管整流装置中，较多的采用单相桥式可控整流电路。单相桥式整流电路又分为全控桥式和半控桥式。

4.3.2 单相桥式半控整流电路

在整流电路中采用晶闸管，主要是利用控制晶闸管导通的时刻和电流流通的路径。在单相桥式全控整流电路中，负载电流同时流过一个桥路中两个晶闸管。如果只为了整流而对控制体系无特殊要求，每个桥路中只要有一个晶闸管就能控制导通的时刻，另一个采用不可控普通二极管限定电流的路径，这样就组成了单相桥式半控整流电路，如图 4-11a 所示。这种电路在中小容量场合应用很广。

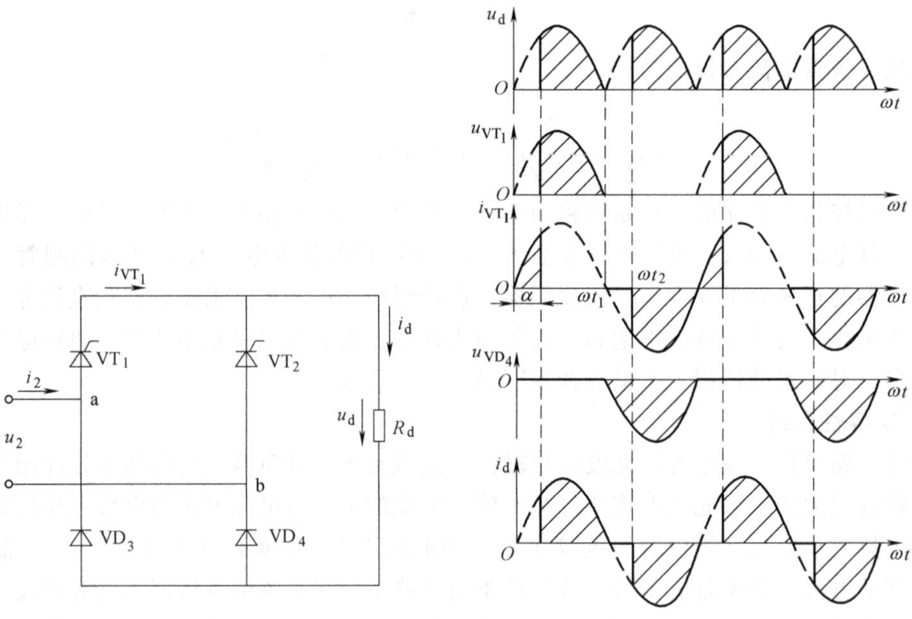

a) 电路图　　　b) 波形图

图 4-11　单相桥式半控整流电路及其波形图

晶闸管 VT_1、VT_2 的阴极接在一起称共阴极连接。即使当脉冲同时触发两管时，只能阳极电位高的晶闸管导通，而另一只晶闸管承受反压。二极管 VD_3、VD_4 为共阳极连接，总是阴极电位低的二极管导通，导通后使另一只二极管承受反压不通。当电源电压 u_2 的 a 点为正的某一时刻，触发晶闸管 VT_1 导通（此时即使同时触发 VT_2，VT_2 也不可能导通），电流经 $VT_1 \to R_d \to VD_4$ 路径流通，此时 VT_2、VD_3 均承受反压而截止，u_2 正半周结束时，VT_1、VD_4 关断。当 u_2 负半周 b 点为正的相应时刻触发 VT_2，电流经 $VT_2 \to R_d \to VD_3$ 路径流通，这时 VT_1、VD_4 处于反压截止状态。

1. 电阻性负载

在单向桥式半控整流电路中，VT_1 和 VD_4 组成一对桥臂，VT_2 和 VD_3 组成另一对桥臂。在 u_2 正半周（即 a 点电位高于 b 点电位），若 4 个管均不导通，负载电流 i_d 为零，u_d 也为零，VT_1、VD_4 串联承受电压 u_2，设 VT_1 和 VD_4 的漏电阻相等，则各承受 u_2 的一半。若在触发延迟角 α 处给 VT_1 加触发脉冲，VT_1 和 VD_4 即导通，电流从电源 a 点经 $VT_1 \to R_d \to VD_4$ 流回电源 b 点。当 u_2 过零时，流经晶闸管的电流也降到零，VT_1 和 VD_4 关断。

在 u_2 负半周，仍在触发延迟角 α 处触发 VT_2 和 VD_3，VT_2 和 VD_3 导通，电流从电源 b 点流出，经 $VD_3 \to R_d \to VT_2$ 流回电源 a 点。到 u_2 过零时，电流又降为零，VT_2 和 VD_3 关断。此后又是 VT_1 和 VD_4 导通，如此循环地工作下去。电压、电流波形如图 4-11b 所示。

输出直流电压 U_d 平均值为

$$U_d = \frac{1}{\pi}\int_{\alpha}^{\pi}\sqrt{2}U_2\sin\omega t\mathrm{d}(\omega t) = \frac{2\sqrt{2}}{\pi}U_2\left(\frac{1+\cos\alpha}{2}\right) = 0.9U_2\left(\frac{1+\cos\alpha}{2}\right) \tag{4-13}$$

输出电流 I_d 平均值为

$$I_d = \frac{U_2}{R} = 0.9\frac{U_2}{R}\left(\frac{1+\cos\alpha}{\pi}\right) \tag{4-14}$$

晶闸管的电流 I_{dVT} 平均值与二极管的电流 I_{dVD} 平均值为

$$I_{dVT} = I_{dVD} = \frac{1}{2}I_d \tag{4-15}$$

负载有效电压值 U 为

$$U = \sqrt{\frac{1}{\pi}\int_{\alpha}^{\pi}(\sqrt{2}U_2\sin\omega t)^2\mathrm{d}(\omega t)} = U_2\sqrt{\frac{1}{2\pi}\sin 2\alpha + \frac{\pi-\alpha}{\pi}} \tag{4-16}$$

流过负载的电流有效值为

$$I = \frac{U}{R} = \frac{U_2}{R}\sqrt{\frac{1}{2\pi}\sin 2\alpha + \frac{\pi-\alpha}{\pi}} \tag{4-17}$$

流过晶闸管与二极管的电流有效值为

$$I_{VT} = I_{VD} = \sqrt{\frac{1}{2\pi}\int_{\alpha}^{\pi}\left(\frac{\sqrt{2}U_2}{R_d}\sin\omega t\right)^2\mathrm{d}(\omega t)} = \frac{\sqrt{2}}{2}I \tag{4-18}$$

电路的功率因数为

$$\cos\varphi = \frac{P_d}{S_2} = \frac{UI}{U_2I_2} = \sqrt{\frac{1}{2\pi}\sin 2\alpha + \frac{\pi-\alpha}{\pi}} \tag{4-19}$$

负载电流 i_d 的波形系数为

$$K_f = \frac{I}{I_d} = \frac{I_2}{I_d} = \frac{\sqrt{\pi\sin 2\alpha + 2\pi(\pi-\alpha)}}{2(1+\cos\alpha)} \tag{4-20}$$

由式（4-20）可看出，相同的 α，单相桥式电路比半波电路的功率因数提高了 2 倍。

2. 电感性负载

当桥式半控整流电路输出接电感性负载时，由于电路自然的续流作用，即使回路电感很大，负载两端也不会出现负压，如图 4-12 所示。

u_2 正半周时，a 点高电位，b 点低电位，VT_1 和 VD_4 承受正向电压，在 $\omega t=\alpha$ 时刻 VT_1 触发导通，同时 VD_4 也导通，电流 i_d 从电源 u_2 的 a 点流出经 $VT_1 \to L \to R_d \to VD_4$ 返回到电源 u_2 的 b 点。负载电压与电源电压相同；当电源 u_2 过零进入负半周时，由于电感的存在，VT_1 继续导通，此时 b 点电位比 a 点电位高，二极管自然换流，VD_3 导通而 VD_4 关断，电流 i_d 路径变为 $a \to VT_1 \to L \to R_d \to VD_3 \to a$。电流不再流过变压器二次侧，忽略器件导通时的管压降，则整流输出电压为零。

在电压 u_2 负半周，$\omega t=\pi+\alpha$ 时刻，VT_2 触发导通，同时由于 VT_2 触发导通使 VT_1 承受

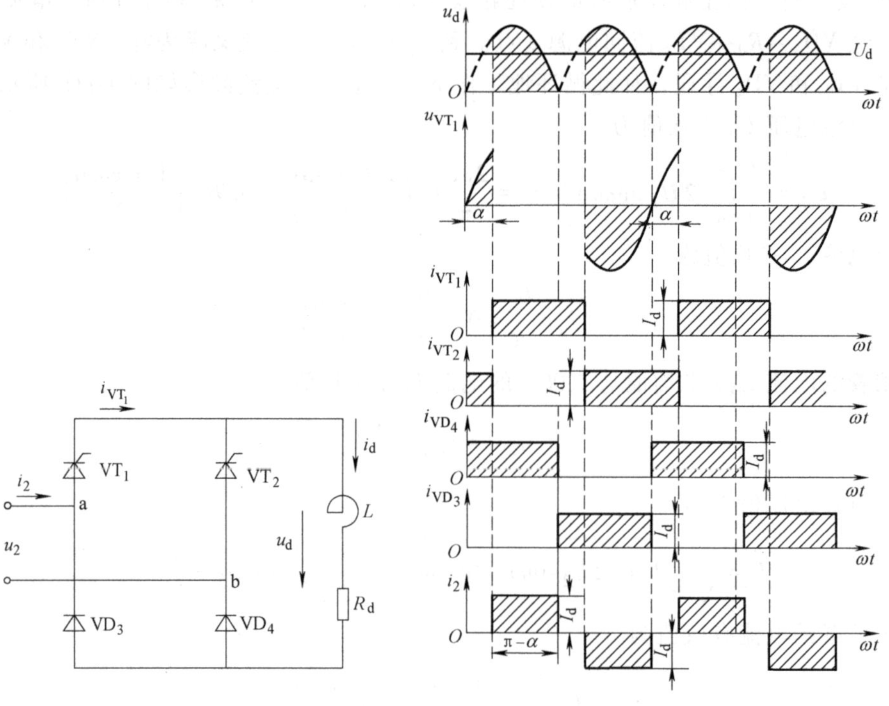

a) 电路图　　　　b) 波形图

图 4-12　电感性负载单相桥式半控整流电路及波形图

反向电压而关断。电流路径变为 b→VT_2→L→R_d→VD_3→a。负载电压为 b、a 间的电压差。当电源 u_2 从负半周过零变正时，电感 L 通过 VT_2 续流，负载电流从二极管 VD_3 换流到 VD_4。电流路径为 b→VT_2→L→R_d→VD_4→b。电流不再流过变压器二次侧，忽略器件导通时的管压降，则整流输出电压为零。

如图 4-12b 所示，晶闸管 VT_1 和 VT_2 在触发时换流，二极管 VD_3 和 VD_4 在电压过零时换流。在电压 u_2 由正变负时，VT_1 和 VD_3 自然续流；在电压 u_2 由负变正时，VT_2 和 VD_4 自然续流，续流期间 $u_d=0$。所以，单相半控桥式整流电路，整流电压 $u_d=0$ 与电阻性负载时一样，不会出现负值。

虽不用续流管也能工作，但在实际运行中，当把触发延迟角 α 调到 180°或突然把控制回路切断时，会发生一个晶闸管导通，另两个二极管轮流导电的异常现象。例如，设切断控制电路时正值 VT_1 导通，此后每当电源 a 点为正时，VT_2 承受反压关断，VD_3 导通；每当电源 b 点为正时，VD_3 承受反压，但 VD_3 与 VT_1 均导通，形成续流。这时负载上仍保留相当于二极管半波整流的输出电压。这是因为电感性负载电流维持了晶闸管在电源负半周时经二极管续流而继续导通；而在电源正半周时，晶闸管全开放，输出为电源电压，故负载上有半波整流电压。这种情况常被称为失控现象。

为了避免失控现象发生，一般桥式半控整流电路带电感性负载时仍采用再加续流二极管的措施（见图 4-13a），有了续流二极管，当电源电压 u_2 降到零时，负载电流经续流二极管 VD 续流，晶闸管中电流过零自行关断，电流波形如图 4-13b 所示。

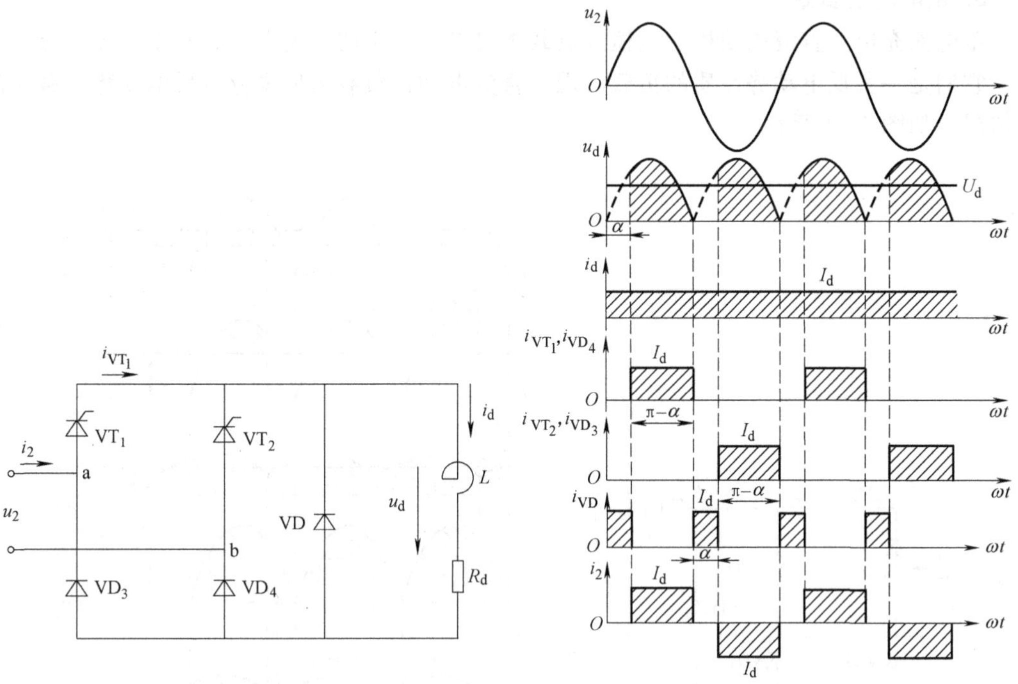

a) 电路图　　b) 波形图

图 4-13　具有续流二极管的单相桥式半控整流电路及波形图

整流平均电压 U_d、平均电流 I_d 的计算，即

$$U_d = 0.9U_2\frac{1+\cos\alpha}{2} \tag{4-21}$$

$$I_d = \frac{U_d}{R_d} \tag{4-22}$$

流经晶闸管的电流平均值 I_{dVT}、有效值 I_{VT} 的计算，即

$$I_{dVT} = I_{dVD} = \frac{\theta_{VT}}{2\pi}I_d = \frac{\pi-\alpha}{2\pi}I_d \tag{4-23}$$

$$I_{VT} = I_{VD} = \sqrt{\frac{\pi-\alpha}{2\pi}}I_d \tag{4-24}$$

流经续流二极管的电流平均值 I_{dVD}、有效值 I_{VD} 的计算，即

$$I_{dVD} = \frac{\theta_{VD}}{\pi}I_d = \frac{\alpha}{\pi}I_d \tag{4-25}$$

$$I_{VD} = \sqrt{\frac{\alpha}{\pi}}I_d \tag{4-26}$$

晶闸管承受反向峰值电压 U_{VTM}、续流管承受的反向峰值电压 U_{VDM} 的计算，即

$$U_{VTM} = \sqrt{2}U_2 \tag{4-27}$$

$$U_{VDM} = \sqrt{2}U_2 \tag{4-28}$$

3. 反电动势负载

蓄电池充电、直流电动机的电枢等负载本身具有一定的直流电势，对于可控整流电路来说，它们是一种反电动势性质的负载。现以直流电动机负载为例来分析反电动势负载时的工作情况，如图 4-14 所示。

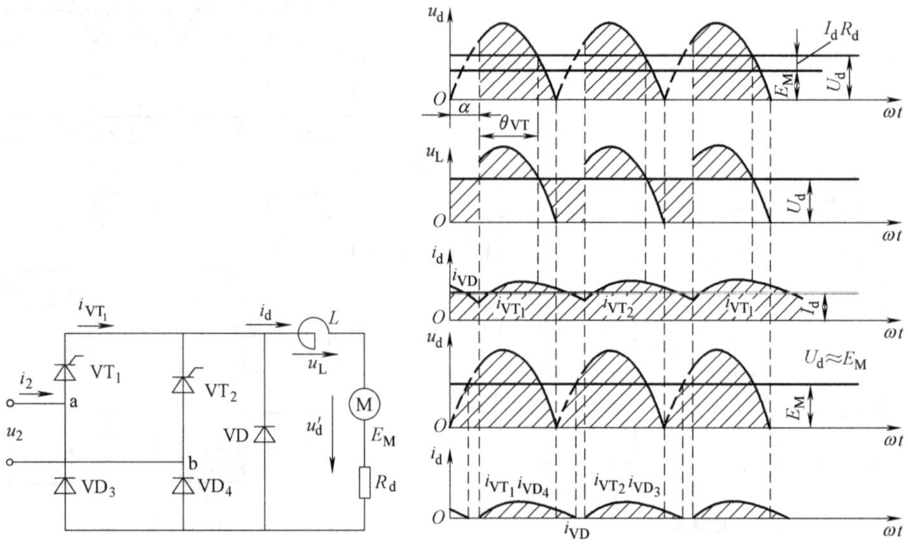

a) 电路图　　b) 波形图

图 4-14　接反电动势负载的单相桥式半控整流电路及波形图

如图 4-14a 所示，为了使整流电流 i_d 平稳，延长晶闸管的导通时间，在电路中人为地串入平波电抗器 L，为了防止单相半控桥式电感性负载出现失控，在负载两端并联了续流二极管 VD，信号波形如图 4-14b 所示。当电动机负载减轻时，负载电流相应减小，如果 L 不够大，当负载电流减小至某一定值时，便会出现电流 i_d 波形断续。这是由于 L 储存的能量不足以维持到下一次晶闸管导通，续流管 VD 中的续流就降低为零了。为了在电动机最轻负载时，保证电流 i_d 连续，应根据 $I_d=I_{dmin}$ 时来选择电抗器的电感值。

4.3.3　单相桥式全控整流电路

1. 电阻性负载

图 4-15a 是单相桥式全控整流电路电阻性负载时的电路原理图。该电路的特点是必须有一对晶闸管同时导通，才能构成负载电流 i_d 的通路。VT_1 和 VT_4 组成一个桥路，VT_2 和 VT_3 组成另一个桥路。电路中各电压、电流波形如图 4-15b 所示。

在 $0\sim\omega t_1$ 区间：电压 u_2 为正半周，a 点为高电位，b 点为低电位，晶闸管 VT_1、VT_4 承受正向电压，但没有加门极触发脉冲 u_g，因而不能导通，电路中无电流，此时，$u_d=0$，$i_d=0$，$i_2=0$，$u_{VT_1}=u_{VT_4}=u_2/2$（假设晶闸管的伏安特性完全相同）。

在 $\omega t_1\sim\pi$ 区间：由于在 ωt_1 时刻，对 VT_1 和 VT_4 施加了触发脉冲 u_g，VT_1 和 VT_4 立刻导通，电流 i_d 由电源 a 端流出经 $VT_1\rightarrow R_d\rightarrow VT_4\rightarrow u_2$ 的 b 端。此时，$u_{VT_1}=u_{VT_2}=0$，$u_d=u_2$，$i_d=u_d/R_d$，$i_{VT_1}=i_{VT_4}=i_d=i_2$。

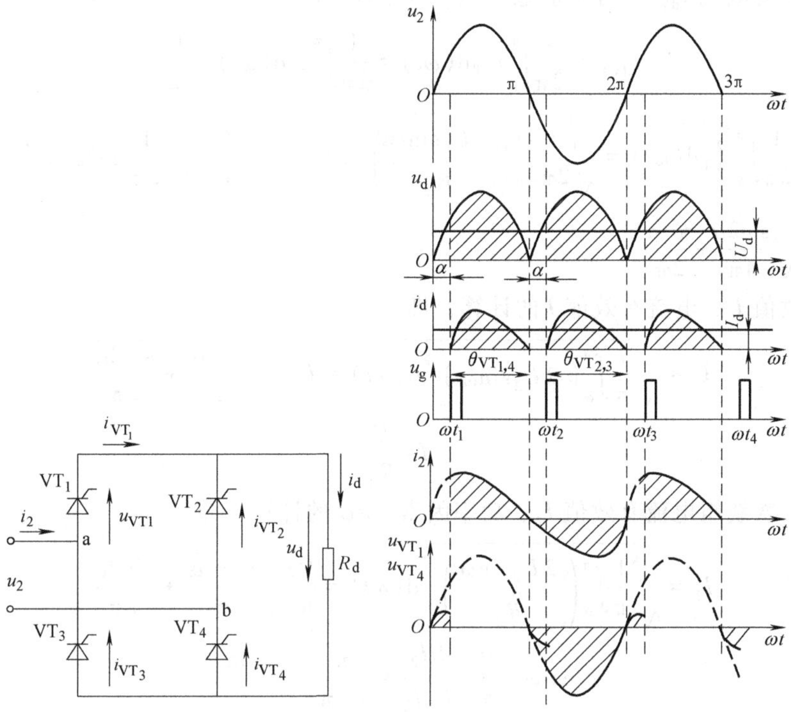

a) 电路图　　b) 波形图

图 4-15　单相桥式全控电阻性负载整流电路及电压电流波形图

在 $\pi \sim \omega t_2$ 区间：在电压 u_2 过零进入负半周时，VT_1、VT_4 承受反向电压而关断，VT_2、VT_3 承受正向电压，但无门极触发脉冲仍处于关断状态。因此，在此区间 $VT_1 \sim VT_4$ 均不导通，$i_d = i_2 = 0$，VT_1、VT_4 承受反向电压 $u_{VT_1} = u_{VT_4} = u_2/2$；$VT_2$、$VT_3$ 承受正向电压 $u_{VT_2} = u_{VT_3} = -u_2/2$，$u_d = 0$。

在 $\omega t_2 \sim 2\pi$ 区间：在 ωt_2 时刻，对 VT_2、VT_3 施加触发脉冲 u_g，VT_2、VT_3 立刻导通，电流 i_d 由电源 b 端流出经 $VT_2 \rightarrow R_d \rightarrow VT_3 \rightarrow u_2$ 的 a 端。$u_{VT_2} = u_{VT_3} = 0$，$u_d = -u_2$，$i_d = u_d/R_d$，$i_{VT_2} = i_{VT_3} = i_d = -i_2$。

下一个周期工作情况完全同上述一样，如此循环工作下去，四只晶闸管中，VT_1 和 VT_4 同时导通，VT_2、VT_3 同时导通，每个周期轮流导通一次，u_d 在每个周期有两个波头，是单相半波电阻性负载 u_d 的 2 倍。负载在电压 u_2 正负半周都有电流流过，因此单相桥式全控整流电路中整流变压器铁心不存在直流磁化，利用率高，u_d 在一个周期脉动 2 次。

整流平均电压 U_d、平均电流 I_d 的计算，即

$$U_d = \frac{1}{\pi}\int_{\alpha}^{\pi}\sqrt{2}U_2\sin\omega t\mathrm{d}(\omega t) = \frac{\sqrt{2}U_2}{\pi}(1+\cos\alpha)$$

$$U_d = 0.9U_2\frac{1+\cos\alpha}{2} \tag{4-29}$$

$$I_d = \frac{U_d}{R_d} \tag{4-30}$$

晶闸管平均电流 I_{dVT}、有效值电流 I_{VT} 的计算，即

$$I_{dVT}=\frac{1}{2\pi}\int_{\alpha}^{\pi} i_{VT}\mathrm{d}(\omega t)=\frac{1}{2\pi}\int_{\alpha}^{\pi} I_{d}\mathrm{d}(\omega t)=\frac{I_{d}}{2} \tag{4-31}$$

$$I_{VT}=\sqrt{\frac{1}{2\pi}\int_{\alpha}^{\pi} i_{VT}^{2}\mathrm{d}(\omega t)}=\sqrt{\frac{1}{2\pi}\int_{\alpha}^{\pi}\left(\frac{\sqrt{2}U_{2}\sin\omega t}{R_{d}}\right)^{2}\mathrm{d}(\omega t)}=\frac{U_{2}}{\sqrt{2}R_{d}}\sqrt{\frac{1}{2\pi}\sin2\alpha+\frac{\pi-\alpha}{\pi}}$$

$$=\frac{U_{2}}{R_{d}}\sqrt{\frac{\sin2\alpha}{4\pi}+\frac{\pi-\alpha}{2\pi}} \tag{4-32}$$

负载有效值 U、电流有效值 I 的计算，即

$$U=\sqrt{\frac{1}{\pi}\int_{\alpha}^{\pi}(\sqrt{2}U_{2}\sin\omega t)^{2}\mathrm{d}(\omega t)}=U_{2}\sqrt{\frac{\pi-\alpha}{\pi}+\frac{\sin2\alpha}{2\pi}} \tag{4-33}$$

$$I=\frac{U}{R_{d}} \tag{4-34}$$

变压器二次绕组电流有效值 I_2、功率因素 $\cos\varphi$ 的计算，即

$$I_{2}=\sqrt{\frac{1}{\pi}\int_{\alpha}^{\pi}\left(\frac{\sqrt{2}U_{2}\sin\omega t}{R_{d}}\right)^{2}\mathrm{d}(\omega t)}=\frac{U_{2}}{R_{d}}\sqrt{\frac{\pi-\alpha}{\pi}+\frac{\sin2\alpha}{2\pi}} \tag{4-35}$$

$$\cos\varphi=\frac{P}{S}=\frac{UI_{2}}{U_{2}I_{2}}=\sqrt{\frac{\pi-\alpha}{\pi}+\frac{\sin2\alpha}{2\pi}} \tag{4-36}$$

由以上计算还可以得出式（4-37）和式（4-38），即

$$\frac{U_{d}}{U_{2}}=0.9\,\frac{1+\cos\alpha}{2} \tag{4-37}$$

$$\frac{I_{2}}{I_{d}}=\frac{\sqrt{\pi\sin2\alpha+2\pi(\pi-\alpha)}}{2(1+\cos\alpha)} \tag{4-38}$$

2. 电感性负载

图 4-16a 是单相桥式全控整流电路电感性负载时的电路原理图。如果电感较大且电流连续，电路进入稳态工作时的电压、电流波形如图 4-16b 所示。

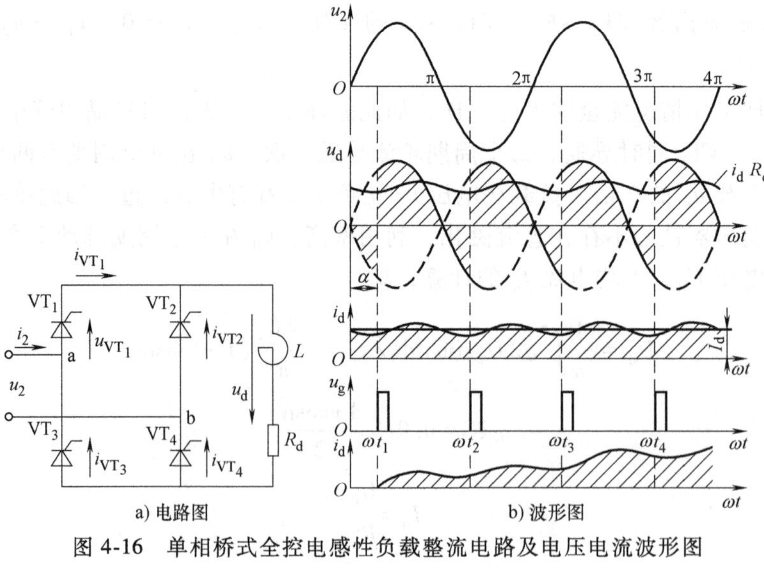

图 4-16　单相桥式全控电感性负载整流电路及电压电流波形图

当 u_2 正半周时，晶闸管 VT_1、VT_4 承受正向电压。在 ωt_1 时刻，对晶闸管 VT_1 和 VT_4 同时施加触发脉冲 u_g，VT_1 和 VT_4 同时导通。电流 i_d 开始逐渐增加，整流电压 $u_d=u_2$，$i_{VT_1}=i_{VT_4}=i_d$。当电压 u_2 过零进入负半周时，由于 i_d 处于下降阶段，因而电感 L 上产生上负下正的自感电动势 e_L，使晶闸管 VT_1 和 VT_4 在 e_L 作用下，仍承受正向电压而继续导通，$u_d=u_2$，整流电压 u_d 出现负值。在 ωt_2 时刻，对晶闸管 VT_2 和 VT_3 同时施加触发脉冲 u_g，使 VT_2 和 VT_3 立刻导通，同时 VT_1 和 VT_4 承受反向电压而关断。负载电流 i_d 由 VT_1 和 VT_4 换到 VT_2 和 VT_3，这个过程称为换流。换流后整流电流 $i_d=i_{VT_2}=i_{VT_3}$，整流电压 $u_d=-u_2$。在 ωt_3 时刻，VT_1 和 VT_4 又得到触发，重复上述过程，如此循环下去。电路稳态工作时换流的起始值 I_{on} 和终止值 I_{off} 相等。在 i_d 上升时电感储能，i_d 下降时电感放能，在每个周期内电感的储能和放能相等，电感两端的电压 $u_L=u_2-u_R$。

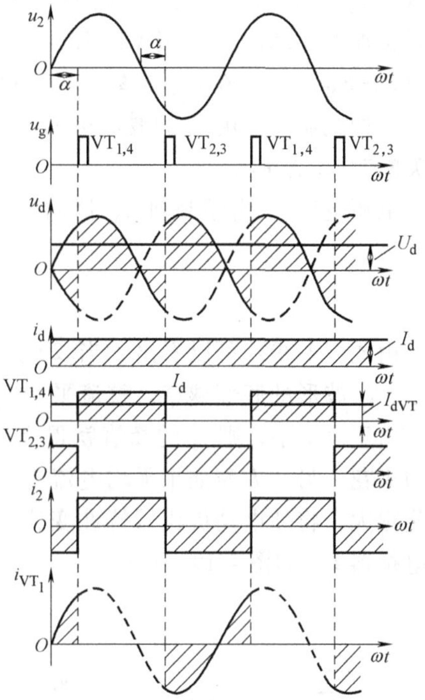

图 4-17　$\omega L \gg R_d$ 时的整流电压、电流波形图

如果 $\omega L \gg R_d$，电流波形可以看成是一条和坐标横轴平行的直线，$i_d \approx I_d$，如图 4-17 所示。

3. 反电动势负载

充电蓄电池、直流电动机等负载本身具有一定的直流电动势，对于晶闸管整流电路来说，是一种反电动势性质的负载。图 4-18a 是单相桥式全控反电动势（直流电动机）负载整流电路的工作原理图。图中 E_M 是直流电动机稳定运行时的反电势；R_M 是电枢电阻，图中 R_d 包含 R_M；L_M 是电枢电感，其数值很小，在分析电路时暂不考虑。

如图 4-18a 所示，当 $u_2>E_M$ 时，晶闸管受正向电压，门极施加触发脉冲，晶闸管才能导通。当 $u_2<E_M$ 时，即使门极加触发脉冲，晶闸管也不能导通。

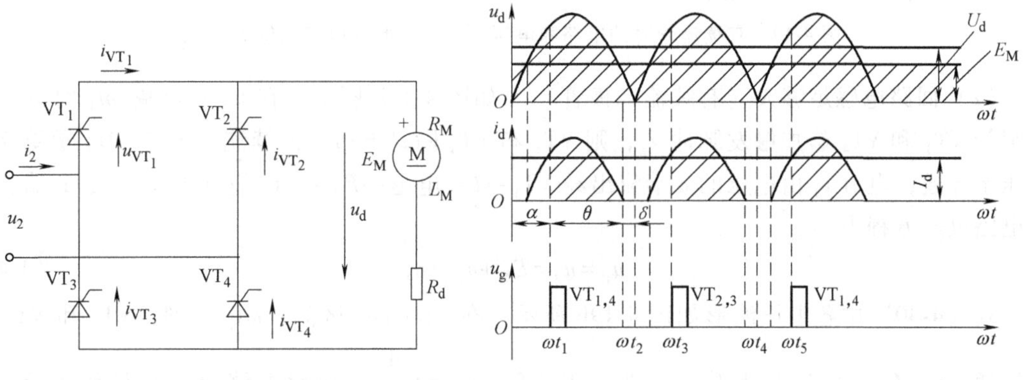

a) 电路图　　　　b) 波形图

图 4-18　单相桥式全控反电动势负载电路图及电压、电流波形图

（1）回路电感为零　在 u_2 正半周 ωt_1 时刻，$u_2>E_M$，对晶闸管 VT_1 和 VT_4 施加触发脉冲 u_g，VT_1 和 VT_4 同时导通，此时 $i_d=(u_d-E_M)/R_d=(u_2-E_M)/R_d$，$u_d=u_2$。波形如图 4-18b 所示。在 ωt_2 时刻 $u_2=E_M$，ωt_2 以后 $u_2<E_M$，VT_1 和 VT_4 承受反向电压为(E_M-u_2) 而关断，$i_d=0$，$u_d=E_M$。在 u_2 负半周的 ωt_3 时刻，晶闸管 VT_2 和 VT_3 承受正向电压，对 VT_2 和 VT_3 同时施加触发脉冲 u_g，则 VT_2 和 VT_3 同时导通，整流电压 u_d 为 u_2 负半周在此区间的反向，$i_d=(u_d-E_M)/R_d$。在 ωt_4 时刻，VT_2 和 VT_3 关断，在下一个周期的 ωt_5 时刻 VT_1 和 VT_4 再次导通，如此循环。由 i_d 的波形可知，i_d 突跳、断续，而 u_d 为晶闸管导通期间的 u_2，在晶闸管关断时 u_d 为 E_M。

电源电压 u_2 由零升到 E_M 值的电角度，称为停止导电角 δ，即

$$\delta=\arcsin\frac{E_M}{\sqrt{2}U_2} \tag{4-39}$$

由式（4-39）可以看出，当$\sqrt{2}U_2$ 一定时，E_M 越大，δ 就越大，$\theta_{VT}=(\pi-\alpha-\delta)$ 导通角越小，i_d 波形的底部越窄。整流平均电流 I_d 与瞬时电流 i_d 所包围的面积成正比，当 I_d 增加时，由于 θ_{VT} 小，则 i_d 的峰值就得高。这样对晶闸管工作不利，并且会引起直流电动机的换向火花。另一方面如果平均电流 I_d 变化时，E_M 将产生显著的变化，也就使电动机转速 n 变化很大，将使电动机机械特性变软。为了克服上述缺点，一般在负载回路中要串入一个平波电抗器 L，如图 4-19a 所示。

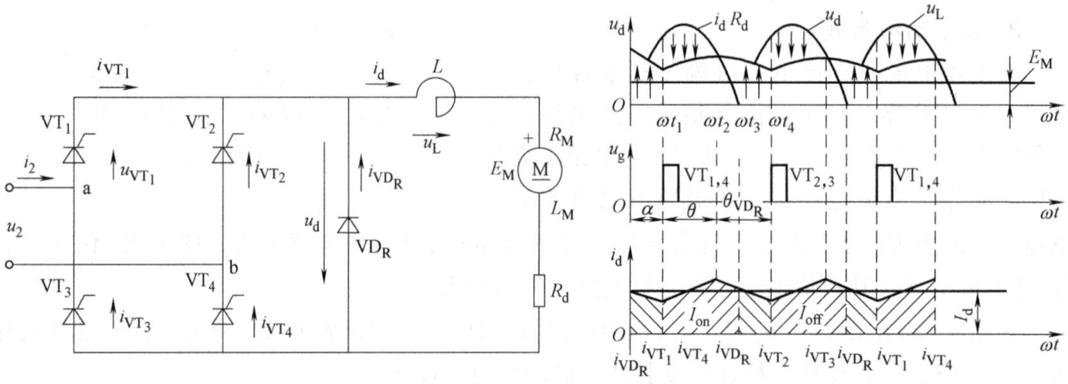

图 4-19　有续流管时的电路和电压、电流波形（电感足够大）图

（2）回路电感足够大（有续流二极管）　如图 4-19b 所示，在 u_2 正半周 ωt_1 时刻，对晶闸管 VT_1 和 VT_4 施加触发脉冲 u_g，则 VT_1 和 VT_4 同时导通，而续流二极管 VD_R 承受反向电压不导通，电流 i_d 由电压的 a 端流出经 $VT_1\to L\to$电枢$\to R_d\to VT_4$ 返回电压 u_2 的 b 端。此时电路电压方程为

$$u_d=u_2=E_M+u_{R_d}+u_L \tag{4-40}$$

式（4-40）中各电压波形如图 4-19b 所示。在 $\omega t_1\sim\omega t_2$ 区间：ωt_1 时刻，VT_1 和 VT_4 触发导通，$u_2>E_M$，电流 i_d 上升，u_L 为左正右负，$u_L=L\dfrac{di_d}{dt}$，电感 L 储能，R_d 消耗能量，电动机吸收能量电动运行。在 ωt_2 时刻，$u_d=u_2=E_M+u_{R_d}$，$i_d=i_{dm}$ 即电流 i_d 的峰值，$u_d=u_2=$

$Ce\phi n+i_dR_d+L\frac{\mathrm{d}i_d}{\mathrm{d}t}$，$u_L=L\frac{\mathrm{d}i_d}{\mathrm{d}t}=0$，此时电感 L 既不储能也不放能，VT_1 和 VT_4 承受反向电压（E_M-u_2）作用而关断，$i_d=0$，$u_d=E_M$。在 u_2 负半周的 ωt_3 时刻，R_d 消耗能量最大，电动机仍为电动运行。在 $\omega t_1\sim\omega t_2$ 区间：$u_2<E_M+u_{R_d}$，电流 i_d 下降，$u_L=L\frac{\mathrm{d}i_d}{\mathrm{d}t}$极性反向，为左负右正，电压方程 $u_2-u_L=E_M+i_dR_d$，晶闸管 VT_1 和 VT_4 在 u_2 和 u_L 共同作用下仍受正向电压而继续导通，电源 u_2 和电感 L 进入负半周，电流 i_d 经续流二极管 VD_R 构成回路续流，VD_R 导通后晶闸管 VT_1 和 VT_4 受反向电压而关断。此时 $u_L=E_M+i_dR_d$，忽略 VD_R 管压降，则 $u_d\approx 0$。电感放能，供电动机和电阻消耗。若电路中没有续流二极管 VD_R 或续流二极管 VD_R 不导通，电流 i_d 则流经 $VT_4\to u_2\to VT_1$，整流电压 u_d 便会出现负值，使整流平均电压 U_d、平均电流 I_d 下降。从这里可以看出续流二极管的作用。在 ωt_4 时刻，对晶闸管 VT_2 和 VT_3 施加触发脉冲 u_g，使 VT_2 和 VT_3 同时导通，续流二极管 VD_R 受反压而关断，电流 i_d 从电源 u_2 的 b 端流出经 $VT_2\to L\to$电枢$\to R_d\to VT_3$ 返回到电源 u_2 的 a 端，在 ωt_4 时刻 $u_2>E_M+i_dR_d$，电流 i_d 上升，如果电流 $I_{on}=I_{off}$，则表示电路进入稳定运行。

整流平均电压 U_d、平均电流 I_d 的计算，即

$$U_d=\frac{1}{\pi}\int_\alpha^\pi u_d\mathrm{d}(\omega t)=\frac{1}{\pi}\int_\alpha^\pi\sqrt{2}U_2\sin\omega t\mathrm{d}(\omega t)=0.9U_2\frac{1+\cos\alpha}{2}\tag{4-41}$$

$$I_d=\frac{U_d-E_M}{R_d}\tag{4-42}$$

晶闸管平均电流 I_{dVT}、有效值电流 I_{VT} 的计算，即

$$I_{dVT}=\frac{\theta_{VT}}{2\pi}I_d=\frac{\pi-\alpha}{2\pi}I_d\tag{4-43}$$

$$I_{VT}=\sqrt{\frac{\pi-\alpha}{2\pi}}I_d\tag{4-44}$$

续流二极管 VD_R 平均电流 I_{dVD_R}、有效值电流 I_{VD_R} 的计算，即

$$I_{dVD_R}=\frac{\theta_{VD_R}}{2\pi}I_d=\frac{\alpha}{\pi}I_d\tag{4-45}$$

$$I_{VD_R}=\sqrt{\frac{\alpha}{\pi}}I_d\tag{4-46}$$

（3）回路电感较小（有续流二极管）　反电动势负载电路，在回路电感较小或负载较小时，整流电流 i_d 会因 L 储能少，维持能力弱，i_d 出现断续，如图 4-20 所示。

在 ωt_1 时刻，同时触发 VT_1 和 VT_4 使其导通，$u_d=u_2>E_M$，i_d 上升，电感 L 储能。到 ωt_2 时刻，$u_d=u_2=E_M+i_dR_d$，$u_L=L\frac{\mathrm{d}i_d}{\mathrm{d}t}=0$，过了 ωt_2 时刻，i_d 下降，u_L 变为左负右正，L 放能。$\omega t=\pi$ 时，在 u_L 作用下，L 继续放能，续流管开始导通续流，直至 ωt_3 为止，$\pi\sim\omega t_3$ 区间，$u_d=0$，$i_d=i_{VD_R}$，晶闸管全关断。到 ωt_3 时 i_d 下降到零，L 能量放完。$\omega t_3\sim\omega t_4$ 区间，$i_d=0$，$u_d=E_M$。在 ωt_4 时刻同时触发 VT_2 和 VT_3，使 VT_2 和 VT_3 同时导通，过程同前。

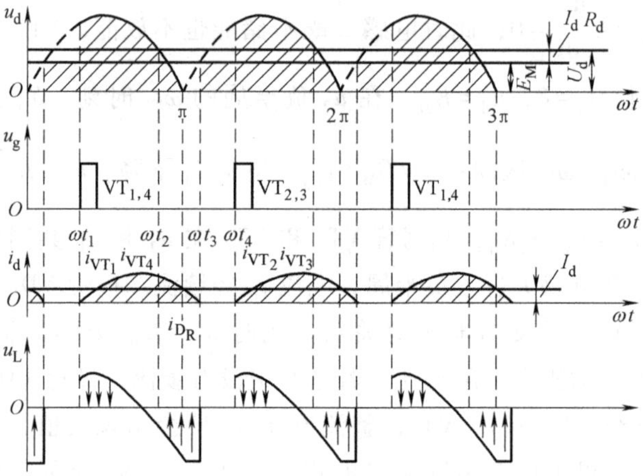

图 4-20　有续流管时的电压、电流波形（电感很小）图

4.4　三相可控整流电路

三相整流电路比单相整流电路输出功率大、电压高、直流电压脉动小，且对三相电网的负荷分配平衡，因此应用广泛。

三相可控整流电路包括三相半波可控整流电路（又称三相零式），三相桥式全控整流电路、三相桥式半控整流电路，以及适用于大功率的十二相可控整流电路等类型。其中三相半波可控整流电路是最基本的形式，其他类型的整流电路皆可看作是三相半波电路串联或并联的组合，所以三相半波可控整流电路是多相整流电路的基础。

4.4.1　三相半波可控整流电路

在三相半波可控整流电路中，整流变压器一次侧接成三角形，二次侧则必须接成星形，每相电源串一只晶闸管并将三只晶闸管阴极连在一起经负载与变压器中性线相接，组成共阴极接法，如图 4-21 所示。也可以将三只晶闸管阳极接在一起经负载与变压器中性线相接组成共阳极接法。

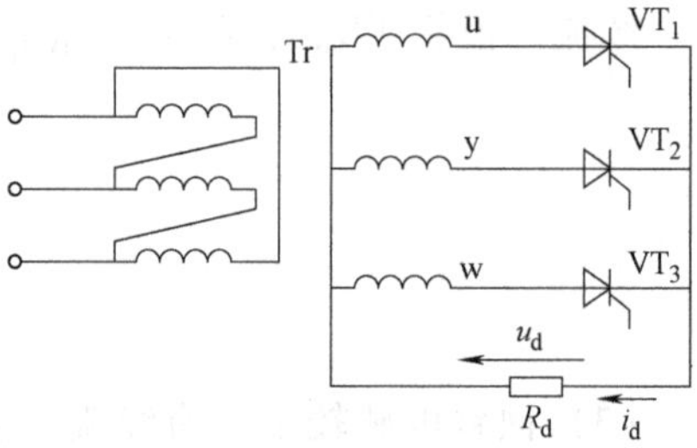

图 4-21　三相半波可控整流电路

1. 电阻性负载

稳定工作时，3 个晶闸管的触发脉冲互差 120°，在三相可控整流电路中，触发延迟角 α 起点不再是相电压由负变正的过零点，而是各相电压的交点 $\omega t=\pi/6$ 处，称为自然换相点。对三相半波可控整流电路来说，自然换相点是各晶闸管能触发导通的最早时刻，在自然换相点处触发相应的晶闸管，相当于触发延迟角 $\alpha=0°$。共阴极接法三相半波可控整流电路中，晶闸管导通原则是与电压最高相对应的元件导通。

由于三只晶闸管的自然换流点互差 120°，所以施加的触发脉冲也必须互差 120°，脉冲顺序同电源相序，即按 VT_1-VT_2-VT_3-VT_1 安排。

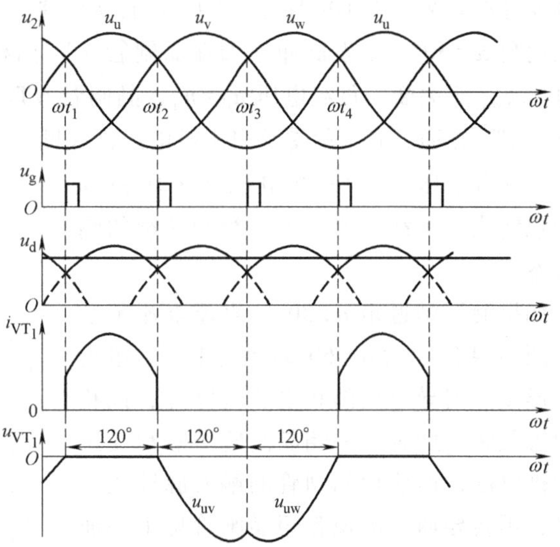

图 4-22　$\alpha=0°$时电阻性负载共阴极接法三相半波可控整流电路的波形图

图 4-22 是触发延迟角 $\alpha=0°$时，即晶闸管在自然换流点换流的各电量波形。在 ωt_1 时刻给 u 相晶闸管 VT_1 门极施加触发脉冲；在 ωt_2 时刻给 v 相晶闸管 VT_2 门极施加触发脉冲；在 ωt_3 时刻给 w 相晶闸管 VT_3 门极施加触发脉冲。当电路进入稳定工作状态时，在 ωt_1 ~ ωt_2 期间 u 相电压最高，所以 VT_1 导通，因 u 点电位高于 v 点和 w 点，所以 VT_2、VT_3 均受反向电压不导通，负载 R_d 上得到 u 相电压 $u_d=u_u$。在 ωt_2 ~ ωt_3 期间 v 相电压最高，故 VT_2 导通，VT_1 截止，负载 R_d 上得到 v 相电压 $u_d=u_v$。在 ωt_3 时刻给 w 相晶闸管 VT_3 门极施加触发脉冲，此时 w 相电压最高，VT_3 导通，负载 R_d 上得到 w 相电压 $u_d=u_w$。w 点电位通过导通的晶闸管 VT_3 施加在 VT_2 的阴极上，使 VT_2 承受反向阳极电压而关断。此后，在下一个周期相当于 ωt_4 的时刻，VT_1 导通，重复前一周期的工作情况。一周期中晶闸管 VT_1、VT_2、VT_3 轮流导通，每管导通 120°。负载电压 u_d 波形为 3 个相电压在正半周的包络线，是一个脉动直流，在一周期内脉动 3 次，频率是工频的 3 倍。负载电流 i_d 波形与负载电压 u_d 波形相同。

在图 4-22 中，u_{VT_1} 波形是晶闸管 VT_1 两端的电压波形，由 3 段组成：第一段，VT_1 导通期间，u_{VT_1} 近似为零；第二段，在 VT_1 关断后，VT_2 导通期间，$u_{VT_1}=u_u-u_v=u_{uv}$；第三段，VT_3 导通期间，$u_{VT_1}=u_v-u_w=u_{vw}$。在电流连续情况下，晶闸管电压总是由 1 段管压降和 2 段管压降组成。当触发延迟角 $\alpha=0°$时，晶闸管承受的两段电压均为负值，最大值为线电压的幅值，随着 α 增大，晶闸管承受的电压中正的部分逐渐增多。其他两只晶闸管上的电压波形形状相同，相位依次相差 120°。

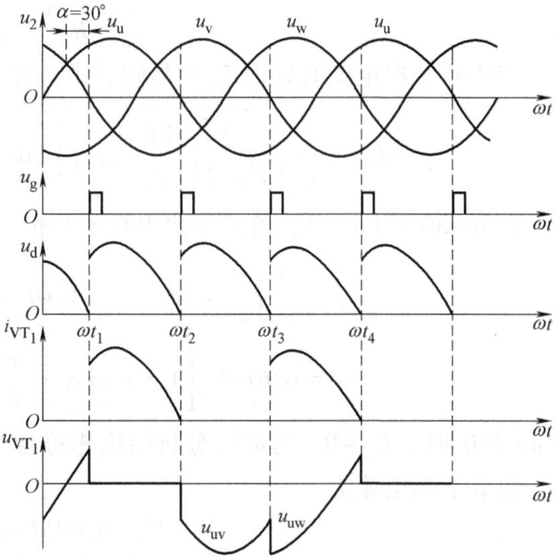

图 4-23　$\alpha=30°$时电阻性负载三相半波可控整流电路的波形图

增大触发延迟角 α 的值，触发脉冲后移，整流电路的工作情况相应地发生变化。图 4-23 是触发延迟角 $\alpha=30°$时的波形图。假设电路已进入稳定工作状态，晶闸管 VT_3 导通。当经过 u 相自然换相点处，虽然 $u_u>u_w$，但 u 相晶闸管 VT_1 门极尚未施加触发脉冲，VT_1 管不能导通，VT_3 管继续导通工作，负载电压 $u_d=u_w$。在 ωt_1 时刻，即触发延迟角 $\alpha=30°$，触发脉冲施加在晶闸管 VT_1 门极，晶闸管被触发导通，VT_3 承受反向阳极电压 u_{wu} 而关断，负载电压 $u_d=u_u$，晶闸管 VT_1 导通 120°，然后晶闸管 VT_2 的触发脉冲来临，VT_2 导通，VT_1 承受反向阳极电压而关断。以后是三相晶闸管轮流导通，各相仍导通 120°。输出电压 u_d 为三相电压在 120°范围内的包络线，负载电流处于连续和断续的临界状态。

如果触发延迟角 $\alpha>30°$，直流电流不连续，图 4-24 所示为 $\alpha=60°$时整流电压、电流的波形图。当导通相的相电压过零时，该相晶闸管关断。此时下一相晶闸管虽然承受正向阳极电压，但该相晶闸管的触发脉冲还未到来，不会导通，出现各相晶闸管均不导通的情况，因此输出电压和电流均为 0，使输出电压、电流断续，各相晶闸管导通角将小于 120°。在各相晶闸管都不导通的时间内，每个晶闸管承受自身一相的相电压，所以，半波可控整流电路带电阻性负载时，晶闸管承受的最大反向电压为变压器二次侧线电压峰值，即$\sqrt{6}U$。

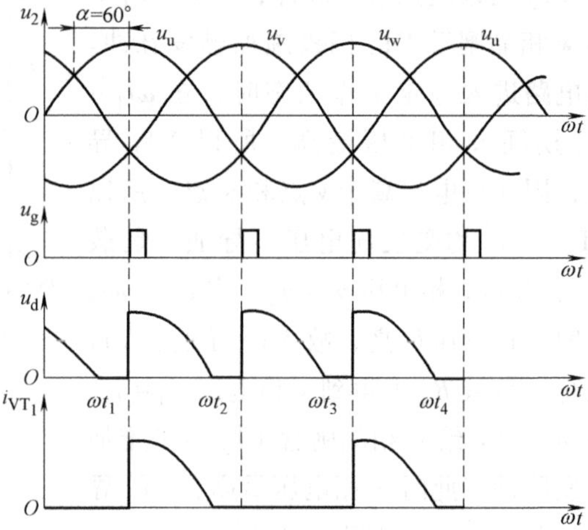

图 4-24 $\alpha=60°$时电阻性负载三相半波可控整流电路的波形图

在 $\alpha=0°\sim30°$时，整流输出电压平均值为

$$U_d=\frac{3}{2\pi}\int_{\alpha+\frac{\pi}{6}}^{\alpha+\frac{5\pi}{6}}\sqrt{2}U_2\sin\omega t\mathrm{d}(\omega t)=\frac{3\sqrt{2}\times\sqrt{3}}{2\pi}U_2\cos\alpha=1.17U_2\cos\alpha \tag{4-47}$$

负载电流的平均值为

$$I_d=\frac{U_d}{R_d}=\frac{1.17U_2}{R_d}\cos\alpha \tag{4-48}$$

变压器二次电流有效值 I_2 和晶闸管中电流有效值 I_{VT} 为

$$I_2=I_{VT}=\sqrt{\frac{1}{2\pi}\int_{\alpha+\frac{\pi}{6}}^{\alpha+\frac{5\pi}{6}}\left(\frac{\sqrt{2}U_2}{R_d}\sin\omega t\right)^2\mathrm{d}(\omega t)}=\frac{\sqrt{2}U_2}{R_d}\sqrt{\frac{1}{2\pi}\left(\frac{\pi}{3}+\frac{\sqrt{3}}{4}\cos2\alpha\right)} \tag{4-49}$$

在 $\alpha=30°\sim150°$时，整流输出电压平均值为

$$\begin{aligned}U_d&=\frac{3}{2\pi}\int_{\alpha+\frac{\pi}{6}}^{\pi}\sqrt{2}U_2\sin\omega t\mathrm{d}(\omega t)=\frac{3\sqrt{2}}{2\pi}U_2\left[1+\cos\left(\alpha+\frac{\pi}{6}\right)\right]\\&=0.675U_2\left[1+\cos\left(\alpha+\frac{\pi}{6}\right)\right]\end{aligned} \tag{4-50}$$

当 $\alpha=150°$时，$U_d=0$，与波形分析结论相符合。

负载平均电流为

$$I_d=\frac{U_d}{R_d}=\frac{0.675U_2}{R_d}\left[1+\cos\left(\alpha+\frac{\pi}{6}\right)\right] \tag{4-51}$$

变压器二次电流有效值 I_2 和晶闸管中电流有效值 I_{VT} 为

$$I_2 = I_{VT} = \sqrt{\frac{1}{2\pi}\int_{\alpha+\frac{\pi}{6}}^{\pi}\left(\frac{\sqrt{2}U_2}{R_d}\sin\omega t\right)^2 d(\omega t)}$$

$$= \frac{\sqrt{2}U_2}{R_d}\sqrt{\frac{1}{2\pi}\left[\frac{\pi}{6} - \pi + \frac{1}{2}\sin\left(2\alpha + \frac{\pi}{3}\right)\right]} \tag{4-52}$$

由于晶闸管是交替工作的，所以不论电流 i_d 连续与否，流过每只晶闸管的平均电流 I_{dVT} 为

$$I_{dVT} = \frac{1}{3}I_d \tag{4-53}$$

流过晶闸管电流有效值为

$$I_{dT} = \sqrt{\frac{1}{3}}I_d = 0.577I_d \tag{4-54}$$

2. 电感性负载

电感性负载三相半波可控整流电路如图 4-25 所示，负载电感 L 值极大，整流电流 i_d 的波形连续平直，流过晶闸管的电流接近矩形波。

当触发延迟角 $\alpha \leqslant 30°$时，整流电压 u_d 波形与电阻性负载时相同。当触发延迟角 $\alpha > 30°$时，由于负载电感 L 中感应电动势 e_L 的作用，使得晶闸管在电源过零变负时继续导通，直到后序相晶闸管导通而承受反向阳极电压关断为止。图 4-26 为触发延迟角 $\alpha = 60°$的波形图。晶闸管 VT_1 在 $\alpha = 60°$的时刻导通，输出电压为 $u_a = u_d$。当 $u_a = 0$ 时，由于 u_a 的减小将使流过电感 L 的电流 i_d 出现减小趋势，自感电势 e_L 的极性将阻止 i_d 的减小，使 VT_1 仍然承受正向阳极电压继续导通，即使 u_a 为负时，自感电势与负值相电压之和 $e_L + u_a$ 仍可能为正，直到下一时刻 VT_2 触发脉冲到来，发生 VT_1 至 VT_2 的换流，由 VT_2 导通向负载供电，同时向 VT_1 施加反向阳极电压而使其关断。在这种情况下，u_d 波形中出现负的部分，同时各相晶闸管轮流导通 120°，若触发延迟角 α 增大，u_d 波形中出现负的部分将增多，至 $\alpha = 90°$时，

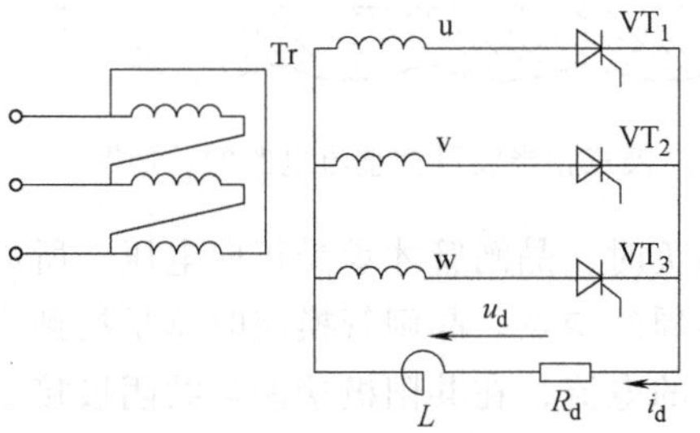

图 4-25　电感性负载三相半波可控整流电路

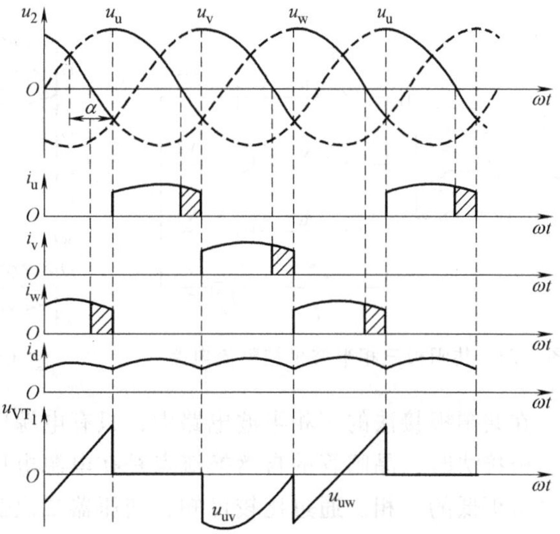

图 4-26　$\alpha = 60°$时电感性负载三相半波可控整流电路的波形图

u_d 波形中正负面积相等，u_d 的平均值为 0，电感性负载时触发延迟角的移相范围为 90°。晶闸管承受的最大反向电压为变压器二次侧线电压峰值，即$\sqrt{6}U_2$。

输出电压平均值为

$$U_d=\frac{3}{2\pi}\int_{\alpha+\frac{\pi}{6}}^{\alpha+\frac{5\pi}{6}}\sqrt{2}U_2\sin\omega t\mathrm{d}(\omega t)=1.17U_2\cos\alpha \tag{4-55}$$

可见整流电压平均值 U_d 与触发延迟角 α 成余弦关系。当 $\alpha=0°$时，整流电压最大，等于 $1.17U_2$，当 $\alpha=90°$时，整流电压平均值为零。这从波形图上也可清楚地看出，此时整流电压 U_d 波形正负面积相等，平均值为零。因而感性负载要求的移相范围为 90°。当 $\alpha>90°$时，负载电流 i_d 将出现断续现象，只要电感 L_d 足够大，整流输出电压 u_d 波形仍保持正负面积相等，整流电压平均值 U_d 为零。

三相半波可控整流电路只用三只晶闸管，接线简单是其优点，但晶闸管承受正反向的峰值电压较高（与三相桥式电路相比），变压器二次绕组导通角仅 120°，因此绕组的利用率较低。而且电流是单方向的，它的直流分量形成直流磁势并产生较大的漏磁通，因而须加大变压器铁心的截面积，还要引起附加损耗。如果不用整流变压器，把晶闸管直接接 380V 电网，以供给直流 220V 等级的负载，从电压角度看是合适的，但整流电流中的直流分量流入电网，引起电网额外损耗，特别是增大中性线电流，故宜加大中性线的截面积。因此这种线路多用于中等偏小（例如 30kW 以下）的设备上。

3. 共阳极三相半波可控整流电路

图 4-27 为共阳极接法的三相半波可控整流电路，这种接法要求三相的触发电路必须彼此绝缘，由于晶闸管只有在阳极电位高于阴极电位时才具备导通条件，因此共阳极接法只能在相电压的负半周工作，如图 4-28 所示。

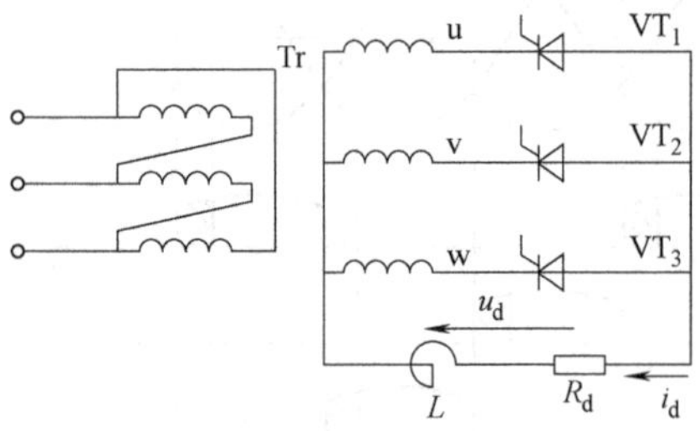

图 4-27 共阳极三相半波可控整流电路

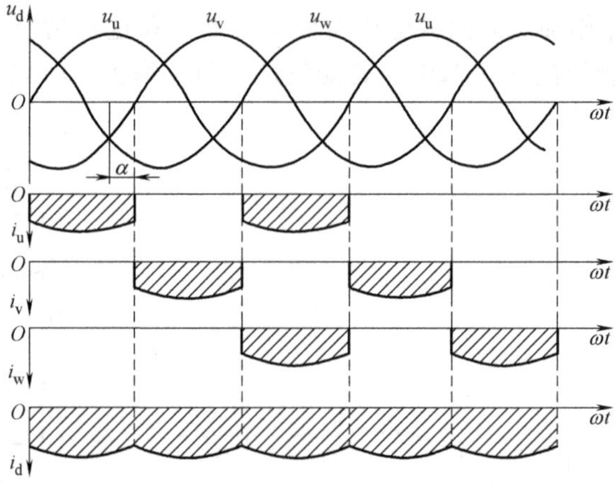

图 4-28 共阳极三相半波可控整流电路的波形图

在共阳极接法的三相半波电路中，只有电源电压为负时，晶闸管才承受正向电压，所以共阳极接法时，晶闸管的自然换流点是在电源电压负半周的交点。晶闸管换流时总是换到阴极电位更低的一相。通过比较可知，变压器二次侧流过的电流，在共阳极接法与共阴极接法中正好相反。变压器受直流磁化的影响，中性线上还会出现大的中性线电流。

共阳极接法的三相半波电路的工作情况、波形及数量关系与共阴极接法时相同，仅输出极性相反，共阴极的波形在坐标轴的上面，而共阳极的则在坐标轴的下面。电感性负载时共阳极整流电压 U_d 与 α 的关系为

$$U_d=-1.17U_2\cos\alpha \tag{4-56}$$

式（4-56）中负号表示三相电源的中性线为负载电压的正端，三个连接在一起的阳极为负载电压的负端。

4.4.2　三相桥式全控整流电路

三相桥式全控整流电路是三相整流电路中性能比较优越的一种典型电路，在工业生产中得到了广泛应用。它是从三相半波电路发展而来的。如果它们的负载完全相同，触发延迟角 α 也相同，那么中性线中流过的电流 $I_0=I_{d1}-I_{d2}=0$。若触发脉冲满足电路正常导通要求，切断中性线将两个参数合并，就成为图 4-29 所示的全控桥式整流电路。由于共阴极组在正半周导通，流经变压器二次侧的电流是正向电流，而共阳极组在负半周导通，流经变压器二次侧的电流是反向电流，因此每相绕组在正负半周都有电流流过，提高了变压器的利用率。

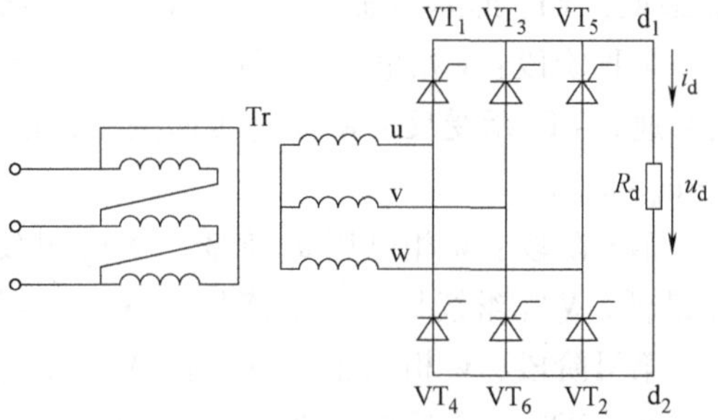

图 4-29　三相桥式全控整流电路

由于三相桥式整流电路是两组三相半波电路的串联，触发延迟角都是 α，因此整流电压为三相半波时的 2 倍，当负载电流连续时

$$U_d=U_{d1}-U_{d2}=2\times1.17U_2\cos\alpha=2.34U_2\cos\alpha \tag{4-57}$$

习惯上希望三相全控桥式整流电路的 6 只晶闸管触发导通的顺序是 $VT_1-VT_2-VT_3-VT_4-VT_5-VT_6$，因而晶闸管 VT_1 和 VT_4 接 u 相，VT_3 和 VT_6 接 v 相，VT_5 和 VT_2 接 w 相。VT_1、VT_3、VT_5 组成共阴极组，VT_2、VT_4、VT_6 组成共阳极组。

1. 电阻性负载

三相桥式全控整流电路的触发延迟角与三相半波可控整流电路相同，触发延迟角 $\alpha=0°$时，各晶闸管均在自然换相点处换相。对于共阴极组的 3 只晶闸管，阳极所接交流电压值最高的一个导通；对于共阳极组的 3 只晶闸管，阴极所接交流电压值最低的一个导通。这样，任意时刻共阳极组和共阴极组中各有一个晶闸管处于导通状态。其余晶闸管均处于关断状态，施加于负载上的电压为某一段线电压。电路工作波形如图 4-30 所示。

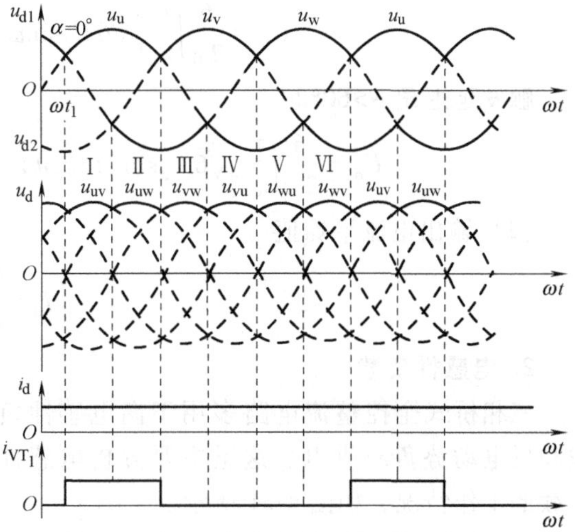

图 4-30　$\alpha=0°$时电阻性负载三相桥式全控整流电路的波形图

分析晶闸管的工作情况，从 ωt_1 时刻开始将波形中的一个周期等分为 6 段，每段为 60°。

当触发延迟角 $\alpha=0°$时，在同一时间内必须保证两组中各有一只晶闸管导通才行。为了分析方便，把一个周期等分为 6 段。

第Ⅰ阶段：u 相电压 u_u 最高，VT_1 触发导通，v 相电压 u_v 最低，VT_6 触发导通，电流从 u→VT_1→负载→VT_6→v，负载上电压 $u_d=u_u-u_v=u_{uv}$。

第Ⅱ阶段：u 相电压 u_u 最高，VT_1 继续导通，w 相电压 u_w 比 v 相电压 u_v 还低，VT_2 触发导通，VT_6 承受反向阳极电压而关断，电流从 u→VT_1→负载→VT_2→w，负载上电压 $u_d=u_u-u_w=u_{uw}$。

第Ⅲ阶段：v 相电压 u_v 最高，VT_3 触发导通，VT_1 承受反向阳极电压而关断，w 相电压 u_w 最低，VT_2 继续导通，电流从 v→VT_3→负载→VT_2→w，负载上电压 $u_d=u_v-u_w=u_{vw}$。

第Ⅳ阶段：v 相电压 u_v 最高，VT_3 继续导通，u 相电压 u_u 比 w 相电压 u_w 还低，VT_4 触发导通，VT_2 承受反向阳极电压而关断，电流从 v→VT_3→负载→VT_4→u，负载上电压 $u_d=u_v-u_u=u_{vu}$。

第Ⅴ阶段：w 相电压 u_w 最高，VT_5 触发导通，VT_3 承受反向阳极电压而关断，u 相电压 u_u 最低，VT_4 继续导通，电流从 w→VT_5→负载→VT_4→u，负载上电压 $u_d=u_w-u_u=u_{wu}$。

第Ⅵ阶段：w 相电压 u_w 最高，VT_5 继续导通，v 相电压 u_v 比 u 相电压 u_u 还低，VT_6 触发导通，VT_4 承受反向阳极电压而关断，电流从 w→VT_5→负载→VT_6→v，负载上电压 $u_d=u_w-u_v=u_{wv}$。

总之，对共阴极组而言，其整流输出电压 u_{d1} 为三相相电压正半周的包络线；对共阳极组而言，其输出电压 u_{d2} 为三相相电压负半周的包络线。三相桥式全控整流电路的输出电压 u_d 是两组输出电压之和，将其对应到线电压波形上，即三相线电压在正半周的包络线，u_d 每周期脉动 6 次，其次序为 u_{uv}、u_{uw}、u_{vw}、u_{vu}、u_{wu}、u_{wv}。晶闸管的导通顺序为

$$\left[\frac{VT_1}{VT_6}\right]\to\left[\frac{VT_2}{VT_1}\right]\to\left[\frac{VT_3}{VT_2}\right]\to\left[\frac{VT_4}{VT_3}\right]\to\left[\frac{VT_5}{VT_4}\right]\to\left[\frac{VT_6}{VT_5}\right]$$

（1）整流输出电压平均值　触发延迟角 $\alpha\leqslant60°$时

$$U_d=\frac{6}{2\pi}\int_{\alpha+\frac{\pi}{3}}^{\alpha+\frac{2\pi}{3}}\sqrt{6}U_2\sin\omega t\mathrm{d}(\omega t)=2.34U_2\cos\alpha \tag{4-58}$$

触发延迟角 $\alpha>60°$时

$$U_d=\frac{6}{2\pi}\int_{\alpha+\frac{\pi}{3}}^{\pi}\sqrt{6}U_2\sin\omega t\mathrm{d}(\omega t)=2.34U_2\left[1+\cos\left(\alpha+\frac{\pi}{3}\right)\right] \tag{4-59}$$

（2）输出电流平均值

$$I_d=\frac{U_d}{R_d} \tag{4-60}$$

2. 电感性负载

三相桥式全控整流电路多用于向电感性负载和反电动势负载供电。这里主要分析电感性负载的工作情况，如图 4-31 所示。

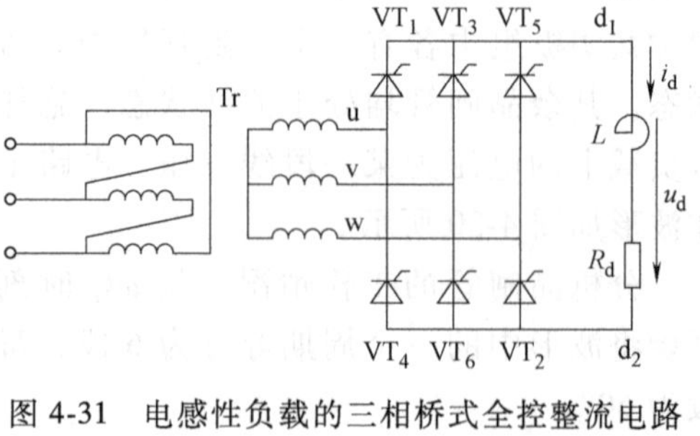

图 4-31　电感性负载的三相桥式全控整流电路

$\alpha=0°$时，晶闸管的触发脉冲应在自然换相点处发出。对共阴极组来说，哪相电位较其他两相为高时，给该相的晶闸管加上触发脉冲，

该相上的晶闸管就导通；对共阳极来说，哪相电位较其他两相为低时，给该相的晶闸管加上触发脉冲，该相上的晶闸管就导通，为保证整流电流 i_d 有通路，在同一时刻必须保证两组中各有一个晶闸管导通。

图 4-32 为 $\alpha=0°$时，电感性负载三相桥式全控整流电压、电流的波形图。

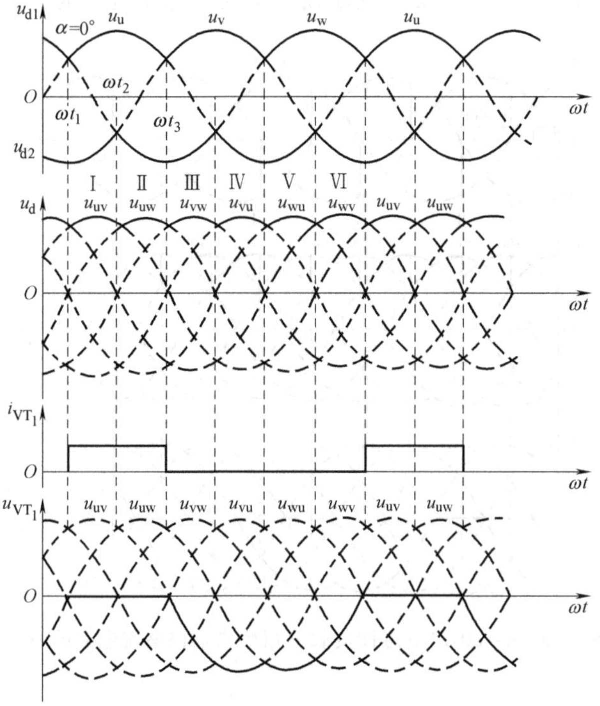

图 4-32 $\alpha=0°$时电感性负载三相桥式全控整流电路的波形图

在第Ⅰ阶段，u 相电位最高，v 相电位最低，在 ωt_1 处给 VT_1、VT_6 加触发脉冲，则 VT_1、VT_6 同时导通，电流通路为 u→VT_1→负载→VT_6→v，负载上的电压为 $u_d=u_u-u_v=u_{uv}$。

在第Ⅱ阶段，u 相电位仍最高，VT_1 继续导通，但是 w 相电压比 v 相电位低了，在 ωt_2 处触发 VT_2 使其导通，电流从 v 相换到 w 相，VT_6 受反向电压关断。电流通路 u→VT_1→负载→VT_2→w，负载上的电压为 $u_d=u_u-u_w=u_{uw}$。

在第Ⅲ阶段，w 相电位仍最低，VT_2 继续导通。而 v 相电位比 u 相电位高了，在 ωt_3 处触发 VT_3 使其导通，VT_1 受反向电压关断，电流从 u 相换到 v 相。电流通路 v→VT_3→负载→VT_2→w，负载上的电压为 $u_d=u_v-u_w=u_{vw}$。

以此类推，在第Ⅳ阶段，VT_3、VT_4 导通；第Ⅴ阶段 VT_4、VT_5 导通；第Ⅵ阶段 VT_5、VT_6 导通。然后重复上述换流过程。

由于 $\alpha=0°$，对共阴极组而言，其输出电压为三相电源相电压波形的正半周的包络线，对共阳极组而言，其输出电压为三相电源相电压波形负半周包络线，而三相桥式电路总输出电压为线电压，将每个区间上下两个波形相减，得到的总输出电压 u_d 正好为三相线电压波形的包络线。

由以上分析可以看出，共阴极组的 3 个自然换相点在相电压正半周交点，共阳极组的 3 个自然换相点在相电压负半周交点，这些点也正是线电压的交点，合起来就是线电压的 6 个自然换相点。

当 α 变化时，整流电压 u_d 波形也随之变化，图 4-33、图 4-34、图 4-35 分别是 $\alpha=30°$、$\alpha=60°$、$\alpha=90°$时的波形。由图看出，当 $\alpha\leqslant60°$时，u_d 波形均为正值，在电感负载下，当 $60°<\alpha<90°$时，u_d 波形出现负值，但平均值仍为正；当 $\alpha=90°$时，u_d 波形正负面积近似相等，平均值为零；当 $\alpha>90°$时，波形出现断续，平均值总是近似为零。

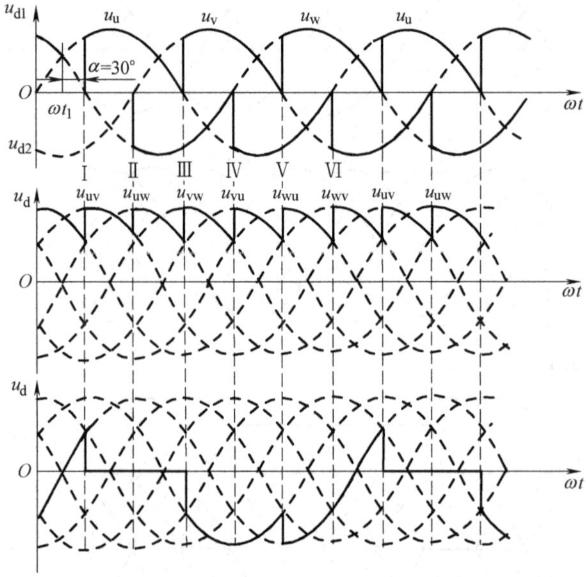

图 4-33　$\alpha=30°$时电感性负载三相桥式全控整流电路的波形图

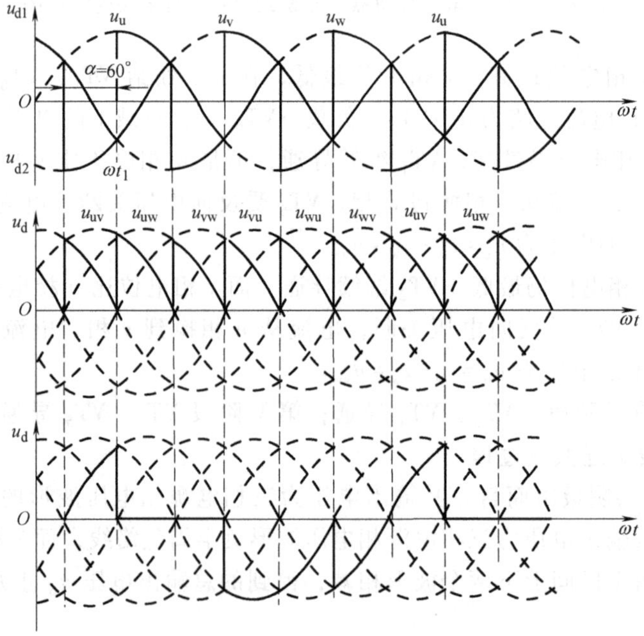

图 4-34　$\alpha=60°$时电感性负载三相桥式全控整流电路的波形图

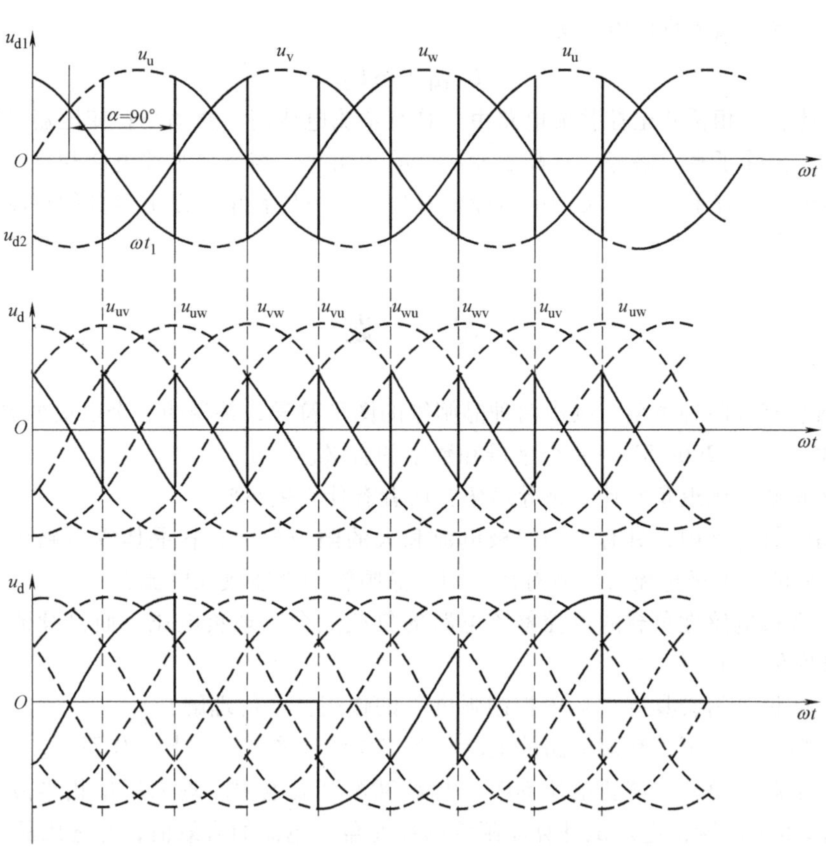

图 4-35　$\alpha = 90°$时电感性负载三相桥式全控整流电路的波形图

对于电感性负载触发延迟角 α 在 0°~90°的范围内，由于电流连续，晶闸管导通角总是120°，整流输出电压波形每隔 60°重复一次，所以输出电压平均值为

$$U_d = \frac{6}{2\pi}\int_{\alpha+\frac{\pi}{3}}^{\alpha+\frac{2\pi}{3}} \sqrt{6}\,U_2 \sin\omega t \mathrm{d}(\omega t) = 2.34 U_2 \cos\alpha \tag{4-61}$$

负载电流的平均值为

$$I_d = \frac{U_d}{R_d} \tag{4-62}$$

变压器二次侧绕组由于一个周期流过正、反两个方向的两次电流，电流波形为正负半周各宽 120°，因此变压器二次侧的电流有效值为

$$I_2 = \sqrt{\frac{2}{3}} I_d \tag{4-63}$$

电感较大时输出电流波形为一水平线，晶闸管的电流波形为矩形，其电流平均值和有效值分别为

$$I_{dVT} = \sqrt{\frac{1}{3}} I_d \tag{4-64}$$

$$I_{VT} = \frac{1}{3} I_d \tag{4-65}$$

晶闸管承受的最大反向电压为

$$U_{VTM}=\sqrt{6}U_2 \tag{4-66}$$

综上所述，三相桥式全控整流电路由于具有整流电压高、脉动小；变压器二次侧绕组不含直流分量，消除了直流磁势，提高了变压器的利用率。与三相半波电路相比，在输出电压相同时，晶闸管具有承受的正反向电压较低等优点，所以在中等以上容量的整流装置中应用很广。

习　题

1. 晶闸管有哪两种类型？画出两种晶闸管的图形符号，并说明三个电极的名称。

2. 试述型号 KP200-18F 中各个字母和数字的含义。

3. 什么是触发延迟角？什么是导通角？两者有什么关系？

4. 在晶闸管电路中，具有小的门极电流和大的阳极电流；在晶体管电路中，具有小的基极电流和大的集电极电流。两者有何不同？晶闸管是否能放大电流？

5. 为什么接电感性负载的可控整流电路的负载上会出现负电压，而接续流二极管后负载上就不出现负电压？

6. 为什么说晶闸管具有“弱电控制强电”的作用？如何理解？

7. 画出单相半波可控整流电路的电路图及工作波形图。简述其工作原理。

8. 某一电阻性负载，需要电压 60V、电流 30A 直流电源。现采用单相半波可控整流电路，直接由 220V 电网供电。试计算晶闸管的导通角、电流的有效值，并选用晶闸管。

9. 有一单相半波可控整流电路，负载电阻 $R_L=10\Omega$，由 220V 电网供电，触发延迟角 $\alpha=60°$。试计算整流电压的平均值、整流电流的平均值和有效值。

10. 试分析图 4-36 所示的可控整流电路的工作过程。

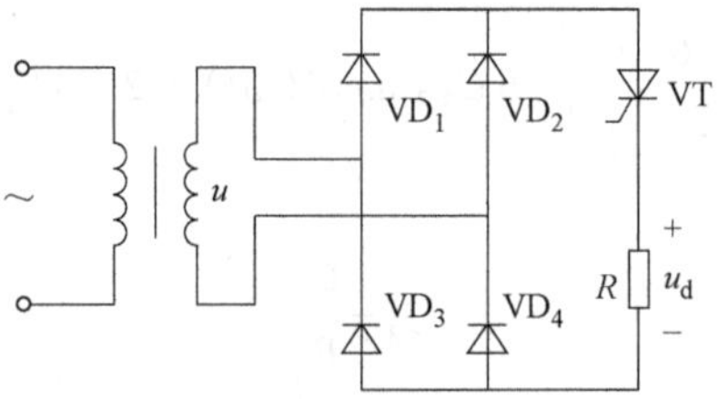

图 4-36　可控整流电路

11. 将图 4-37 所示的单相半波可控整流电路接在 220V 交流电源上，当负载电阻 $R=10\Omega$ 时，触发延迟角 $\alpha=90°$时，试求：（1）整流电路输出电压和电流的平均值；（2）画出

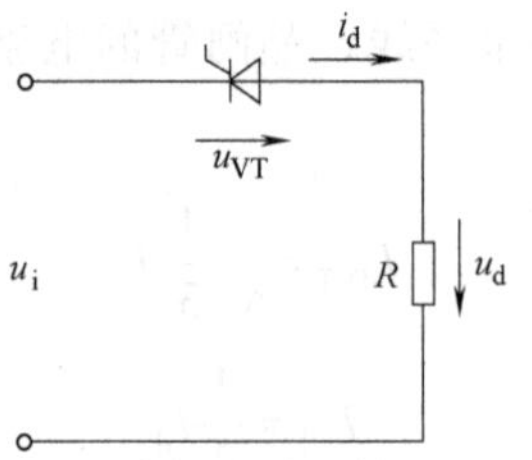

图 4-37　单相半波可控整流电路

u_i、u_d、i_d、u_{VT} 的波形。

12. 如图 4-38 所示是单相全波整流电路，已知：电源电压有效值 $U_{2a}=U_{2b}=110V$，触发延迟角 $\alpha=60°$。求：（1）输出电压平均值 U_d；（2）画出 u_d 和 i_d 的波形。

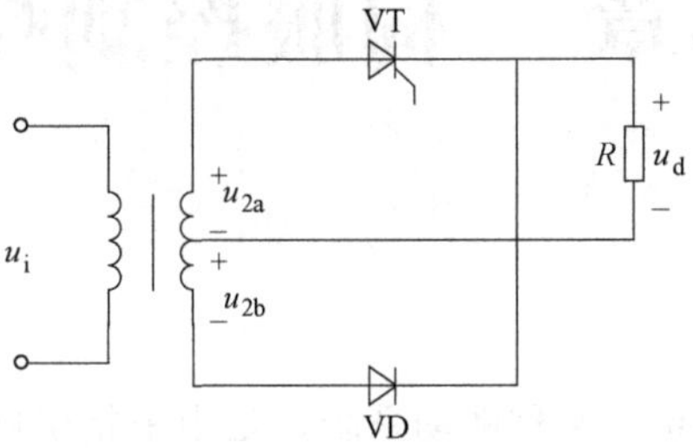

图 4-38　单相全波整流电路

第5章 伺服控制技术

伺服系统（servomechanism）又称随动系统，是用来精确跟随或复现某个过程的反馈控制系统。伺服系统是使物体的位置、方位、状态等输出被控量能够跟随输入目标（或给定值）的任意变化的自动控制系统。它的主要任务是按控制命令的要求，对功率进行放大、变换与调控等处理，使驱动装置输出的力矩、速度和位置控制非常灵活方便。在很多情况下，伺服系统专指被控制量（系统的输出量）是机械位移、速度、加速度的反馈控制系统，其作用是使输出的机械位移（或转角）准确地跟踪输入的位移（或转角），其结构组成和其他形式的反馈控制系统没有原则上的区别。

5.1 闭环控制与开环控制

控制理论是研究自动控制共同规律的技术科学，所谓的自动控制是指在无人直接参与的情况下，利用控制装置使被控对象自动地按照预定的规律运行和变化。它一般由控制装置和被控对象组成。

自动控制系统按照其结构分为开环系统和闭环系统，这两种结构是自动控制系统最基本的结构形式。

5.1.1 开环控制系统

如果系统的输出量与输入量之间没有反馈作用，输出对系统的控制过程不发生影响时，这样的系统称为开环系统。开环控制系统框图如图 5-1 所示。

开环控制系统结构比较简单、成本低、响应速度快、工作稳定，但是当系统输出量有了误差就无法自动调整。因此如果系统的干扰因素和元件特性变化不大，或可预先估计其变化范围并可预先加以补偿时，采用开环控制系统具有一定的优越性，并能达到相当高的精度。

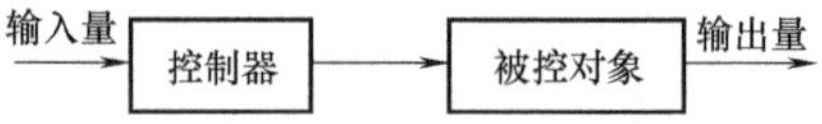

图 5-1 开环控制系统框图

图 5-2 为数控线切割机床的进给系统。该系统由输入装置产生的输入电信号 $x_i(t)$ 经控制器的处理、计算发出脉冲信号控制步进电动机的转角，再经过齿轮传动及滚珠丝杠驱动工作台进行 $x_o(t)$ 直线运动。该系统中对工作台的实际位置没有测量，更没有把输出量反馈到控制器中，系统只是单方向的依一定的程序或规律实现控制，对应于输入量有一个输出量，因而是一个开环控制系统，控制系统的框图如图 5-3 所示。这个系统工作台的位移精度取决于输入信号和组成系统的各环节的工作精度，而各种干扰因素也将对其有明显的影响。

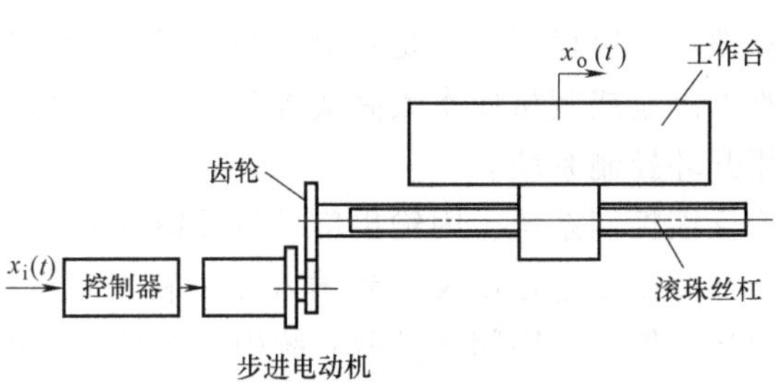

图 5-2　数控线切割机床的进给系统

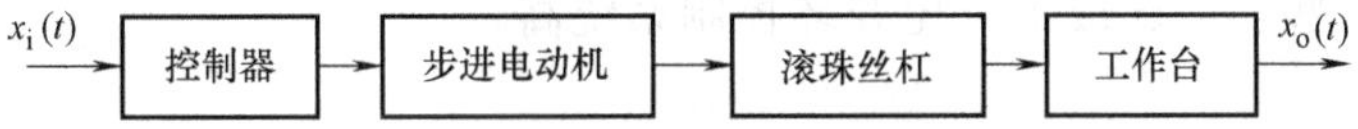

图 5-3　数控线切割机床的进给系统框图

5.1.2　闭环控制系统

如果系统的输出量与输入量之间具有反馈联系，即输出量对系统的控制过程有直接影响，这样的系统称为闭环控制系统，也称为反馈控制系统。闭环控制系统框图如图 5-4 所示。

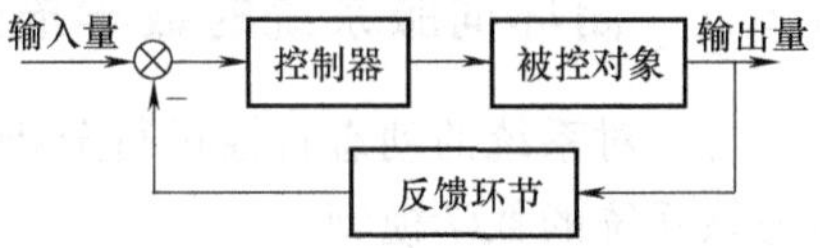

图 5-4　闭环控制系统框图

当系统的元件特性发生变化或出现干扰因素时，引起的输出量的误差可以自动地进行纠正，其控制精度较高。但由于控制系统中总有储能元件存在或在传动装置中存在摩擦、间隙等非线性因素的影响，如果参数选择不适当将会引起闭环控制系统振荡，甚至不能工作。因此，控制精度和稳定性之间的矛盾，必须通过合理选择系统参数来解决。另外，闭环控制系统的结构复杂，相对于开环控制系统成本高。

图 5-5 为数控线切割机床工作台的进给闭环控制系统。

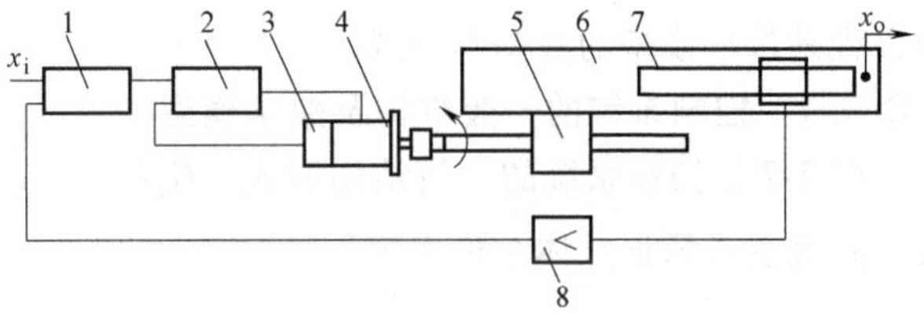

图 5-5　数控线切割机床工作台的进给闭环控制系统

1—比较环节　2、8—放大器　3—测速发电机　4—直流伺服电动机　5—滚珠丝杠　6—工作台　7—直线位移测量装置

此系统是在图 5-2 所示的开环的基础上，增加了直线位移测量装置 7 而构成的。图中 x_i 是表示位移指令的电压输入信号，x_o 是工作台输出位移。该系统的任务是保证工作台位移 x_o 能依输入信号 x_i 的变化而变化，且系统能够自动纠正工作台位移 x_o 的误差。数控线切割机床工作台的进给闭环控制系统框图如图 5-6 所示。

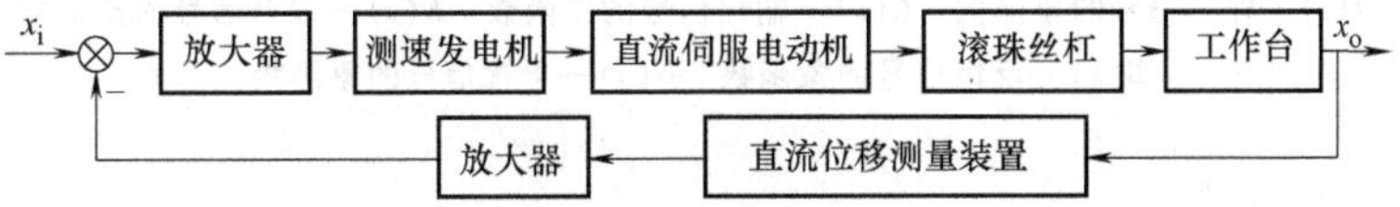

图 5-6　数控线切割机床工作台的进给闭环控制系统框图

5.1.3　开环控制系统与闭环控制系统的比较

从开环控制系统和闭环控制系统的实例中可以看出，开环控制系统结构简单、容易维

护、成本低，因为没有反馈，所以稳定性不是主要问题，但是系统无法抑制扰动信号对输出的影响。因此当输出量难以测量或测量成本太高或者没有必要测量，又不存在扰动信号或扰动可以忽略时，适合采用开环控制系统。

闭环控制系统也称为反馈控制系统，因输出信号被反馈到输入端，所以使系统的外部干扰和内部参数的变化最终都可以通过输出反馈到输入端，利用差值对系统的输出进行调节，从而抑制干扰对输出的影响。但是，因闭环控制系统引入了反馈，所以系统的稳定性问题成为非常重要的问题。另外与开环控制系统相比，闭环控制系统的控制要复杂一些，所使用的元器件数量要多一些，因此成本要比开环控制系统高。

5.2 闭环伺服系统性能分析

伺服系统是以机械参数为控制对象的自动控制系统，在伺服系统中，输出量能够自动、快速、准确地跟随输入量的变化而变化，因此，又可称为随动系统。

5.2.1 闭环伺服系统的数学描述

为了对系统的动态特性进行分析和综合，必须用数学表达式来描述该系统，这个表达式称为该系统的数学模型。

建立数学模型时所使用的数学工具不同，数学表达式的形式就不同。在经典控制理论中，能够描述机械控制系统的数学模型形式有：微分方程 $h(t)$、传递函数 $H(s)$、频率特性 $H(j\omega)$ 等。这些数学模型之间联系紧密，各有特点及其适用场合，并且可以互换，其中微分方程是数学模型的最基本形式。

5.2.1.1 控制系统的一般结构及数学模型

图 5-7 是控制系统的一般结构形式，$G_1(s)$、$G_2(s)$、$H(s)$ 分别表示各个环节的传递函数，其表达式依据具体结构而定。

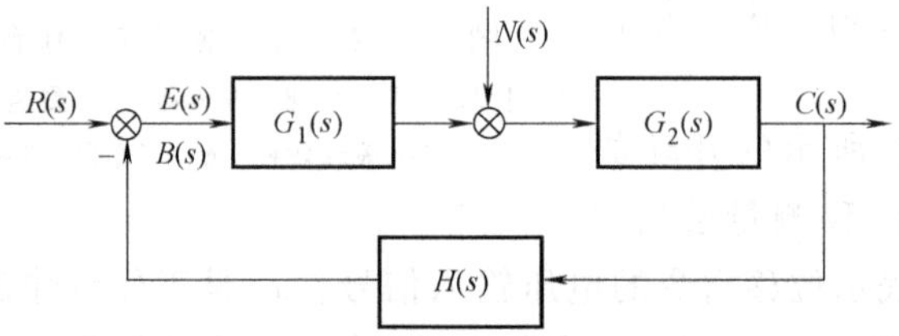

图 5-7 控制系统的结构框图

$R(s)$—输入信号的象函数 $C(s)$—输出信号的象函数 $E(s)$—偏差信号的象函数

$B(s)$—反馈信号的象函数 $N(s)$—干扰信号的象函数

根据图 5-7，可以求出与控制系统相关的传递函数表达式：

系统的开环传递函数为

$$G_K(s)=\frac{B(s)}{E(s)}=G_1(s)G_2(s)H(s) \tag{5-1}$$

系统的闭环传递函数为

$$G_R(s)=\frac{C(s)}{R(s)}=\frac{G_1(s)G_2(s)}{1+G_1(s)G_2(s)H(s)} \tag{5-2}$$

干扰的闭环传递函数为

$$G_N(s)=\frac{C(s)}{N(s)}=\frac{G_2(s)}{1+G_1(s)G_2(s)H(s)} \tag{5-3}$$

系统的误差传递函数为

$$G_E(s)=\frac{E(s)}{R(s)}=\frac{1}{1+G_1(s)G_2(s)H(s)} \tag{5-4}$$

5.2.1.2　典型伺服进给系统的组成及数学模型

图 5-8 是直流电动机驱动的双闭环伺服进给系统框图。

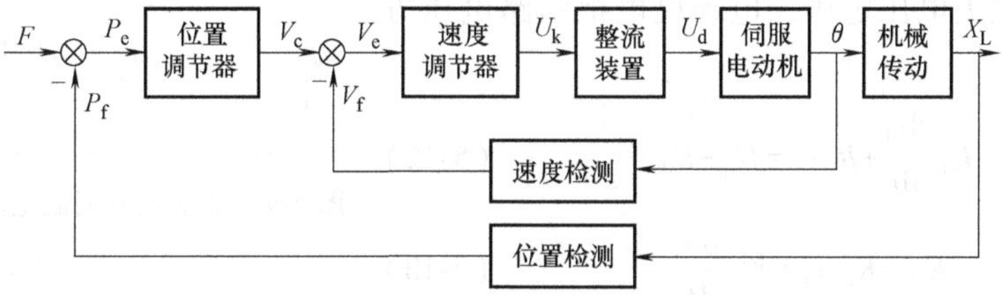

图 5-8　直流电动机驱动的双闭环伺服进给系统框图

1. 比较环节

将反馈信号与偏差信号进行代数和运算得到偏差信号。

内环的速度比较环节的运算为

$$V_e=V_c-V_f \tag{5-5}$$

外环的位移比较环节的运算为

$$P_e=F-P_f \tag{5-6}$$

2. 调节器

将偏差信号经过相应的运算输出控制信号。常用调节器的动作规律有比例调节器（P）、比例积分调节器（PI）、比例微分调节器（PD）和比例积分微分调节器（PID）。

设位置调节器和速度调节器均为比例调节器，即

位置调节器的传递函数为

$$G_1(s)=K_1 \tag{5-7}$$

速度调节器的传递函数为

$$G_2(s)=K_2 \tag{5-8}$$

3. 反馈环节

在闭环控制系统中，反馈环节有两个作用，一是检测出被测信号的大小；二是将被测信号传输到输入端，构成反馈通道。

设位置反馈环节和速度反馈环节均为比例环节，即

位置反馈环节的传递函数为

$$H_1(s)=K_P \tag{5-9}$$

速度反馈环节的传递函数为

$$H_2(s)=K_V \tag{5-10}$$

4. 整流装置

采用晶闸管整流电路，由整流电路工作原理可知，这一环节的输入量是触发电路的控制电压 U_g，输出量是整流电压 U_d。为了简便计算，把晶闸管触发和整流装置的传递函数近似看作是一阶惯性环节，即

$$G_s(s)=\frac{K_s}{T_i s+1} \tag{5-11}$$

5. 直流伺服电动机

图 5-9 是他励直流伺服电动机的工作原理图，通过改变电枢电压 U_d 进行转速调节。该环节输入信号是电枢电压 U_d，输出信号是电动机转角 θ。

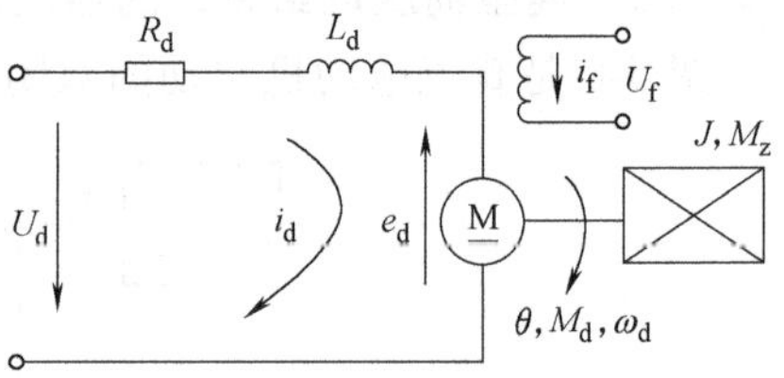

图 5-9 他励直流伺服电动机工作原理图

根据基尔霍夫电压定律，电动机电枢回路电压方程式为

$$L_d\frac{\mathrm{d}i_d}{\mathrm{d}t}+R_d i_d=U_d-E_d \tag{5-12}$$

$$E_d=K_e\omega_d=K_e\frac{\mathrm{d}\theta}{\mathrm{d}t} \tag{5-13}$$

式中 L_d，R_d——电枢绕组的电感和电阻；
E_d——电动机的反电动势；
K_e——反电动势比例系数；
ω_d——电动机角速度。

电动机的电磁转矩为

$$M_d=K_m i_d \tag{5-14}$$

式中 K_m——电动机的力矩系数。

当电动机空载时，其转矩平衡方程为

$$M_d=J\frac{\mathrm{d}^2\theta}{\mathrm{d}t^2}+f_0\frac{\mathrm{d}\theta}{\mathrm{d}t} \tag{5-15}$$

式中 J——电动机轴上的转动惯量；
f_0——阻尼系数。

消去式（5-12）、式（5-14）中的中间变量 i_d，得到

$$JL_d\frac{\mathrm{d}^3\theta}{\mathrm{d}t^3}+(JR_d+f_0L_d)\frac{\mathrm{d}^2\theta}{\mathrm{d}t^2}+(R_df_0+K_eK_m)\frac{\mathrm{d}\theta}{\mathrm{d}t}=K_mU_d \tag{5-16}$$

将式（5-16）两边取拉普拉斯变换，得到电动机的传递函数为

$$G_d(s)=\frac{\theta(s)}{U_d(s)}=\frac{K_m}{s(JL_ds^2+JR_ds+K_eK_m)}=\frac{K_d}{s(T_dT_ms^2+T_ms+1)} \tag{5-17}$$

式中 T_m——电动机的机电时间常数；
T_d——电动机的电磁时间常数。

电动机转速 ω_d 和转角 θ 的关系为

$$\omega_d=\frac{\mathrm{d}\theta}{\mathrm{d}t} \tag{5-18}$$

两边取拉普拉斯变换，得到

$$\omega_d(s)=s\theta(s) \tag{5-19}$$

所以，直流电动机的结构框图如图 5-10 所示。

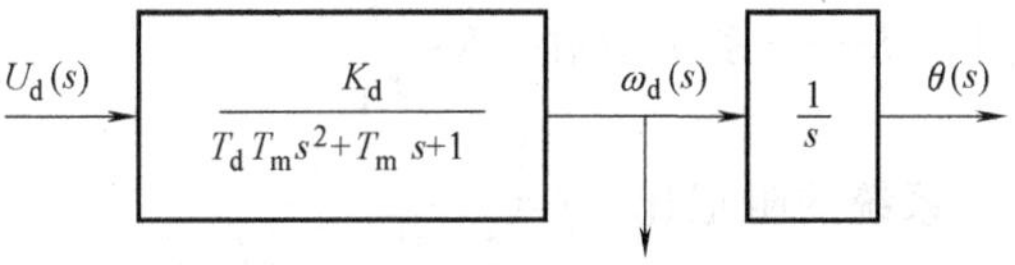

图 5-10　直流电动机结构框图

6. 机械传动装置

图 5-11 为一级齿轮降速的机械传动链简图，输入为电动机的转角 θ，输出为工作台的位移 X_L。输入、输出的关系为

$$J_L\frac{d^2X_L}{dt^2}+f_L\frac{dX_L}{dt}+K_LX_L=\frac{s}{2\pi i}K_L\theta \tag{5-20}$$

式中　J_L——折算到丝杠轴上的总惯量；

f_L——折算到丝杠轴上的导轨黏性阻尼系数；

K_L——折算到丝杠轴上的机械传递装置总刚度；

s——丝杠导程。

机械传动装置的传递函数为

$$G_L(s)=\frac{X_L(s)}{\theta(s)}=\frac{\frac{s}{2\pi i}K_L}{J_Ls^2+f_Ls+K_L}=\frac{K_L\omega_0^2}{s^2+2\xi\omega_0s+\omega_0^2} \tag{5-21}$$

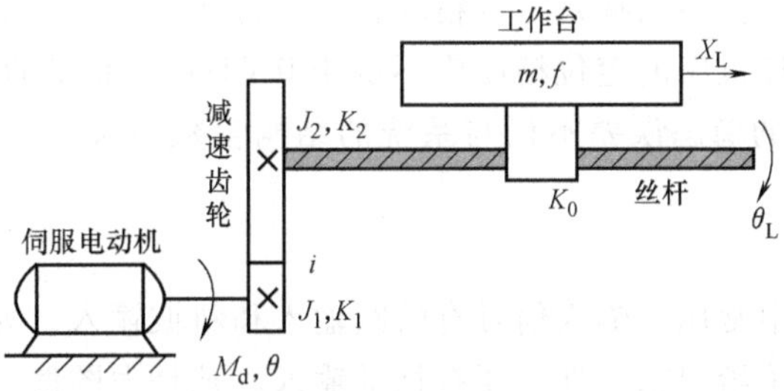

图 5-11　一级齿轮降速的机械传动链简图

5.2.1.3　典型伺服进给系统的传递函数

将各环节的传递函数代入图 5-8，得到伺服进给系统的结构框图，如图 5-12 所示。

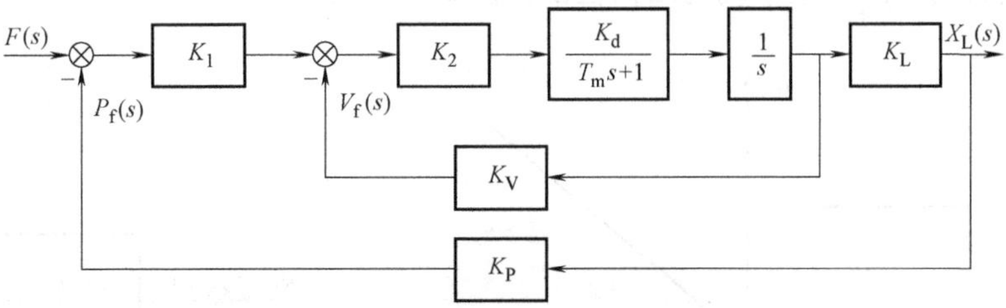

图 5-12　伺服进给系统的结构框图

系统的传递函数为

$$G(s)=\frac{K_1K_LK_0}{T_0s^2+s+K_1K_0K_P}=\frac{K\omega_n^2}{s^2+2\xi\omega_ns+\omega_n^2} \tag{5-22}$$

式中　K——系统增益，$K=\frac{1}{K_P}$；

系统的阻尼比，$\xi=\frac{1}{2\sqrt{K_1K_LK_0K_PT_0}}$；

系统的固有频率，$\omega_n=\sqrt{\frac{K_1K_LK_0K_P}{T_0}}$。

由式（5-22）可知，直流伺服进给系统简化后为二阶系统。

5.2.2　典型伺服进给系统的稳态分析

5.2.2.1　系统的稳定性

任何闭环控制系统首先必须是稳定的。如果一台数控机床伺服控制系统是不稳定的，那么机床工作台就不可能稳定在指定位置上，是无法进行切削加工的。

对于一般线性系统，系统稳定的充要条件是该系统的特征方程的所有根都在 s 平面的左半平面。对于二阶系统，只要阻尼比 $\xi>0$，系统就是稳定的。由前面分析可知伺服进给系统是二阶系统，阻尼比 $\xi=\frac{1}{2\sqrt{K_1K_LK_0K_PT_0}}>0$，所以伺服进给系统是稳定的。

5.2.2.2　系统的稳态误差

位置伺服系统的稳态性能指标是定位精度，是指系统过渡过程结束后实际位置和期望位置之间的误差。一般数控机床的定位精度应不低于 0.01mm，而高性能数控机床的定位精度不低于 0.001mm。系统的稳态误差不仅与系统的结构参数有关，还与输入信号的性质和形式有关。

1. 输入信号

在伺服系统的分析中常用的输入信号有阶跃输入和斜坡输入，如图 5-13 所示。

对于控制系统，除了给定输入外，还有扰动输入。凡是力图使系统偏离给定状态的输入量，统称为扰动输入。典型的扰动输入有恒值负载扰动、正弦负载扰动、随机负载扰动以及从检测装置输入的噪声干扰等。

2. 单位阶跃输入时的稳态误差

简化整理后的二阶伺服系统的结构框图如图 5-14 所示。

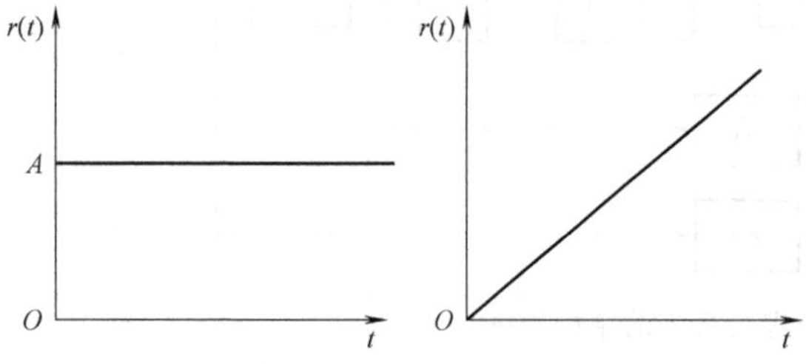

a) 阶跃输入　　b) 斜坡输入

图 5-13　常用输入信号

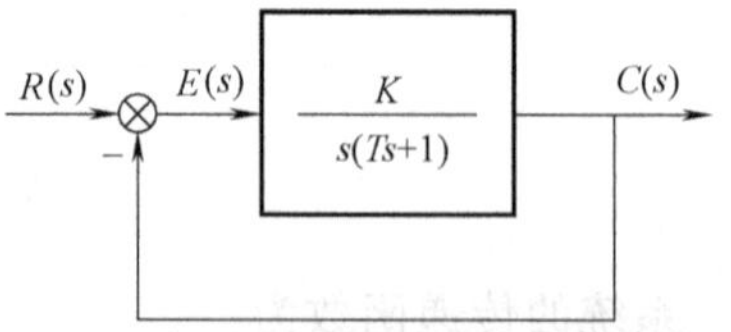

图 5-14　典型二阶伺服系统的结构框图

由图 5-14 可知

$$E(s)=R(s)-C(s)$$
$$C(s)=G_k(s)E(s) \tag{5-23}$$

整理得到

$$E(s)=\frac{1}{1+G_k(s)}R(s)=\frac{Ts+1}{s(Ts+1)+K} \tag{5-24}$$

利用拉普拉斯变换的终值定理，得到系统的稳态误差为

$$e(\infty)=\lim_{t\to\infty}e(t)=\lim_{s\to 0}sE(s)=\lim_{s\to 0}s\frac{Ts+1}{s(Ts+1)+K}=0 \tag{5-25}$$

不考虑电动机轴上负载的情况下，系统给定单位阶跃输入的稳态误差为零。

3. 单位速度输入时的稳态误差

单位速度输入信号 $R(s)=1/s^2$，则有

$$E(s)=\frac{1}{1+G_k(s)}R(s)=\frac{Ts+1}{s(Ts+1)+K}\frac{1}{s} \tag{5-26}$$

$$e(\infty)=\lim_{t\to\infty}e(t)=\lim_{s\to 0}sE(s)=\lim_{s\to 0}s\frac{Ts+1}{s(Ts+1)+K}\frac{1}{s}=\frac{1}{K} \tag{5-27}$$

系统给定单位速度输入的稳态误差等于开环放大倍数的倒数。

4. 单位阶跃负载扰动输入时系统误差

伺服系统所承受的扰动也会影响系统的精度。最常见的扰动是负载扰动和从检测装置引入的噪声干扰。下面仅讨论单位阶跃负载扰动的影响。

图 5-15a 是给定输入为零，只考虑负载扰动输入时系统的结构框图，$G_1(s)$ 扰动 $N(s)$ 作用点之前的传递函数没有积分环节，扰动 $N(s)$ 作用点之后的传递函数，包含一个积分环节。

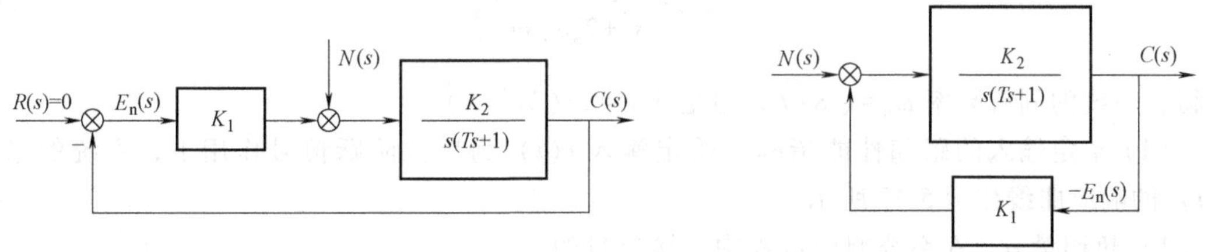

a) 输入为零时系统的结构框图　　b) 扰动输入时系统的结构框图

图 5-15　负载扰动时的系统结构框图

将图 5-15a 化简得到扰动输入时系统的结构框图，如图 5-15b 所示。则可得到

$$G_N(s)=\frac{C(s)}{N(s)}=\frac{\dfrac{K_2}{s(Ts+1)}}{1+\dfrac{K_1K_2}{s(Ts+1)}}=\frac{K_2}{s(Ts+1)+K_1K_2}$$

$$E_N(s)=G_N(s)N(s)=\frac{K_2}{s(Ts+1)+K_1K_2}\frac{1}{s} \tag{5-28}$$

$$e_N(\infty)=\lim_{t\to\infty}e_N(t)=\lim_{s\to 0}sE_N(s)=\lim_{s\to 0}s\frac{K_2}{s(Ts+1)+K_1K_2}\frac{1}{s}=\frac{1}{K_1}$$

恒值负载扰动会使系统产生稳态误差，误差大小与负载扰动作用点之前的传递函数的放大倍数成反比。

5.2.3 典型伺服进给系统的动态过程分析

动态过程是指系统在给定输入或扰动输入作用下，系统从一个稳定状态向新的稳定状态转变的过程，也称为过渡过程或瞬态过程。

理想的控制系统能够准确地跟踪给定输入的变化，并完全不受扰动输入的影响。也就是说，系统应具有很好的跟踪性和很强的抗干扰性。

在双闭环伺服系统中，把伺服电动机到位置检测元件看作是伺服控制的调节对象，如图 5-16 所示。

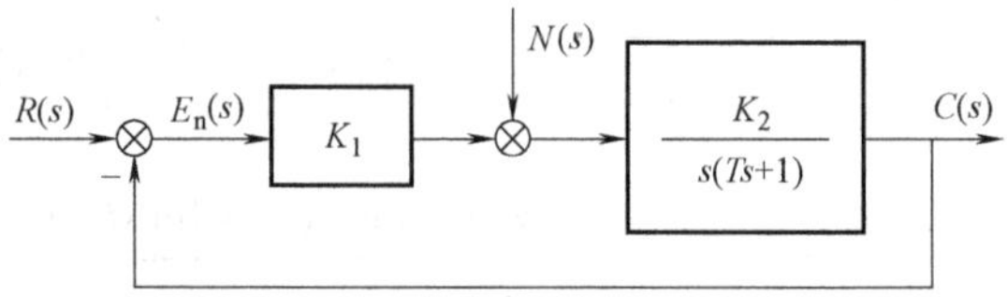

图 5-16 典型伺服系统结构框图

若调节对象为二阶系统，即传递函数 $G_2(s)=K_2/[s(Ts+1)]$，调节器的传递函数为 $G_1(s)=K_1$，即比例调节。则系统的闭环传递函数为

$$G(s)=\frac{K_1K_2}{Ts^2+s+K_1K_2}=\frac{K}{Ts^2+s+K}=\frac{\frac{K}{T}}{s^2+\frac{1}{T}s+\frac{K}{T}} \tag{5-29}$$

对照二阶系统的标准形式

$$G(s)=\frac{\omega_n^2}{s^2+2\xi\omega_n s+\omega_n^2} \tag{5-30}$$

可得，系统的固有频率 $\omega_n=\sqrt{K/T}$，阻尼比 $\xi=1/(2\sqrt{KT})$。

(1) 给定输入的跟随性能指标　给定输入 $r(t)$ 为单位阶跃信号作用下，系统的输出 $c(t)$ 的响应曲线如图 5-17 所示。

1) 超调量 σ。在系统响应过程中，输出量的最大值超过稳态值的百分数，即

$$\sigma=\frac{c(t_p)-c(\infty)}{c(\infty)}\times 100\% \tag{5-31}$$

在单位阶跃输入下，稳态值 $c(\infty)=1$，因此得超调量为

$$\sigma=e^{-\frac{\xi\pi}{\sqrt{1-\xi^2}}}\times 100\% \tag{5-32}$$

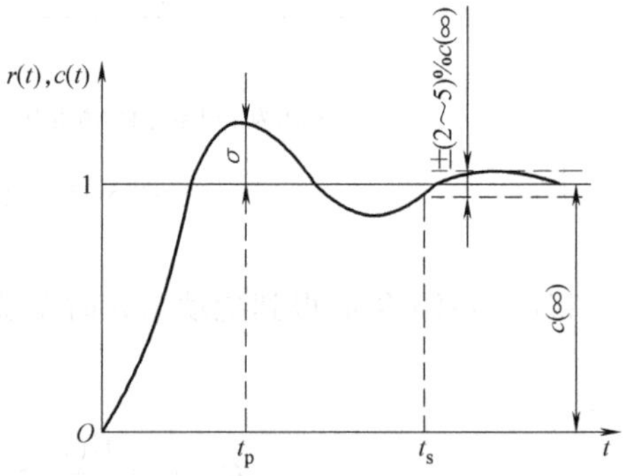

图 5-17 动态跟随过程曲线

2) 调整时间 t_s。响应曲线从零到达并停留在稳态值的 5%或 2%误差范围内所需要的最小时间。调节时间又称为调整时间、过渡过程时间。

当系统进入±5%的误差范围时

$$t_s = \frac{3}{\xi\omega_n} \tag{5-33}$$

当系统进入±2%的误差范围时

$$t_s = \frac{4}{\xi\omega_n} \tag{5-34}$$

调整时间描述系统的快速性；超调量描述系统的稳定性。在实际系统中，快速性和稳定性往往是互相矛盾的。降低超调量会延长过渡过程时间，减小过渡过程时间会增大超调量。因此，需按照系统工艺要求确定调整时间和超调量。表5-1列出了典型二阶系统阶跃响应性能指标与系统结构参数的关系。

表5-1　典型二阶系统阶跃响应性能指标与系统结构参数的关系

开环放大倍数 K	$1/(4T)$	$1/(3.24T)$	$1/(2.56T)$	$1/(2T)$	$1/(1.44T)$	$1/T$
阻尼比 ξ	1.0	0.9	0.8	0.707	0.6	0.5
超调量 σ(%)	0	0.15	1.5	4.3	9.5	16.3
t_s/T(5%)	9.5	7.2	5.4	4.2	6.3	5.3
t_s/T(2%)	11.7	8.4	6.0	8.4	7.1	8.1

由表5-1可知，随着开环放大倍数K的增加，阻尼比ξ单调变小，超调量σ逐渐增大。而调整时间t_s变化先从大到小，后又从小变大。

（2）扰动输入的抗干扰性能指标　抗干扰性能指标是指当系统的给定输入不变时，系统受到阶跃扰动后输出克服干扰的影响自行恢复的能力。

用最大动态变化（下降或上升）和恢复时间来表示系统的抗干扰能力。以调速电动机为例，给出一个调速系统在突变负载后，力矩$M(t)$与转速$n(t)$的动态响应曲线，如图5-18所示。

1）最大动态降速Δn_m。它表示系统突变负载后及时做出反应的能力，常用稳态转速的百分比表示。

$$\Delta n_m = \frac{\Delta n_m}{n(\infty)} \times 100\% \tag{5-35}$$

2）恢复时间t_f。它由扰动作用进入系统的时刻到输出量恢复到误差带内（一般取稳态值的±2%或±5%）所经历的时间。一般来说，阶跃扰动下输出的动态变化越小，恢复得越快，说明系统的抗干扰能力越强。

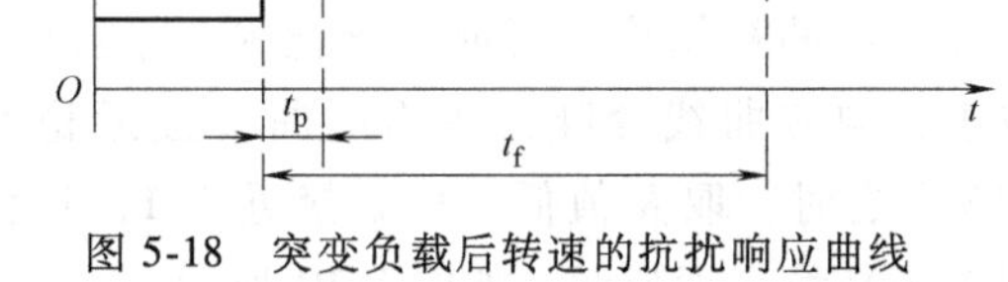

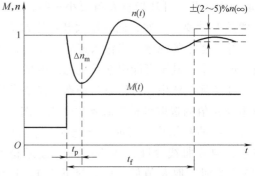

图5-18　突变负载后转速的抗扰响应曲线

对于典型的二阶系统，恢复时间和动态变化有时存在矛盾。当调节对象的时间常数越大，系统输出响应的最大动态变化就越小，则系统的恢复时间越长。反之，时间常数越小，动态变化越大，恢复时间越短。

如果一个伺服系统在给定的输入作用下输出响应的超调量越大，过渡过程时间越短，则系统的抗干扰性能就越好；而超调量较小，过渡过程时间较长的系统恢复时间就越长（除非调节对象的时间常数很小）。

5.3 位置随动系统分析

位置随动是指输出的位移随位置给定输入量而变化。在位置随动控制系统中，一般执行电动机常选伺服电动机，所以也称为位置伺服系统。数控机床的伺服系统就是位置随动系统。

5.3.1 对位置伺服系统的基本要求

数控机床对位置伺服系统要求的伺服性能是：

1）定位速度和轮廓切割进给速度；

2）定位精度和轮廓切割精度；

3）精加工的表面粗糙度；

4）在外界干扰下的稳定性。

这些要求取决于伺服系统的动态、静态特性。对闭环系统来说，总希望当系统有一个较小误差时，机床移动部件能迅速反应，即系统有较高的动态精度。

5.3.1.1 开环增益

在前面分析的典型二阶系统中，阻尼比 $\xi=1/(2\sqrt{KT})$，速度稳态误差 $e(\infty)=1/K$，其中 K 是系统的开环放大倍数，也称作开环增益。

一般情况下，数控机床伺服机构的增益取为 20~30。通常 $K<20$ 的伺服系统称为低增益或软伺服系统，多用于点位控制。而把 $K>20$ 的伺服系统称为高增益或硬伺服系统，应用于轮廓加工系统。

若为了不影响加工零件的表面粗糙度和精度，希望阶跃响应不产生振荡，即要求阻尼比 ξ 取值大一些，开环增益 K 就要小一些；若从系统的快速性出发，希望阻尼比 ξ 小一些，开环增益 K 就要大一些，同时增大开环增益 K 也能提高系统的稳态精度。因此对 K 的选取是一个综合考虑的问题。当输入速度突变时，高增益可导致输出剧烈的变动，机械装置要受到较大的冲击，甚至可能引起系统稳定性的问题。

在实际系统中，对稳态与动态性能要求较高时，可采用非线性控制的控制方法。其设计思想是 K 值的选取可根据需要而变化。例如，在动态响应的初始阶段可取高增益 K，即阻尼比 ξ 较小，响应曲线变陡；在响应曲线接近稳态的 90%左右时，取 K 值低，使 ξ 接近于 1，过渡过程趋于平稳，无超调，如图 5-19 所示。

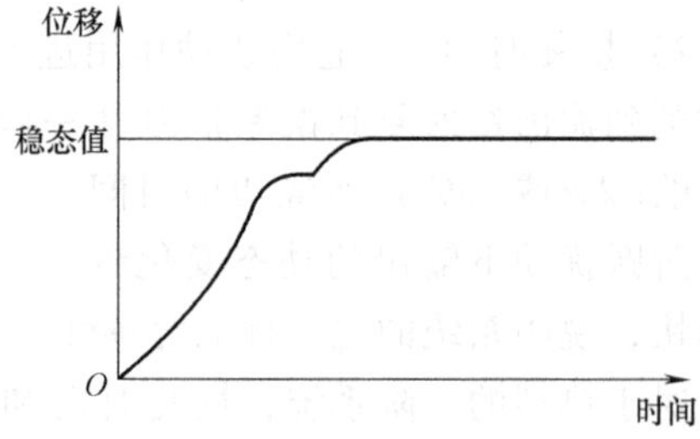

图 5-19　采用非线性控制实现的动态响应

5.3.1.2 位置精度

位置伺服控制系统的位置精度在很大程度上决定了数控机床的加工精度。为了保证有足够的位置精度，一方面要正确选择系统中开环放大倍数的大小，另一方面是对位置检测装置提出精度的要求。因为在闭环控制系统中，检测元件本身的误差和被测量的偏差很难区分出来，反馈检测元件的精度对系统的测量精度起着决定性的作用。可以说，数控机床的加工精度主要由检测系统的精度决定。位移检测系统能够测量的最小位移量称为分辨率。分辨率不仅取决于检测元件本身，也取决于测量电路。在设计数控机床，尤其是高精度或大中型数控机床时，选择测量系统的分辨率或脉冲当量要比加工精度高一个数量级。也就是说，高精度的控制系统必须有高精度的检测元件作为保证。

5.3.1.3　调速范围

在数控机床加工中，伺服系统为了满足高速快移和单步点动，要求进给驱动具有足够宽的调速范围。

伺服系统在低速情况下实现平稳进给，则要求速度必须大于“死区”范围。所谓“死区”包括：①由于静摩擦力的存在使系统在很小的输入下，电动机不能克服摩擦阻力而转动。②由于存在机械间隙，电动机虽然转动，但托板并不移动，如图 5-20 所示。

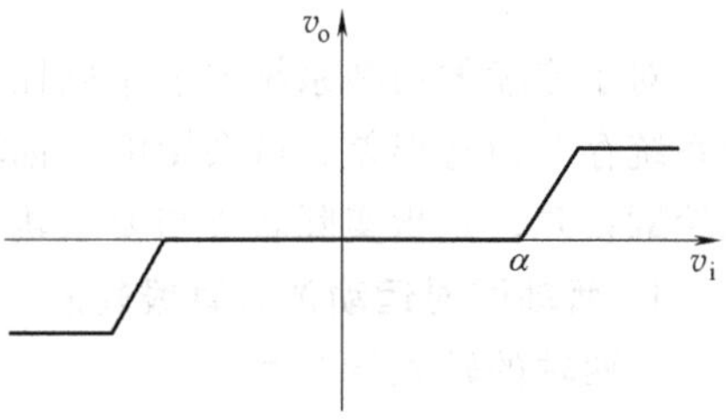

图 5-20　速度“死区”特性

设“死区”范围的临界值为 α，则最低速度 v_{min} 应满足

$$v_{min} \geqslant \alpha \tag{5-36}$$

由于

$$\alpha \leqslant \delta K \tag{5-37}$$

所以

$$v_{min} \geqslant \delta K \tag{5-38}$$

式中　δ——脉冲当量（mm）；

K——开环放大倍数。

伺服系统最高速度的选择要考虑机床的机械允许界限和实际加工要求，高速度固然能提高生产率，但对驱动要求也就更高。

由于

$$f_{max} = \frac{v_{max}}{\delta} \tag{5-39}$$

式中　f_{max}——最高速度的脉冲频率（kHz）；

v_{max}——最高进给速度（mm/s）；

δ——脉冲当量（mm）。

设 D 为调速范围，$D = v_{max}/v_{min}$，得

$$f_{max} = \frac{Dv_{min}}{\delta} = \frac{D\delta K}{\delta} = DK \tag{5-40}$$

由于频率倒数就是两个脉冲的间隔时间，对应于最高频率的倒数则为最小间隔时间 t_{min}，即 $t_{min} = 1/(DK)$。显然，系统必须在 t_{min} 时间内通过硬件或软件完成位置检测与控制的操作。对最高速度而言，v_{max} 的取值是受到 t_{min} 的约束。

5.3.1.4　速度误差系数

在数控机床加工作业中，多数情况下加工命令是按速度输入的形式给出的，所以对于Ⅰ型系统输出的稳态响应存在一个常值的速度跟随误差。Ⅰ型系统在单位速度输入下，速度误差 $e_{ss} = 1/K_v$，K_v 为速度误差系数，等于系统的开环放大倍数 K。

在数控机床的位置伺服系统中，对 K_v 要求可由式（5-41）求得，即

$$K_v = \frac{v_{max}}{e} \tag{5-41}$$

当 v_{max} 为空行程的最高速度时，允许的跟随误差 e 可大一些，只要不失步就行。但在轮廓加工中，e 要控制在精度范围内。这是因为在数控机床中，除了走直线外，还要走圆弧，过大的误差会直接引起工件的尺寸误差。系统的 K_v 越大，系统的 e 越小，但系统的稳定性会变差。

对于连续的切削系统要求精确控制每一个坐标轴运动的位置和速度，实际上由于每个轴的系统存在稳态误差，就会影响坐标轴的协调运动和位置的精确性，产生轮廓跟随误差，简称轮廓误差，是指实际轨迹与要求轨迹之间的最短距离，用 ε 来表示。

1. 两轴同时运动加工直线轮廓

若两轴的输入指令为

$$\begin{aligned} x(t) &= v_x t \\ y(t) &= v_y t \end{aligned} \tag{5-42}$$

则轨迹方程为

$$y(t) = \frac{v_y}{v_x} x(t) \tag{5-43}$$

由于存在跟随误差（见图 5-21），在某一时刻指令位置在 $P(x, y)$ 点，实际位置在 P' 点，其坐标为

$$\begin{aligned} x' &= v_x t - e_x \\ y' &= v_y t - e_y \end{aligned} \tag{5-44}$$

随机误差 e_x、e_y 为

$$e_x = \frac{v_x}{K_{vx}}, \quad e_y = \frac{v_y}{K_{vy}} \tag{5-45}$$

式中　K_{vx}、K_{vy}——x 轴、y 轴的系统速度误差系数。

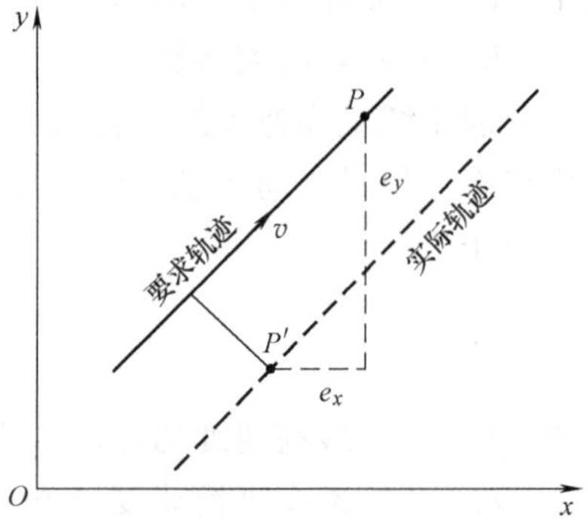

图 5-21　加工直线轮廓中的跟随误差

用解析几何可求出轮廓误差 ε，即

$$\varepsilon = \frac{\Delta K_v}{K_v} \tag{5-46}$$

式中　K_v——平均速度误差系数，$K_v = \sqrt{K_{vx} K_{vy}}$；

ΔK_v——x、y 轴系统速度误差系数的差值，$\Delta K_v = K_{vx} - K_{vy}$。

当 $K_{vx} = K_{vy}$ 时，$\Delta K_v = 0$，可得 $\varepsilon = 0$。

说明当两轴系统误差系数相同时，即使有跟随误差，也不会产生轮廓误差。ΔK_v 增大，ε 就增大，实际运动轨迹将偏离指令轨迹。

2. 圆弧加工时的情况

若指令圆弧为 $x^2 + y^2 = R^2$，所采用的 x、y 两个伺服系统的速度误差系数相同，$K_{vx} = K_{vy} = K_v$，进给速度 $v = \sqrt{v_x^2 + v_y^2}$ = 常数，当指令位置在 $P(x, y)$ 点，实际位置在 $P'(x - e_x, y - e_y)$ 点处，描绘出圆弧 $A'B'$，如图 5-22 所示。

由图 5-22 可得

$$(R+\Delta R)^2-R^2=(PP')^2$$

所以

$$\Delta R\approx\frac{(PP')^2}{2R}$$

又

$$\overline{PP'}=\sqrt{e_x^2+e_y^2}=\sqrt{\left(\frac{v_x}{K_v}\right)^2+\left(\frac{v_y}{K_v}\right)^2}=\frac{v}{K_v}$$

所以

$$\Delta R=\frac{v^2}{2RK_v^2} \tag{5-47}$$

加工误差与进给速度的平方成正比，与系统速度误差系数的平方成反比。降低进给速度，增大速度误差系数将大大提高轮廓加工精度。同时可以看出，加工圆弧的半径越大，加工误差越小。对于一定的加工条件，当两轴系统的速度误差系数相同时，ΔR 是常值，即只影响尺寸误差，不影响形状误差。

实际上，大多数连续切削控制系统中两轴的速度误差系数常有差别，此时加工圆弧时将会产生形状误差，加工圆形时会形成椭圆。因此要求各轴的系统速度误差系数 K_v 值应尽量接近，其值应尽量高。

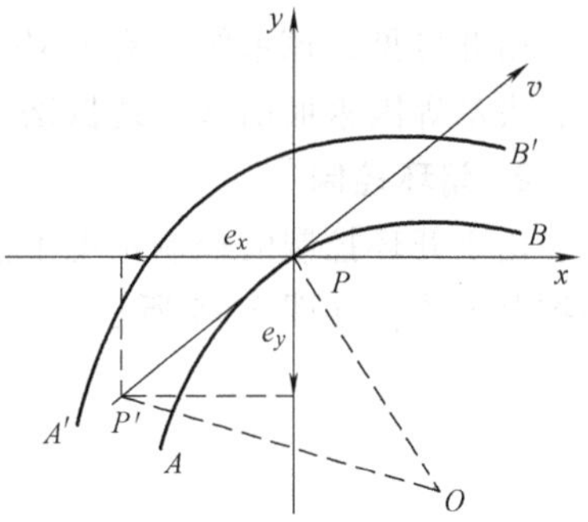

图 5-22　跟随误差对加工圆弧的影响

5.3.1.5　伺服系统的可靠性

数控机床是一种高精度、高效率的自动化设备，如果发生故障其损失重大，所以提高数控机床的可靠性就显得尤为重要。

可靠度是评价可靠性的主要定量指标之一，其定义为：产品在规定条件下和规定时间内，完成规定功能的概率。数控机床的规定条件是指其环境条件、工作条件及工作方式等，例如温度、湿度、振动、电源、干扰强度和操作规程等。

平均故障（失效）间隔时间是指发生故障经维修或更换零件还能继续工作的可修复设备或系统从一次故障到下一次故障的平均时间。由于数控机床采用微机控制后，其可靠性大大提高，所以伺服系统的可靠性就相对突出。它的故障主要来自伺服元件及机械传动部分。

5.3.2　位置随动系统常用的控制方式

数控机床的位置控制按其结构分为开环控制和闭环控制，无论是开环控制还是闭环（半闭环）控制，又可分为普通型和反馈补偿性。

1. 反馈补偿型开环控制

图 5-23 为反馈补偿型开环控制的原理结构图。基本工作原理：由数控装置发出的指令脉冲，一方面供给开环系统，控制步进电动机运转，并直接驱动机床工作台移动，构成开环控制；另一方面作为位置给定（设为 φ），供给既是位置检测器又是比较器的感应同步器，感应同步器比较位置给定信号 φ 和步进电动机驱动的定尺移动位置信号 θ。如果开环控制部分没有误差，则 $\varphi=\theta$，定尺输出的误差信号 $e=0$，即不需要补偿，系统处于开环工作状态。

实际上开环控制部分不可能没有误差，此时定尺误差信号 $e \neq 0$，该误差信号由电压频率变换器产生变频脉冲，与指令脉冲相加减，从而对开环控制达到位置误差补偿的目的。

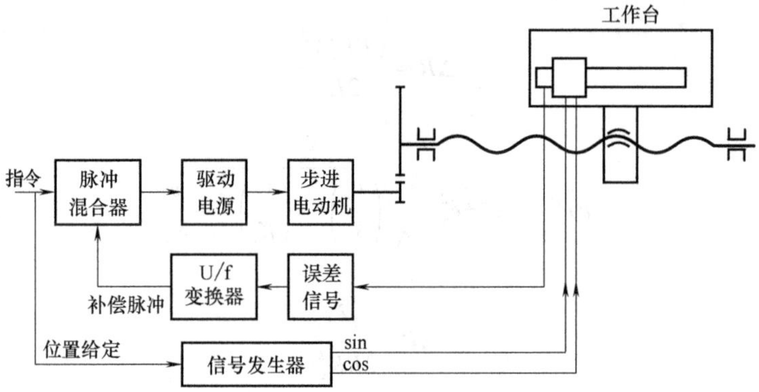

图 5-23　反馈补偿型开环控制的原理结构图

由此可见，该系统具有开环的稳定性和闭环的精确性，不会因机床的谐振、爬行、死区、失动等因素而引起系统振荡。反馈补偿型开环控制不需要间隙补偿和螺距补偿。

2. 闭环控制

由于开环控制的控制精度不能满足机床的要求，为了提高伺服系统的控制精度，采用闭环控制方式，如图 5-24 所示。

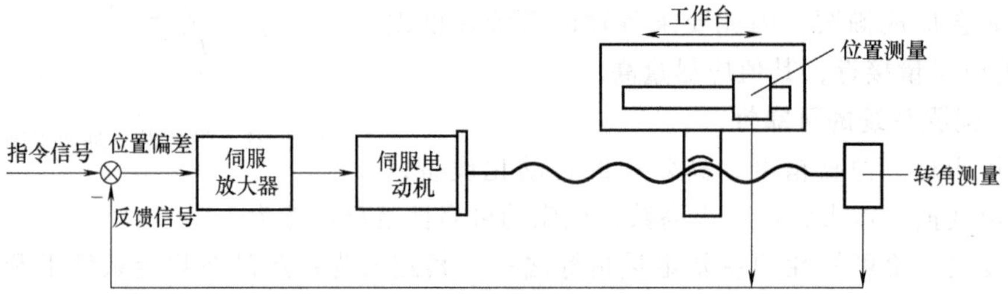

图 5-24　闭环控制系统的原理结构图

在闭环控制系统中，位置检测装置检测机床移动部件的移动，并反馈到输入端与指令信号进行比较。如果二者有偏差，将此偏差信号放大，控制伺服电动机调整移动部件的移动，直到偏差为零，实现了数控系统的精确控制。

为保证伺服系统的稳定性和满意的动态特性，在数控机床伺服系统中引入速度负反馈，如图 5-25 所示。

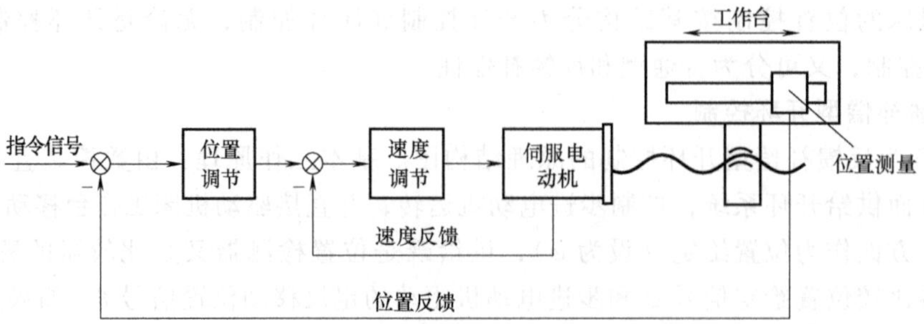

图 5-25　有速度内环的闭环控制系统

从系统的结构来看，该系统可以看成是位置调节为外环，速度调节为内环的双闭环控制系统，系统的输入是位置指令，输出是机床移动部件的位移。内环的工作过程：位置输入转换成速度给定信号后，经速度控制单元驱动伺服电动机，实现位移的控制。由于数控机床进给速度范围可以从3~10000mm/min，甚至更大，这就要求内环的速度调节系统必须是一个高性能的宽带系统。

由于内环机械部分的参数、刚度、摩擦、惯量和失动等非线性特性会影响伺服系统的动态特性、静态特性和稳定性，所以设计系统时，必须对机电参数综合考虑，以求得良好的系统特性。

闭环系统可以获得较高的精度和速度，但制造和调试费用大，适合于大、中型和精密数控机床。

3. 半闭环控制

对于闭环控制系统只要设计合理，可以得到可靠的稳定性和很高的精度，但是，要直接测量工作台的位置信号需要安装维护要求较高的位置检测器，如光栅、磁尺或直线感应同步器等。相比之下，采用旋转变压器、光电编码器、圆盘感应同步器等位置检测元件测量电动机转轴或丝杠的转角，则要容易得多。如图5-26所示，将测量的传动轴或丝杠的角位移反馈到输入端构成半闭环控制系统。

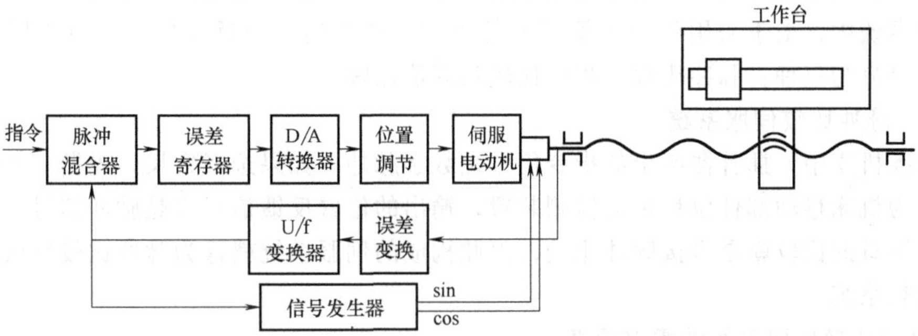

图5-26　半闭环控制系统原理图

由于丝杠的螺距误差及反向间隙等带来的机械传动部件的误差限制了位置控制精度，因此半闭环控制系统的精度要比闭环控制系统的精度差。当测量装置安装在电动机轴上时，控制精度将更低，与一般的开环控制系统相当。然而由于驱动功率大，快速响应好，也能适合各种数控机床的应用。在数控装置中通过间隙补偿和螺距误差补偿，可以大大减小半闭环控制系统的机械误差。

4. 反馈补偿型半闭环控制

图5-27是反馈补偿型半闭环控制的原理结构图。

旋转变压器R构成半闭环控制，感应同步器I只做误差补偿控制。补偿原理与开环补偿系统相同，两套独立的测量系统均采用鉴幅方式工作。当旋转变压器输出信号φ与给定输入信号θ不等时，产生误差信号，经变换后产生补偿脉冲加到脉冲混合电路，对指令脉冲进行补偿，提高了整个系统的定位精度。该系统的缺点是成本高，要用两套检测系统，优点是调整容易，稳定性好，适合用作高精度大型数控机床的进给驱动。

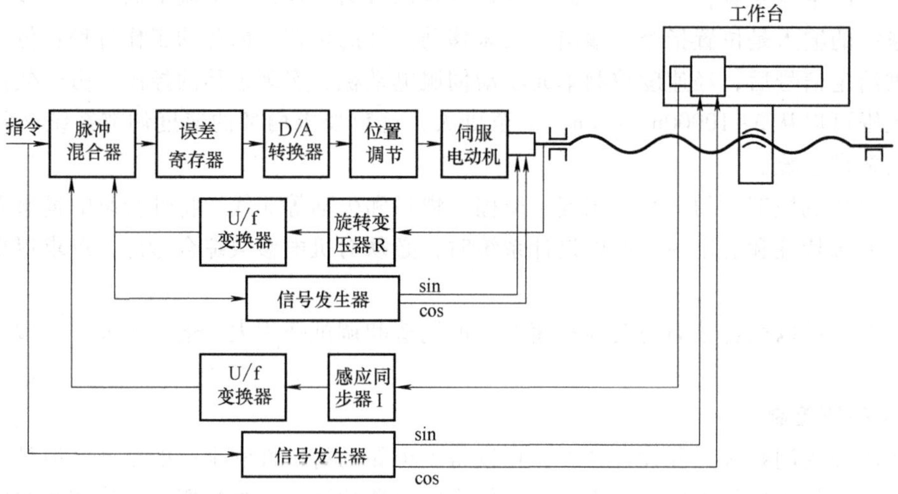

图 5-27　反馈补偿型半闭环控制原理图

5.3.3　检测信号反馈比较方式

闭环伺服系统是对由指令信号与反馈信号相比较后得到的偏差进行控制的。在数控机床位置伺服系统中，由于采用的位置检测元件不同，指令信号与反馈信号具有不同的比较方式。通常可分为三种：脉冲比较、相位比较和幅值比较。

5.3.3.1　脉冲比较伺服系统

在数控机床中，插补器给出的指令信号是数字脉冲。如果选择磁尺、光栅、光电编码器等元件作为机床移动部件位移量的检测装置，输出的位置反馈信号也是脉冲信号。这样，给定量与反馈量的比较就是直接脉冲比较，由此构成的伺服系统就称为脉冲比较伺服系统，简称脉冲比较系统。

1. 脉冲比较伺服系统的组成原理

脉冲比较伺服系统的结构框图如图 5-28 所示。位置检测元件透射光栅产生的位置反馈脉冲 P_f 与指令脉冲 F 比较，得到位置偏差信号 e，从而实现偏差的闭环控制。

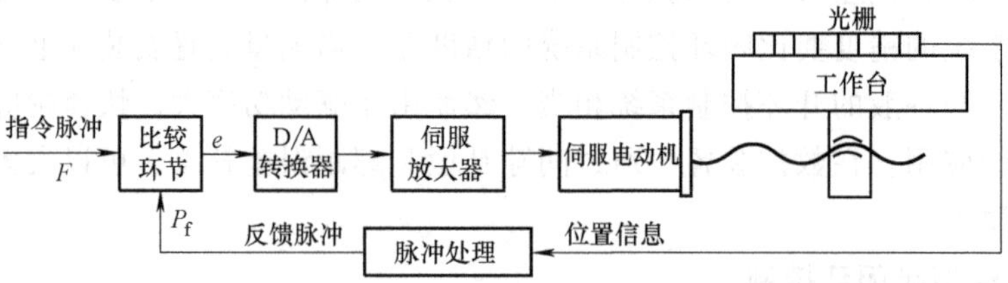

图 5-28　脉冲比较伺服系统框图

如果指令脉冲 $F=0$，且工作台原来处于静止状态。此时反馈脉冲 $P_f=0$，则偏差 $e=F-P_f=0$，即伺服系统输入为零，工作台保持静止不动。

若指令脉冲 $F\neq0$，在工作台尚未移动之前反馈脉冲 $P_f=0$，偏差信号 $e\neq0$。若 F 为正，则 $e=F-P_f>0$，伺服系统驱动工作台按正向进给。随着电动机的运转，光栅输出的反馈脉冲 P_f 增加，当 $F=P_f$ 时，偏差 $e=0$，工作台重新稳定在指令所规定的位置上。若 F 为负，则工作台反向进给后重新稳定在指令所规定的位置上。

2. 脉冲比较电路

在脉冲比较伺服系统中，完成指令脉冲 F 和反馈脉冲 P_f 比较的是二进制双时钟可逆计数器。如果把机床工作台运行的方向用正、负区分，指令脉冲 F 和反馈脉冲 P_f 可分别用 F_+、F_-、P_{f+}、P_{f-}表示。当输入指令脉冲 F_+或反馈脉冲 P_{f-}时，可逆计数器做加法计数；当输入指令脉冲 F_-或反馈脉冲 P_{f+}时，可逆计数器做减法计数。

注意：F 和 P_f 到来时刻可能错开或重叠。当两路计数脉冲先后到来并有一定时间间隔时，计数器无论先加后减或先减后加都能可靠工作。但是如果二者同时加入可逆计数器，则会出现信号的竞争冒险，产生误操作。因此必须在 F 和 P_f 进入可逆计数器之前先进行脉冲分离处理，如图 5-29 所示。

脉冲分离电路也称为错开电路，脉冲分离原理如图 5-30 所示。当加、减脉冲先后到来时，各自按照预定的要求经加法计数或减法计数的脉冲输出端进入可逆计数器；若加、减脉冲同时到来时，硬件逻辑电路保证先做加法计数，经过几个时钟的延时再做减法计数。这样，可保证两路计数脉冲信号均不会丢失。

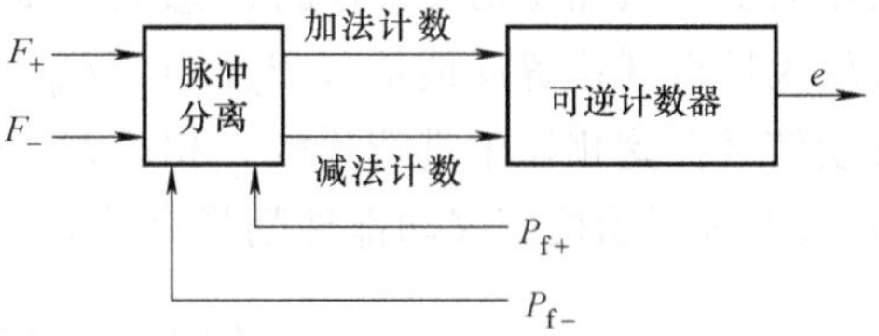

图 5-29　脉冲分离与可逆计数器

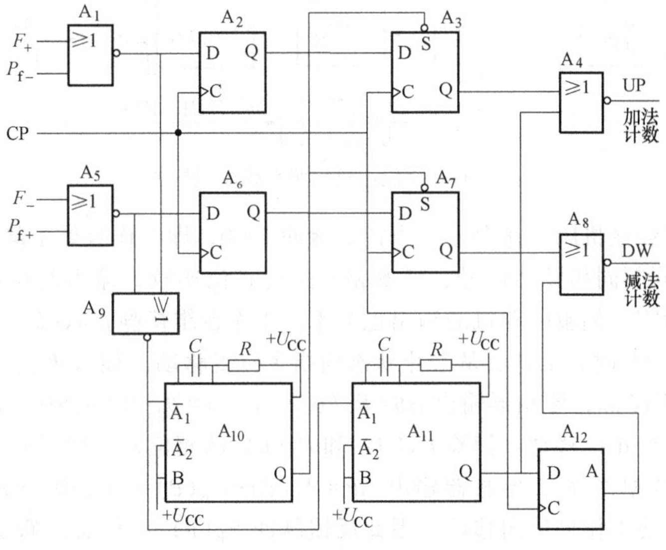

图 5-30　脉冲分离原理图

A_1、A_4、A_5、A_8、A_9 为或非门，A_2、A_3、A_6、A_7 为 D 触发器，A_{12} 为 8 位移位寄存器，由时钟脉冲 CP 同步控制，A_{10}、A_{11} 为单稳态触发器。作为加法计数的计数脉冲由 A_2、A_3 到输出 A_4，记作 UP；作为减法计数的计数脉冲由 A_6、A_7 到输出 A_8，记作 DW。当 F 和 P_f 分别到来时，A_1 和 A_5 只有一路有脉冲输出，所以 A_9 的输出始终是低电平。这时 A_{10}、A_{11} 和 A_{12} 不起作用。当 F 和 P_f 同时到来时，A_1 和 A_5 的输出同时为“0”，则 A_9 输出为“1”，单稳触发器 A_{10} 和 A_{11} 有脉冲输出。A_{10} 输出的负脉冲同时封锁 A_3 与 A_7，使得计数脉冲通路被禁止。A_{11} 的正脉冲输出分成两路，先经 A_4 做加法计数，再经 A_{12} 延迟四个时钟

周期由 A_8 输出做减法计数。

5.3.3.2　相位比较伺服系统

在高精度数控伺服系统中，应用比较广泛的位置检测元件有旋转变压器和感应同步器。

如果位置检测元件采用相位工作方式时，控制系统中要把指令信号与反馈信号都变成某个载波的相位，然后通过二者相位的比较，得到实际位置与指令位置的偏差。由此可以说，旋转变压器或感应同步器工作状态下的伺服系统，指令信号与反馈信号的比较采用相位比较方式，该系统称为相位比较系统，简称相位伺服系统。相位比较伺服调试方便、精度高、抗干扰性能好，因而在数控系统中得到普遍应用，是数控机床常用的一种位置控制系统。

1. 相位比较伺服系统组成原理

图 5-31 是采用感应同步器作为检测元件的相位伺服系统原理框图。指令脉冲 F 经脉冲调相器变换成相位信号 $P_A(\theta)$。感应同步器采用相位工作状态，以定尺的相位检测信号经整形放大后得到位置反馈信号 $P_B(\theta)$，$P_B(\theta)$ 代表了机床移动部件的实际位置。指令信号与反馈信号在鉴相器中进行比较，相位差 $\Delta\theta$ 就反映了实际位置和指令位置的偏差。偏差信号 $\Delta\theta$ 放大后驱动机床移动部件朝指令位置进给，实现精确的位置控制。

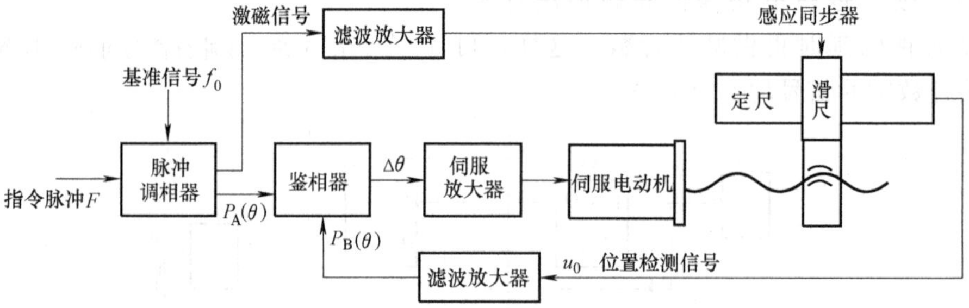

图 5-31　相位比较伺服系统原理框图

设感应同步器装在机床工作台上，当指令脉冲 $F=0$，即工作台处于静止状态时，$P_A(\theta)$ 和 $P_B(\theta)$ 是两个同频同相脉冲信号，经鉴相器进行相位比较，输出的相位差 $\Delta\theta=0$，此时伺服放大器输入为零，伺服电动机的输出也为零，工作台维持静止状态。

当指令脉冲 $F\neq0$ 时，工作台从静止状态向指令位置移动。如果 F 为正，经脉冲调相器 $P_A(\theta)$ 产生正的相移 θ_0，鉴相器输出 $\Delta\theta=P_A(\theta)-P_B(\theta)=\theta_0-0=\theta_0>0$，伺服电动机按照指令脉冲方向使工作台正向移动，消除 $P_A(\theta)$ 和 $P_B(\theta)$ 的相位差。如果 F 为负，经脉冲调相器 $P_A(\theta)$ 产生负的相移 $-\theta_0$，鉴相器输出 $\Delta\theta=P_A(\theta)-P_B(\theta)=-\theta_0-0=-\theta_0<0$，伺服电动机按照指令脉冲方向使工作台反向移动。因此反馈脉冲 $P_B(\theta)$ 相位必须跟随指令脉冲 $P_A(\theta)$ 相位进行相应的变化，直到 $\Delta\theta=0$。

2. 脉冲调相器

脉冲调相器又称数字调相器，将来自数控装置的进给脉冲信号转换为相位变化的信号，该相位变化的信号可用正弦信号表示，也可用方波信号表示。脉冲调相器由二个分频器和一个脉冲加减器组成，如图 5-32 所示。

基准信号 f_0 分成两路，一路经分频器 I 做 N 分频后，产生基准相位的参考信号；另一路到脉冲加减器，接收指令脉冲的调制，当输入一个正向脉冲指令时，便向 f_0 脉冲列中插入一个 f_0 脉冲；当输入一个负向脉冲指令时，便从 f_0 脉冲列中扣除一个 f_0 脉冲。然后经分

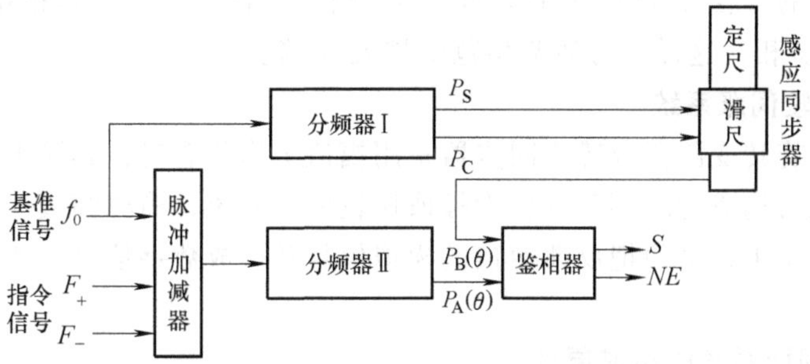

图 5-32 脉冲调相器组成原理框图

频器Ⅱ做 N 分频后产生指令脉冲方波，它相对于基准信号有相位超前或滞后的变化。当没有指令脉冲，即 $F=0$ 时，分频器Ⅰ和分频器Ⅱ同频同相工作，在接到 N 脉冲后，同时输出一个方波。当 $F\neq 0$ 时，分频器Ⅱ的计数脉冲发生变化，指令脉冲 $P_A(\theta)$ 和反馈脉冲 $P_B(\theta)$ 不在同相，其相位差大小和极性与指令脉冲有关。

3. 鉴相器

鉴相器又称相位比较器，它的作用是把指令信号和反馈信号的相位差变成一个带极性的电压信号。不对称触发的双稳态触发器是一种简单的矩形波鉴相器，如图 5-33 所示。

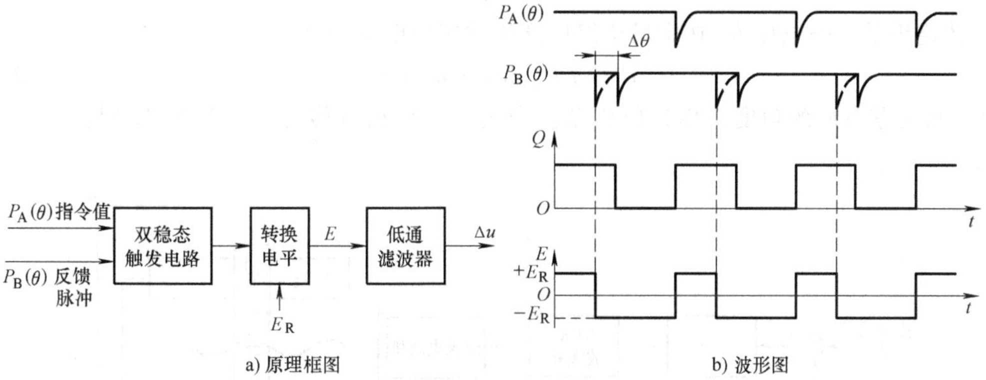

图 5-33 触发器鉴相原理框图及波形图

用指令脉冲 $P_A(\theta)$ 与反馈脉冲 $P_B(\theta)$ 的方波下降沿分别控制触发器两个触发端，当两者相位正好相差 180°时，电平转换器输出正负幅值相等，且宽度相等的方波，经低通滤波器输出的直流平均电压为 0。若反馈信号 $P_B(\theta)$ 超前指令信号 $P_A(\theta)$ 时，则输出方波为上窄下宽，其直流平均电压为负电压 $-\Delta u$；反之，输出一个正电压 Δu。从输出特性可以看出，相位差 $\Delta\theta$ 与误差电压 Δu 呈线性关系。鉴相器的灵敏度为

$$K_d=\frac{E_R}{180°} \tag{5-48}$$

式中 E_R——电平转换器输出方波的幅值。

鉴相器的最大鉴相范围为 $-180°\sim180°$，超过这个范围，就要产生失步，伺服系统就不能正常工作。实际系统的跟踪误差 $\Delta\theta$ 往往会超过 $-180°\sim180°$ 的范围。为此，需要扩大鉴相范围。

扩大鉴相范围的方法是先对两个方波信号进行 N 倍分频，使其相位差减小到原值的 $1/N$，然后再进行鉴相，这样，可使鉴相范围扩大 N 倍。

5.3.3.3 幅值比较伺服系统

位置检测元件旋转变压器或感应同步器采用幅值工作状态时，其输出的幅值大小与机械位移量成正比。此时构成的闭环系统称为幅值比较伺服系统，简称幅值伺服系统。

在幅值伺服系统中，必须把反馈通道的模拟信号转换成数字信号，才可以和指令脉冲进行比较。

1. 幅值比较伺服系统的组成原理

图 5-34 是采用感应同步器的幅值伺服系统原理框图。当感应同步器在幅值工作方式时，滑尺的余弦和正弦两个绕组上分别施加频率相同、幅值不同的正弦电压，这两个正弦电压的幅值又分别与相角 φ 成正、余弦关系，即

$$U_c = U_m \sin\varphi \sin\omega t$$
$$U_s = U_m \cos\varphi \sin\omega t \tag{5-49}$$

式中 φ——相角，系统中可通过改变 φ 的大小控制滑尺励磁信号的幅值；

ω——正弦交流励磁信号的角频率，$\omega = 2\pi f$。

正弦绕组的励磁电压 U_s 在定尺绕组中产生的感应电动势为

$$U_{0s} = KU_m \cos\varphi \sin\omega t \sin\theta \tag{5-50}$$

余弦绕组的励磁电压 U_c 在定尺绕组中产生的感应电动势为

$$U_{0c} = KU_m \sin\varphi \sin\omega t \cos\theta \tag{5-51}$$

θ 为与位移对应的角度，称为位移角。当定、滑尺相对移动一个节距 2τ 时，θ 从 0 变到 2π。

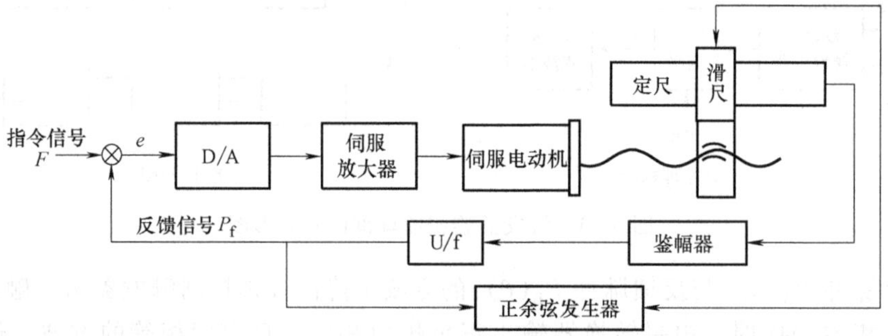

图 5-34 幅值伺服系统原理框图

注意，在把励磁电压加到正弦绕组和余弦绕组上时，要保证两个绕组在定尺中感应的电动势是相减的。即

$$\begin{aligned} U_0 &= U_{0s} - U_{0c} \\ &= KU_m(\sin\theta\cos\varphi - \sin\varphi\cos\theta)\sin\omega t \\ &= KU_m \sin(\theta-\varphi)\sin\omega t \\ &= U_{0m}\sin\omega t \end{aligned} \tag{5-52}$$

由式 (5-52) 可知，感应同步器定尺绕组的输出是正弦交变的电压信号，其振幅 U_{0m} 与 $(\theta-\varphi)$ 的正弦成比例。当 $\theta=\varphi$ 时，$U_{0m}=0$；当 $\theta>\varphi$ 时，U_{0m} 为正；当 $\theta<\varphi$ 时，U_{0m} 为

负。θ 与 φ 的差值越大，表明位置的偏差越大。

2. 鉴幅器

鉴幅器的作用是把正弦交变的电压信号转换成相应的直流信号，图 5-35 是鉴幅器的原理框图。

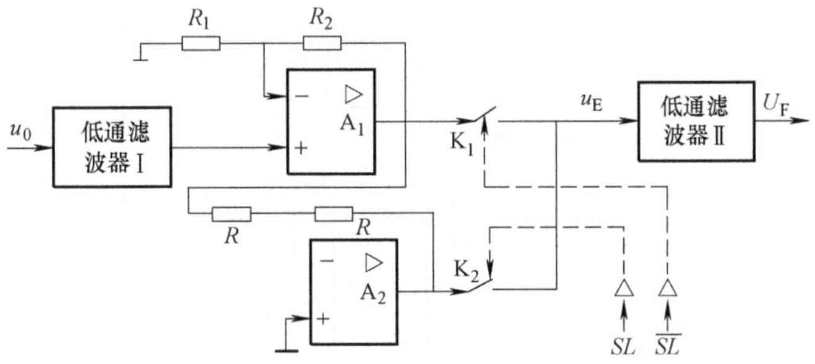

图 5-35　鉴幅器原理框图

u_0 是由感应同步器定尺绕组输出的交变电动势。相敏检波电路由比例放大器 A_1、1∶1 的倒相器 A_2，电子开关 K_1、K_2 和低通滤波器 II 构成。两个电子开关 K_1、K_2 分别由一对互为反相的开关信号 SL 和 $\overline{SL}$ 实现通断控制，其开关频率与输入信号相同。

相敏检波的过程：在 0～π 期间，$SL=1$，K_1 接通，A_1 的输出与低通滤波器 II 相连；在 π～2π 期间，$\overline{SL}=1$，K_2 接通，A_2 的输出与低通滤波器 II 相连，这样，低通滤波器的输入端信号 u_E 是一个全波整流波形，经过低通滤波器 II 后就得到平滑的直流信号 U_F，如图 5-36 所示。U_F 的极性反映了工作台的进给方向，U_F 绝对值的大小反映了 θ 与 φ 的差值。

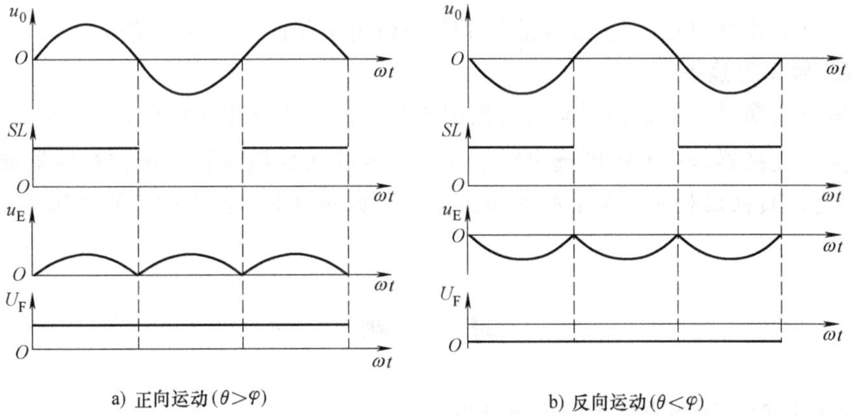

a) 正向运动($\theta>\varphi$)　　b) 反向运动($\theta<\varphi$)

图 5-36　鉴相器输出波形图

3. 极性处理电路

由于电压/频率变换电路要求输入信号是单极性的正的直流信号，因此，双极性的直流信号 U_F 在进入电压/频率变换器之前要先经过极性处理电路。

图 5-37 为双极性直流信号极性处理电路。极性处理电路包括绝对值电路和极性判断电路两部分。绝对值电路由放大器 A_4、A_5 和二极管 VD_1、VD_2 分别构成两路，各自通过 U_F

信号的正值和负值部分，在输出端上得到的总是正值信号 U_n，U_n 反映了 U_0 的大小。当$U_F>0$ 时，VD_1 导通，$U_n=U_F$；当 $U_F<0$ 时，VD_2 导通，$U_n=-U_F$。

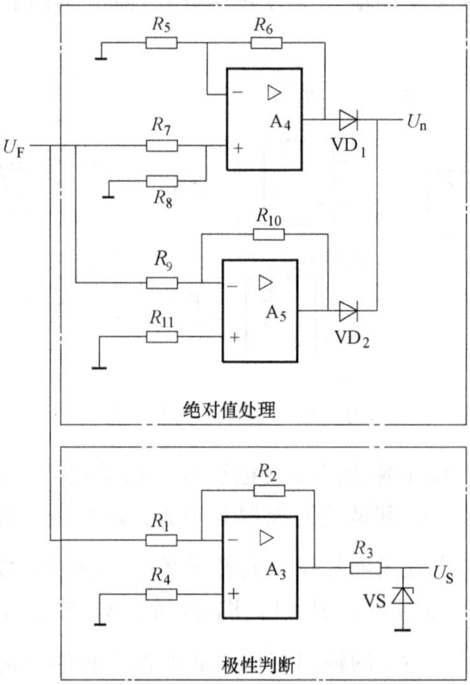

图 5-37　双极性直流信号极性处理电路

极性判断电路由 A_3 组成。当 U_F 为正极性时，$U_S\approx0$，当 U_F 为负极性时，由稳压管 VS 钳位使 $U_S\approx3V$，由此可见，U_S 信号是与 TTL 逻辑电平相匹配的开关信号。

4. 电压/频率变换器

电压/频率变换器是把鉴幅器输出的模拟电压 U_m 变换成相应的脉冲序列。比较简单常用的电压/频率变换器是由 CMOS 施密特触发器组成的压控振荡器。压控振荡器能将输入的单极性直流电压转换成相应频率的脉冲输出，输出脉冲频率与输入的直流电压呈良好的线性特性。

习　题

1. 什么是数控机床伺服系统的稳态精度。
2. 对于一个闭环控制系统，开环增益与稳态精度关系如何？是否增益越高越好？
3. 伺服系统速度调节范围中对最低速和最高速分别有什么要求和约束？
4. 在连续切削系统中，跟随误差对不同形状的工件轮廓加工精度有什么影响？
5. 位置伺服系统在数控机床中的作用是什么？
6. 简述相位比较系统的基本工作原理。
7. 简述幅值比较系统的基本工作原理。
8. 根据图 5-29，试说明两路计数脉冲同时到达时，如何防止竞争而进行减法计数？

第6章　传感检测技术

传感器技术是现代检测和自动化技术的重要基础之一，机电一体化系统的自动化程度越高，对传感器的依赖性就越大。可以说，传感器对系统的功能起决定性的作用。机电一体化系统本质上是自动控制系统，其整个运行过程中都有各种物理量（如位移、压力、速度等）需要控制和监测。这就需要采用相应的传感器来对原始参数进行精确而可靠的检测，否则，对系统的各种控制都是无法实现的。因此，能将各种非电物理量转换成电量的传感器及其应用技术便成为机电一体化系统中不可缺少的组成部分。

6.1　检测的概念

在人类生产、生活中，为了解某个事物、某一过程或某种状态的特性、特点，往往需要对其物理量或基本参数进行检测与测量，以获取必要的信息，作为认识、了解、分析、判断事物的依据。这是传统意义上检测的内涵。

应用微处理器技术，以信息的获取、处理、传递和使用为主要内容的现代检测技术已在人类一切活动的各个领域里发挥着巨大作用，成为人类活动不可缺少的重要组成部分。

机电一体化的检测系统对产品的外界环境和工作状态进行检测。目前检测的物理量信号较为广泛，一般为温度、功率、流量、位移、速度、加速度、力等。机电一体化系统信息传输和处理的信号为电信号，因此，检测系统常使用传感器将被测试的物理量信号转变为电信号，再经过放大、调制、解调、滤波等电路处理，得出能够显示、记录、控制等装置需要的信号。

6.1.1　检测系统的组成

机电一体化的检测系统由图 6-1 所示的五部分组成。传感器是一种专用于对非电量信号进行测量的装置；变送器用于将来自传感器的信号转换为标准的电信号；信号控制器完成对信号的分析、处理、判断与分配；记录器用于维持被测量信号并供在线检测。

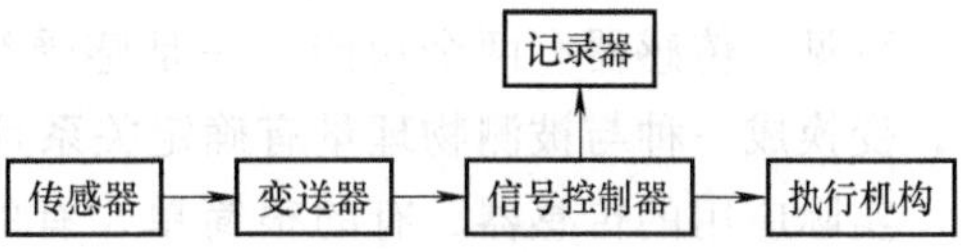

图 6-1　检测系统基本组成框图

机电一体化检测系统的这五个部分有多种表现形式，有些部件和其他设备配合使用，有些进行单独的数据采集，对于不同的工作环境，不同的被测量，应根据具体情况选择合理的检测装置。

6.1.2 信号的传输与处理

机电一体化检测系统检测到的有用信息，必须经过前期处理。一般的信号处理有两个过程。传感器输出的信号通常比较微弱，同时还夹杂着其他干扰信号，因此，在传输过程中，根据传感器输出信号的具体特征和后续系统的要求，需对传感器输出信号进行阻抗变换、电平转换、屏蔽隔离、放大、滤波、调制、解调、A/D 和 D/A 转换等各种形式的处理；同时，还要考虑信号在传输过程中，噪声、温度、湿度、磁场等方面的干扰影响，并对检测系统的非线性、零位误差和增益误差等进行补偿和修正，从而对传感器信号处理电路的组成进行合理的选择和确定。

传感器信号处理电路的组成所要考虑的问题，主要包括：传感器采集的信号是数字信号还是模拟信号，是电压信号还是电流信号；输出电路的输出端是单端输出还是差动输出，输出的阻抗、线性度、分辨率如何。

由于电子工业技术的不断发展，对于不同应用类型的传感器，根据现场使用的特殊情况配置了专用的处理电路，提高了检测的速度和检测的精确度。对于不同的物理量测量，应选用合适的传感器，完成信号的传输与处理。

6.2 传感器的组成和分类

21 世纪是现代信息技术的时代，现代信息技术的三大基础是：信息采集、信息传输和信息处理。信息采集就是通过传感器技术来实现的。传感器是一种将被测物理量（如位移、力、加速度等）以一定精度转换为与之有确定关系的易于精确处理的某种物理量（电量）的部件或装置。

6.2.1 传感器的组成

通常传感器由敏感元件、转换元件和基本转换电路三部分组成，如图 6-2 所示。

（1）敏感元件　直接感受被测物理量，并以确定关系输出某一物理量。如弹性敏感元件将力转换为位移或应变输出。

（2）转换元件　将敏感元件输出的非电物理量（如位移、应变、光强等）转换成电路参数（如电阻、电感、电容等）量。

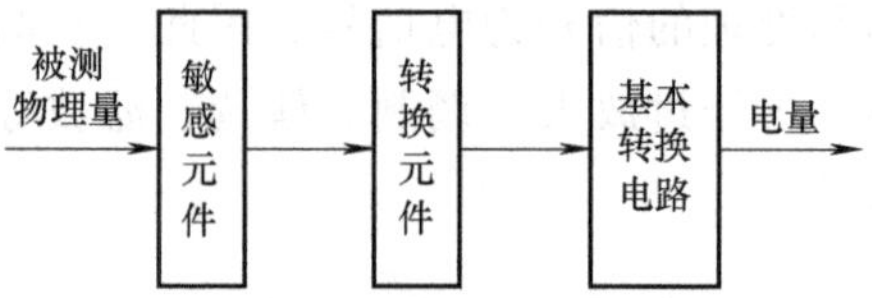

图 6-2　传感器的组成

（3）基本转换电路　将电路参数量转换成便于测量的电信号，如电压、电流、频率等。

可见，传感器有两个功能：一是感受被测物理量；二是把感受到的被测物理量进行变换，变换成一种与被测物理量有确定关系且便于传输和处理的信号，一般是电信号。

实际应用的传感器，有的很简单，有的则比较复杂。有些传感器（如热电偶）只有敏感元件，感受被测温差时直接输出电动势；有些传感器由敏感元件和转换元件组成，无须基本转换电路，如压电式加速度传感器；还有些传感器由敏感元件和基本转换电路组成，如电容式位移传感器；有些传感器转换元件不止一个，要经过若干次转换才能输出电量。大多数传感器是开环系统，但也有个别的带反馈的闭环系统。

当前，由于空间的限制或技术等原因，基本转换电路一般不和敏感元件、转换元件装在一个壳体中，而是装入电箱中。但不少传感器需通过基本转换电路才能输出便于测量的电量，而基本转换电路的类型又与不同工作原理的传感器有关。因此，常把基本转换电路作为传感器的组成环节之一。

6.2.2　传感器的分类

传感器的种类繁多，分类方法也有多种，可以按被测物理量分类，该分类法便于根据不同用途选择传感器；还可以按工作原理分类，该分类法便于学习、理解和区分各种传感器。传感器获取的有关外界环境及自身状态变化的信息，一般反馈给计算机进行处理或实施控制。

1. 按被测量分类

这种分类方法把种类繁多的被测量分为基本被测量和派生被测量两类，见表6-1。例如，力可视为基本被测量，从力可派生出压力、质量、应力和力矩等派生被测量。当需要测量这些物理量时，只要采用力传感器就可以了。理解基本被测量和派生被测量的关系，对于系统使用何种传感器是很有帮助的。

这种分类方法的优点是明确表达了传感器的功能，便于使用者根据其用途选用；缺点是没有区分每种传感器在转换机理上有何共性和差异，不便于使用者掌握其基本原理和分析方法。

表6-1　基本被测量和派生被测量

基本被测量		派生被测量
位移	线位移	长度、厚度、位置、振幅、表面波度、表面粗糙度、应变、磨损
	角位移	角度、偏转角、俯仰角
速度	线速度	振动、动量、流量
	角速度	线角速度、角动量、转速、角振动、转矩、惯量、角冲击
力		压力、质量、密度、推力、力矩、应力、真空度、声压、噪声
温度		热量、比热容
湿度		水分
光度		光通量、色、透明度、光谱、照度

2. 按工作原理分类

这种分类方法是以传感器的工作原理命名的，如应变式、电容式、压阻式、热电式传感器等。按工作原理分类，有利于传感器专业工作者从原理、设计及应用上做归纳性的分析研究，也便于传感器使用者学习和研究。

6.3　位移检测传感器

6.3.1　电阻式位移传感器

电阻式位移传感器是一种应用较早的电参数传感器，基本原理是将被测位移转换成与之有对应关系的电阻值的变化，再经过相应的测量电路后，输出被测量的变化。电阻式传感器结构简单、线性和稳定性较好，已成为生产过程检测及实现生产自动化不可缺少的手段之一。

电阻式线位移传感器又分为电位器式和电阻应变片式。电位器又分为直线型电位器（测量位移）和旋转型电位器（测量角位移）。

电位器是一种常用的机电元件，被广泛应用于各类电器和电子设备中。电位器式电阻式位移传感器将机械的直线位移或角位移输入量转换为与其呈一定函数关系的电阻或电压输出。它除了用于线位移和角位移测量外，还广泛应用于测量压力、加速度、液位等物理量。电位器式传感器结构简单、体积小、重量轻、价格低廉、性能稳定，对环境条件要求不高，输出信号较大，一般无须放大，并易于实现函数关系的转换。但电阻元件和电刷间由于存在摩擦（磨损）及分辨率有限，故其精度一般不高，动态响应较差，主要适合测量变化较缓慢的量。

1. 直线型电位器（见图 6-3）

被测部件的运动通过拉杆带动电刷 C 移动，从而改变 C 点位移的电位，通过检测 C 点的电位达到检测 C 点位移的目的。

2. 旋转型电位器（见图 6-4）

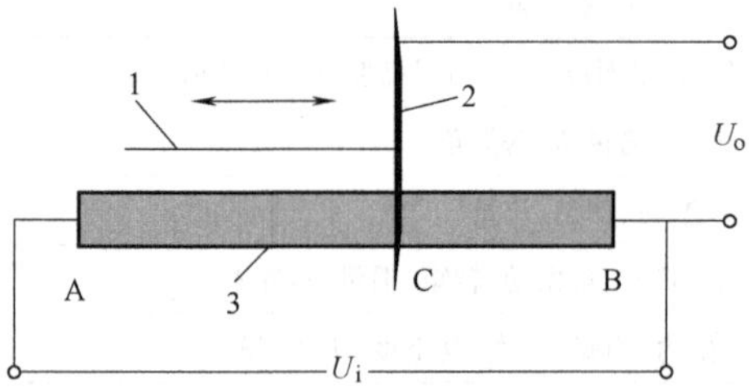

图 6-3　直线型电位器结构原理图

1—拉杆　2—电刷　3—电阻器

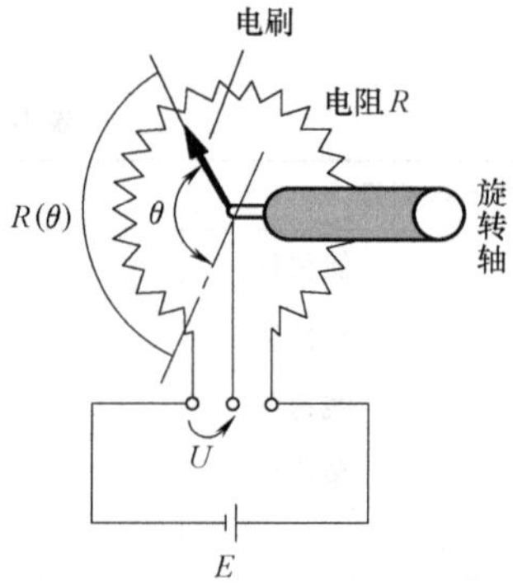

图 6-4　旋转型电位器的基本结构

旋转型电位器基本原理是在环状电阻两端加上电压 E，通过电刷的滑动，可以得到与电刷所在角度（位置）相对应的电压 U。

若电阻的总阻值为 R，那么当转轴（电刷）转过 θ 时，通过电刷的滑动部分阻值 $R(\theta)$ 为

$$R(\theta)=\frac{\theta}{360^\circ}R \tag{6-1}$$

输出电压 U 为

$$U=\frac{R(\theta)}{R}E=\frac{\theta}{360^\circ}E \tag{6-2}$$

从式（6-2）可以看出，由于输出电压与阻值无关，因此，温度变化对输出电压没有影响。

6.3.2 电感式位移传感器

电感式传感器是利用线圈自感或互感系数的变化来实现非电量电测的一种装置。利用电感式传感器，能对位移、压力、振动、应变、流量等参数进行测量。它具有结构简单、灵敏度高、输出功率大、输出阻抗小、抗干扰能力强及测量精度高等一系列优点，因此在机电控制系统中得到广泛应用。它的主要缺点是响应较慢，不适于快速动态测量，而且传感器的分辨率与测量范围有关，测量范围大，分辨率低，反之则高。

1. 电感式线位移传感器

电感式线位移传感器分为差动电感式和差动变压器式两种类型。差动电感式线位移传感器利用磁心在感应绕组中位置的变化引起两个绕组电感的改变原理，实现位移检测，其结构原理如图6-5所示。差动变压器式线位移传感器是在互感传感器基础上，在两个互感绕组中间再增加一个励磁绕组，并利用一定频率的电流进行励磁，产生交变磁场，在绕组A和绕组B上分别产生感应电压。

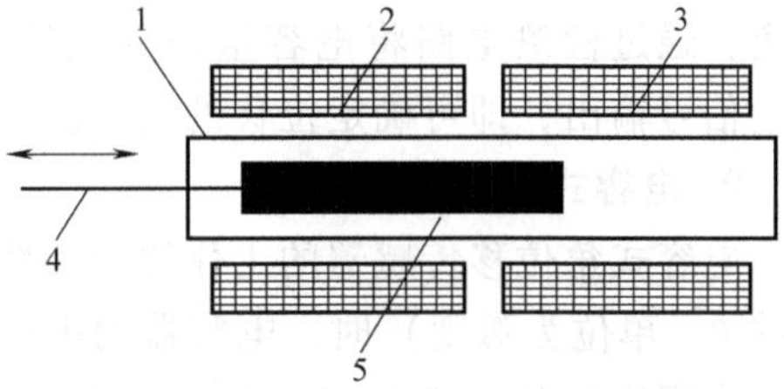

图6-5 差动电感式线位移传感器结构原理图

1—磁心外壳 2—绕组A 3—绕组B

4—拉杆 5—磁心

电感式线位移传感器的缺点是回程误差较大。动态范围最大一般为500~1000mm，非线性度一般小于1%，最小分辨力可以达到0.01μm。

2. 电感式角位移传感器

旋转变压器角位移传感器实际上是一次和二次绕组之间的角度可以改变的变压器。常规变压器的两个绕组之间是固定的，其输入电压和输出电压之比保持常数。旋转变压器励磁绕组和输出绕组分别安装在定子和转子上，如图6-6所示。

如果两绕组夹角为θ，励磁电压为U_i，则在二次侧感应的输出电压为

$$U_o = kU_i\cos\theta \tag{6-3}$$

式中 k——一个与绕组匝数及铁心结构有关的常数。

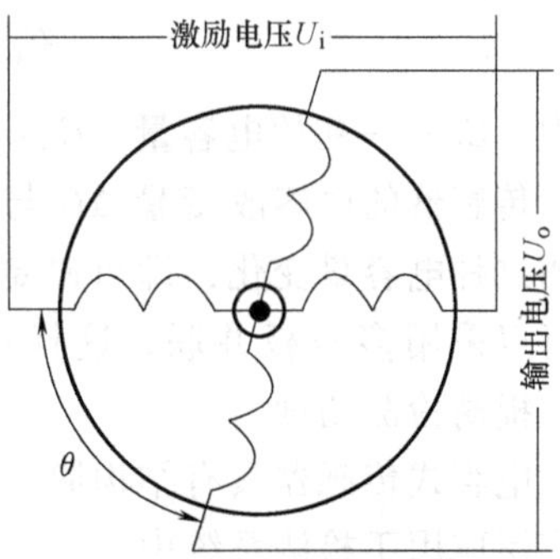

图6-6 旋转变压器传感器原理图

6.3.3 电容式位移传感器

电容式位移传感器是通过将位移变化转换为电容量的变化来实现位移测量。电容式位移传感器除具有一般非接触式仪器所共有的无摩擦、无损和无惰性特点外，还具有信噪比大、灵敏度高、零漂小、频响宽、非线性小、精度稳定性好、抗电磁干扰能力强和使用操作方便等优点，成为科研、教学和生产中一种不可缺少的测试仪器。

电容式位移传感器的电容器极板多为金属材料，极板间衬物多为无机材料，如空气、玻璃、陶瓷、石英等，因此可以在高温、低温、强磁场、强辐射环境下长期工作，尤其是解决了高温高压环境下的检测难题。该传感器还可与控制室中的二次仪表或控制器相连，在线、连续、实时地检测各种数据然后直接显示、远程控制和报警。实现数据存储、计算、传输和

控制功能。电容式位移传感器尤其适合缓慢变化或微小量的测量，电容式位移传感器的这些性能必然促使其应用范围越来越广泛。

1. **电容式线位移传感器**

图 6-7 所示的平行板电容器的电容值 C 取决于极板的有效面积 S、极板间介质的相对介电常数 ε 及两极板间的距离 d，参数之间的关系如下：

$$C=\frac{\varepsilon S}{d} \tag{6-4}$$

显然，只要改变其中任意一个参数，就会引起电容值的变化。如改变两极板的距离，通过检测电路将电容量的变化转变成电信号输出，即可确定位移的大小。

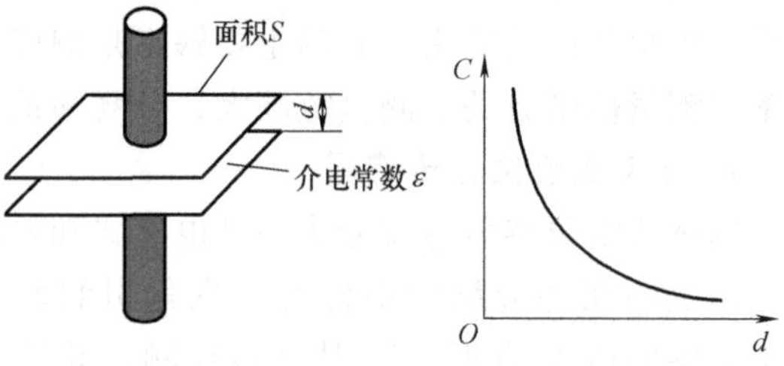

图 6-7　电容式线位移传感器原理图

2. **电容式角位移传感器**

电容式角位移传感器的工作原理如图 6-8 所示。两块极板均为半月形，当动极板产生角位移 θ（单位为弧度）时，电容器的工作面积发生变化，动极板与定极板间的有效面积将变为图中阴影部分，即 $A=A_0-\theta r^2/2$，$A_0=\pi r^2/2$。所以有

$$A=A_0\left(1-\frac{\theta}{\pi}\right) \tag{6-5}$$

此时的电容量为

$$C=\frac{\varepsilon A_0\left(1-\frac{\theta}{\pi}\right)}{d}=C_0\left(1-\frac{\theta}{\pi}\right)=C_0-\Delta C \tag{6-6}$$

$$\frac{\Delta C}{C_0}=\frac{\theta}{\pi} \tag{6-7}$$

式中　C_0——初始电容量，$C_0=\varepsilon A_0/d$。

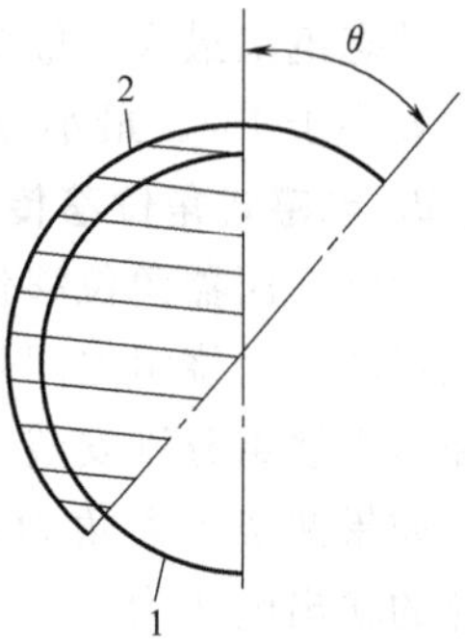

图 6-8　电容式角位移传感器原理图

1—定极板　2—动极板

传感器的电容改变量 ΔC 与角位移 θ 呈线性关系。检测电路检测这种电容量变化，即可确定角位移。实际电容式角位移传感器可以采用多极板并联，这样可以在减小体积的同时增大电容量，提高检测角度。

电容式传感器具有结构简单、动态特性好、灵敏度高等特点，并可用于非接触检测，故被广泛应用于检测系统中。

6.3.4　光栅式位移传感器

1. **光栅**

光栅是一种高精度的位移传感器。光栅是通过在玻璃或金属基体上均匀刻画很多等栅距（也称节距）的线纹而制成的。光栅的种类很多，在玻璃表面上制成透明与不透明间隔相等的线纹，称作透射光栅。在金属表面上制成全反射与漫反射间隔相等的线纹，称为反射光栅。也可以把线纹做成具有一定衍射角度的定向光栅。根据用途，光栅可分为测量直线位移

的长光栅和测量角位移的圆光栅。

光栅刻线为25条/mm、50条/mm、100条/mm、250条/mm，主要利用光的透射和反射现象。由于应用了莫尔条纹原理，因而所测得的位置精度相当高，分辨力很容易达到0.1μm，最高分辨力可达到0.025μm。另外，光栅的读数可高达每秒数十万次，非常适用于动态测量，因此在检测系统中得到了广泛应用。

2. 光栅的结构与原理

光栅通常是一长一短两块光栅尺配套使用，其中长的一块称为主光栅或标尺光栅，短的一块称为指示光栅。标尺光栅和指示光栅都是由窄的矩形不透明的线纹和等宽的透明间隔线纹组成的。如图6-9所示为两光栅相互平行放置，并保持一定的间隙（0.05mm或0.1mm）。光栅尺上均匀刻有很多条纹，放大后可以看出，白色部分为透光宽度，黑色部分为不透光宽度。通常情况下，光栅尺的不透光宽度和透光宽度（亦称黑白宽度）是一样的。

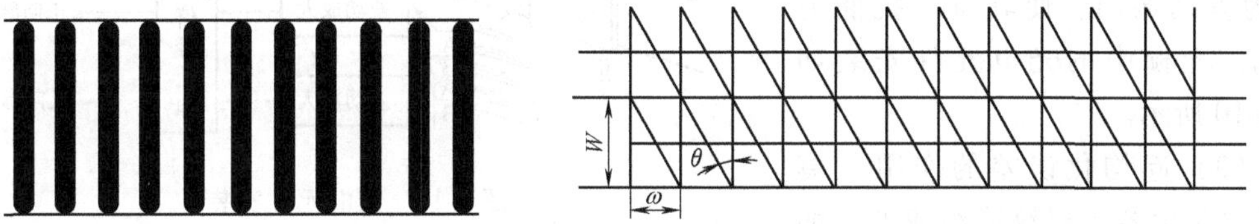

图6-9 光栅尺的结构示意图

光栅尺上相邻两条光栅线纹间的距离称为栅距 ω，每毫米长度上的线纹数称为线密度 K，栅距与线密度互为倒数，即 $\omega=1/K$。标尺光栅和指示光栅相距0.05～0.1mm间隙，并且其线纹相互偏斜一个很小的角度 θ，在光源的照射下，就形成了与光栅刻线几乎垂直的明暗相间的宽条纹，称为莫尔条纹。产生莫尔条纹的原因是由于光的干涉效应。在亮线附近，两块光栅尺的刻线相互错开，一块光栅尺的不透光部分恰好遮住另一块光栅尺的透光部分，透光性最差，形成暗带。莫尔条纹的方向与光栅线纹方向大致垂直。两条莫尔条纹间的距离称为纹距 W，则有近似几何关系：

$$W\approx\frac{\omega}{\theta} \tag{6-8}$$

3. 莫尔条纹与参数间的关系

光栅的莫尔条纹有如下特点：

（1）起放大作用 因为 θ 角度非常小，所以莫尔条纹的纹距 W 要比栅距 ω 大得多，如 $K=100$ 条/mm，则 $\omega=0.01$mm，但如果调整 θ 为0.002，则 $W=0.01\text{mm}/0.002=5$mm。这样，虽然光栅栅距很小，但莫尔条纹却清晰可见，便于测量。

（2）莫尔条纹的移动与栅距成正比 当标尺光栅移动时，莫尔条纹就沿着垂直于光栅运动的方向移动，并且光栅每运动一个栅距 ω，莫尔条纹就准确地移动一个纹距，若标尺光栅移动方向改变，莫尔条纹的移动方向也改变。两者移动方向及光栅夹角关系见表6-2。这样，莫尔条纹的位移恰好反映了光栅的栅距位移，即光栅尺每移动一个栅距，莫尔条纹的光强也经历一个由亮到暗、由暗到亮的变化周期。

表 6-2 莫尔条纹移动方向与光栅移动方向及光栅夹角的关系

指示光栅相对标尺光栅的转角方向	标尺光栅移动方向	莫尔条纹移动方向
顺时针方向转角	右	上
	左	下
逆时针方向转角	右	下
	左	上

为了判断光栅的移动方向，必须沿着莫尔条纹移动的方向安装两组距离相差 $W/4$ 的光电元件 A 和 B，使莫尔条纹经光电元件转换成脉冲信号相位差 90°，由相位的超前和滞后来判断光栅的移动方向。光电元件 A、A_1 和 B、B_1 为差动输出，使其抗干扰能力增加。光栅中的光电元件安装如图 6-10 所示。

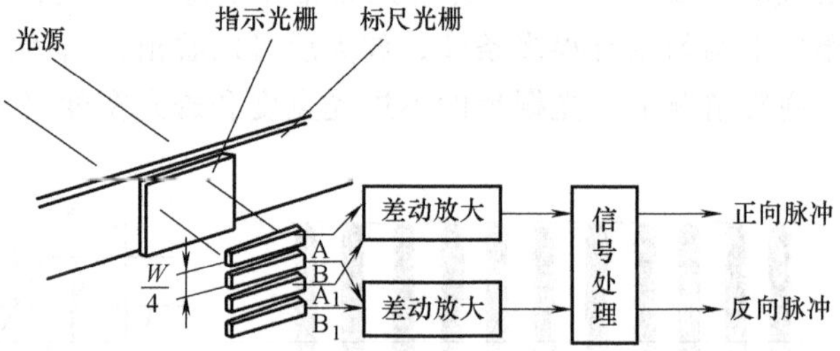

图 6-10 光电元件安装

（3）起均化误差的作用 莫尔条纹是由若干根纹线组成的，如 200 条/mm 的光栅，10mm 长的一根莫尔条纹就由 2000 条纹线组成。这样，栅距之间的固有相邻误差就被平均化了。

4. 信号处理

光栅尺输出的信号有两种：一种是正弦波信号，另一种是方波信号。正弦波输出有电流型和电压型，对正弦波输出信号需经过差动放大、整形及倍频处理后得到脉冲信号。倍频可提高光栅的分辨精度，如 5 倍频、10 倍频等。如原光栅线密度为 50 条/mm，经 10 倍频处理后，相当于将线密度提高到 500 条/mm。

光栅尺除了增量式测量外，还有绝对式测量，输出二进制 BCD 码或格雷码。另外，光栅除了有光栅尺外，还有圆光栅，用于角度位移测量。

5. 光栅式线位移传感器

光栅式线位移传感器结构原理如图 6-11 所示。传感器由光栅和光电组件组成，当光栅和光电组件产生相对位移时，光电晶体管便产生相应的脉冲信号，通过检测电路（或计算机系统）对产生的脉冲进行计数，即可确定其相应的位移量。所谓光栅实际上是一条均匀刻印条纹的塑料带，条纹间距可以做得很小，一般可以达到微米级，以提高位移检测精度。光栅位移传感器具有动态范围大、分辨力高等特点，广泛应用在精密仪器和数控机床上。

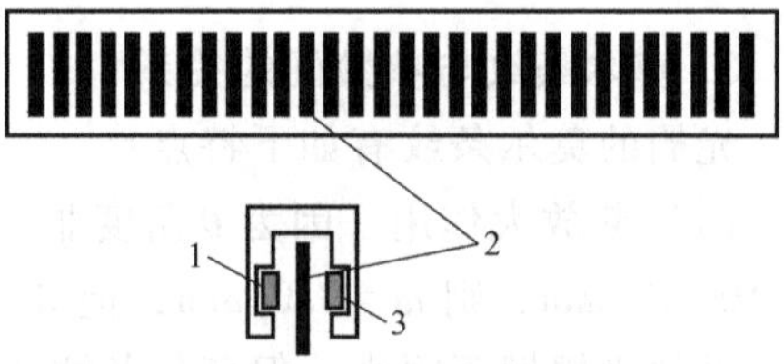

图 6-11 光栅式线位移传感器原理图

1—发光二极管 2—光栅 3—光电晶体管

6. 光栅式角位移传感器

与光栅式线位移传感器相比，光栅式角位移传感器是将光栅刻印在圆盘的圆周上，当圆盘转动时，光电晶体管即有脉冲输出，对脉冲进行计数即可得角位移。为了识别光栅盘的转动方向，可以利用相差 $n+1/4$ 个光栅间距的两个光电组件拾取光栅脉冲（见图 6-12），根据两个脉冲序列的相位差就可以识别方向，如 A 光电晶体管输出的脉冲比 B 提前 1/4 个周期，说明光栅盘逆时针旋转，如果 B 比 A 提前 1/4 个周期，说明光栅盘顺时针旋转。光栅角位移传感器可以测量任意转角，并可利用增速齿轮将被测转角进行放大，得到高精度的角位移测量值。

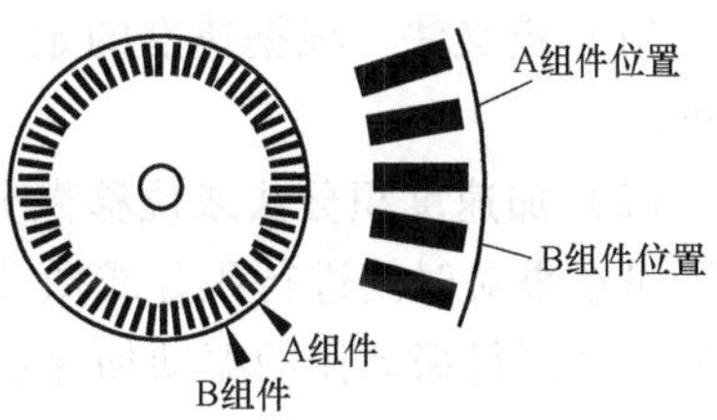

图 6-12 光栅式角位移传感器原理图

6.3.5 超声波传感器

超声波传感器用超声波来测量距离，在机器人上常用于检测障碍物。其原理与蝙蝠通过接收自己所发出的超声波反射来测定距离相同。

如图 6-13 所示，由发射器发出的超声波碰到被测物体后反射回来，被接收器接收，同时测定从发射到接收的时间 T。设超声波的传播速度为 a，则从超声波传感器到被测物体的距离 L 为

$$L=\frac{aT}{2} \tag{6-9}$$

发射脉冲导通时，开始发射超声波。反射回来的超声波接收后，经过放大和检波得到的波形上升沿由施密特触发器提取。通过计时器计量从发射脉冲的上升沿到施密特触发器输出脉冲上升沿的时间间隔，从而可以得到所测距离。

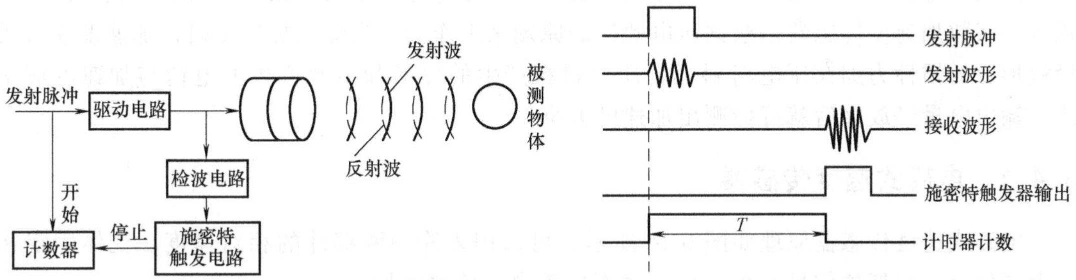

a) 超声波传感器结构　　b) 超声波传感器测距原理

图 6-13 超声波传感器的原理

由于超声波在空气中的传播速度与温度有关，所以会产生误差。此外，还由于超声波的定向性不是很好，反射效果受被测对象的表面状态和材质的影响，所以测量精度不是很高。

6.4 速度和加速度的测量

1. 速度测量

单位时间内物体位移的增量就是速度，单位是 m/s。速度测量类型根据分类标准不同而不同，如根据物体运动的形式可分为线速度测量和角速度测量；根据运动速度的参考基准可分为绝对速度测量和相对速度测量；根据速度的数值特征可分为平均速度测量和瞬时速度测量；根据获取物体运动速度的方式可分为直接速度测量和间接速度测量。速度的测量方法如下：

(1) 定义法　根据速度的定义，通过测量物体的位移和通过该距离的时间来计算平均速度。

(2) 加速度积分法或位移微分法　如果能够测量到运动物体的加速度或位移，则可通过测量结果对时间进行积分或微分得到速度值。这种方法的典型应用是在振动测量中，应用加速度计测得振动体的振动加速度，再经电路积分获得振动速度；应用振幅计测得振动体位移，再进行微分得到振动的速度。

(3) 利用物理参数测量速度　利用速度大小与某些物理量间已知的关系可以间接地测量物体的运动速度，如在固定磁感应强度 B 的磁场中，有效长度为 L 的导线垂直磁力线移动时，因切割磁力线而产生感生电动势 E，即根据 $E=BLv$ 获得运动体的速度。

(4) 多普勒效应测速度　多普勒效应是指发射机和接收机之间的距离发生变化时，发射机发出的信号频率和接收机接收到的信号频率将不相同的现象。基于多普勒效应，利用运动物体的信号反射功能测量发射信号和接收信号的频率可以实现速度测量。

加速度检测是基于测试仪器检测质量敏感加速度产生惯性力的测量，是一种全自主的惯性测量，加速度检测广泛应用于航天、航空和航海的惯性导航系统及运载武器的制导系统中，在振动试验、地震监测、爆破工程、地基测量、地矿勘测等领域也有广泛的应用。

2. 加速度测量

测量加速度，目前主要是通过加速度传感器（俗称加速度计），并配以适当的检测电路进行的。加速度传感器的种类繁多，依据对加速度计内检测质量所产生的惯性力的检测方式来分，加速度计可分为压电式、压阻式、应变式、电容式、振梁式、磁电感应式、隧道电流式、热电式等；按检测质量的支承方式来分，则可分为悬臂梁式、摆式、折叠梁式、简支梁式等。多数加速度传感器是根据压电效应的原理来工作的，当输入加速度时，加速度通过质量块形成的惯性力加在压电材料上，压电材料产生的变形和由此产生的电荷与加速度成正比，输出电量经放大后就可检测出加速度大小。

6.4.1 电磁式速度传感器

电磁式速度传感器原理如图 6-14 所示，可以用来检测两部件的相对速度。壳体固定在一个试件上，顶杆顶住另一个试件，线圈置于内、外磁极构成的均匀磁场中。如果线圈相对磁场运动，线圈由于切割磁力线而产生感应电动势，其大小为

$$e=BWlv\sin\theta \tag{6-10}$$

式中　B——磁感应强度；

W——线圈匝数；

l——每匝线圈的有效长度；

v——线圈与磁场的相对速度；

θ——线圈运动方向与磁场方向的夹角。

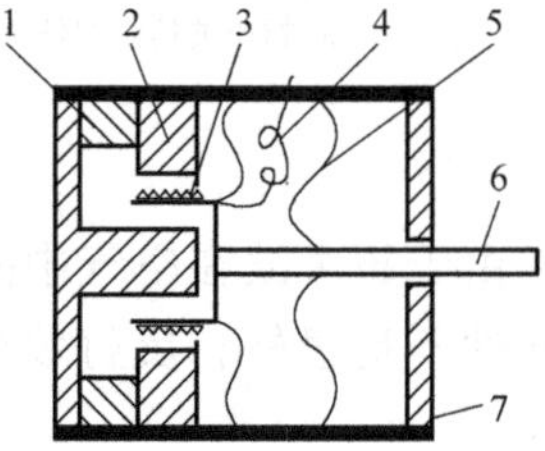

图 6-14　电磁式速度传感器原理图

1—磁钢　2—磁极　3—线圈　4—引线　5—弹簧片　6—顶杆　7—壳体

式 (6-10) 表明，当 B、W、l、θ 均为常数时，电动势 e 只与相对速度 v 成正比。实际上只要保证磁场宽度足够大，并且在一定范围内保持均匀分布，就可以满足 B、W、l、θ 为常数的要求。因此只要顶杆能完全跟踪试件的运动，通过检测线圈的电动势，即可测顶杆和壳

体的相对运动速度。

6.4.2　激光测速传感器

激光速度检测主要利用激光多普勒效应原理来实现对运动物体速度的测量。激光的多普勒效应是当激光照射到相对运动的物体上时，被物体散射（或反射），光的频率将发生改变的现象。相应地，将散射（或反射）光的频率与光源频率的差值称为多普勒频移。将激光束以不同形式照射在运动的固体或流体上，产生多普勒效应，可测量运动物体速度、流体流速等。

结构多普勒频移测速系统原理如图 6-15 所示，主要光学部件有激光光源、入射光系统和收集光系统等。激光光源 S 和受光点 P（即反射表面）之间有相对运动，由于反射表面运动速度而引起光波频率漂移，此时，多普勒频移为

$$f_d = \frac{v\cos\theta}{\lambda} \tag{6-11}$$

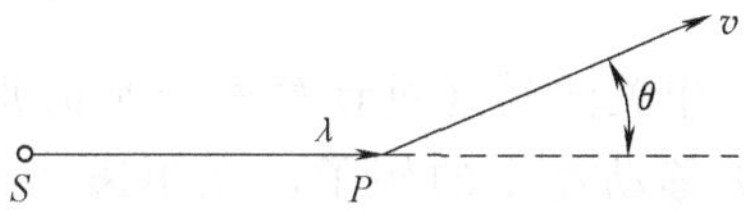

图 6-15　结构多普勒频移测速系统原理图

式中　v——反射表面运动速度；

λ——光源光波波长；

θ——物体运动速度与激光传播方向的夹角。

由式（6-11）可知，若能测得多普勒频移 f_d，则可求得物体运动速度 v。

激光多普勒流速计原理如图 6-16 所示。由激光器 1 发射出的单色平行光，经聚焦透镜 2 聚集到被测流体内，由于流体中存在着运动粒子，一些光波散射，散射光与未散射光之间产生频移，它与流体速度成正比。图中散射光由透射镜 6 收集，未散射光由透射镜 5 收集，最后在光电倍增管 9 中进行混频后输出信号。该信号输入到频率跟踪器内进行处理，获得与多普勒频移 f_d 相应的模拟信号，从测得的 f_d 值可得到粒子运动速度，从而获得流体流速。

6.4.3　测速发电机

测速发电机是利用发电机的原理测量旋转速度的传感器。如图 6-17 所示，当位于磁场中的线圈旋转时，在线圈两端将产生感应电动势，即

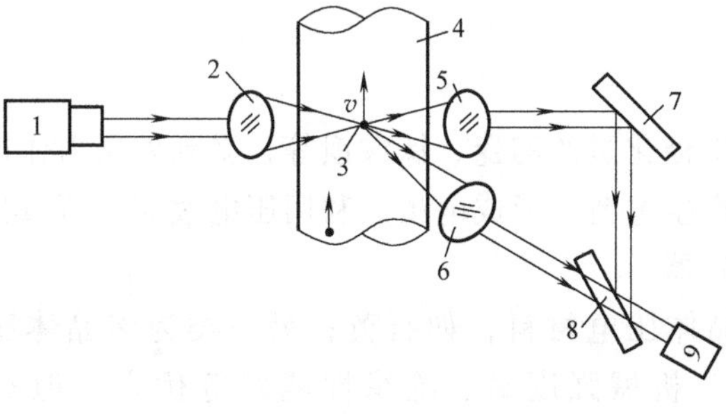

图 6-16　激光多普勒流速计原理

1—激光器　2—聚焦透镜　3—粒子　4—管道

5、6—透射镜　7—平面镜　8—分光镜

9—光电倍增管

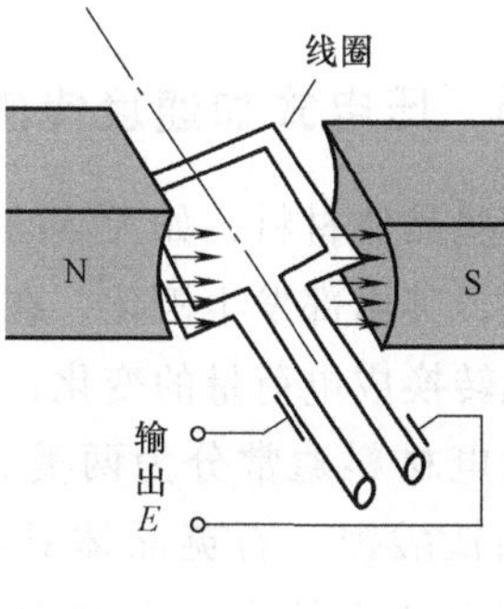

图 6-17　测速发电机

$$E=\frac{\mathrm{d}\Phi}{\mathrm{d}t} \tag{6-12}$$

式中　Φ——与线圈交链的磁通。

因为$\frac{\mathrm{d}\Phi}{\mathrm{d}t}$与旋转速度成正比，所以这种原理可以用于角速度传感器。

测速发电机可分为直流发电机式、交流发电机式和交流感应发电机式三种。如果将测速发电机的转子轴与伺服电动机的转子轴直接连在一起，那么测速发电机就成为伺服电动机的速度反馈传感器。在实践中，这种方法得到广泛应用。

6.4.4　利用相关法的速度传感器

相关法是通过计算不规则波形的移动时间来求速度的方法。图 6-18 所示的是检测钢板移动速度的例子。在距离为 L 的两个点上安装两个光源和光电传感器（摄像头）的组合装置，两个传感器分别对钢板表面的反射光斑进行检测。因为反射光斑具有不规则的模型，所以，得到的检测信号也是不规则的时间序列波形。但是，在 A 点检测到的信号经过钢板移动 AB 段（距离为 L，所需要的时间为 τ_0）后，将在 B 点再一次被检测到，信号的模型几乎相同。设两个信号分别为 $x(t)$ 和 $y(t)$，则它们的互相关函数 $\phi_{xy}(\tau)$ 为

$$\phi_{xy}(\tau)=\lim_{T\to\infty}\frac{1}{2T}\int_{-T}^{T}x(t)y(t+\tau)\mathrm{d}t \tag{6-13}$$

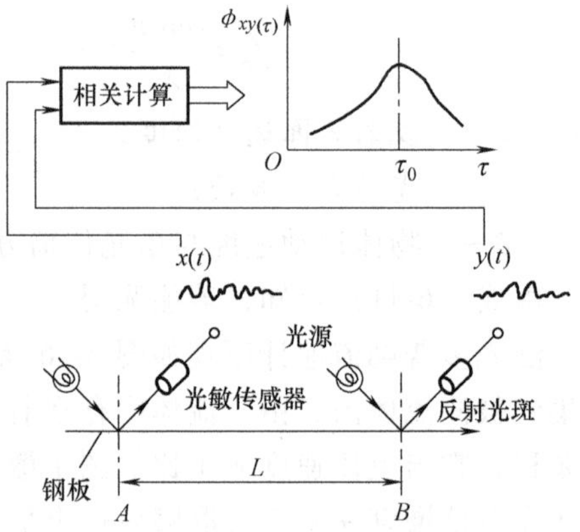

图 6-18　相关法的原理

因为当 $x(t)$ 和 $y(t)$ 的波形很相似时，互相关函数值增大，所以如图 6-18 中所示，$\phi_{xy}(\tau)$ 在 $\tau=\tau_0$ 时达到最大值。因此钢板的移动速度为

$$v=\frac{L}{\tau_0} \tag{6-14}$$

6.4.5　压电式加速度传感器

一些晶体材料，如天然的石英、经人工极化过的陶瓷、钛酸钡等，受到外压力作用发生变形时，其内部发生极化，在材料表面会产生电荷，形成电场。利用压电效应，可以把机械力变化转换成电荷量的变化，做成压电传感器。

压电材料通常分为两类，一类为单晶体压电材料，如石英；另一类为多晶体压电陶瓷，如钛酸钡。石英晶体具有性能稳定、机械强度高、绝缘性能好等优点，但石英晶体的压电效应较小、介电常数小，对后继电路要求较高，通常应用在有特殊要求的传感器中。压电陶瓷经人工高温烧结而成。通过调整材料成分或控制烧结温度等方法，可以制造出具有大的压电常数和介电常数的陶瓷。压电陶瓷的稳定性及力学特性不如石英晶体好，特别是在较大加速度的冲击下，会发生零漂现象，产生误差。

图 6-19 为压电式加速度传感器的原理图，当基座在垂直方向产生加速度 a 时，质量块对压电陶瓷片产生作用力 ma，使陶瓷片两极产生相应的电荷，通过引线输出到电荷测量电路中，这样可以得到相应的加速度值。

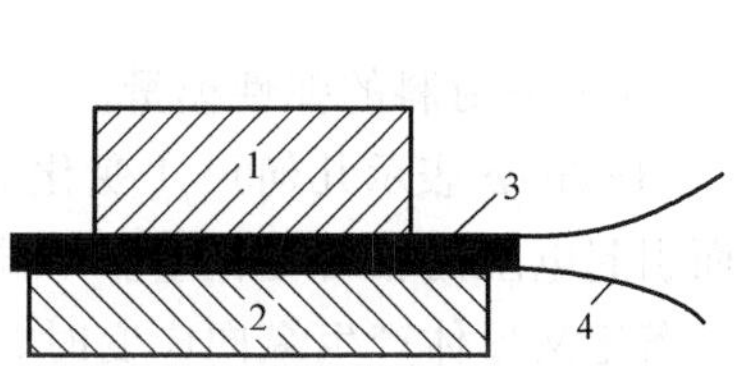

图 6-19　压电式加速度传感器原理图
1—质量块　2—基座　3—压电陶瓷片　4—引线

6.5　力和力矩的测量

在力、力矩、压力、重量等参数的测量中应变电阻式传感器得到了广泛应用。应变电阻式传感器是利用电阻应变片将应变转换为电阻变化的传感器。应变是物体在外部压力或拉力作用下发生形变的现象。当外力去除后物体又能完全恢复其原来的尺寸和形状的应变称为弹性应变。具有弹性应变特性的物体称为弹性元件。应变效应是导体或半导体材料在力作用下产生机械形变、电阻值发生变化的现象。应变电阻式传感器由弹性元件（作为敏感元件感知与力相关的量并产生应变）及在其上粘贴的电阻应变片（作为转换元件将应变转换为电阻变化）构成。应变电阻式传感器工作时引起的电阻值变化甚小，但其测量灵敏度较高。

6.5.1　电阻应变片

1. 工作原理

电阻应变片是一种利用导体电阻的变化来测量应变的传感器。当导体产生应变时，其阻值也将发生变化。一般的电阻应变片如图 6-20 所示，由非常细的金属丝粘在薄纸片上或者环氧树脂薄片上构成。

由欧姆定律可知，对于长度为 l，横截面积为 A，电阻率为 ρ 的金属丝电阻为

$$R=\rho\frac{l}{A} \tag{6-15}$$

式中　ρ——电阻率。

根据式（6-15）可以得到电阻变化率 $\Delta R/R$ 为

$$\frac{\Delta R}{R}=\frac{\Delta\rho}{\rho}+\frac{\Delta l}{l}-\frac{\Delta A}{A}=\frac{\Delta\rho}{\rho}+\frac{\Delta l}{l}-2\frac{\Delta r}{r} \tag{6-16}$$

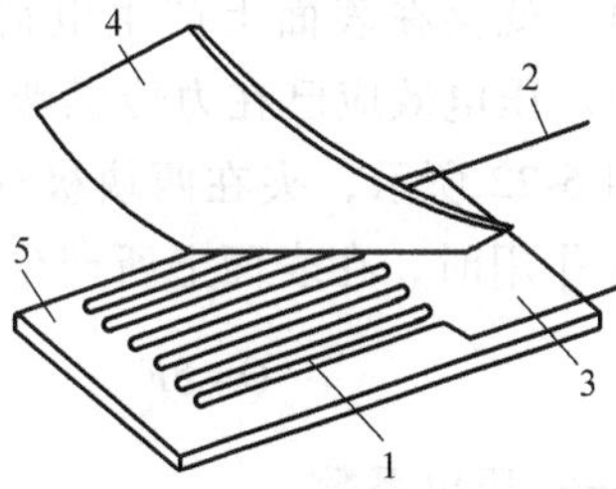

图 6-20　电阻应变片的结构
1—敏感栅　2—引出线　3—黏结剂（未示出）　4—覆盖层　5—基底

由材料力学可知

$$\frac{\Delta l}{l}=\varepsilon,\frac{\Delta r}{r}=-\upsilon\varepsilon,\quad \frac{\Delta\rho}{\rho}=\lambda\sigma=\lambda E\varepsilon$$

代入式（6-16）得

$$\frac{\Delta R}{R}=(1+2\upsilon+\lambda E)\varepsilon \tag{6-17}$$

式中　ε——金属细丝的纵向应变，其数值一般很小；

υ——材料泊松比，一般金属 $\upsilon=0.3\sim0.5$；

λ——压阻系数，与材质有关；

E——材料的弹性模量。

$(1+2\upsilon)\varepsilon$ 表示几何尺寸变化而引起的电阻相对变化量，$\lambda E\varepsilon$ 表示由于材料电阻率的变化而引起电阻的相对变化量。不同属性的导体，这两项所占的比例相差很大。

若定义导体产生纵向应变时，电阻值的相对变化量为导体的灵敏度系数，则

$$S_g=\frac{\frac{\Delta R}{R}}{\varepsilon}=1+2\upsilon+\lambda E \tag{6-18}$$

显然 S_g 越大，单位纵向应变引起的电阻相对变化越大，说明应变片越灵敏。

2. 电阻应变计的应用

为了用电阻应变片构成力传感器，要将电阻应变片贴在弹性体的表面，当弹性体受力作用时就可以测量应变，从而得到所受力的大小。图 6-21 所示为重力传感器的工作原理。将 A、B、C、D 四个应变片（阻值相同）按图中所示的位置贴在弹性体上，电阻值的变化利用电桥来测量。在弹性体上所施加的应力等于弹性模量与应变的乘积，而荷重（力）等于弹性体的截面积与应力的乘积。通过改变应变片的粘贴方法，也可以测量扭矩。

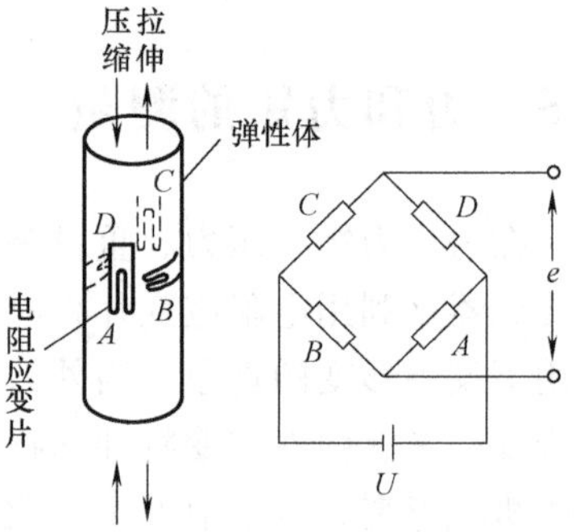

图 6-21　重力传感器的原理

6.5.2　压电元件

水晶、钛酸钡、罗谢尔（Rochelle）盐（四水酒石酸钾钠）等晶体，在受到特定方向力的作用时，就会在表面上产生电荷，这种现象叫作压电效应。压电效应已在力传感器中得到应用。

如图 6-22 所示，夹在两块极板中间的水晶等晶体受力 F 作用时，在表面上所产生的电荷 Q 为

$$Q=\delta F \tag{6-19}$$

式中　δ——压电系数。

此外，极板间的电容 C 为

$$C=\frac{\varepsilon S}{d} \tag{6-20}$$

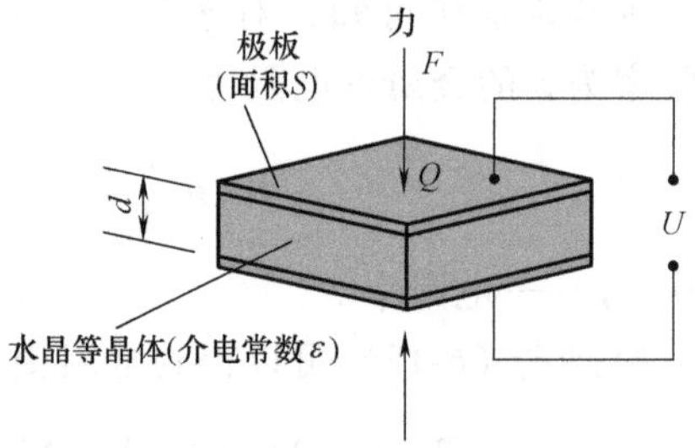

图 6-22　压电元件的原理

式中　ε——介电常数；

S——极板的有效面积；

d——极板间的距离。

因此，两极板间的电压 U 为

$$U=\delta\frac{d}{\varepsilon S}F=gd\frac{F}{S} \tag{6-21}$$

由式（6-21）可以得到与力 F 成正比的电压，$g=\delta/\varepsilon$ 为压电灵敏度。

6.6　检测信号的处理方法

从传感器信号（检测数据）中提取有用的信息，一般要经过两个处理过程。模拟信号处理作为数字信号的前置处理起着重要作用，要对传感器的输出信号进行放大、运算、变换等处理；然后要通过 A/D 转换将模拟信号转换为数字信号，进行频谱分析和相关分析等数字信号处理。

6.6.1　模拟信号处理

在模拟信号处理中，运算放大器的使用率非常高。如图 6-23 所示，通过与电阻组合就可以实现放大和运算。理想运算放大器：①放大倍数为∞（实际可以在 10^4 ~ 10^6 倍）；②输入阻抗为∞（实际可以从几百千欧到几兆欧）；③输出阻抗为 0（实际可以为几十欧）。

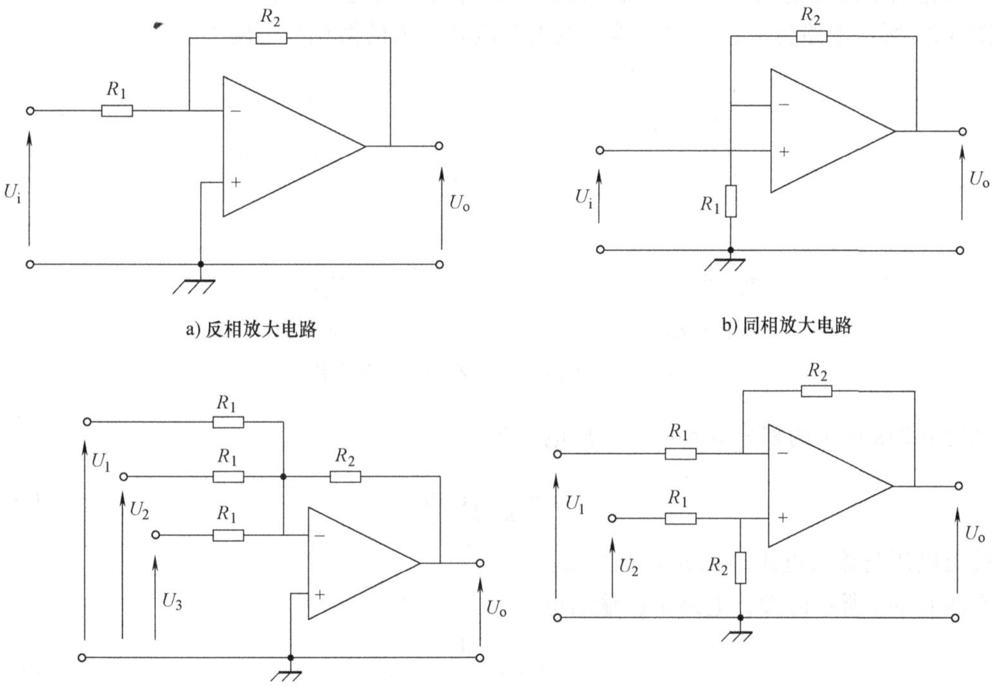

a) 反相放大电路　　b) 同相放大电路

c) 加法运算电路　　d) 减法运算电路

图 6-23　运算放大器

在图 6-23a 所示的电路中，由于运算放大器的反相输入端、同相输出端之间的电位差为 0（假想短路），所以通过 R_1 上的电流为 $I=U_i/R_1$。又由于运算放大器的输入阻抗很大，所以通过 R_2 上的电流与通过 R_1 上的电流 I 相等。因此输出电压 U_o 与输入电压 U_i 的比值（闭环电压放大倍数）为

$$\frac{U_o}{U_i}=-\frac{R_2}{R_1} \tag{6-22}$$

可以看出该电路构成了放大倍数为 $-R_2/R_1$ 的放大电路。因为该电路的放大倍数为负值，

故称为反相放大电路。

对于图 6-23b 中所示的电路，U_o 与 U_i 的比值为

$$\frac{U_o}{U_i}=1+\frac{R_2}{R_1} \tag{6-23}$$

其电压放大倍数为 $1+R_2/R_1$，故称为同相放大电路。

图 6-23c 所示电路的输出电压为

$$U_o=-\frac{R_2}{R_1}(U_1+U_2+U_3) \tag{6-24}$$

因为输出电压与输入电压之和成正比，所以称为加法运算电路。

图 6-23d 所示电路的输出电压为

$$U_o=\frac{R_2}{R_1}(U_2-U_1) \tag{6-25}$$

因为输出电压与输入电压之差成正比，所以称为减法运算电路。

图 6-24 所示电路为由运算放大器、电阻和电容组成的微积分电路。

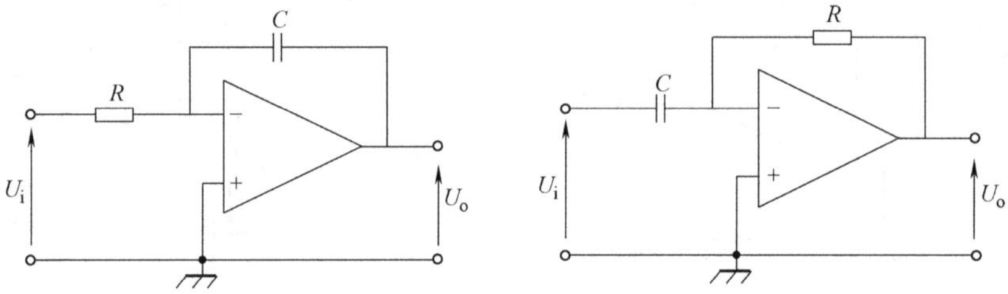

a) 积分运算电路　　b) 微分运算电路

图 6-24　采用运算放大器的微积分电路

在图 6-24a 所示的积分电路中，输出电压为

$$U_o=-\frac{1}{RC}\int U_i\mathrm{d}t \tag{6-26}$$

输出电压与输入电压的积分值成正比。

在图 6-24b 所示的微分电路中，输出电压为

$$U_o=-RC\frac{\mathrm{d}U_i}{\mathrm{d}t} \tag{6-27}$$

输出电压与输入电压的微分值成正比。

除了上述各种电路以外，还可以用运算放大器构成比较电路、滤波器、电流-电压转换电路等。

6.6.2　数字信号处理

目前测试技术中所采用的传感器中间变换电路等，大多数仍是以输出模拟信号为主，对这些模拟信号进行数字信号处理之前，必须先进行信号的数字化。将模拟信号经过离散化、量化等转换，变成为二进制编码的数字信号，然后再做各种需要的处理。对信号进行数字处理，首先要将测试所得的模拟信号数字化。数字化的含义包含两个方面：时间的离散（采

样保持）和幅值的离散（A/D 转换）。

1. 信号的采样/保持

传感器所采集的数据要进行模/数转换，完成一次模拟量到数字量的转换需要一定的时间，即 A/D 转换器的孔径时间。当输入信号的频率增大时，由于孔径时间的存在，会造成较大的转换误差，为了防止在信号转换时产生较大的误差，必须在 A/D 信号转换的开始将信号的电平保持住，而在转换结束后又能跟踪信号的变化，对输入信号进行采样保持。

在机电一体化检测系统中，不同的检测系统对应不同的采样保持器。图 6-25 为简单的采样保持器，由模拟开关 S、存储电容 C 等组成。采样保持器的工作过程分为两个阶段：采样阶段和保持阶段。当 S 接通时，输出信号跟踪输入信号，对电容 C 进行充电，称为采样阶段；当 S 断开时，由于放大电阻为无穷大，电容 C 的两端一直保持断开时的电压，称为保持阶段。在实际应用中为了提高采样保持器的精度，分别在输入级和输出级采用缓冲器，以减小信号源的输出阻抗，增加负载的输入阻抗。选择合适的电容对采样保持器的精度也有一定的影响，一般多采用泄漏小的电容，为了保持器的时间常数适中，电容大小要适宜。

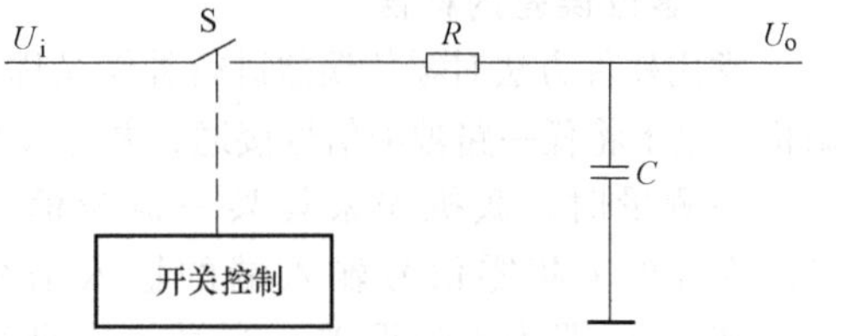

图 6-25 采样保持器

应该指出，目前大多数 A/D 转换器本身带有多路开关和采样/保持器。此外，当输入信号变化非常缓慢时，也可不用保持电路。

2. A/D 转换器

要将来自传感器的模拟信号输入计算机，必须先将其转换为数字信号。如图 6-26 所示，每隔一定的时间间隔 Δt，对模拟信号的瞬时值进行一次采样，将瞬时值在采样保持电路中保持一个时间间隔 Δt。同时将信号进行离散化（数值化），变换成设定位数的高低电平信号，这时会产生量化误差。

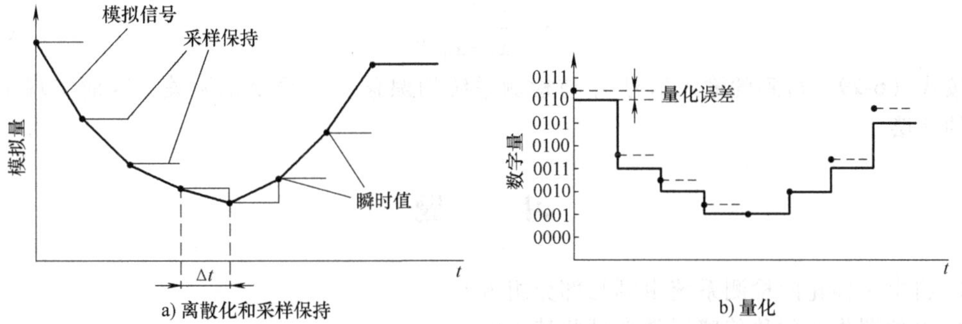

图 6-26 A/D 转换

逐次比较式 A/D 转换器的应用较多。其工作顺序简单介绍如下：

1）将寄存器的各位全部清“0”。

2）将最高位（most significant bit，MSB）置“1”，通过 D/A 转换器输出此时的二进制信号所对应的模拟信号 U_a，经比较器与输入电压 U_i 进行比较，若 $U_i \geqslant U_a$，则 MSB 置“1”；若 $U_i < U_a$，则置“0”。

3）MSB 的低一位置“1”，采用与 2）相同的过程确定该位的值。

4）重复同样的过程直至最低位（least significant bit，LSB）。

按上述顺序就可以将输入电压转变成二进制信号。

6.6.3 零位误差和增益误差的补偿

在检测系统中，由于传感器、测量电路和放大电路等不可避免地存在温度和时间漂移，并引起零位误差和增益误差。这类误差属于系统误差，当误差较大时，常用软件方法对其进行补偿。

1. 零位误差的补偿

常用软件方法对零位误差进行补偿又称数字调零，其原理如图 6-27 所示。模拟多路开关可在微机控制下将任一路被测信号接通，并经过测量及放大电路和 A/D 转换后，采集到微机中。

在测量时，微机先采集某一被测信号 x'，然后再采集零信号输入端的输入信号 a_0，其中 a_0 即为零位误差，在微机中进行如下运算：

$$x = x' - a_0 \tag{6-28}$$

就可得到经过零位误差补偿的采样值 x。

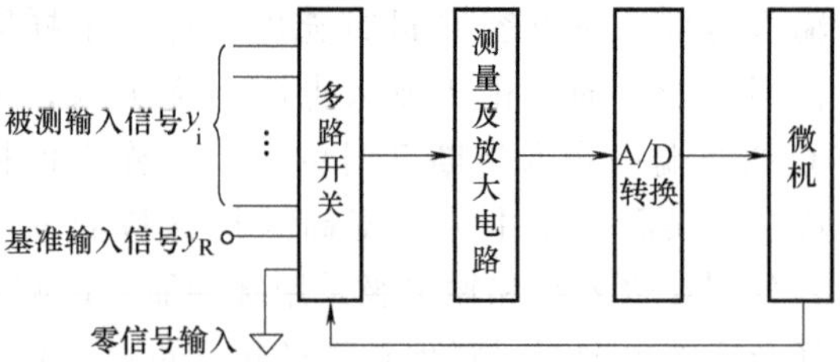

图 6-27 数字调零及全自动校准原理

这种零位误差补偿方法简单、灵活，可把检测系统的零点漂移一次性地全部补偿掉，既提高了检测精度，又降低了对电子元器件的要求。这种零位误差补偿方法广泛应用在智能化数字电压表、数字欧姆表及机电一体化产品中。

2. 增益误差补偿

增益误差补偿又称校准，在微机中，可以实现全自动校准，其原理与数字调零相似。在系统工作时，可每隔一定时间自动校准一次。校准时，在微机的控制下先把多路开关接地（见图 6-27），得到采样值 x_0，然后再把多路开关接基准输入 y_R，得到采样值 x_R。在正式测量时，测得对应输入信号 y_i 的采样值 x_i，则输入信号 y_i 为

$$y_i = \frac{x_i - x_0}{x_R - x_0} y_R \tag{6-29}$$

按式（6-29）得到的输入信号 y_i 与检测系统的漂移和增益变化无关，因而实现了增益误差的补偿。

习　题

1. 机电一体化的检测系统由哪几部分组成？
2. 电位器作为位移传感器具有哪些特点？
3. 什么是莫尔条纹？如线密度 $K=200$ 条/mm，$\theta=0.002$，则纹距 W 是多少？
4. 阐述光栅式角位移传感器的原理，如何识别光栅盘的转动方向？
5. 阐述采样保持器的工作过程。
6. 什么是应变效应？阐述电阻应变片的工作原理。
7. 从传感器信号中提取有用的信息一般要经过哪两个处理过程？
8. 采用软件方法对零位误差进行补偿的原理是什么？

第7章　步进伺服驱动技术

一般的交流电动机和直流电动机在电能的驱动下，直接输出连续的转动。而步进电动机是每当电动机接收一个脉冲时，转子就转过一个相应的角度（称为步距），尤其在低频运行时，明显可见电动机转轴是一步一步地转动的，所以步进电动机是一种将电脉冲信号变为相应的直线位移或角位移的数字/模拟变换器，与数字量控制有很好的接口，20 世纪 70 年代，由于计算机的普及，这项技术获得了井喷式的发展，这种驱动的方式被称为步进伺服驱动。

步进电动机的角位移量和输入脉冲的个数严格成正比。在时间上与输入脉冲同步，因而只要控制输入脉冲的数量、频率和电动机绕组的相序，即可获得所需的转速和转动方向。

7.1　步进电动机的结构及工作原理

步进电动机的种类很多，按产生转矩的方式主要可以分为可变磁阻（variable reluctance，VR）式（也称为反应式）、永磁体（permanent magnet，PM）式和混合（hybrid，HB）式，近年来又发展有直线步进电动机和平面步进电动机等。

本节重点以反应式步进电动机为例，由浅到深，逐级地了解和学习其结构、特性和工作原理，由此推及永磁式和混合式步进电动机。

7.1.1　反应式步进电动机

7.1.1.1　反应式步进电动机的结构

反应式步进电动机由定子和转子两部分构成。定子由硅钢片组成，装上一定相数的控制绕组，依靠环形脉冲分配器发送过来的电子脉冲对绕组多相定子轮流励磁，产生旋转磁场；转子使用硅钢片叠成或用软磁材料做成凸极结构，转子既不励磁也没有磁性，故称作反应式步进电动机。

其结构如图 7-1 所示，其定子由 6 个磁极组成，每两个相对的磁极有一相控制绕组，转子由硅钢片叠成四个凸极。

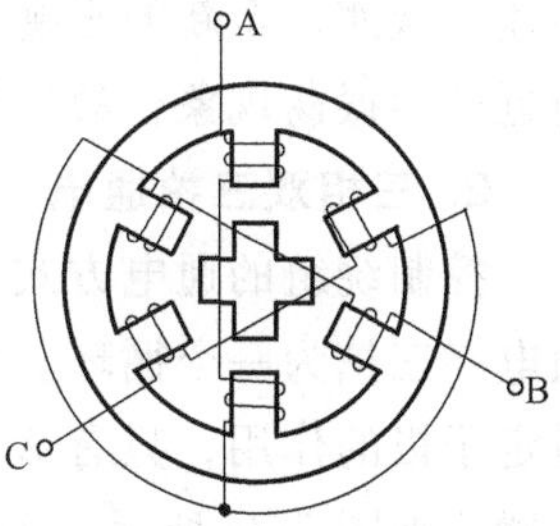

图 7-1　三相反应式步进电动机的结构示意图

7.1.1.2　反应式步进电动机的工作原理

反应式步进电动机的工作原理类似于反应式同步电动机，是利用长轴和短轴磁阻之差所产生的反应转矩（或磁阻转矩）而转动的，所以也称为磁阻式步进电动机。现以一台最简单的三相反应式步进电动机为例，说明其工作原理。

图 7-2 是一台三相反应式步进电动机的工作原理图。定子铁

心为凸极式，共有三对（六个）磁极，每两个相对的磁极上绕有一相控制绕组。转子用软磁性材料制成，也是凸极结构，只有四个齿，齿宽等于定子的极靴宽。下面通过几种基本的控制方式来说明其工作原理。

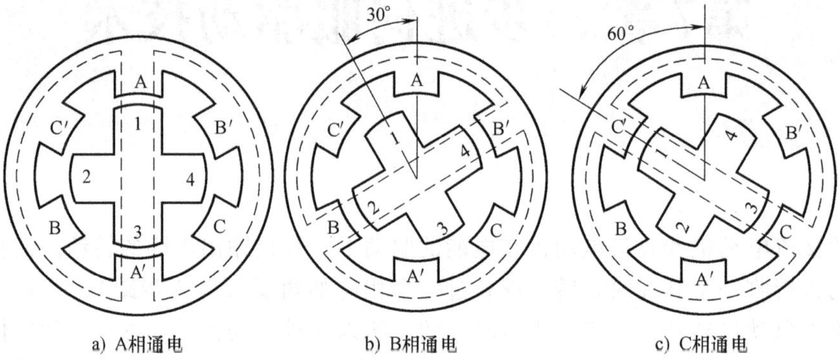

图 7-2　三相反应式步进电动机的工作原理图

1. 三相单三拍通电

当 A 相控制绕组通电，其余两相均不通电，电动机内建立以定子 A 相极为轴线的磁场。由于磁通具有力图走磁阻最小路径的特点，使转子齿 1、3 的轴线与定子 A 相极轴线对齐，如图 7-2a 所示。若 A 相控制绕组断电，B 相控制绕组通电时，转子在反应转矩的作用下，逆时针方向转过 30°，使转子齿 2、4 的轴线与定子 B 相极轴线对齐，即转子走了一步，如图 7-2b 所示。若再断开 B 相，使 C 相控制绕组通电，转子又转过 30°，使转子齿 1、3 的轴线与定子 C 相极轴线对齐，如图 7-2c 所示。如此按 A—B—C—A 的顺序轮流通电，转子就会一步一步地按逆时针方向转动。其转速取决于各相控制绕组通电与断电的频率，旋转方向取决于控制绕组轮流通电的顺序。若按 A—C—B—A 的顺序通电，则电动机按顺时针方向转动。

上述通电方式称为三相单三拍。“三相”是指三相步进电动机；“单”是指每次只有一相控制绕组通电；控制绕组每改变一次通电方式称为一拍，“三拍”是指经过三次改变通电方式为一个循环。前面提到转子接收一个脉冲而转过的角度称为步距角，常用 α 来表示。三相单三拍运行 $\alpha=30°$。

三相单三拍通电特点是，单三拍运行时，步进电动机的控制绕组在断电、通电的间断期间，转子磁极因“失磁”而不能保持原自行“锁定”的平衡位置，即所谓失去“自锁”能力，易出现失步现象；另外，由一相控制绕组断电至另一相控制绕组通电，转子则经历起动加速、减速、至新的平衡位置的过程，转子在到达新的平衡位置时，会由于惯性而在平衡点附近产生振荡现象，故运行平稳性较差。因此，常采用双三拍或单、双六拍的控制方式。

2. 三相双三拍通电

控制绕组的通电方式为 AB—BC—CA—AB 或 AB—CA—BC—AB。每拍同时有两相绕组通电，三拍为一个循环。当 A、B 两相控制绕组同时通电时，转子齿的位置应同时考虑到两对定子极的作用，只有 A 相极和 B 相极对转子齿所产生的磁拉力相平衡，才是转子的平衡位置，如图 7-3a 所示。若下一拍为 B、C 两相同时通电时，则转子按逆时针转过 30°到达新的平衡位置，如图 7-3b 所示。可见，双三拍运行时的步距角仍是 30°。

三相双三拍通电方式特点是，三拍运行时，每一拍总有一相绕组持续通电，例如由 A、

B 两相通电变为 B、C 两相通电时，B 相保持持续通电状态。C 相磁拉力力图使转子逆时针方向转动，而 B 相磁拉力却起有阻止转子继续向前转动的作用，即起到一定的电磁阻尼作用，所以电动机工作比较平稳。而在三相单三拍运行时，由于没有这种阻尼作用，所以转子达到新的平衡位置容易产生振荡，稳定性不如双三拍运行方式。

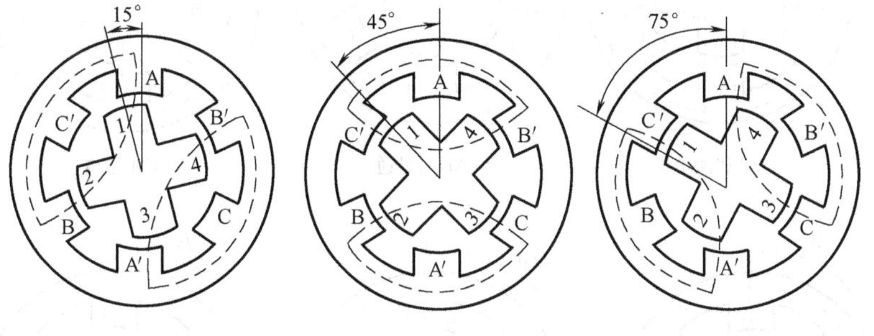

a) AB相导通　　b) BC相导通　　c) CA相导通

图 7-3　三相双三拍运行方式

3. 三相单双六拍通电

在了解了反应式步进电动机的基本工作原理后，抓住步距角精度这条主线，逐层逐级地了解步进电动机的传动及控制思想。前面讲到的两种通电方式步距角都是 30°，但是转子和定子静态的平衡位置是不同的，这样就给人们一个启示，这两个平衡位置可否叠加起来，如果可行，那么步距角分辨率就可以提高一倍，这就是这里要介绍的三相单双六拍通电方式。其具体实现过程如下：

控制绕组的通电方式为 A—AB—B—BC—C—CA—A 或 A—AC—C—CB—B—BA—A，即一相通电和两相通电间隔轮流进行，完成一个循环需要经过六次改变通电状态。当 A 相控制绕组通电时和三相单三拍运行的情况相同，如图 7-4a 所示。当 A、B 两相同时通电时和三相双三拍运行的情况相同，转子只能按逆时针方向转过 15°，如图 7-4b 所示。当断开 A 相使 B 相单独接通，转子继续按逆时针方向又转过 15°，如图 7-4c 所示。依次类推，若继续按 BC—C—CA—A 的顺序通电，步进电动机就一步一步地按逆时针方向转动。若通电顺序变为 A—AC—C—CB—B—BA—A 时，步进电动机将按逆时针方向旋转。可见三相单双六拍运行时，步距角为 15°，比三相双三拍通电方式时减小一半。因此，同一台步进电动机，采用不同的通电方式，可以有不同的拍数，对应运行时的步距角也不同。

由此可见，增加步进电动机运行的拍数，也可以提高步进电动机的布局角精度。此外，三相单双六拍运行方式每一拍也总有一相控制绕组持续通电，也具有电磁阻尼作用，电动机工作也比较平稳。

4. 实用化步进电动机

三相单双六拍反应式步进电动机，它的步距角依然较大，常常满足不了系统精度的要求，需要继续探究获取小的步距角精度的途径。可以从步进电动机的相数和转子极数两个方面分析，增加电动机的相数可以增加拍数，也可以减小步距角，但相数越多，电源及电动机的结构越复杂，造价也越高，反应式步进电动机一般做到六相，个别的也有八相或更多相，相数增加的空间是有限的；而增加转子的极数，即转子的齿数，似乎有很大的空间，增加转子的齿数是减小步进电动机步距角的一个有效途径，例如增加到 40 个极，这时就有一个数

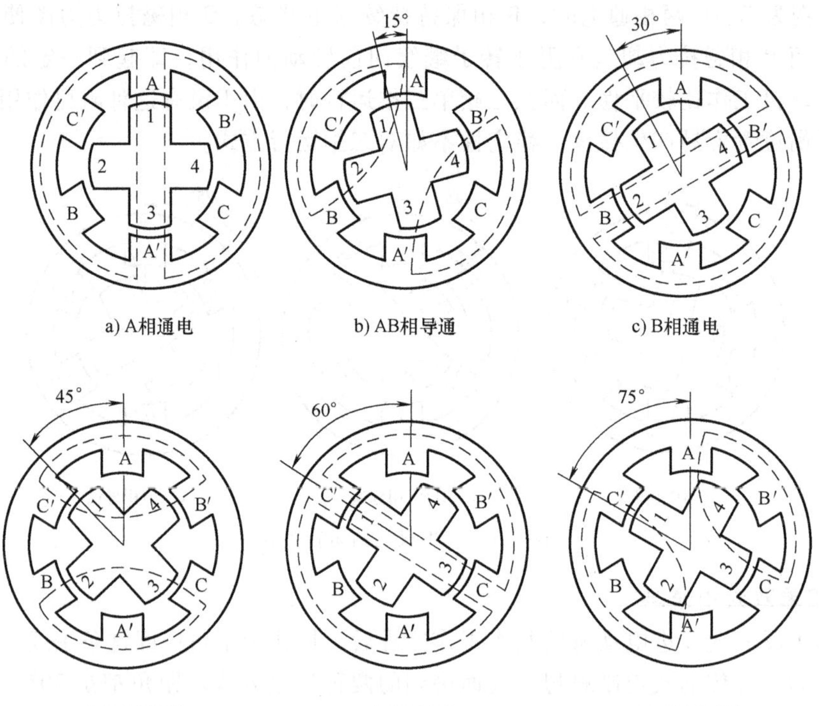

a) A相通电　b) AB相导通　c) B相通电

d) BC相导通　e) C相通电　f) CA相导通

图 7-4　三相单双六拍运行方式

量级的变化，其步距角可以做得很小，从而开发出一个满足通常要求的实用化步进电动机。

图 7-5 为三相反应式小步距角步进电动机的结构示意图，如果只是增加转子的齿数，对应的步进电动机的定子极数没有任何的改变，仍然是 6 个大极，就无法匹配转子的小齿，不能够正常产生旋转驱动力矩。要想解决这个问题，就需要在原有定子的磁极上加工同样齿距的齿，从而产生一一对应的对等关系。

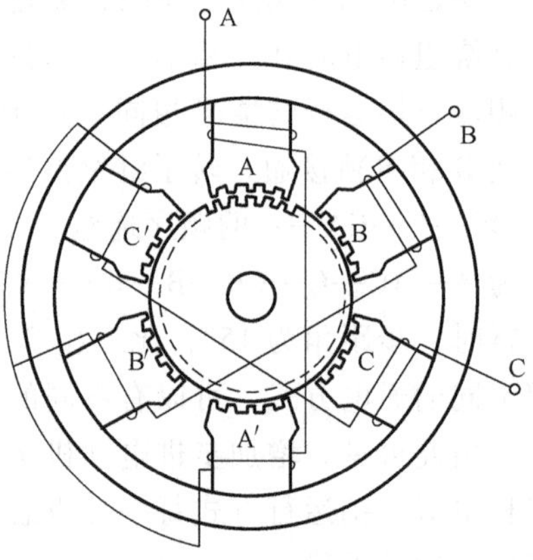

图 7-5　三相反应式小步距角步进电动机结构示意图

大多数实用化步进电动机主要采用定子磁极上带有与转子同样齿距的小齿，转子具有很多齿数的反应式结构。下面进一步说明它的工作原理。

图 7-6 所示的是最常见的一种三相反应式小步距角步进电动机的定、转子工作时序图。定子每个极面上有 5 个齿，转子上均匀分布 40 个齿，定、转子的齿宽和齿距都相同。当 A 相控制绕组通电时，转子受到反应转矩的作用，使转子齿的轴线和定子 A、A′极下齿的轴线对齐。因转子上共有 40 个齿，其齿距角为 360°/40=9°，定子每个极距所占的齿数为 20/3，不是整数，如图 7-6 所示。因此，当定子 A 相极下定、转子齿对齐时，定子 B 相极和 C 相极下的齿和转子齿依次有 1/3 齿距的错位，即 3°；同样，当 A 相断电，B 相控制绕组通电时，在反应转矩的作用下，转子按逆时针方向转过 3°，使转子齿的轴线和定子 B 相极下齿的轴线对齐。这时，定子 C 相极和 A 相极下的齿和

转子齿又依次错开 1/3 齿距。依次类推，若继续按单三拍的顺序通电，转子就按逆时针方向一步一步地转动，步距角为 3°。当然，改变通电顺序，即按 A—C—B—A，电动机将按顺时针方向反转。

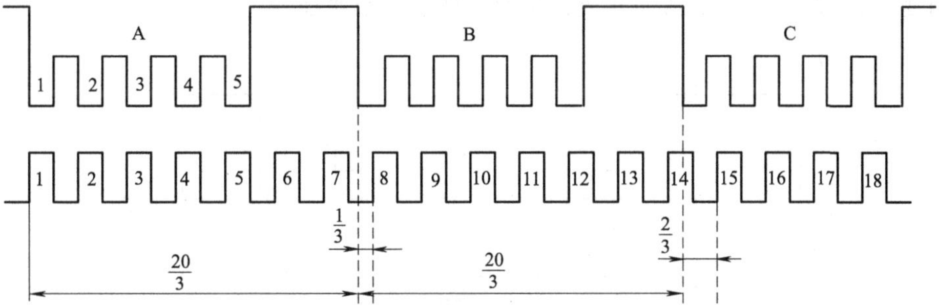

图 7-6　三相反应式小步距角步进电动机的定、转子工作时序展开图（A 相绕组通电）

如果以 m 表示步进电动机运行的拍数，则转子经过 m 步，将转过一个齿距。每转一圈（即 360°机械角），步距角为

$$\alpha=\frac{360^\circ}{PZK} \tag{7-1}$$

式中　P——步进电动机相数；

Z——步进电动机转子齿数；

K——通电方式，等于导电拍数和相数比值，$K=m/P$；

m——导电拍数。

选择适当的定子和转子的齿数差可以减小步距角，使转子旋转平稳。这种电动机的步距角一般为 0.6°~15°，能够产生中等的转矩，目前所使用的步进电动机转子的齿数很多，对相同相数的步进电动机既可采用单拍方式，也可采用单、双拍方式。所以同一台电动机可有两个步距角，如 3°/1.5°、1.5°/0.75°、1.2°/0.6°等。

5. 步进电动机步距角细分技术

随着微观领域持续的飞速发展，比如对生物细胞学、纳米材料的研究，往往需要分辨率要求较高的执行机构，对于前面所提到通过增加定子的相数和转子的齿数，所得到的步进电动机的分辨率显然不能满足技术需求，再想通过机械结构提高分辨率已经是不可行的，那么还有什么好方法去提高分辨率呢？细心的读者一定会发现，步进电动机单双拍通电的方式，给了我们一个启示，本来在 A、B 相之间直接是一个步距角，但是由于引入了双拍 AB 相同时通电这个环节，最后在 A、B 相中间位置，获得了一个新的平衡点，这就引导我们去思考，A 或 B 其中一相，逐渐增加或减少电流，是否会有一个新的平衡位置存在呢？这就引出步进电动机步距角细分技术。

（1）步距细分的原理　步进电动机是一种电流驱动器件。改变步进电动机各相电流的大小，就能使其转子相对于每个驱动脉冲的变化量减小，使原有平衡位置之间增加新的平衡点，便可实现步距细分。

以三相反应式步进电动机为例，采用磁动势转换图直观分析四细分驱动的原理。对应于半步工作方式，状态转换表为 A—AB—B—BC—C—CA—…如果将每相绕组电流分为四个等幅等宽的阶梯上升或下降，则将步进电动机的每一步分为四步完成，即对步进电动机进行四细分驱动，每次仅让一相电流变化，使其三相电流呈现图 7-7 所示的变化方式，形成三相单双六拍驱动方式，可以达到步距四细分。从图 7-7 中可以看出，每一个脉冲只使某一相电流变化 1/4。因此，转子平衡位置亦偏转约 1/4 的步距角。原来由一个脉冲完成的相电流变化（即转角变化），现在由四个脉冲完成，从而实现了步距四细分。

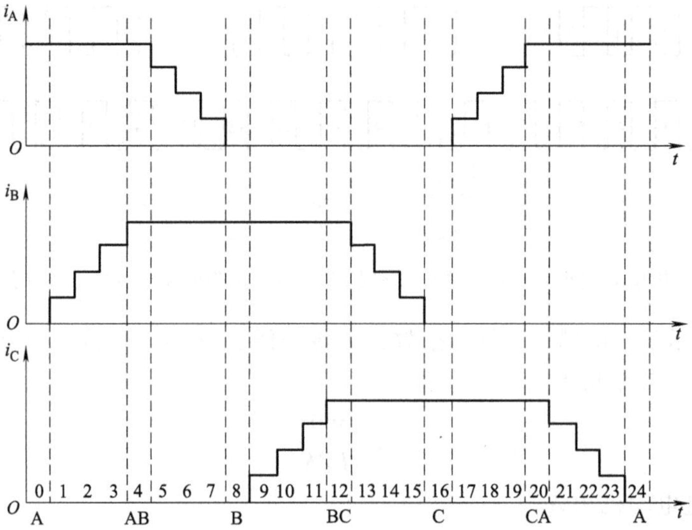

图 7-7　三相单双六拍四细分各相电流波形

一般情况下，根据环形分配器决定的分配方式，步进电动机各相绕组的电流轮流切换，从而使步进电动机的转子步进旋转。步距角的大小只有两种，即整步工作或半步工作，而步距角已由电动机的结构所确定。在每次输入脉冲切换时，不是将绕组电流全部通入或关断，而是只改变相应绕组中额定电流的一部分，转子相应的每步转动原有步距角的一部分，额定电流分成多少次切换，转子就以多少步来完成一个原有的步距角。这种将一个步距角细分成若干步的驱动方法，称为细分驱动。

步进电动机细分驱动的本质是把对绕组的矩形电流波供电改为阶梯形电流波供电。要求绕组中的电流以若干个等幅等宽的阶梯上升到额定值或以同样的阶梯从额定值下降到零。虽然这种驱动电源的结构比较复杂，但在不必改变电动机内部结构的前提下，使步进电动机具有更小的步距角、更高的分辨率；使电动机运行平稳，减小或消除电动机振荡和噪声。

（2）步距角细分后的步距角计算

步进电动机细分后的步距角为

$$\alpha=\frac{\alpha_0}{n} \tag{7-2}$$

式中　α_0——步进电动机细分前步距角；

n——细分数。

（3）步距角细分意义　步进电动机的运行特性不仅取决于电动机本身所具有的机械特性和电气特性，而且取决于驱动电源性能的优劣。因为微型步进电动机尺寸小，使转子、定子槽数受限制。因此，步进电动机步距角比较大，不利于做精密位置控制，为了使微型步进电动机具有较高的角分辨率，可以改进步进电动机驱动方式，实现步距细分，用微步驱动有如下优点：

1）在 N 步细分后，可使步距角减小为原来的 $1/N$，提高定位分辨率；

2）可以改善步进电动机低速运行时脉动现象；

3）大大减小步进电动机低频共振现象；

4）降低步进电动机运行噪声；

5）提高步进电动机负载能力。

采用细分通电方式可使步进电动机的运行更平稳，定位分辨率提高，负载能力也有所增加，并且步进电动机可采用低速同步运行方式。

7.1.2 永磁式步进电动机

图 7-8 所示是永磁式步进电动机的结构原理图。定子为凸极式，装有两相（或多相）绕组。转子为凸极式星形磁钢，其极对数与定子每相绕组的极对数相同。图 7-8 中定子为两相集中绕组（A、B），每相为两对极，所以转子也是两对极，即 $P=2$。其传动是通过定子绕组轮流通电，建立的磁场与转子永久磁铁的恒定磁场相互吸引与排斥产生转矩而实现的。

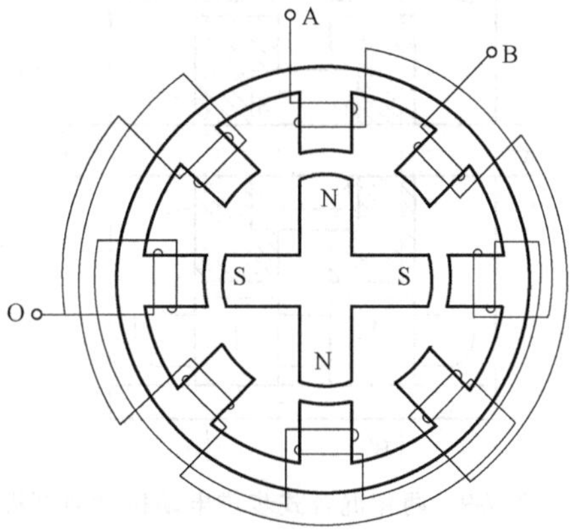

图 7-8 永磁式步进电动机的结构原理图

当定子绕组按 A—B—(-A)—(-B)—A—…的顺序轮流通电时，转子将按顺时针方向每次转过 45°，即步距角为 45°。按照 B—A—(-B)—(-A)—B—…的顺序通电，将实现反转。

永磁式步进电动机的步距角为

$$\alpha=\frac{360°}{2mP} \tag{7-3}$$

式中 P——转子极对数；

m——相数。

上述这种通电方式为两相单四拍，要求控制电源既能输出正脉冲，也能输出负脉冲，电源较复杂。若每个定子磁极上绕两套绕向相反的绕组，则电源只发正脉冲即可，简化了电源电路，但电动机的用铜量和尺寸等均要增加。

此外，还有两相双四拍通电方式，即 AB—B(-A)—(-A)(-B)—(-B)A—AB 和单双拍的八拍通电方式。

永磁式步进电动机转子 N 极与 S 极分布于转子外表面，要提高分辨率，就要提高极对数，通常 20mm 的直径，转子可配置 24 极，如需再增加极对数，会增大漏磁通，降低电磁转矩，造成步距角较大。这种电动机的主要特点是：步距角大，起动和运行频率较低；但它所需的控制功率较小、效率高、造价便宜，且在断电情况下具有定位转矩。因此需要量较大，主要用于新型自动化仪表。

7.1.3 混合式步进电动机

混合式步进电动机是一种十分流行的步进电动机。它既有反应式步进电动机小步距角的特点，又有永磁式步进电动机的高效率、绕组电感比较小的特点。常常也作为低速同步电动机运行。混合式步进电动机不同于永磁式步进电动机，这种电动机的N极和S极分布在两个不同的软磁圆盘上，因此可以增加转子的极数，从而提高分辨率，在直径为20mm的转子上可以配置100个极，并且磁极极化为周向，N极和S极在装配后两极磁化，所以充磁简单。

1. 两相混合式步进电动机的结构

图7-9是两相混合式步进电动机的轴向剖视图。定子的结构与反应式步进电动机基本相同，沿着圆周有若干个凸磁极，极面上有小齿，极身上有控制绕组。控制绕组的接线如图7-10所示，转子由环形磁钢和两段铁心组成，环形磁钢在转子中部，轴向充磁，两段铁心分别装在磁钢的两端。转子铁心上也有小齿，两段铁心上的小齿相互错开半个齿距。

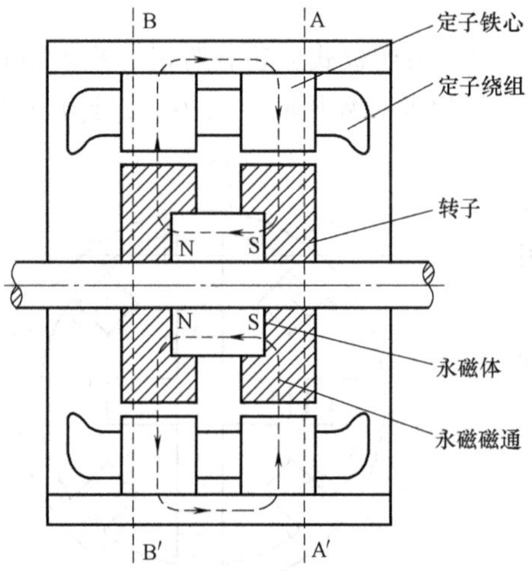

图7-9　两相混合式步进电动机轴向剖视图

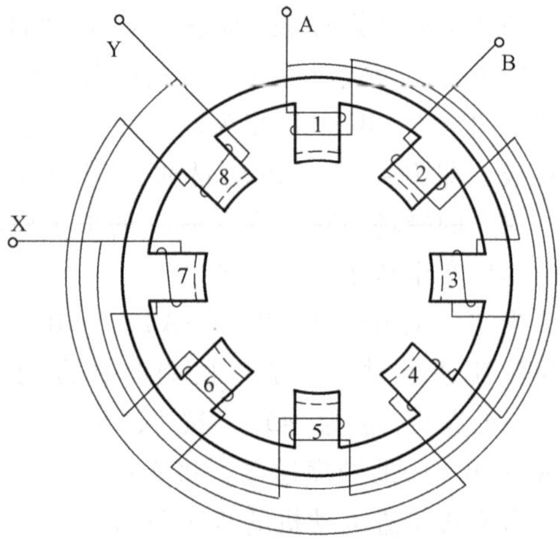

图7-10　混合式步进电动机绕组接线图

图7-11所示为磁极转子段的横截面图。定子上均匀分布有8个磁极，每个磁极下有5个小齿。转子上均匀分布着50个齿。当磁极N_1下是齿对齿时，磁极N_5下也是齿对齿，气隙磁阻最小；磁极S_3和S_7下是齿对槽，磁阻最大，如图7-11a所示。此时对于转子的另一端，则是磁极N_1'和N_5'正好是齿对槽，磁极S_3'和S_7'是齿对齿，如图7-11b所示。

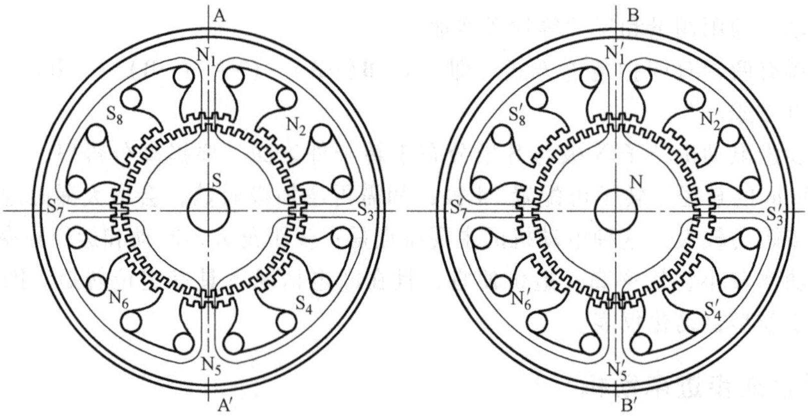

a) S极转子段截面图　　b) N极转子段截面图

图7-11　磁极转子段的横截面图

2. 两相混合式步进电动机的工作原理

混合式步进电动机作用在气隙上的磁动势有两个，一个是由永久磁钢产生的磁动势，另一个是由控制绕组电流产生的磁动势。这两个磁动势有时是相加的，有时是相减的，视控制绕组中电流方向而定。这种步进电动机的特点是混入了永久磁钢的磁动势，故称为混合式步进电动机。

为了便于理解设计了一个简化的混合式步进电动机的模型，如图 7-12 所示，简化实际磁路是定子为 4 个主磁极与 5 个转子磁极相对应，并省略了定子的绕组。

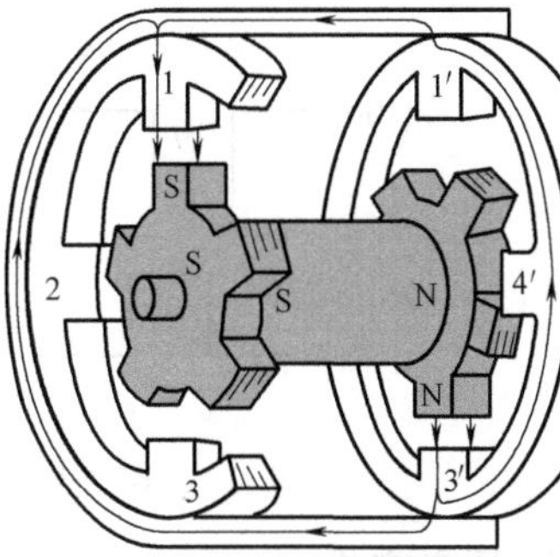

图 7-12　混合式步进电机磁路作用原理图

由于转子的永久磁铁的磁通在定子中变成交链磁通，当定子线圈流过电流时，根据左手定则产生电磁转矩。两个导磁体夹着 1 个永磁体，转子的齿位置互相差 1/2 齿距。转子的磁通从 N 极出发，经过气隙最小处（与定子齿相对的地方）到定子磁路，再返回转子的 S 极，磁路如图 7-12 中箭头所示。

在图 7-12 左侧的转子上部，右侧的转子下部产生吸引力，轴两侧产生力矩（此力矩是不平衡电磁力），转子的旋转受到定子励磁线圈切换产生旋转力，轴承的间隙很容易产生振动，实际上定子的主磁极为 8 个极，转子齿数为偶数，目的是消除不平衡力矩。实际上与 2 个转子齿部相对的定子，在轴向并非是分开成两个，而是采用硅钢片叠压成一体。

（1）零电流时工作状态　各相控制绕组中没有电流通过，这时气隙中的磁动势仅由永久磁钢的磁动势决定。如果电动机的结构完全对称，各个定子磁极下的气隙磁动势将完全相等，电动机无电磁转矩。因为永磁磁路是轴向的，从转子 B 端到定子的 B 端，轴向到定子的 A 端、转子的 A 端、经磁钢闭合。在这个磁路上，总的磁导与转子位置无关。这一方面由于转子不论处于什么位置，每一端的不同极下磁导有的大有的小，但总和不变；另一方面由于两段转子的齿错开了半个齿距，所以即使在一个极的范围内看，当 B 端磁导增大时，A 端必然减小，也使总磁导在不同转子位置时保持不变。

（2）绕组通电时工作状态　当控制绕组有电流通过时，便产生磁动势。它与永久磁钢产生的磁动势相互作用，产生电磁转矩，使转子产生步进运动。当 A 相绕组通电时，转子的稳定平衡位置如图 7-13a 所示。若使转子偏离这一位置，如转子向右偏离了一个角度，则定、转子齿的相对位置及作用转矩的方向如图 7-13b 所示。在不同端、不同极的作用转矩都是同方向的，都是使转子回到稳定平衡位置的方向。可见，两相混合式步进电动机的稳定平衡位置是：定、转子异极性的极面下磁导最大，而同极性的极面下磁导最小的位置。

与 A 相相邻的 B 相磁极下，定、转子齿的相对位置错开 $1/m$ 齿距，所以当由 A 相通电改变为 B 相通电时，转子的稳定平衡位置将移动 $1/m$ 齿距，即步距角为

$$\alpha=\frac{360^\circ}{2mP} \tag{7-4}$$

式中　P——相数；

m——转子齿数。

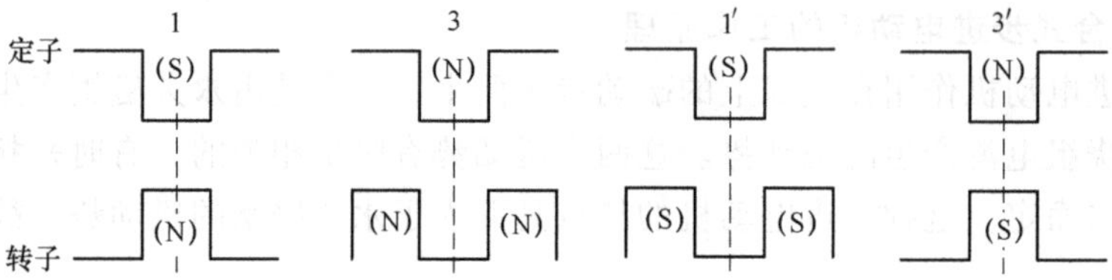

a) A相通电时的转子稳定平衡位置

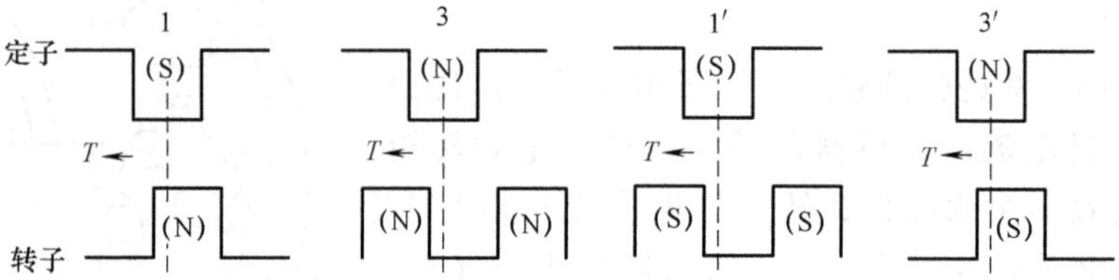

b) 转子偏右位置作用转矩方向

图 7-13　稳定平衡位置及偏离时的作用转矩方向

3. 通电方式

（1）单四拍通电方式　每拍只有一相绕组通电，四拍构成一个循环，两相控制绕组按 A—B—(-A)—(-B)—A 的顺序轮流通电。每拍转子转动 1/4 转子齿距，每转的步数 $4Z_r$。若转子齿数为 50，每转为 200 步。

（2）双四拍通电方式　每拍有两相绕组同时通电，两相控制绕组按 AB—B(-A)—(-A)(-B)—(-B)A—AB 的顺序轮流通电。若转子齿数也为 50，则每转也是 200 步，和单四拍相同，但二者的空间定位不重合。

（3）单、双八拍通电方式　前面两种通电方式的循环拍数都等于四，称为满步通电方式。若通电循环拍数为八，称为半步通电方式，即按 A—AB—B—B(-A)—(-A)—(-A)(-B)—(-B)—(-B)A—A 的顺序轮流通电，每拍转子转动 1/8 转子齿距。若 $Z=50$，则每转为 400 步。

7.2　步进电动机的运行特性

7.2.1　步进电动机的静态特性

1. 矩角特性

步进电动机的一相或多相控制绕组通入直流电流，且不改变它的通电状态，这时转子将稳定在某一平衡位置上保持不动，称为静止状态（简称静态）。在空载情况下，转子的平衡位置称为初始稳定平衡位置。静态时的反应转矩称为静转矩，在理想空载时静转矩为零。当有扰动作用时，转子偏离初始稳定平衡位置，偏离的电角度 θ 称为失调角。静转矩与转子失调角的关系，即 $T=f(\theta)$，称为矩角特性。

当反应式步进电动机转子转过一个齿距时，在这个过程中，若把磁路变化的情况看作是一个周期则转子一个齿距所对应的电角度为 2π。

设静转矩 T 和失调角 θ 从右向左为正。当失调角 $\theta=0$ 时，定转子齿的轴线重合，静转

矩 $T=0$，如图 7-14a 所示；当 $\theta>0$ 时，切向磁拉力使转子向右移动，静转矩 $T<0$，如图 7-14b 所示；当 $\theta<0$ 时，切向磁拉力使转子向左移动，静转矩 $T>0$，如图 7-14c 所示；当 $\theta=\pi$ 时，定子齿与转子槽正好相对，转子齿受到定子相邻两个齿磁拉力作用，但其大小相等、方向相反，产生的静转矩为零，即 $T=0$，如图 7-14d 所示。

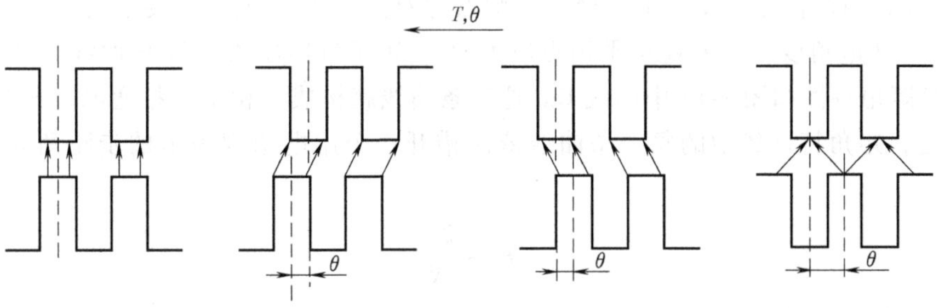

图 7-14　静转矩与转子位置的关系

静转矩为

$$T=-T_{max}\sin\theta \tag{7-5}$$

式中　T_{max}——最大静转矩。

步进电动机的理想矩角特性是一个正弦波，如图 7-15 所示。

在矩角特性上，$\theta=0$ 是理想的稳定平衡位置。因为此时若有外力矩干扰使转子偏离它的稳定平衡位置，只要偏离的角度在 $-\pi\sim\pi$ 之间，一旦干扰消失，电动机的转子在静转矩的作用下，将自动恢复到 $\theta=0$ 这一位置，从而消除失调角。当 $\theta=\pm\pi$ 时，虽然此时 T 也等于零，但是如果有外力矩的干扰使转子偏离该位置，当干扰消失时，转子回不到原来的位置，而是在静转矩的作用下，转子将稳定到新的 $\theta=0$ 或 $\pm2\pi$ 的位置上，所以 $\theta=\pm\pi$ 为不稳定平衡位置。$-\pi<\theta<\pi$ 之间的区域称为静稳定区。在这一区域内，当转子转轴上的负载转矩与静转矩相平衡时，转子能稳定在某一位置；当负载转矩消失，转子又能回到初始稳定平衡位置。

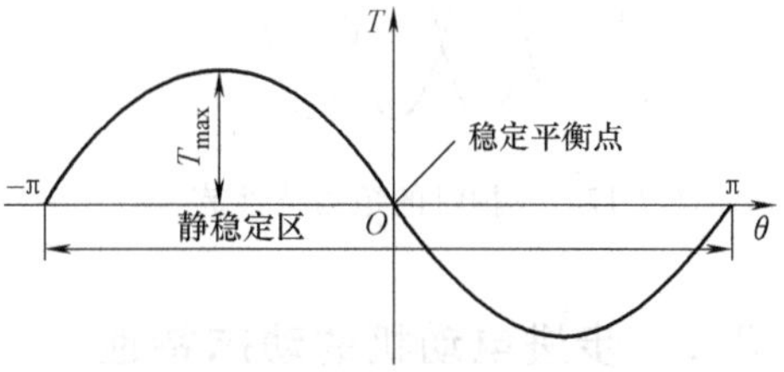

图 7-15　步进电动机的理想矩角特性

2. 最大静转矩

步进电动机的最大静转矩能反映步进电动机承受负载的能力，它与步进电动机很多特性的优劣有直接关系。因此，最大静转矩是步进电动机的主要性能指标之一，通常在技术数据中都会给出。由于铁磁材料的非线性，T_{max} 与 I 之间也呈非线性关系。当控制绕组中电流较小，电动机磁路不饱和时，最大静转矩 T_{max} 与控制绕组中电流 I 的平方成正比；当电流较大时，由于磁饱和的影响，最大静转矩 T_{max} 的增加变缓。在一定通电状态下，最大静转矩与控制绕组中电流的关系称为最大静转矩特性，即 $T_{max}=f(I)$，如图 7-16 所示。

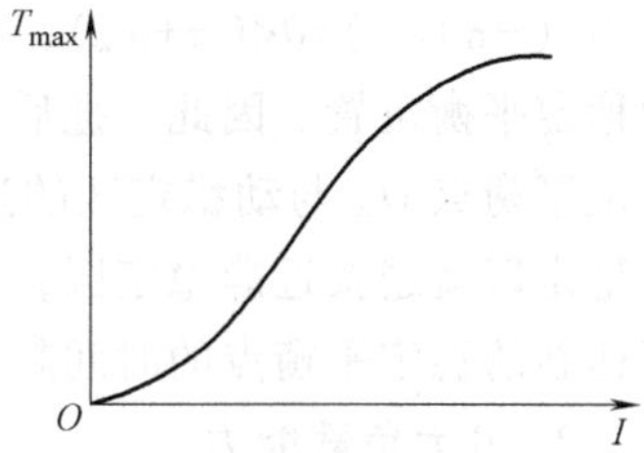

图 7-16　最大静转矩特性

3. 矩角特性族

在分析步进电动机动态运行时，不仅要知道某一相控制绕组通电时的矩角特性，而且要知道整个运行过程中各相控制绕组通电状态下的矩角特性，即所谓矩角特性族。以三相单三拍的通电方式为例，若将失调角 θ 的坐标轴统一取在 A 相磁极的轴线上，显然 A 相通电时矩角特性如图 7-17 中曲线 A 所示，稳定平衡点为 O_A；B 相通电时，转子转过 1/3 齿距，相当于转过 $2\pi/3$ 电角度，它的稳定平衡点应为 O_B，矩角特性如图 7-17 中曲线 B 所示；同理，C 相通电时矩角特性如图 7-17 中曲线 C。这三条曲线就构成三相单三拍通电方式时的矩角特性族。总之，矩角特性族中的每一条曲线依次错开一个用电角度表示的步距角 θ_{se}，其计算式为

$$\theta_{se}=\frac{2\pi}{N} \tag{7-6}$$

同理，可得到三相单、双六拍通电方式时的矩角特性族，如图 7-18 所示。

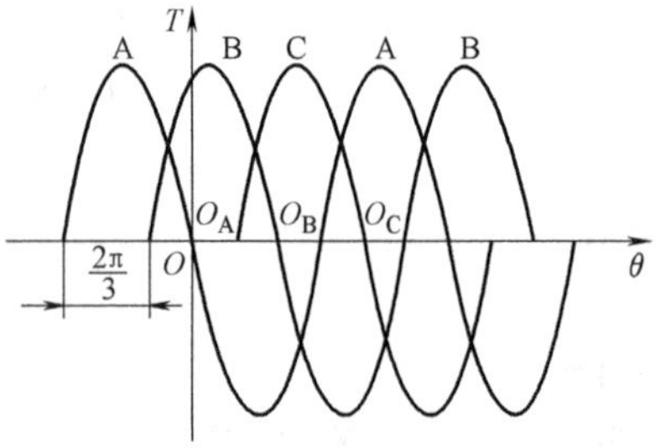

图 7-17　三拍时的矩角特性族

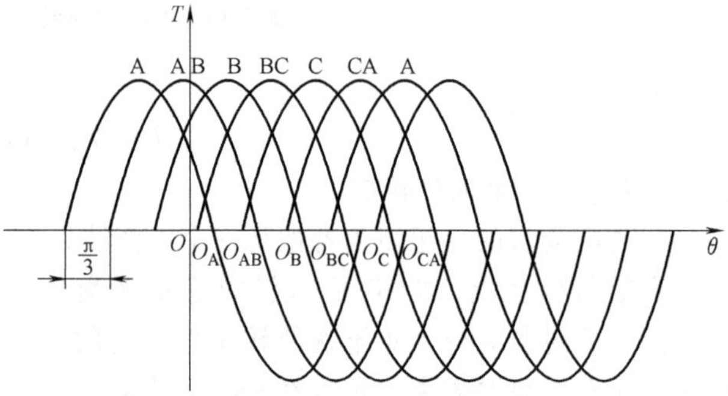

图 7-18　六拍时的矩角特性族

7.2.2　步进电动机的动态特性

动态特性是指步进电动机在运行过程中的特性。它直接影响系统工作的可靠性和系统的快速反应。

1. 动稳定区

当 A 相控制绕组通电时，矩角特性如图 7-19 中的曲线 A 所示。若步进电动机为理想空载，则转子处于稳定平衡点 O_A 处。如果将 A 相通电改变为 B 相通电，那么矩角特性应向前移动一个步距角 θ_{se} 变为曲线 B，O_B 点为新的稳定平衡点。在改变通电状态的瞬时，转子位置来不及改变，还处于 $\theta=0$ 的位置，对应的电磁转矩却由 0 突变为 T_c（曲线 B 上的 c 点）。在该转矩的作用下，转子向新的稳定平衡位置移动，直至到达 O_B 点为止。对应它的静稳定区为 $(-\pi+\theta_{se})<\theta<(\pi+\theta_{se})$，即改变通电状态的瞬间，只要转子在这个区域内，就能趋向新的稳定平衡位置。因此，把后一个通电相的静稳定区称为前一个通电相的动稳定区。把初始稳定平衡点 O_A 与动稳定区的边界点 a 之间的距离称为稳定裕度。拍数越多，步距角越小，动稳定区就越接近静稳定区，稳定裕度越大，运行的稳定性越好，转子从原来的稳定平衡点到达新的稳定平衡点的时间越短，能够响应的频也就越高。

2. 最大负载能力

步进电动机带恒定负载时，负载转矩为 T_{L1}，且 $T_{L1}<T_{st}$。若 A 相控制绕组通电，则转子

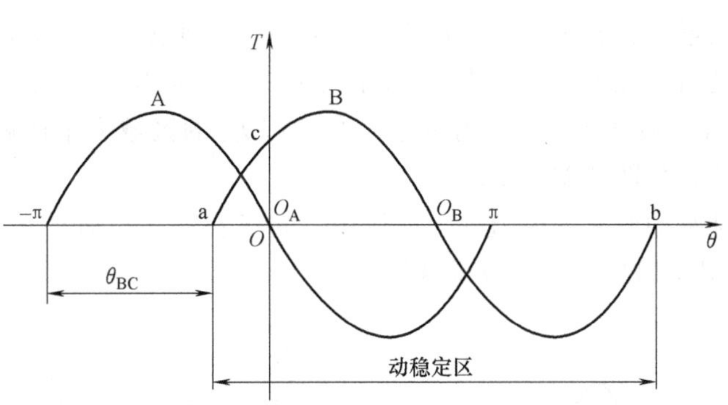

图 7-19　动稳定区

的稳定平衡位置为图 7-20a 中曲线 A 上的 O'_A点（对应的失调角为 θ_a），这一点的电磁转矩正好与负载转矩相平衡。当输入一个控制脉冲信号，通电状态由 A 相改变为 B 相，矩角特性变为曲线 B。在改变通电状态的瞬间，电动机产生的电磁转矩 T_a 大于负载转矩 T_{L1}，电动机在该转矩的作用下，转过一个步距角，到达新的稳定平衡点 O'_B。

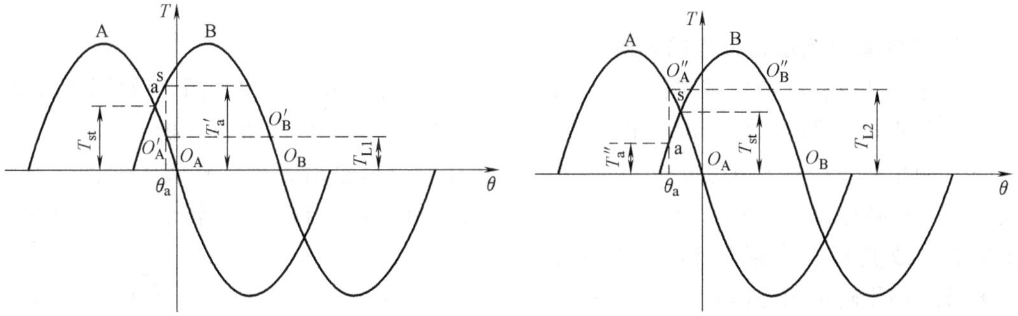

a) $T_{st}>T_{L1}$　　b) $T_{st}<T_{L2}$

图 7-20　最大负载转矩的确定

如果负载转矩增大为 T_{L2}，且 $T_{L2}>T_{st}$，如图 7-20b 所示，则初始平衡位置为 O''_A点（对应的失调角为 θ_a）。但在改变通电状态的瞬间，电动机产生的电磁转矩为 T''_a，由于 $T''_a<T_{L2}$，所以转子不能到达新的稳定平衡位置 O''_B点，而是向失调角 θ 减小的方向滑动，电动机不能带动负载进行步进运行，这时步进电动机实际上是处于失控状态。

由此可见，只有负载转矩小于相邻两个矩角特性交点 s 所对应的电磁转矩 T_{st}，才能保证电动机正常的步进运行，把 T_{st} 称为最大负载转矩，也称为起动转矩。当然它比最大静转矩 T_{max} 要小。

3. 转子振荡现象

上面分析认为当控制绕组改变通电状态后，转子单调地趋向平衡位置。但实际上由于转子有惯性，它要经过一个振荡过程，如图 7-21 所示。

步进电动机空载，开始时 A 相控制绕组通电，转子处在失调角 $\theta=0$ 的位置。当改变为 B 相绕组通电时，在电磁转矩的作用下，转子将加速趋向新的平衡位置 O_B，到达 O_B 时，电磁转矩为零，但速度并不为零。在惯性的作用下，转子将继续转动越过新的平衡位置 O_B。此时电磁转矩变为负值，即反方向作用在转子上，因而电动机开始减速。随着失调角 θ 增大，反向转矩也随之增大，若不考虑电动机的阻尼作用，则转子将一直转到 $\theta=2\theta_{se}$ 的位置，转子转速减为零。之后电动机在反向转矩的作用下，转子向反方向转动，又越过平衡位置 O_B，直至 $\theta=0$。这样，转子就以 O_B 为中心，在 $0\sim2\theta_{se}$ 的区域内来回做不衰减的振荡，称为无阻尼的自由振荡，如图 7-21 所示。

实际上，由于轴承的摩擦和风阻等阻尼作用，转子在平衡位置的振荡过程总是衰减的，如图 7-22 所示。阻尼作用越大，衰减得越快。

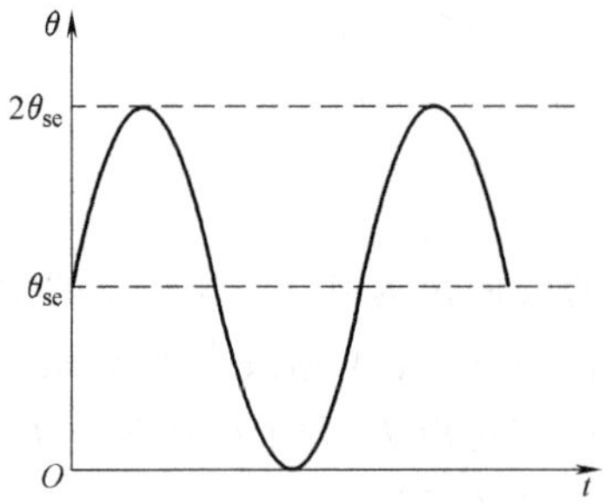

图 7-21　无阻尼时转子自由振荡图

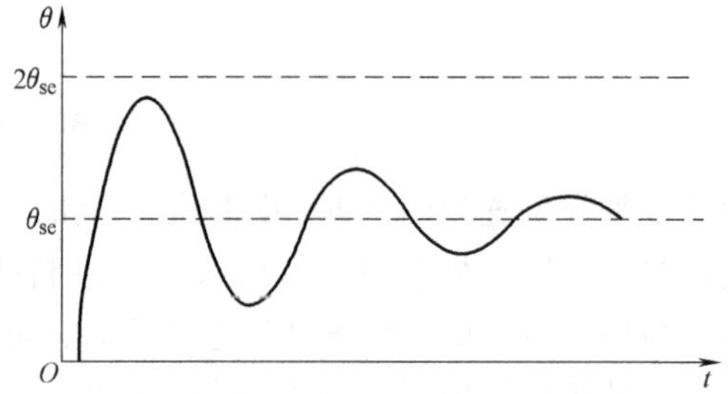

图 7-22　有阻尼时转子的衰减振荡

4. 脉冲频率对电动机工作的影响

步进电动机控制脉冲的频率往往会在很大范围内变化。脉冲频率不同，脉冲持续的时间也不同，步进电动机的工作情况也截然不同。下面分三个频率区段进行分析。

（1）频率极低时的连续步进运行　当控制脉冲频率极低时，脉冲持续的时间很长，并且大于转子衰减振荡的时间。也就是说在下一个控制脉冲尚未到来时，转子已经处在某稳定平衡位置。故其每一步都和单步运行一样，电动机具有明显的步进特征，如图 7-23 所示。

步进电动机在这种情况下运行时，一般来说是处于欠阻尼的情况，振荡是不可避免的。但最大振幅不会超过步距角，因而处在步进运行状态中的步进电动机能够跟随输入脉冲而可靠工作，即不会出现丢步、越步等现象。

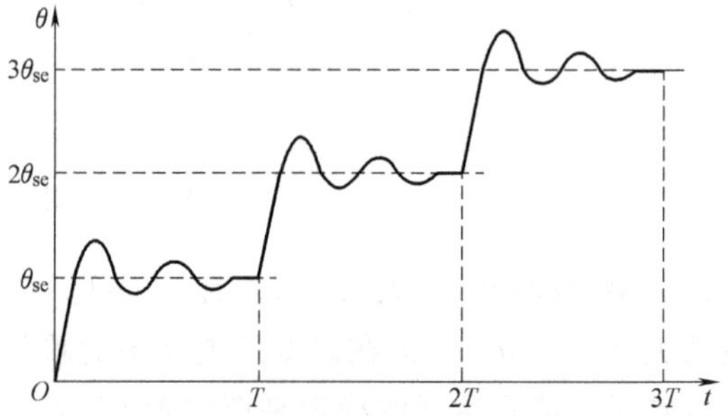

图 7-23　具有步进特性的运行

（2）频率很低时的低频共振　当控制脉冲的频率比前一种高，脉冲持续的时间比转子衰减振荡的时间短，这时转子还未稳定在平衡位置，下一个控制脉冲就到来。当控制脉冲的频率等于或接近步进电动机的振荡频率 f_0 的 $1/K$（$K=1, 2, 3, \cdots$）时，电动机就会出现强烈振动，甚至失步和无法工作，这个现象称为低频共振。可见，在无阻尼低频共振时步进电动机发生了失步。一般情况下，一次失步的步数是运行拍数的整数倍。失步严重时，转子停留在某一位置上或围绕某一位置振荡。

然而，步进电动机在实际运行时，总存在阻尼作用，尤其在带负载或外加阻尼器时，阻尼的作用较强，转子振荡衰减得较快，振荡的幅度也较小。只要振荡的最大幅值处在动稳定区之内，尽管转子有振荡，电动机也能保持不失步。另外，拍数越多，步距角越小，动稳定区就越接近静稳定区，这样也可消除低频失步。

当控制脉冲的频率等于 $1/K$ 转子振荡频率时，也有产生共振的可能。图 7-24 表示转子振荡两个周期时下一个脉冲到来的转子运动规律。可见，在改变通电状态时，它的振荡幅度明显比第一个周期要小得多，这种共振现象往往不大明显，一般也不会造成失步。

（3）频率很高时的连续运行　当控制脉冲的频率很高时，脉冲间隔的时间很短，电动机转子尚未到达第一次振荡的幅值，甚至还没有到达新的稳定平衡位置，下一个脉冲就到来。此时电动机的运行已由步进变成了连续平滑的转动，转速也比较稳定，如图 7-25 所示。当频率太高时，也会产生失步，甚至还会产生高频振荡。

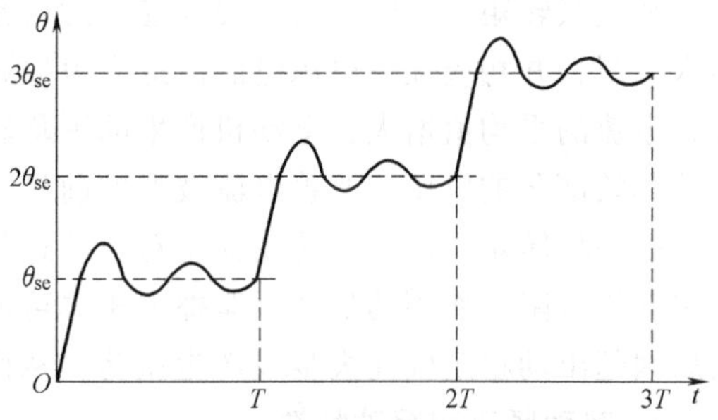

图 7-24　具有振荡特征的运行

5. 矩频特性

步进电动机做单步运行时的最大允许负载转矩为 T_{st}，但当控制脉冲的频率逐渐增加，步进电动机的转速逐渐升高时，步进电动机所能带的负载转矩值将逐步下降。这就是说，电动机转动时所产生的电磁转矩是随频率的升高而减小的。把电磁转矩和脉冲频率的关系称为矩频特性，它是一条随频率增加电磁转矩下降的曲线，如图 7-26 所示。

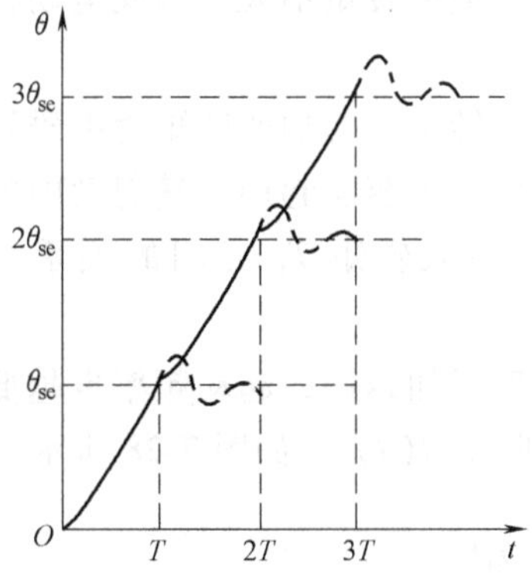

图 7-25　连续运行状态

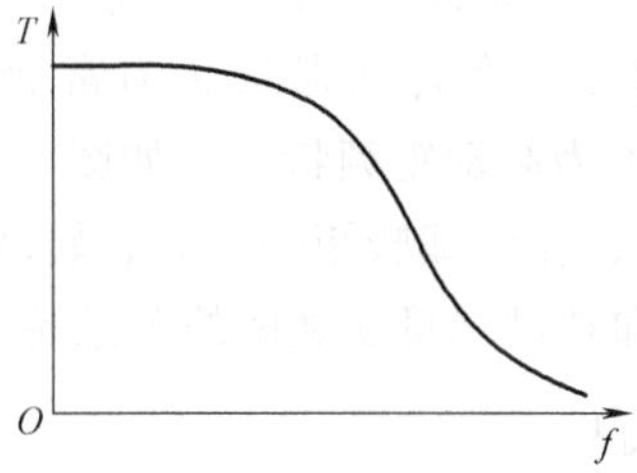

图 7-26　步进电动机的矩频特性

控制脉冲频率升高，电磁转矩下降的主要原因是控制绕组呈电感性，因为它具有延缓电流变化的作用。通常外加脉冲电压都是矩形波，当控制脉冲频率较低时，每相绕组通电和断电的时间较长，绕组中电流的上升和下降均能达到稳定值，其波形接近于矩形波，电动机产生的平均转矩也较大。当脉冲频率升高，由于电路的时间常数不变，电流的波形与矩形波差别较大，通电时间内电流的平均值下降，电动机产生的平均转矩降低。

此外，随着脉冲频率上升，转子转速升高，在控制绕组中将产生附加旋转电动势，并形成附加电流，使电动机受到电磁阻尼作用，致使电动机的电磁转矩进一步减小。当脉冲频率上升到一定数值后，电动机便带不动任何负载，轻则电动机会失步，重则停转。

6. 连续运行频率

步进电动机在一定负载转矩下，不失步连续运行的最高频率称为电动机的连续运行频率。其值越高电动机转速越高，这是步进电动机的一个重要技术指标。连续运行频率不仅随负载转矩的增加而下降，而且更主要的是受控制绕组时间常数的影响。

在负载转矩一定时，为了提高连续运行频率，通常采用的方法是：第一，在控制绕组中串入电阻，并相应提高电源电压。这样可以减小电路的时间常数，使控制绕组的电流迅速上升，电流的平均值增大，电动机产生的平均转矩增大。第二，采用高、低压驱动电路，提高脉冲起始部分的电压，改善电流波形的前沿，使控制绕组中的电流快速上升，同样可提高电动机的平均转矩。此外，转动惯量对连续运行频率也有一定的影响。随着转动惯量的增加，会引起机械阻尼作用的加强，摩擦力矩也可能会相应增大，转子就跟不上磁场变化的速度，最后因超出动稳定区而失步或产生振荡，从而限制连续运行的频率。

7. 起动频率和起动特性

在一定负载转矩下，电动机不失步地正常起动所能加的控制脉冲的最高频率，称为起动频率（也称突跳频率）。它的大小与电动机本身的参数、负载转矩、转动惯量及电源条件等因素有关，它是衡量步进电动机快速性的重要技术指标。

步进电动机在起动时，转子要从静止状态开始加速，电动机的电磁转矩除了克服负载转矩之外，还要克服轴上的惯性转矩 $J\mathrm{d}\Omega/\mathrm{d}t$。所以起动时电动机的负担比连续运转时要重。当起动时脉冲频率过高，转子的运动速度跟不上定子磁场的变化，转子就要落后稳定平衡位置一个角度。当落后的角度使转子的位置在动稳定区之外时，步进电动机就要失步或振荡，电动机就不能起动。为此，对起动频率就要有一定的限制。但电动机一旦起动后，如果再逐渐升高脉冲频率，由于这时转子的角加速度 $\mathrm{d}\Omega/\mathrm{d}t$ 较小，惯性转矩不大，因此电动机仍能升速。显然，连续运行频率要比起动频率高。

当电动机带着一定的负载转矩起动时，作用在电动机转子上的加速转矩为电磁转矩与负载转矩之差。负载转矩越大，加速转矩就越小，电动机就越不容易起动，其起动的脉冲频率就应该越低。在转动惯量 J 为常数时，起动频率 f_{st} 和负载转矩 T_L 之间的关系，即 $f_{st}=f(T_L)$，称为起动矩频特性，如图 7-27 所示。

另外，在负载转矩一定时，转动惯量越大，转子速度增加越慢，起动频率也越低。起动频率 f_{st} 和转动惯量 J 之间的关系称为起动惯频特性，即 $f_{st}=f(J)$ ，如图 7-28 所示。

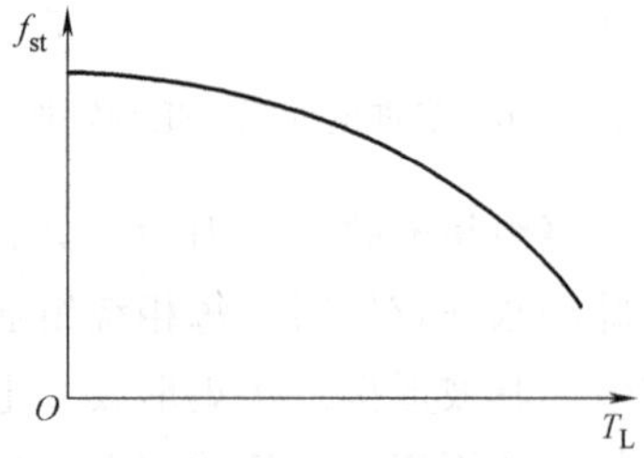

图 7-27 起动矩频特性

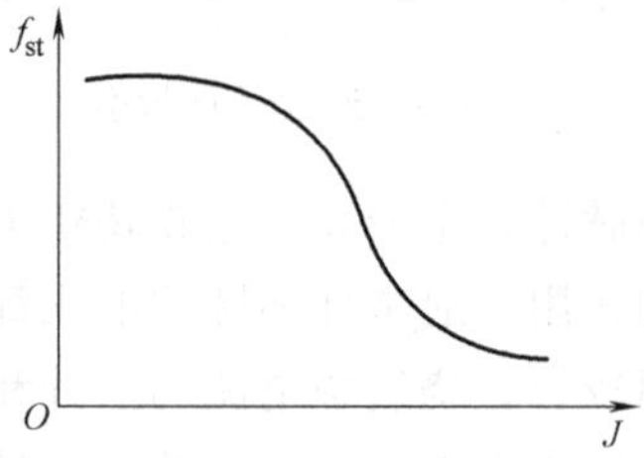

图 7-28 起动惯频特性

要提高起动频率，可从以下几方面考虑：增加电动机的相数、运行的拍数和转子的齿数；增大最大静转矩；减小电动机的负载和转动惯量；减小电路的时间常数；减小电动机内部或外部的阻尼转矩等。

7.3 步进电动机的驱动与控制

步进电动机的运行特性与配套使用的驱动电源有密切关系。驱动电源由脉冲分配器、功率放大器组成，如图 7-29 所示。驱动电源是将变频信号源（计算机或数控装置等）送来的脉冲信号及方向信号按要求的配电方式自动地循环供给经过驱动电路放大的电动机各相绕组，以驱动电动机转子正反向旋转。变频信号源是可提供从几赫兹到几万赫兹的频率信号连续可调的脉冲信号发生器。因此，只要控制输入电脉冲的数量和频率就可精确控制步进电动机的转角和速度。

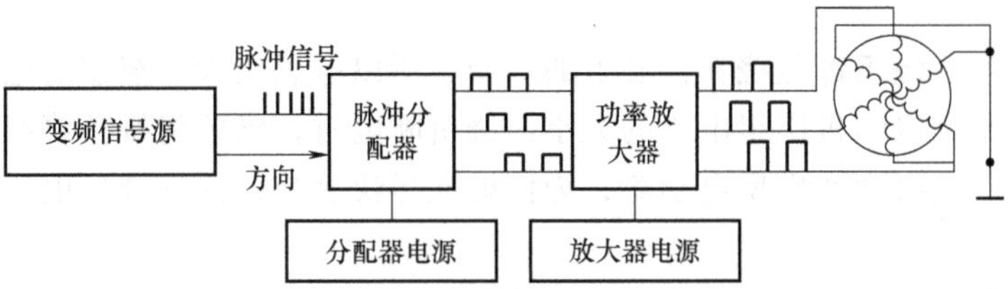

图 7-29　步进电动机驱动电源组成

7.3.1　环形脉冲分配器

步进电动机的各相绕组必须按一定的顺序通电才能正常工作。这种使电动机绕组的通电顺序按一定规律变化的部分称为脉冲分配器，又称环形脉冲分配器。实现环形分配的方法有三种：软环分配器、硬件简易分配器和专用环形分配器。

以软环分配器为例，见表 7-1，采用计算机软件利用查表或计算方法来进行脉冲的环形分配，简称软环分配。表 7-1 为三相单双六拍分配状态，可将表中状态代码 01H、03H、02H、06H、04H、05H 列入程序数据表中，通过软件可顺次在数据表中提取数据并通过输出接口输出即可。通过正向顺序读取和反向顺序读取可控制电动机进行正、反转。通过控制读取一次的时间间隔即可控制电动机的转速。该方法能充分利用计算机软件资源，以降低硬件成本。尤其是对多相电动机的脉冲分配具有更大的优点。但由于软环分配器占用计算机的运行时间，故会使插补一次的时间增加，易影响步进电动机的运行速度。

表 7-1　三相单双六拍分配状态

转向	1~2 相通电	CP	C	B	A	代码	转向
正↓	A	0	0	0	1	01H	反↑
	AB	1	0	1	1	03H	
	B	2	0	1	0	02H	
	BC	3	1	1	0	06H	
	C	4	1	0	0	04H	
	CA	5	1	0	1	05H	
	A	0	0	0	1	01H	

此外，采用小规模集成电路搭接而成的三相六拍环形脉冲分配器，称硬件简易分配器。这种方式灵活性很大，可搭接任意相任意通电顺序的环形分配器，同时在工作时不占用计算机的工作时间。采用专用环形分配器器件，如市售的 CH250，可以实现三相步进电动机的各种环形分配，使用方便、接口简单。环形分配器器件的种类很多，功能也十分齐全，如用于二相步进电动机斩波控制的 L297（L297A）、PMM8713 和用于五相步进电动机的

PMM8714 等。

7.3.2 功率放大器

从计算机输出口或从环形分配器输出的信号脉冲电流一般只有几毫安，不能直接驱动步进电动机，必须采用功率放大器将脉冲电流进行放大，使其增大到几至十几安，从而驱动步进电动机运转。

由于电动机各相绕组都是绕在铁心上的线圈，所以电感较大，绕组通电时，电流上升率受到限制，因而影响电动机绕组电流的大小。绕组断电时，电感将维持绕组中已有的电流不能突变，在绕组断电时会产生反电动势，为使电流尽快衰减，并释放反电动势，必须增加适当的续流回路。

步进电动机所使用的功率放大电路有电压型和电流型。电压型又有单电压型、双电压型（高低压型）。电流型中有恒流驱动、斩波驱动等。

7.3.2.1 电压型功率放大电路

1. 单电压功率放大电路

如图 7-30 所示，A、B、C 分别为步进电动机的三相，每相由一组放大器驱动。放大器输入端与环形脉冲分配器相连。在没有脉冲输入时，功率放大器 3DK4 和 3DD15 均截止。绕组中无电流通过，电动机不转。当 A 相得电，电动机转动一步。当脉冲依次加到 A、B、C 三个输入端时，三组放大器分别驱动不同的绕组，使电动机一步一步地转动。电路中与绕组并联的二极管起续流作用，即在功放管截止时，使储存在绕组中的能量通过二极管形成续流回路释放，从而保护功放管。与绕组串联的电阻为限流电阻，限制通过绕组的电流不致超过其额定值，以免电动机过热甚至被烧坏。R 的阻值一般在 5~20Ω 范围内选取。

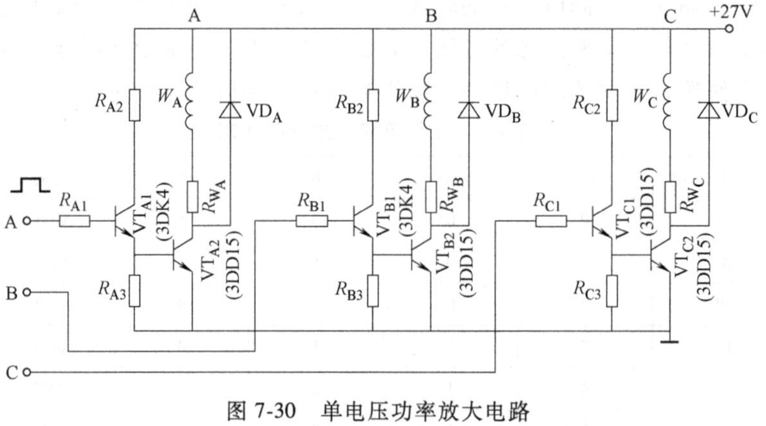

图 7-30 单电压功率放大电路

该电路结构简单，但 R 串在大电流回路中，要消耗能量，使放大器功率降低。同时由于绕组电感较大，电路对脉冲电流的反应较慢，因此，输出脉冲波形差，输出功率低。这种放大器主要用于对速度要求不高的小型步进电动机。

2. 高低压功率放大电路

图 7-31a 为采用脉冲变压器组成的高低压控制电路原理图。无脉冲输入时，VT_1、VT_2、VT_3、VT_4 均截止，电动机绕组 W 中无电流通过，电动机不转。

有脉冲输入时，VT_1、VT_2、VT_4 饱和导通，在 VT_2 由截止到饱和期间，其集电极电流，

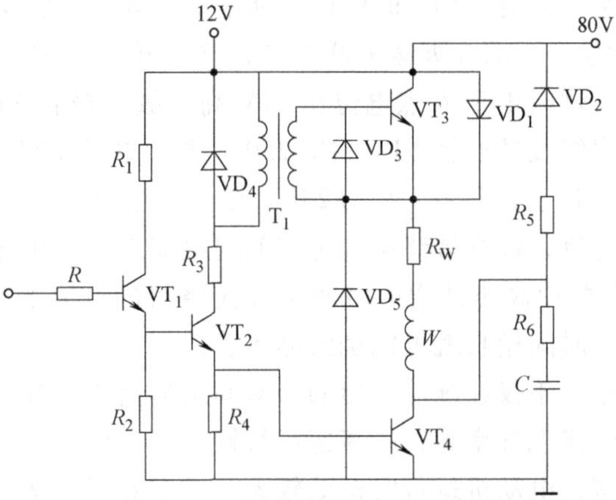

a) 脉冲变压器组成的高低压控制电路原理图

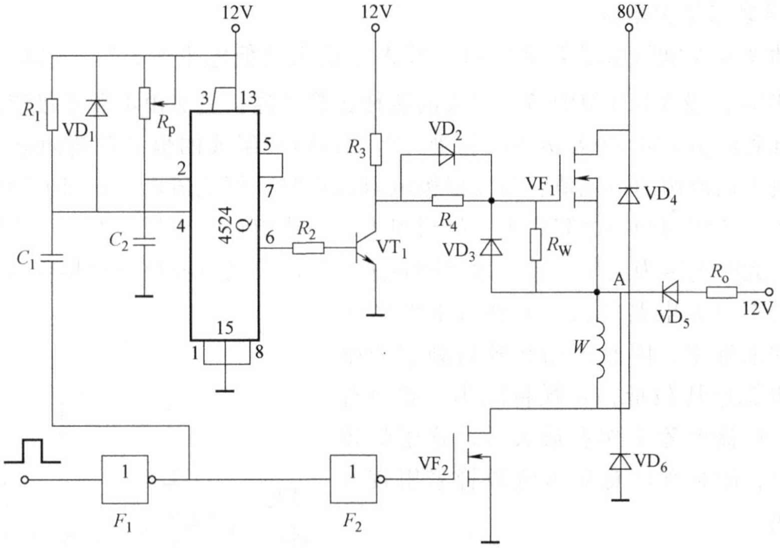

b) 单稳触发器组成的高低压控制电路原理图

图 7-31　高低压功率放大电路

也就是脉冲变压器的一次侧电流急剧增加，在变压器二次侧感生一个电压，使 VT_3 导通，80V 的高压经高压管 VT_3 加到绕组 W 上，使电流迅速上升，当 VT_2 进入稳定状态后，变压器一次侧电流暂时恒定，无磁通量变化，二次侧的感应电压为零，VT_3 截止。这时，12V 低压电源经 VD_1 加到电动机绕组 W 上并维持绕组中的电流。输入脉冲结束后，VT_1、VT_2、VT_3、VT_4 又都截止，储存在 W 中的能量通过 18Ω 的电阻 R_5 和 VD_2 放电，18Ω 电阻的作用是减小放电回路的时间常数，改善电流波形的后沿。该电路由于采用高压驱动，电流增长加快，脉冲电流的前沿变陡，电动机的转矩和运行频率都得到了提高。

图 7-31b 为采用单稳触发器组成的高低压控制电路原理图。当输入端为低电平时，低压部分的 VMOS 管 VF_2（IRF250）栅极为低电平，VF_2 截止。同时单稳态电路不触发，Q 端 6 脚输出高电平，开关管 VT_1（3DA150）饱和导通，高压管 VF_1（IRF250）栅极为低电平，VF_1 截止，绕组中也无电流通过。

当输入端输入一进给脉冲时，VF_2 的栅极为高电平，则低压管 VF_2 导通。同时脉冲的上升沿使稳态电路 4524 触发，Q 端 6 脚输出低电平，这时开关管 VT_1（3DA150）截止，高压管 VF_1（IRF250）导通，这时由于 A 点电位比 12V 高，故二极管 VD_5 截止，电流通过高压管 VF_1（IRF250）流经绕组及低压管 VF_2（IRF250）进入电源负极，单稳态电路 4525 定时结束，6 脚输出高电平，使高压管 VF_1（IRF250）截止。这时 A 点电位低于 12V，12V 电流开始向绕组输送低电压电流，以维持绕组稳定在额定电流上。高压导通的时间由单稳态电路决定，通过调节 R、C 参数使高压开通的时间恰好使绕组的电流上升到额定值左右再关闭。时间的调节要非常小心，时间稍长就可能烧毁晶体管。

高低压功率放大电路由于仅在脉冲开始的一瞬间接通高压电源，其余的时间均由低压供电，故效率很高，由于电流上升率高，故高速运行性能好，但由于电流波形陡，有时还会产生过冲，故谐波成分丰富，电动机运行时振动较大（尤其在低速运行时）。

7.3.2.2 电流型功率放大电路

1. 恒流源功率放大电路

恒流源功率放大电路如图 7-32 所示。当 A 处输入为低电平时，VT_1（3DK2）截止，这时由 VT_2（3DK4）及 VT_3（3DD15）组成的达林顿管导通，电流由电源正极流经电动机绕组及达林顿复合管经由 PNP 型大功率晶体管 VT_4（2955）组成的恒流源流向电源负极。而电流的大小取决于恒流源的恒流值，当发射极电阻减小时，恒流值增大；当电阻增大时，恒流值减小。由于恒流源的动态电阻很大，绕组很大，故绕组可在较低的电压下取得较高的电流上升率。由于此时电路为反相驱动，故脉冲在进入恒流驱动电源前应反相后再送入输入端。

恒流源功率放大电路的特点是在较低的电压上，有一定的上升率，因而可用在较高频率的驱动上。由于电源电压较低，功耗将减小，效率有所提高。由于恒流源管工作在放大区，管压降较大，功耗很大，故必须注意对恒流源管采用较大的散热片散热。

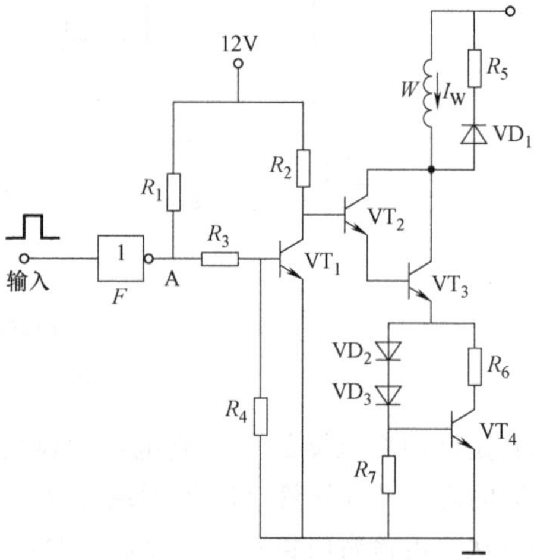

图 7-32　恒流源功率放大电路图

2. 斩波恒流功率放大电路

图 7-33a 是性能较好的恒流波功率放大电路，采用大功率 MOS 场效应晶体管作为功放管。

图中 VF_1、VF_2 为开关管。电动机绕组 W 串联在 VF_1、VF_2 之间，VT 为 VF_1 的驱动管。CP 为比较器。它与周围的电阻组成滞回比较器，其同相端接参考电压 U_R（可由电位器 R_P 调到所需要的数值），反相端接在 0.3Ω 的检测电阻 R_1 上。比较器的输出经 Y、VT 进而控制高压开关管 VF_1 的通断。VD_1、VD_2 为两极反相驱动器，与非门 Y 为高压管的门极。

输入为低电平时，VF_2 因栅极电位为零而截止。此时，Y 输出为 1，VT 饱和导通，VF_1 的栅极也是零电位，故 VF_1 也截止，绕组 W 中无电流通过，电动机不转。输入为高电平时，VF_2 饱和导通。流过 VF_2 的电流按指数规律上升，当在检测电阻 R_1 上的电压降 U_1 还小于 U_R 时，比较器输出高电平，它与输入脉冲的高电平一起加到 Y 的两个输入端，使 Y 输出为

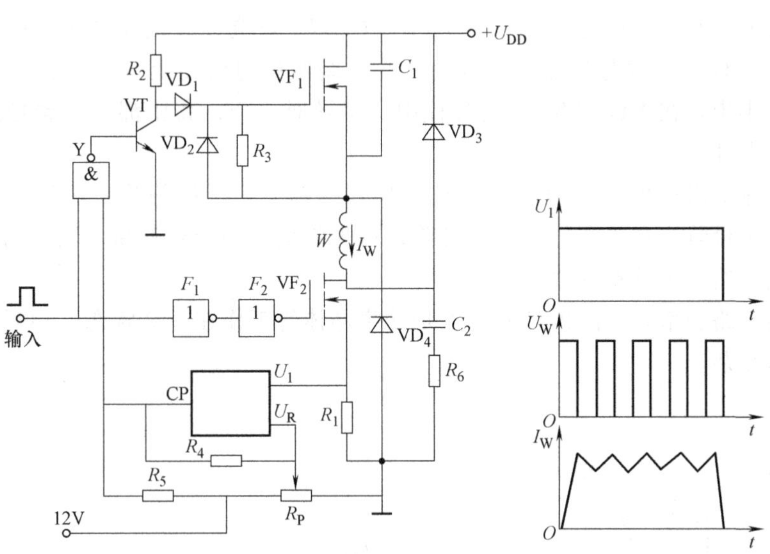

a) 恒流波功率放大电路图　　b) 电压、电流波形图

图 7-33　斩波恒流功率放大电路

零，VT 截止，高电压 U_{DD} 经 R_2、VD_1 加到高压管 VF_1 的栅极上，使 VF_1 饱和导通，高压 U_{DD} 经 VF_1 加到绕组 W 断，使电流急速上升。当电流上升到预先调好的额定值后，R_1 上的电压降 $U_1>U_R$，比较器输出低电平，将与非门 Y 关断，Y 输出的高电平使 VT 饱和导通，VF_1 截止。此时，储存在 W 中的能量经 VF_2、VD_4 释放，电流下降，当电流下降到某一数值时，比较器又输出高电平，经 Y、VT 使 VF_1 再次导通，高压又加到 W 上，电流又上升，升到额定值后，比较器再次翻转，输出低电平，又使 VF_1 关断。这样，在输入脉冲持续期间，VF_1 不断地开、关。开启时，U_{DD} 加到 W 上，使 I_W 上升；关断时，W 经 VF_2、VD_4 释放能量，使 I_W 下降；当输入脉冲结束后，VF_1、VF_2 均截止，储存在 W 中的能量经 VD_3、VD_4 回馈给电源。绕组上的电压和电流的波形如图 7-33b 所示。可见，在输入脉冲持续期间，VF_1 多次导通给 W 补充电流，使电流平均值稳定在所要求的数值上。

该电路由于去掉了限流电阻，效率显著提高，并利用高压给 W 储能，波的前沿得到了改善，从而可使步进电动机的输出加大，运行频率得以提高。

7.3.2.3　细分功率驱动电路

前面介绍步进电动机原理是介绍步距角细分原理，那么对应的步距角细分的驱动是如何实现的呢？它不是将绕组电流全部通入或切除，而是只改变相应绕组中额定的一部分，则电动机转子的每步运动也只有步距角的一部分。这里绕组电流不是一个方波，而是阶梯波，额定电流是台阶式的投入或切除，电流分成多少个台阶，则转子就以同样的个数转过一个步距角。这样将一个步距角细分成若干步的驱动方法称为细分驱动。

要获得阶梯波，通常采用两种方法，一种为采用多路功率开关电路供电，在绕组上进行电流叠加，该方法使功率管上的损耗小，但线路复杂；另一种先对脉冲信号进行叠加，再经功率管进行线性放大，获得阶梯电流，此方法线路简单，但功率管功耗大，效率低，若功率管工作在非线性区则会引起失真。

1. 采用多路功率开关元件叠加细分驱动

图 7-34a 为五阶梯细分电路原理。它利用五只功率晶体管 $VT_1 \sim VT_5$ 作为开关元件，其

基极开关电压 $U_1 \sim U_5$ 的波形为图 7-34b 所示。$U_1 \sim U_5$ 按宽度等幅度减小。在绕组电流上升过程中，$VT_1 \sim VT_5$ 按顺序号导通。每导通一个，绕组中电流便上升一个台阶，步进电动机也跟着转动一小步。在 $VT_1 \sim VT_5$ 导通过程中，每导通一个，高压都要跟着导通一次，使绕组电流能快速上升。

在绕组电流下降过程中，$VT_1 \sim VT_5$ 按顺序号关断。为了使每关断一只晶体管，电流都能快速下降一个台阶，在关断任一低压管前，可先将剩下的全部关断一段时间，使绕组通过释放回路放电，然后再重新开通。

采用上述多路功率开关晶体管的优点是功率晶体管工作在开关状态，功耗很低。缺点是器件多，线路复杂。

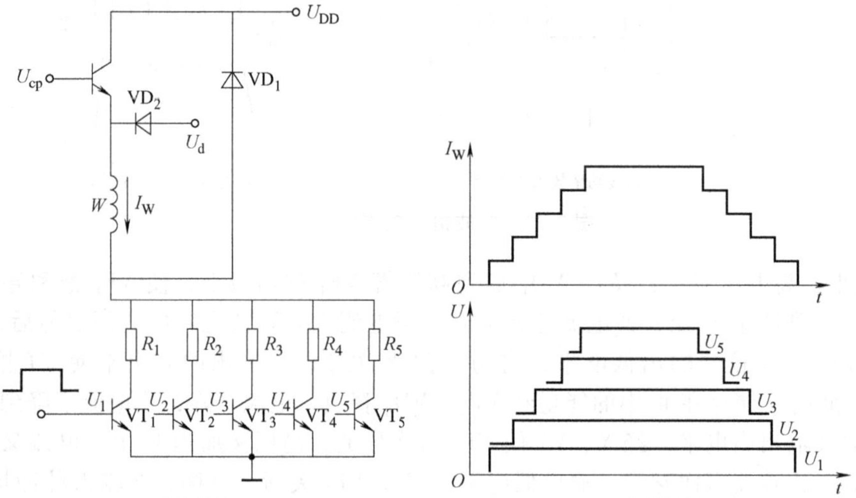

图 7-34　五阶梯功率开关细分驱动电路及波形图

2. 采用功率晶体管叠加细分驱动

将上述各开关的控制脉冲信号叠加。用叠加后的阶梯信号控制加在绕组中的功率晶体管，并使功率晶体管工作在放大状态，如图 7-35 所示。由于在功率管基极 b 上加的是阶梯变化的信号，因此，通过绕组中的电流也是阶梯形变化，实现了细分。

这种细分电路中，线路简单，功率晶体管工作在放大状态，功耗大，效率低，若功率管工作在非线性区则会引起失真。

细分驱动的关键在于阶梯波的获得，以往阶梯波的获得电路十分烦琐，但单片机的应用使细分驱动变得十分灵活，下面介绍几种利用计算机控制的细分控制的方法用电路。

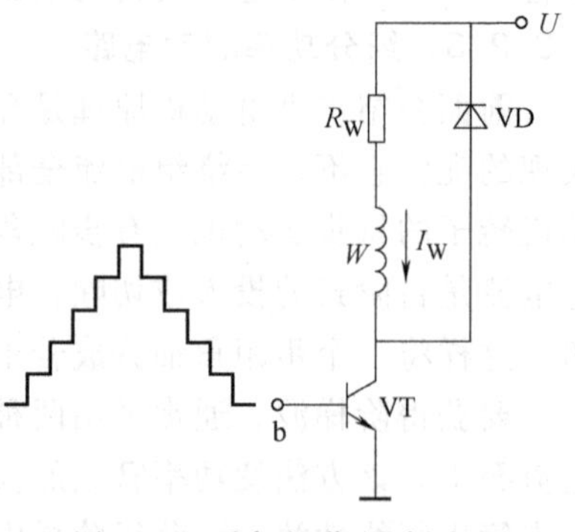

图 7-35　叠加细分驱动原理

(1) 可变细分控制功率放大电路　可变细分控制功率放大电路采用功率管线性放大原理，能够实现不同细分控制。该电路主要由 D/A 转换器电路、放大器、比较放大器和线性功放电路组成，如图 7-36a 所示。D/A 转换器用于将来自单片机的数据转换成对应的模拟量 U_{IN}。放大器把 U_{IN} 放大成 U_A，目的在于调节增益，使 D/A 转换器输出满量程时，功放级输出的电流 I_L 恰好是步进电动机的额定工作电流。比较放大器通过绕组电流的采样电压 U_e 和电压 U_A 比较，产生调整信号 U_b 控制绕组电流 I_L。

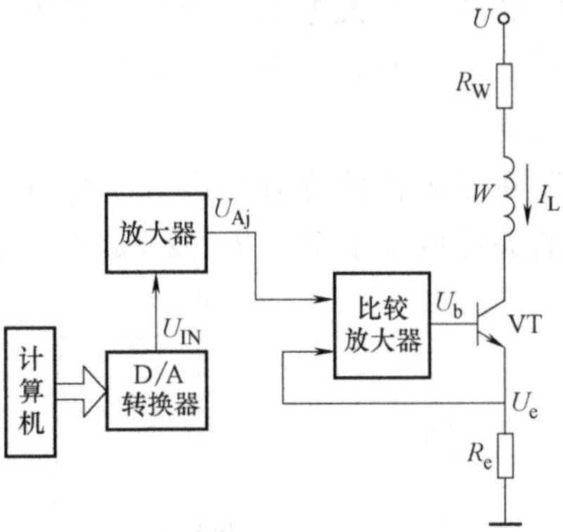

a) 电路图

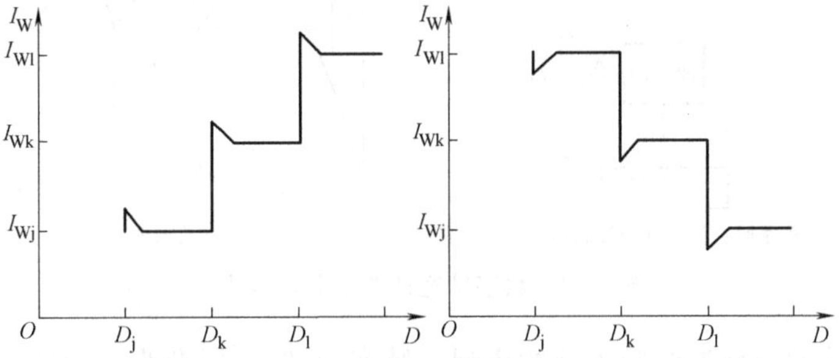

b) 电流波形图

图 7-36　可变细分控制功率放大电路

当来自单片机的数据 D_j 输入给 D/A 转换器转换电压 U_{IN}，并通过放大器放大后为 U_{Aj}，比较器与功放级组成一个闭环调节系统，对应于 U_{Aj} 在绕组中的电流为 I_{Lj}。如果电流 I_L 下降，则绕组电流采样电压 U_e 下降，$U_{Aj}-U_e$ 增大，U_b 增大，I_L 上升，最终使绕组电流仍稳定于 I_{Lj}。显然，对应于任何一个数据 D，都会在绕组中产生一个恒定的电流 I_L。

当 D_i 突然增大为 D_k，通过 D/A 转换器和放大器之后，输出电压由 I_{Lj} 增大到 L_{Lk} 使 $U_{Ak}-U_e$ 产生一个正跳变，相应的 U_b 也产生一个正跳变，从而使电流 I_{Lj} 迅速达到 I_{Lk}。当 D_j 减小时，过程正好相反。上述过程为该电路的瞬间响应，电流波形如图 7-36b 所示。

细分数的大小取决于 D/A 转换器的转换精度，假定 D/A 转换器为 8bit，其值为 00H～FFH，对应十进制为 0～225。若要每个阶梯的电流值相等，就要求细分的步数必须为 255 的因数，此时细分数只能为 3、5、15、17、51、85。只要在细分控制时，改变其每次突变的数据差值，就可以实现不同的细分控制。

由于比较放大器对于微小的差值信号有十分灵敏的放大作用，使绕组中的阶梯波电流无论是上升还是下降均十分陡，因此具有良好的高频特性。尽管细分数的大小取决于 D/A 转换器的转换精度，但是由于功放级、放大器、比较放大器的精度、信号的漂移、干扰等因素以及步进电动机结构、精度等，盲目增大细分数是毫无意义的。

（2）数字脉宽调制细分控制功率放大电路　数字脉宽调制细分控制功率放大电路是一种处于开关状态的细分功放电路，如图 7-37a 所示。其基本思想为将一系列脉宽调制信号加在功放管的基极，就可得到细分控制所需的阶梯电流。具体讲，单片机产生数字脉宽调制信号 U_p 驱动功放管，功放级是单电压开关电路，当脉宽调制信号的脉宽大时，产生阶梯边沿，即图 7-37b 脉宽 T_S，当脉宽较小时，产生平均电流 I_a，只要占空比 $T_H/(T_H+T_L)$ 恰当，就可使电流保持在稳定的平均值上。

从图 7-37b 可以看出，T_S 确定电流阶梯波的边沿，T_H 和 T_L 确定电流阶梯顶波平均值，因此阶梯波和稳定平均电流的关键取决于 T_S、T_L 及 T_H 的取值大小。

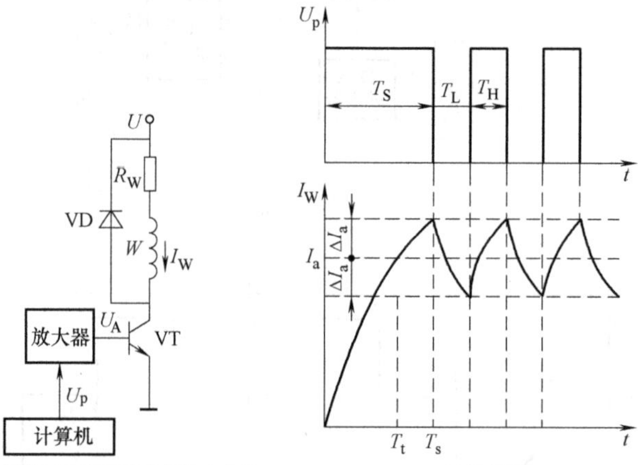

a) 数字脉宽调制细分控制功率放大电路　　b) 波形图

图 7-37　数字脉宽调制细分功放电路

只要在功放管的基极连续输入脉冲序列，脉宽为 T_H，周期为 T_H+T_L，那么必定在电动机绕组中产生稳定值为 I_a 的平均电流，如果脉冲周期足够小，波动量 ΔI_a 就会很小。上述在对步进电动机细分控制时，需要在阶梯波的下级平稳电流 I_j 的基础上上升到阶梯波的上级平稳电流 I_{j+1}，或在阶梯波的下级平稳电流的基础上下降到阶梯波的上级平稳电流 I_{k-1}，如图 7-38 所示。在产生上升阶梯时，应先产生一个脉宽为 T_U 的脉冲，然后以 T_H+T_L 为周

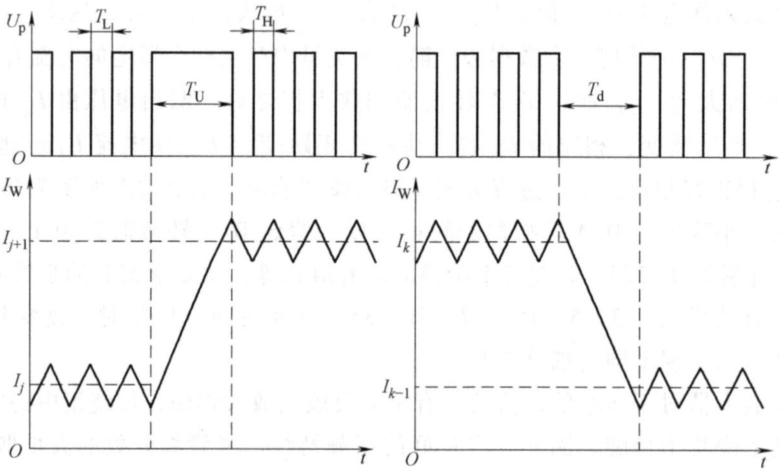

a) 上升阶梯　　b) 下降阶梯

图 7-38　脉宽调制细分产生阶梯电流波形

期产生脉宽为 T_H 的脉冲。再来一个步进信号时，则重复上述过程。在产生下降阶梯时，过程类似，只是应先产生一个脉宽为 T_d 的脉冲。

这种细分控制的特点使功率管工作在开关状态，功耗小，效率高。但必须指出的是忽略了续流二极管的电压降和内阻。

3. 恒频脉冲调宽细分功率放大电路

恒频脉冲调宽细分功率放大电路在本质上是斩波形的恒频脉宽调制方法和可变细分控制相结合的一种方法。其基本思想：①利用可变细分控制原理控制功放管产生阶梯电流；②利用恒频脉宽调制原理控制电流的波顶平稳。

恒频脉冲调宽细分功率放大电路原理如图 7-39a 所示。恒频脉冲调宽细分功率放大电路稳流工作原理如下：单片机首先通过 I/O 口将控制产生阶梯电压的数据送入 D/A 转换器，D/A 转换器经过转换输出电压 U_s，当由单片机定时器产生的 20kHz 时钟信号方波 CLK 上升沿到来时，D 触发器置"1"输出高电平，使 VT_1、VT_2 导通，绕组 W 中电流 i_W 上升，当绕组电流达到一定程度，通过绕组电流采样电阻 R_e 获得的采样电压 U_f 就会大于 U_s，比较器 CP 输出低电平对 D 触发器清零。D 触发器清零后输出低电平，使 VT_1、VT_2 截止，绕组电流 i_W 过线圈绕组 W、二极管 VD、电阻 R_3 及电容 C_2 进行释放，绕组电流 i_W 下降。当下一个时钟信号 CLK 的上升沿到来之前，如果电流 i_W 下降使 $U_f<U_s$，比较器 CP 输出高电平，取消 D 触发器清零信号，CLK 的上升沿到来时使 D 触发器置"1"输出高电平，绕组电流上升，上述过程不断重复。由于时钟 CLK 的脉冲频率很高，达 20kHz，使绕组中的电流保持一个波动范围很小的稳定值。

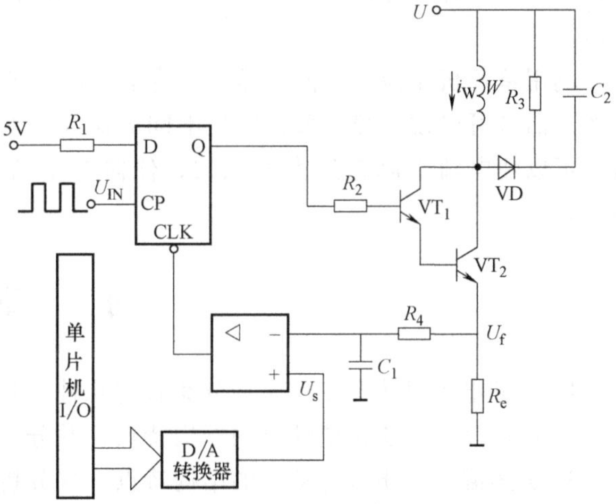

a) 电路图

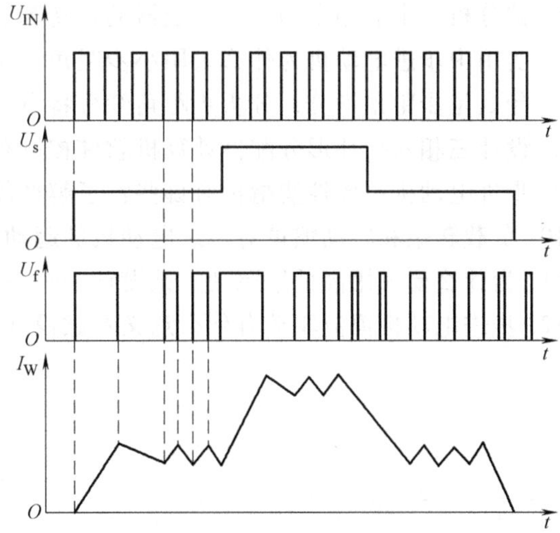

b) 波形图

图 7-39　恒频脉冲调宽细分功率放大电路原理

绕组中的电流 i_W 由 U_f/R_e 决定，恒频脉冲调宽细分功率放大电路阶梯电流形成工作原理如下：当 U_f 以阶梯方式突变时，绕组中的电流也会随之突变，这种过程如图 7-39b 所示。当 U_{IN} 上升突变时，绕组中的电流瞬间仍保持原有的稳定值，故有 $U_f \ll U_s$，此时比较器 CP 输出高电平，时钟信号使 D 触发器置"1"，使 VT_1、VT_2 导通，绕组 W 中电流 i_W 上升，上升过程

一直持续到 $U_f=U_s$，这样电流 i_W 就有了大幅度的上升，产生了一个阶梯；同理，当 U_{IN} 下降突变时，绕组中的电流瞬间仍保持原有的稳定值，故有 $U_f \gg U_s$，此时比较器 CP 输出低电平，时钟信号使 D 触发器清零，使 VT_1、VT_2 截止，绕组 W 中电流 i_W 下降，下降过程一直持续到 $U_f=U_s$，这样电流 i_W 就有了大幅度的下降，产生了一个阶梯。在阶梯形成时，无论上升或下降，阶梯的边沿均会占用多个时钟 CLK 信号周期，以便形成阶梯电流，这和阶梯波顶的稳流有极大的区别。

由于恒频脉宽调制细分控制利用了可变细分和恒频脉宽调制的特点，在实际中也避免了可变细分的功率管工作在线性区引起的效率低的缺陷，同时避免了数字脉宽调制式对阶梯电流的上升时间、下降时间、稳流脉宽以及稳流脉冲周期的计算问题。另外，恒频脉宽调制细分控制中恒频脉冲时钟 CLK 信号同时用于各相绕组控制，避免产生差拍现象，消除了电磁噪声。

利用单片机作为控制核心部件，使系统具有极大的灵活性，不但可随意改变恒频脉冲的频率，而且可以改变细分数，满足不同的需要。对图 7-39a 中释放回路的 R_3、C_2 合理选取时，可以使电流下降速度大大加快，使阶梯电流有良好的下降沿，对提高工作频率大有好处。

习　题

1. 步进电动机按照工作原理分类有哪几种？各有什么特点？
2. 试述反应式步进电动机的结构特点，并分析其工作原理。
3. 试述混合式步进电动机的结构特点，并分析其工作原理。
4. 步进电动机步距角含义是什么？一台步进电动机有 3°/15°两个步距角的含义是什么？
5. 试分析一个五相十拍环形分配器的顺转和逆转工作原理。
6. 实用中步进电动机为什么采用小步距角，步距角如何确定？
7. 什么是步距角细分，分析步距角细分特点和步距角细分原理。
8. 设计三相六拍环形分配器计算机软件控制程序。
9. 步进电动机主要性能指标有哪些？了解性能指标有何指导意义？
10. 负载转矩和转动惯量对步进电动机的起动频率和运行频率有什么影响？
11. 为什么要采用高低压驱动？试设计一个高低压驱动电路。
12. 步进电动机恒流驱动有什么意义？试设计一个斩波恒流驱动电路。

第8章 直流伺服驱动技术

直流电动机由于具有良好的起动、制动性能，在调速系统中占有主导地位。虽然近年来交流电动机的控制技术发展很快，但就其反馈闭环控制的机理来说，直流调速系统的控制理论和实现方法都是交流调速系统的基础。

采用直流伺服电动机作为执行元件的伺服系统，称为直流电动机伺服系统。直流电动机伺服系统具有宽调速、机械特性硬和响应速度快的优点。但直流伺服电动机具有制造成本高、维护烦琐、机械换向困难等缺点，也使其单机容量和转速都受到限制。

本章介绍目前主要的直流调速伺服系统，包括由晶闸管整流装置供电的他励直流电动机调速系统中单闭环直流调速系统、双闭环直流调速系统以及直流可逆调速系统。

8.1 单闭环直流调速系统

8.1.1 机电系统对转速控制的要求及调速指标

根据各类机电系统对调速系统提出的控制要求，一般可以概括为静态和动态调速指标。静态调速指标要求电力拖动自动控制系统能在最高转速和最低转速的范围内平滑地调节转速，并且要求在不同转速下工作时，速度稳定。动态调速指标要求系统起动、制动快而平稳；稳定在某一转速下运行时，尽量使受负载变化、电源电压波动等因素的影响小。

调速系统的静态品质好坏，可用下述两个指标衡量：

1. 调速范围

生产机械要求电动机在额定负载时所提供的最高转速 n_{max} 与最低转速 n_{min} 之比叫调速范围，通常表示为

$$D=\frac{n_{max}}{n_{min}} \tag{8-1}$$

对于不弱磁的调速系统来说，电动机的最高转速 n_{max} 就是额定转速。

2. 静差率

当系统在某一转速下稳定运行时，负载由理想空载增加到额定值所对应的转速降落 Δn_n 与理想空载转速 n_0 之比，称作静差率 s，即

$$s=\frac{\Delta n_n}{n_0} \tag{8-2}$$

或用百分数表示为

$$s=\frac{\Delta n_{n}}{n_{0}}\times 100\% \tag{8-3}$$

显然，静差率是用来衡量调速系统在负载变化下转速的稳定度的。它和机械特性的硬度有关，特性越硬，静差率越小，转速的稳定度越高。

然而，静差率和机械特性硬度又是有区别的。一般的调压调速系统在不同转速下的机械特性是互相平行的，图 8-1 中的特性 a_1 和 a_2 两者的硬度相同，额定速降 $\Delta n_{na1}=\Delta n_{na2}$，但它们的静差率却不同，原因在于理想空载转速不一样。设 a_1 所对应的理想空载转速为最高理想空载转速 n_{omax}，a_2 所对应的理想空载转速为最低理想空载转速 n_{omin}，它们对应的静差率分别为：$s_1=\Delta n_n/n_{omax}$、$s_2=\Delta n_n/n_{omin}$；调速范围 $D=n_1/n_2$，由此可见，对于同样硬度的特性，理想空载转速越低时，静差率越大，转速的相对稳定性也就越差。同时还可以看出，调速范围和静差率这两项指标并不是彼此孤立的，必须同时提出才有意义。一个调速系统的调速范围，是指在最低速时还能满足所提静差率要求的转速可调范围。必须指出，设计时要求的静差率指低速时的静差率。显然，$s_1<s_2$，它表明，如果低速时的静差率 s_2 能满足设计要求，则最高速时的静差率 s_1 自然就更好地满足要求了。

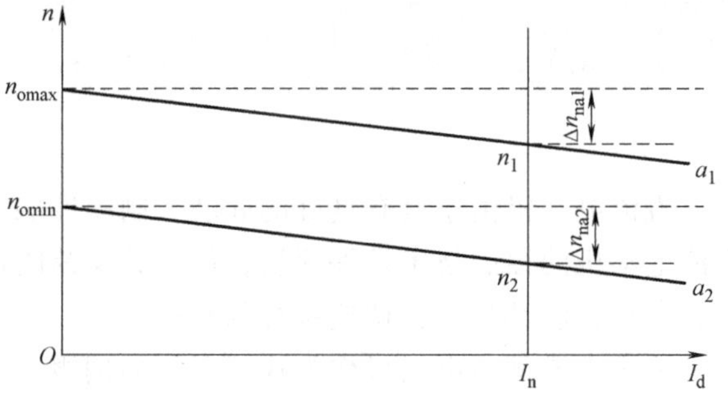

图 8-1 不同转速下的静差率

3. 调压调速系统中的调速范围、静差率和额定速降之间的关系

根据上述分析，静差率应表示为

$$s=\frac{\Delta n_{n}}{n_{omin}}$$

于是

$$n_{min}=n_{omin}-\Delta n_{n}=\frac{\Delta n_{n}}{s}-\Delta n_{n}=\frac{(1-s)\Delta n_{n}}{s}$$

调速范围为

$$D=\frac{n_{max}}{n_{min}}=\frac{n_{n}}{n_{min}}$$

将上面的 n_{min} 代入，得

$$D=\frac{n_{n}s}{\Delta n_{n}(1-s)} \tag{8-4}$$

式中 n_n——电动机额定转速；

s——额定负载时的最低速静差率；

Δn_n——额定负载时的静态速降。

式（8-4）表示调速范围、静差率和额定速降之间所满足的关系，对于同一个调速系统，它的特性硬度或 Δn_n 的值是一定的。由式（8-4）可见，对静差率的要求越严，也就是说，要求 s 越小时，系统能够允许的调速范围也越小。当电动机的额定转速 n_n 和静差率 s 给定以后，只有设法减小静态速降 Δn_n，才能进一步扩大调速范围。那么，采用什么措施才能减小系统的静态降速 Δn_n 呢？按反馈控制原理构成转速闭环系统是减小或消除静态速降的一个有效途径。

8.1.2　转速单闭环系统的组成及静特性

1. 系统组成

在电动机轴上安装一台测速发电机 TG，可得到与被调量（转速）成正比的负反馈电压 U_n。U_n 再与转速给定电压 U_n^* 相比较后，得到偏差电压 ΔU_n，此差值经过放大器产生触发装置的控制电压 U_{ct}，用以控制电动机的转速。这就组成了反馈控制的闭环调速系统，其原理框图如图 8-2 所示。由于该系统只有一个转速反馈环，故称转速单闭环调速系统。根据反馈控制原理，反馈闭环控制系统是按被调量的偏差进行调节的。只要被调量出现偏差，它就会自动产生纠正偏差的作用。转速降落正是由负载引起的转速偏差。当负载增加时，转速下降，要维持给定量不变，则偏差将增大，使 U_{ct} 增加，移相角 α 减小，U_d 上升，结果转速回升。显然，闭环调速系统能够减少转速降落。

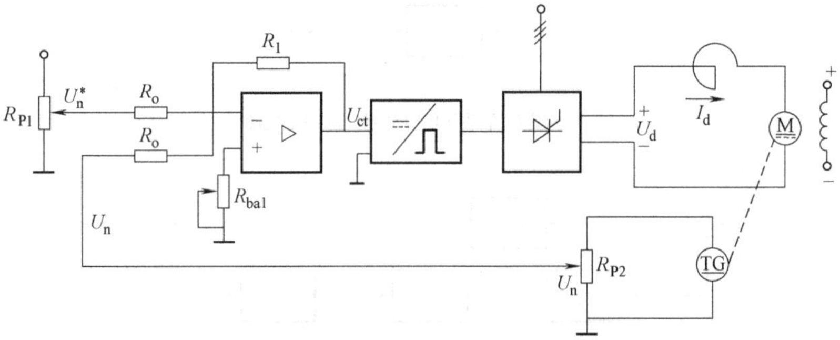

图 8-2　采用转速负反馈的闭环调速系统框图

2. 闭环静特性方程

由图 8-2 看出，转速负反馈闭环调速系统是由一些典型环节组成的，因此首先要确定系统各个环节输入、输出的静态关系。在此基础上建立系统的静特性方程式，用以分析系统的静特性。

为了突出主要矛盾，先进行如下假定：

1）各典型环节输入、输出呈线性关系；

2）系统在电流连续段工作；

3）忽略直流控制电源和电位器的内阻。

根据这些假设条件，确定各环节输入、输出量的静态关系如下。

电压比较环节：
$$\Delta U_n = U_n^* - U_n$$

放大器：
$$U_{ct} = K_p \Delta U_n$$

式中　K_p——放大器的比例放大系数。

晶闸管整流与触发装置：
$$U_{d0} = K_s U_{ct}$$

式中　K_s——晶闸管整流器与触发装置的电压放大系数。

转速检测环节：

$$U_n = \alpha n$$

式中 α——转速反馈系数（V · min/r）。

VC-M 系统稳态时主回路电压平衡方程式为

$$E = U_{d0} - I_d R, \quad n = (U_{d0} - I_d R)/C_e$$

电动机环节放大系数为

$$1/C_e = n/E$$

根据以上各环节静态输入、输出关系，画出系统静态结构图如图 8-3 所示。

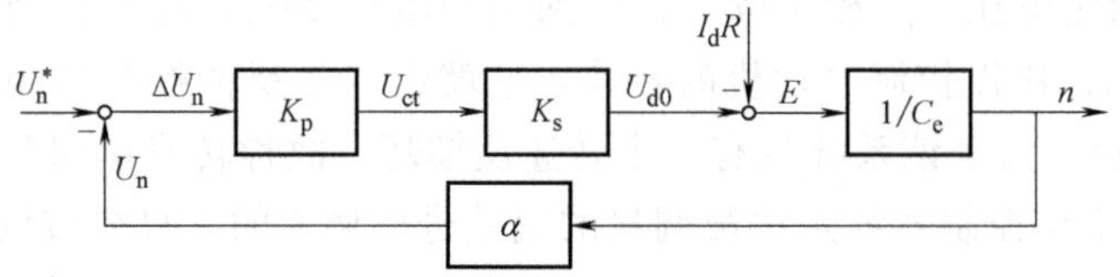

a) 系统的静态结构图

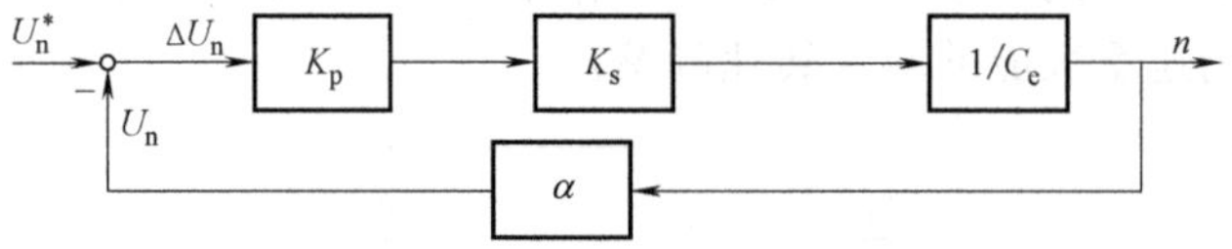

b) 给定 U_n^* 单独作用时的系统静态结构图

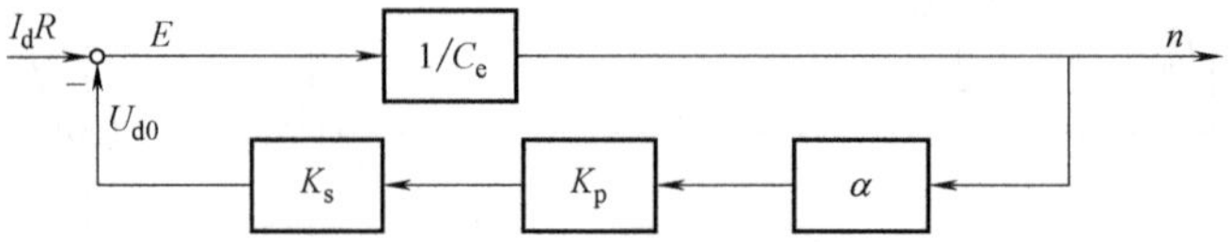

c) 扰动量 I_dR 单独作用时的静态结构图

图 8-3　转速闭环系统静态结构图

图 8-3 中框内符号表示该环节放大系数或称传递系数。对于线性系统，利用叠加原理将给定电压 U_n^* 和扰动作用 I_dR 分别单独作用时所求出的对应输出量进行叠加，求得系统的静特性方程。

给定电压 U_n^* 单独作用下的转速为

$$n_1 = n_0 = \frac{K_p K_s U_n^*}{C_e(1+K)}$$

I_dR 单独作用下的转速为

$$n_2 = \Delta n = \frac{-I_d R}{C_e(1+K)}$$

总输出为

$$n = n_1 + n_2 = \frac{K_p K_s U_n^*}{C_e(1+K)} - \frac{I_d R}{C_e(1+K)} \tag{8-5}$$

$K = K_p K_s \alpha / C_e$ 称为闭环系统的开环放大系数，它相当于在测速发电机的输出端把反馈线断开，从放大器的输入起直到测速反馈输出为止的各环节放大系数的乘积。

式（8-5）为转速负反馈单闭环调速系统静特性方程表达式。该方程表明了闭环系统电动机转速与负载电流（或转矩）的静态（稳态）关系。它在形式上与开环机械特性方程相似，但在含义上有本质的不同，故定义为“静特性”以示区别。

3. 闭环系统静特性方程的分析

将闭环系统的静特性方程与开环系统的机械特性做一比较，可清楚地看出闭环控制的优越性。如果断开测速反馈，变成 V-M 开环系统，则上述系统的开环机械特性方程为

$$n=\frac{U_{d0}-I_dR}{C_e}=\frac{K_pK_sU_n^*}{C_e}-\frac{R}{C_e}I_d=n_{0op}-\Delta n_{op} \tag{8-6}$$

闭环时的静特性可写成

$$n=\frac{K_pK_sU_n^*}{C_e(1+K)}-\frac{I_dR}{C_e(1+K)}=n_{0cl}-\Delta n_{cl} \tag{8-7}$$

式中　n_{0op}——开环理想空载转速；

n_{0cl}——闭环理想空载转速；

Δn_{op}——开环系统的稳态速降；

Δn_{cl}——闭环系统的稳态速降。

比较式（8-6）和式（8-7），不难得出以下论断：

1）闭环系统静特性可以比开环系统机械特性硬得多，在同样的负载扰动下，两者的速降分别为

$$\Delta n_{op}=\frac{R}{C_e}I_d \quad \Delta n_{cl}=\frac{R}{C_e(1+K)}I_d$$

它们的关系是

$$\Delta n_{cl}=\frac{\Delta n_{op}}{1+K} \tag{8-8}$$

式（8-8）表明，转速闭环后，在同一负载下的转速降落减小到原开环速降的 $1/(1+K)$，因而闭环系统的特性要硬得多。

2）比较同一 n_0 的开环和闭环系统，则闭环系统的静差率要小得多，因而稳态精度高。闭环与开环系统的静差率分别为

$$s_{cl}=\frac{\Delta n_{cl}}{n_{0cl}}$$

$$s_{op}=\frac{\Delta n_{op}}{n_{0op}}$$

当 $n_{0op}=n_{0cl}$ 时

$$s_{cl}=\frac{s_{op}}{1+K} \tag{8-9}$$

3）当要求静差率一定时，闭环系统可以大大提高调速范围。在开环和闭环系统中，如果电动机的最高转速均是 n_{om}，而对最低速静差率的要求也相同的前提下，开环调速范围为

$$D_{op}=\frac{n_{om}s}{\Delta n_{op}(1-s)}$$

闭环调速范围为

$$D_{cl}=\frac{n_{om}s}{\Delta n_{cl}(1-s)}$$

将式（8-8）代入上式，得

$$D_{cl}=(1+K)D_{op} \tag{8-10}$$

需要指出的是，式（8-10）的条件是开环和闭环系统的 n_{om} 相同，而式（8-9）的条件是 n_0 相同，二式在数值上略有差别。

为使上述三条优点更加突出，关键是要设法提高闭环系统的放大倍数 K，因此系统中应设置有足够放大系数的放大器。

4. 闭环静特性的形成与开环机械特性的比较

前面提到，闭环系统静态速降要比开环系统的静态速降小得多，也就是说，闭环静特性要比开环机械特性硬得多。究竟它变硬的原因何在呢？众所周知，开环系统产生静态速降的原因是由主回路电阻电压降所造成的，负载增加，电压降也增大。在开环系统中，这部分电压降是无法减小的。然而在闭环系统中则依靠测速反馈参与自动调节，当电动机转速因负载增加而下降时，转速反馈电压也随着下降，与给定电压的偏差变大，输出电压 U_{d0} 增加，因而电动机转速有所回升。应该指出，闭环系统静特性虽然与开环机械特性一样，都表示电动机转速与电流之间的关系，但二者有本质的区别。闭环静特性不仅能反映负载变化前后静态转速的变化，同时也能反映转速动态变化的过程，而开环机械特性只能反映静态关系，不能反映动态过程。

8.1.3 单闭环调速系统的基本性质

单闭环调速系统是一种最基本的反馈控制系统，因此它必然遵循反馈控制的基本规律。

1. 具有比例调节器的闭环控制系统总是有静差的

从闭环系统静特性方程可知，开环放大系数 K 值对闭环系统稳态性能影响很大。K 值越大，静特性就越硬，稳态速降越小，在一定静差率要求下的调速范围越宽。也就是说，K 值越大，稳态性能就越好。

然而，由于所设置的放大器是一个比例放大器（K_p＝常数），稳态速降只能减小，但不可能消除。因为闭环系统的稳态速降为

$$\Delta n_{cl}=\frac{I_dR}{C_e(1+K)}$$

只有 $K\to\infty$ 时，才能使 $\Delta n_{cl}=0$，但这是不可能的。K 总是有限值，况且 K 值还受系统稳定性的约束，这意味闭环调速系统总是有静差的。

另一个理由是，具有比例调节器的闭环系统，主要依靠偏差电压 ΔU 来进行调节，若 $\Delta U=0$，则控制电压 $U_{ct}=K_p\Delta U=0$，整流电压 $U_{d0}=0$，电动机就不能运转了。实际上，这种系统正是依靠被调量偏差的变化来实现控制作用的。

2. 闭环系统对被包围在负反馈环内的一切主通道上的扰动作用都能有效地加以抑制

在闭环系统中，当给定电压不变时，作用在控制系统上所有引起转速变化的因素都称为“扰动作用”。除负载扰动对被调量（转速 n）产生影响外，还有许多因素都会引起电动机转速的变化。例如，交流电源电压波动，电动机励磁变化，放大器输出电压的漂移，由温升引起主电路电阻的增大等，所有这些因素都和负载变化一样会引起转速的变化，因而都是调

速系统的扰动作用，并且都会被测速装置检测出来，再通过反馈控制作用减小它们对稳态转速的影响。

抗扰性能是反馈闭环控制系统最突出的特征。正因为有这一特征，在设计闭环系统时，一般只考虑一种主要扰动，例如在调速系统中只考虑负载扰动，按照克服负载扰动的要求进行设计，则其他扰动也就自然都受到抑制了。

反馈控制系统一方面能够有效地抑制一切被包在负反馈环内主通道上的扰动作用；另一方面，则紧紧地跟随着给定作用，对给定信号的任何变化均紧紧跟随。

3. 闭环系统对给定电源和检测环节本身的扰动无抑制能力

反馈闭环控制系统对给定电源和被调量检测装置中的扰动无能为力。因此，控制系统的精度依赖于给定电源和反馈量检测元件的精度。

如果给定电源发生了不应有的波动，从公式 $\Delta U=U_n^*-U_n$ 可知，给定电压本身是构成偏差电压的基准值。显然，转速给定量的细微波动，将会引起被调量相应变化，反馈控制系统无法鉴别是正常的调节给定电压还是给定电源的变化，另外，给定量处在反馈环外，丝毫不受反馈抑制。因此，高精度的调速系统需要有更高精度的稳压电源。现代化的调速系统一般都用计算机来进行设定。

此外，反馈检测元件本身的误差对转速的影响是闭环系统无法克服的。如直流测速发电机的励磁发生了变化（不稳定），反馈电压 U_n 变化，通过闭环系统的调节作用使转速偏离原来应保持的数值；又如，直流测速发电机输出电压中的换向波纹，由于制造或安装不良造成转子和定子间的偏心等，都会给系统带来周期性的干扰。因此，高精度的调速系统还必须有高精度的检测元件作为保证。

8.1.4　单闭环调速系统的限流保护——电流截止负反馈

1. 问题的提出

从前面讨论的转速单闭环调速系统中不难看出，闭环控制只是解决了转速调节问题，但这种系统并不实用。因为生产机械通常要求快速起动和制动，调速系统的给定电压多半采取突加的方式，由于机械惯性，转速不可能立即建立起来，造成转速反馈电压大大滞后于给定电压的变化，结果使偏差电压 $\Delta U=U_n^*$ 几乎是稳定工作值的（$1+K$）倍。又加上调节器和触发器的输出响应很快，整流电压 U_{d0} 很快达到最高值，电动机相当于全电压起动。如果没有限流措施，会产生很大的冲击电流，这不仅对电动机换向不利，对于承受过载能力很差的晶闸管来说，也是不允许的。

另外，有些生产机械可能会遇到堵转的情况，例如，轧钢机的轨道电动机遇到钢材被卡住，挖土机运行时碰到坚硬的石块等。由于闭环系统的静特性很硬，若无限流环节，电流将会远远超过允许值。如果只靠过流继电器或熔断器保护，一旦过载跳闸，将导致无法正常工作。

为了解决反馈闭环调速系统的起动和堵转时电流过大的问题，系统中必须有自动限制电枢电流的环节。根据反馈控制原理，要维持哪一个物理量基本不变，就应该引入那个物理量的负反馈。要限制电流不超过其允许值，保持电流基本不变，应引入电流负反馈。但是，这种作用只应在起动和堵转时存在，在正常运行时应取消，否则静特性将变得太软而无法工作，这种当电流大到一定程度时才出现的电流负反馈称为电流截止负反馈，简称截流反馈。

2. 电流截止负反馈环节

电流截止负反馈环节的实现方法，首先，要找到一个能反映电枢电流大小的物理量（通常是电压），而且该物理量是否作用于系统，取决于电枢电流的大小是否超过某个确定的值。能满足这些要求的电路如图 8-4 所示。图 8-4a、b 中的电流反馈信号是取自串入电动机电枢回路的小阻值电阻 R_s 上的电压降 I_dR_s。考虑到截止作用，在图 8-4a 中引入比较电压 U_{com}，在图 8-4b 中用稳压管 VS 的稳压值 U_{br} 作为比较电压。因此当 I_dR_s 大于 U_{com} 或 U_{br} 时，（$I_dR_s-U_{com}$）或（$I_dR_s-U_{br}$）值分别送入放大器，起电流负反馈的作用。而当 I_dR_s 小于 U_{com} 或 U_{br} 时，电流负反馈便对系统不起作用。与 U_{com} 或 U_{br} 相对应的电枢电流（即 $I_dR_s=U_{com}$ 或 $I_dR_s=U_{br}$）就称为临界截止电流 I_{dcr}。图 8-4c 是利用交流电流互感器上的信号（正比于电枢电流 I_d）经整流，分压后（$I_d\beta$）去与稳压管的稳压值 U_{br} 相比较。若大于 U_{br} 则（$I_d\beta-U_{br}$）送入放大器，若 $I_d\beta$ 小于 U_{br}，则该信号对系统不起作用。

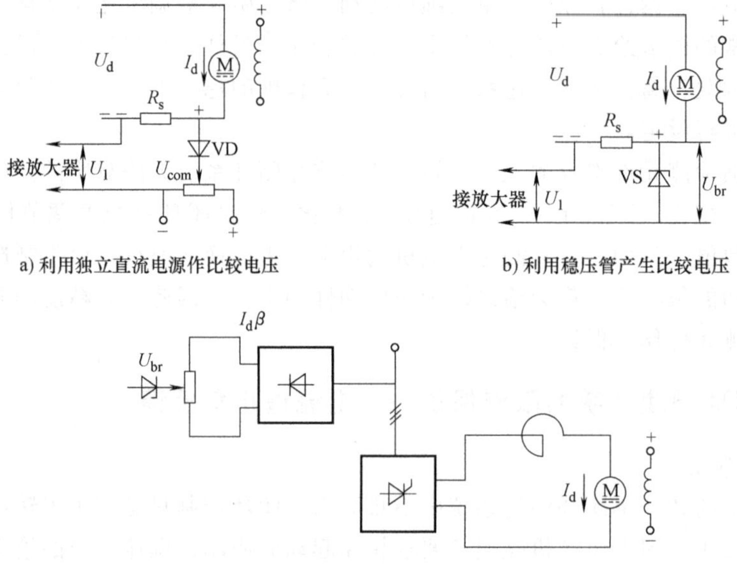

a) 利用独立直流电源作比较电压

b) 利用稳压管产生比较电压

c) 从交流互感器取信号，用稳压管作比较电压

图 8-4 电流截止负反馈

3. 带电流截止负反馈的单闭环调速系统的稳态结构图和静特性

根据图 8-4a 画出带电流截止负反馈的闭环调速系统稳态结构图如图 8-5 所示。根据图 8-5 便能得出该系统在电流截止负反馈不起作用和起作用时的静特性方程。图 8-6 由两段直线所构成的特性就表示带有电流截止负反馈调速系统的静特性。I_{dbl} 为堵转电流，通常小于电动机的允许最大电流（1.5~2）I_{nom}。I_{dcr} 为截止电流，取 $I_{dcr}\geqslant(1.1\sim1.2)I_{nom}$。

当 $I_d>I_{dcr}$ 时，电流负反馈起作用，即

$$
\begin{aligned}
n &= \frac{K_pK_sU_n^*}{C_e(1+K)}-\frac{K_pK_s(I_d\beta-U_w)}{C_e(1+K)}-\frac{RI_d}{C_e(1+K)} \\
&= \frac{K_pK_s(U_n^*+U_w)}{C_e(1+K)}-\frac{R+K_pK_s\beta}{C_e(1+K)}I_d=n_0'-\Delta n_{cl1}
\end{aligned}
\tag{8-11}
$$

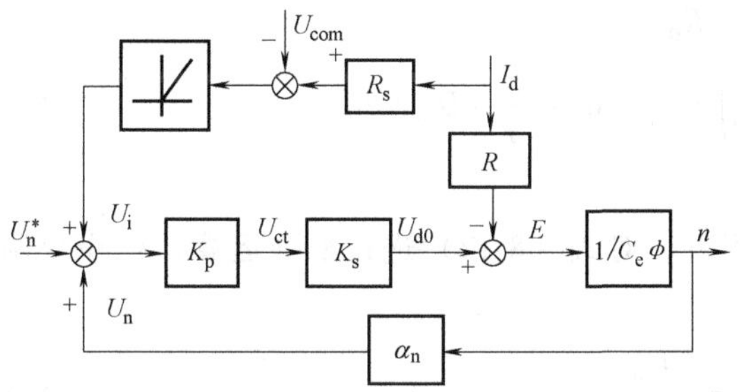

图 8-5　带电流截止负反馈的闭环调速系统稳态结构图

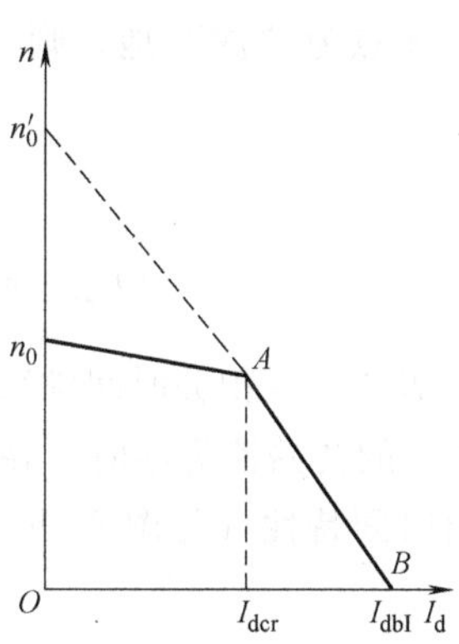

图 8-6　带电流截止负反馈的闭环调速系统的静特性

从式（8-11）看出，电流负反馈被截止后，系统静特性与转速负反馈的单闭环调速系统相同，静特性如图 8-6 中的 n_0-A 段，特性较硬。A 点称为截流点，与之对应的电流称为截止电流 I_{dcr}。从式（8-11）可知，电流负反馈起作用时，得 A-B 段。B 点称为堵转点，对应的电流称为堵转电流。因而得到 n_0-A-B 特性。实际上虚线画出的 n_0'-A 段在正常运行时已不起作用，这样的两段式静特性常被称作“下垂特性”或“挖土机特性”。

带电流截止环节的转速单闭环调速系统只是初步解决了限流问题，但并不十分精确，起动时所允许的最大电流不能维持一段时间，因此系统的动、静态特性较差，仅适用于小容量且对起动特性要求不高的场合。

8.1.5　单闭环无静差调速系统

所谓无静差调速系统是指调速系统稳态运行时，系统的给定值与被调量的反馈值保持相等，即 $\Delta U=U_n^*-U_n=0$。在有静差的调速系统中，为了减少静差，一方面引入各种反馈量，另一方面希望增大比例放大系数来提高静特性的硬度，但不可能完全消除静差，同时也可能引起系统的不稳定。采用比例积分调节器可以很好地解决静态与动态的这种矛盾。

8.1.5.1　积分调节器和积分控制规律

实现无静差调节，主要靠积分调节器，图 8-7a 给出了用线性集成运算放大器构成的积分调节器（简称 I 调节器）原理图。

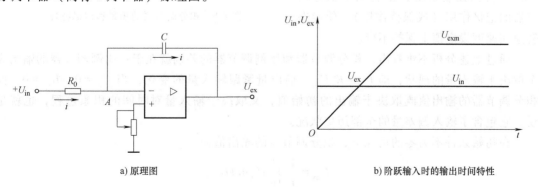

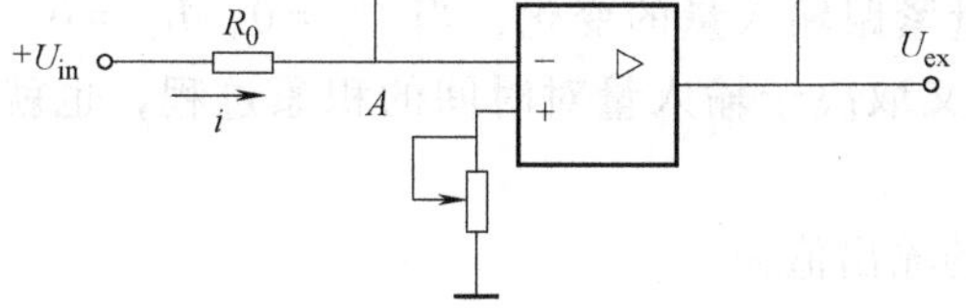

a) 原理图

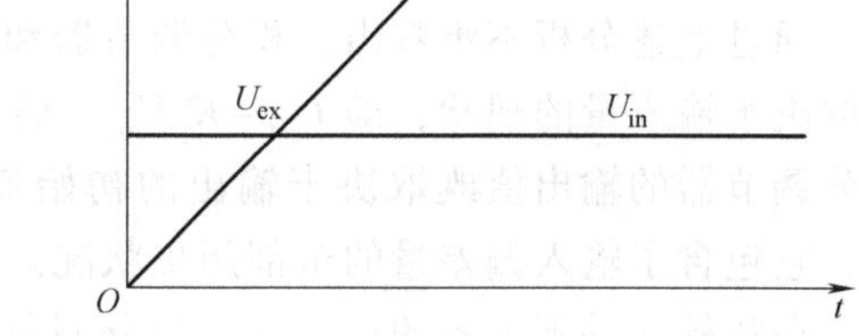

b) 阶跃输入时的输出时间特性

图 8-7　积分调节器

由于 A 点为“虚”地，则

$$i=\frac{|U_{bi}|}{R_0}$$

$$|U_{ex}|=\frac{1}{C}\int i\mathrm{d}t=\frac{1}{R_0C}\int|U_{bi}|\mathrm{d}t=\frac{1}{\tau}|U_{bi}|\mathrm{d}t \tag{8-12}$$

式中　$\tau=R_0C$——积分时间常数。

当 U_{ex} 的初始值为零时，在阶跃输入作用下，对式（8-12）进行积分运算，得积分调节器的输出时间特性（见图 8-7b）。

$$|U_{ex}|=\frac{|U_{in}|}{\tau}t \tag{8-13}$$

式中　$|U_{in}|/\tau$——积分曲线的斜率。

显然积分斜率大小与输入电压的绝对值成正比，与积分时间常数 τ 成反比。积分调节器的传递函数为

$$W(s)=\frac{U_{ex}(s)}{U_{in}(s)}=\frac{1}{\tau s}$$

积分调节器有三个重要特性。

1）延缓性。在积分调节器输入阶跃信号时，输出按积分线性增长。

2）积累性。只要积分调节器输入信号存在，不论信号大小如何变化，积分的积累作用也持续下去，只不过输出值上升速率不同而已。当阶跃信号为 U_{in1} 时，对应的积分特性为 U_{ex1}，当阶跃输入突降到 U_{in2}，对应的积分特性为 U_{ex2}，其上升斜率比 U_{ex1} 的上升斜率下降。

控制系统正是利用积分调节器对偏差的积累作用消除系统静差的。

3）记忆性。在积分过程中，如果输入信号变为零，输出电压仍能保持在输入信号改变前的瞬时值上，如图 8-8 所示，当 $U_{in3}=0$ 时，U_{ex3} 保持在 U_{in3} 刚为零时所对应的 U_{ex2} 值不变。若要使输出值下降，必须改变输入信号 U_{in} 的极性（如 U_{in4}）。控制系统正是利用了积分调节器的记忆作用（或保持作用），使稳态转速在速度设定值上保持不变。

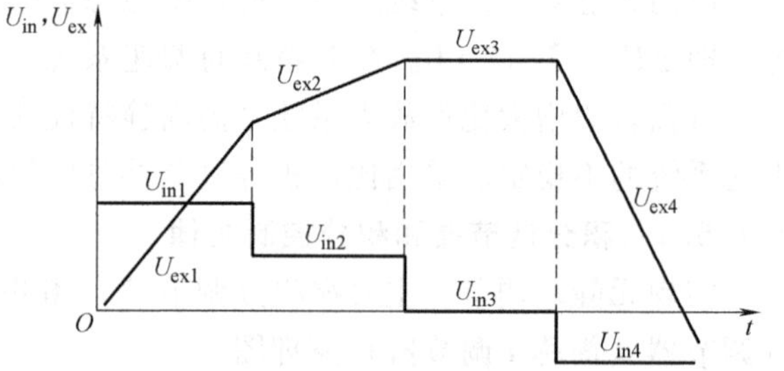

图 8-8　积分调节器的积累和记忆特性

通过上述分析不难看出，积分调节器和比例调节器的差别就在于：比例调节器的输出完全取决于输入量的现状，即 $U_{ex}=K_pU_{in}$，输出量紧跟输入量的变化，当 $U_{in}=0$，$U_{ex}=0$。而积分调节器的输出值既取决于输出的初始值，又取决于输入量对时间的积累过程，也就是说，它包含了输入偏差量的全部历史状况。

在初始条件不为零的情况下，积分调节器的输出值为

$$U_{ex}=\frac{1}{\tau}\int_0^t U_{in}\mathrm{d}t+U_{ex0}$$

可见，尽管目前 $U_{in}=0$，只要历史上曾经出现过 U_{in} 值，输出就存在一定数值（如 U_{ex0}），

就能产生足够的控制电压，保证新的稳定运行。这就是比例控制规律与积分控制规律的区别。

8.1.5.2　采用比例-积分（简称 PI）调节器的单闭环无静差调速系统

上面为了分析无静差调速系统，突出说明了积分控制优于比例控制的地方。然而，当输入出现偏差时，积分控制的输出只能逐渐地增长，因此系统的动态响应变慢。从控制的快速性看，积分控制就不如比例控制。如果既要稳态精度高，又要动态响应快，该怎么办呢？可以把两种控制规律结合起来，取长补短，于是就组成了比例-积分调节器，即 PI 调节器。

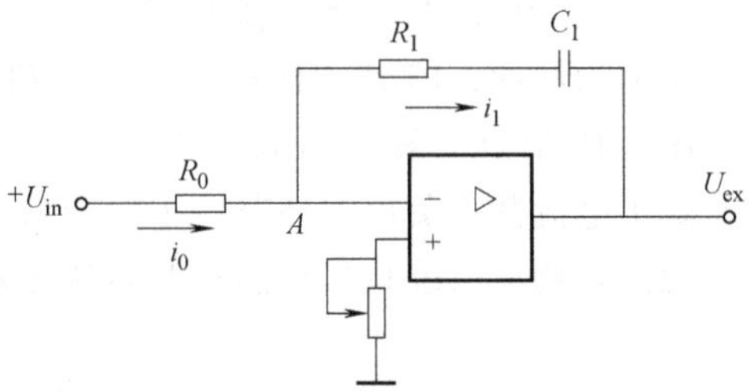

图 8-9　PI 调节器的原理电路图

1. PI 调节器的工作原理

PI 调节器电路如图 8-9 所示。

由于 A 点为“虚”地，可得

$$|U_{in}| = i_0R_0$$

$$|U_{ex}| = i_1R_1 + \frac{1}{C_1}\int i_1 \mathrm{d}t$$

因 $i_0=i_1$，整理后得

$$|U_{ex}| = \frac{R_1}{R_0}|U_{in}| + \frac{1}{R_0C_1}\int |U_{in}|\mathrm{d}t = K_p|U_{in}| + \frac{1}{\tau}\int |U_{in}|\mathrm{d}t \tag{8-14}$$

当输入阶跃信号时，则

$$|U_{ex}| = K_p|U_{in}| + \frac{|U_{in}|}{\tau}t$$

式中　K_p——PI 调节器比例放大系数，$K_p=R_1/R_0$；

τ——PI 调节器的积分时间常数，$\tau=R_0C_1$。

由此可见，PI 调节器的输出电压 U_{ex} 由比例和积分两个部分相加而成。在突加输入信号时，由于电容 C_1 两端电压不能突变，相当于两端瞬时短路，在运算放大器反馈回路中只剩下电阻 R_1，相当于一个放大系数为 K_p 的比例调节器，在输出端立即呈现电压 $K_p U_{in}$，加快了系统的调节过程，发挥了比例控制的长处。此后，随着电容 C_1 被充电，输出电压从 U_{ex0} 开始积分，其数值不断增长，直到稳态。稳态时，C_1 两端电压等于 U_{ex}，C_1 停止充电，R_1 已不起作用，又和积分调节器一样了，这时又能发挥积分控制的长处，即调节器处于开环状态，具有很高的放大倍数，实现了稳态无静差。

由此可见，PI 调节器满足了系统在动态和静态时对放大倍数 K 大小不同的要求，它属于串联校正装置，不仅使系统在稳态时做到无静差，而且提高了系统的动态稳定性。

在初始条件为零时，式（8-14）两侧取拉普拉斯变换，得 PI 调节器的传递函数为

$$W_{PI}(s) = \frac{U_{ex}(s)}{U_{in}(s)} = K_p + \frac{1}{\tau s} = \frac{K_p\tau s+1}{\tau s}$$

令 $\tau_1=K_p\tau$，得

$$W_{PI}(s) = \frac{\tau_1 s+1}{\tau s} = K_p\frac{\tau_1 s+1}{\tau_1 s}$$

式中　τ_1——PI 调节器的超前时间常数，$\tau_1=K_p\tau=R_1C_1$。

2. 采用 PI 调节器的单闭环无静差调速系统

PI 调节器综合了比例控制和积分控制两种控制的优点，克服了各自的缺点，扬长避短，互相补充。比例部分能迅速响应控制作用，积分部分则最终消除稳态偏差。作为控制器，PI 调节器兼顾了快速响应和消除偏差两方面的要求；作为校正装置，它又能提高系统的稳定性。正因为如此，PI 调节器在调速系统和其他控制系统中获得了广泛的应用。

图 8-10 给出了采用 PI 调节器的单闭环无静差调速系统。为了限制起动冲击电流，系统还设置了电流截止负反馈环节。下面分析无静差调速系统的扰动调节过程。

无静差调速系统只是在静态时转速无静差，动态时转速还是有偏差的。

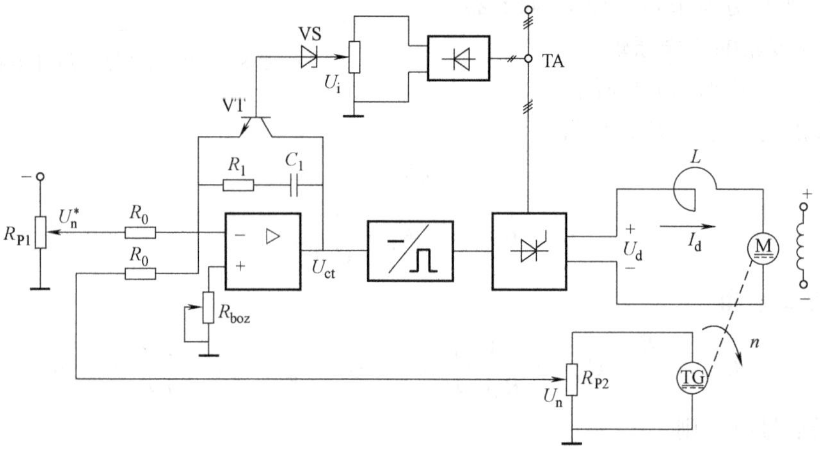

图 8-10　采用 PI 调节器的单闭环无静差调速系统

由图 8-10 可见，当突加负载时，电动机转矩失去平衡，转速迅速下降，出现偏差电压 $\Delta U=U_n^*-U_n\neq0$，此偏差电压使 PI 调节器的输出 U_{ct} 产生一个增量 ΔU_{ct}。此增量由两部分组成：①比例部分 $\Delta U_{ctp}=K_p\Delta U$，波形与 ΔU 相同，并与 ΔU 同步。在 ΔU_{ctp} 的作用下，立即使整流电压产生一个增量 ΔU_d，及时阻止转速下降。ΔU_{ctp} 的控制作用越强，最大动态速降 ΔN_{max} 就越小。②积分部分 $\Delta U_{ctI}=\frac{1}{\tau}\int\Delta U\mathrm{d}t$，只要偏差存在，$\Delta U_{ctI}$ 就增加，直至 $\Delta U=0$ 才停止上升。

在调节过程的初期和中期，因速降大，偏差 ΔU 也大，其比例部分的增量 ΔU_{ctp} 产生较大的整流电压，迫使转速下降缓慢。而积分部分增量 ΔU_{ctI} 的上升需要时间的积累，响应慢，故此期间比例调节起着主导作用。在扰动调节的后期，转速已回升，ΔU 减小，比例部分作用减弱，而 ΔU_{ctI} 已经过一段时间的积累，逐渐升高，也就是说，积分调节作用逐渐增大。只要偏差存在，就意味着实际转速与给定值不相等，ΔU_{ctI} 就会一直积分增长，直至转速恢复到扰动前的数值为止，在此期间积分部分起主要作用，比例控制逐渐减弱，最后靠积分控制作用产生一个整流电压的增量 ΔU_d，来补偿电枢电阻电压降，最终消除静差。这就是 PI 调节器在系统中获得良好的抗扰性能的原因所在。

无静差调速系统在负载扰动作用下的静差，可以根据系统的动态结构图进行定量分析。这里只研究负载扰动下的转速偏差，给定信号可以不考虑。

对于阶跃扰动，即 $I_L(s)=I_L/s$，利用终值定理就可以求得阶跃扰动下转速的稳态误差 Δn，即

$$\Delta n(s)=\frac{-R(T_I s+1)(T_s s+1)\tau s/C_e}{\tau s(T_s s+1)(T_m T_I s^2+T_m s+1)+\alpha K_s K_p(\tau s+1)/C_e}I_L(s)$$

$$\Delta n=\lim_{t\to\infty}\Delta n(t)=\lim_{s\to 0}s\Delta n(s)$$

$$=\lim_{s\to 0}s\frac{-R(T_I s+1)(T_s s+1)\tau s/C_e s}{\tau s(T_s s+1)(T_m T_I s^2+T_m s+1)+\alpha K_s K_p(\tau s+1)/C_e}=0$$

上式结果表明，比例积分调节器可以使闭环调速系统的稳态误差为零，即无转速静差。

在负载扰动下的动态速降是调速系统的一个重要的动态指标。有些机电系统除有静态精度要求外，还有动态精度要求。例如热连轧机，一般要求静差率小于 0.5%，动态速降小于 3%，动态恢复时间小于 0.3s。如果超过了这些指标，就会造成两个机架间的堆钢或拉钢现象，不但影响产品质量，严重时会造成事故。这是设计和调整时必须注意的。

8.2　转速、电流双闭环直流调速系统

8.2.1　双闭环系统的组成和静特性

8.2.1.1　问题的提出

在上一节讨论的采用 PI 调节器的单闭环调速系统，虽然能够保证动态稳定性，又能消除静差，引入电流截止环节后也能限制冲击电流，但系统的动态性能还不能令人满意。这种单环调速系统不能在充分利用电动机过载能力的条件下获得快速的动态响应，对扰动的抑制能力较差，因此其应用范围受到一定的限制。

在单闭环调速系统中，只有电流截止负反馈环节是专门用来控制电流的，但它只是在电流超过 I_{dcr} 值以后，靠强烈的负反馈作用限制电流的冲击，并不能很理想地控制电流的动态波形。带电流截止负反馈的单闭环系统，在突然给定负载起动时的电流和转速波形如图 8-11a 所示。当电流从最大值下降后，电动机的转矩也随之减小，使加速过程延长。

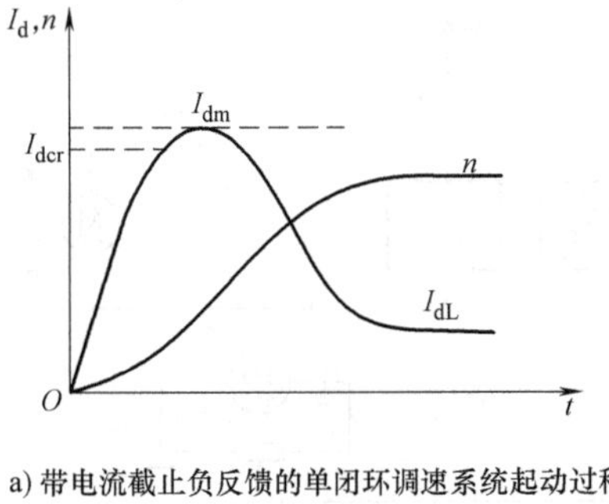

a) 带电流截止负反馈的单闭环调速系统起动过程

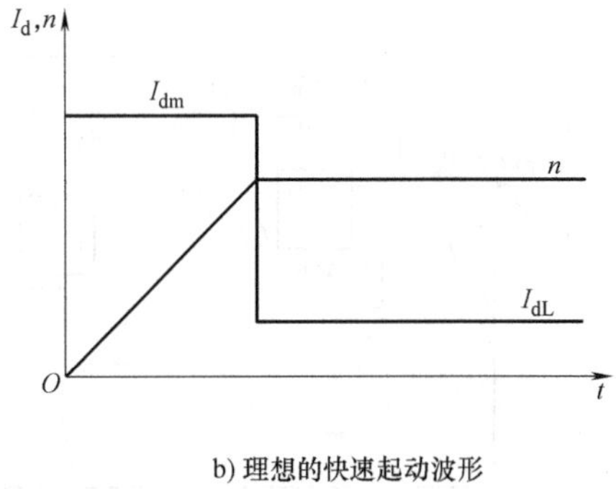

b) 理想的快速起动波形

图 8-11　调速系统起动过程的电流和转速波形图

对于要求频繁正、反转运行的生产机械，如龙门刨床的主传动，若能缩短起、制动时间，便能大大提高生产率。因此充分利用电动机的过载能力，使在起、制动过程中始终保持

最大电流（即最大转矩）不变，电动机便能以最大的加速度起动。当转速达到稳态转速后，又让电流（转矩）立即下降，最后使电动机电磁转矩与负载转矩平衡，电动机以稳定转速运行。如图 8-11b 所示的波形，即理想的起动电流和转速的波形。为了尽量达到理想的起动电流波形，把电流负反馈和转速负反馈分别加到两个调节器的系统，即转速、电流双闭环系统。

8.2.1.2 转速、电流双闭环系统的组成

为了实现转速和电流两种负反馈分别起作用，在系统中设置了两个调节器，分别调节转速和电流，二者串联连接，如图 8-12 所示。也就是说，把转速调节器的输出作为电流调节器的输入，再把电流调节器的输出送到晶闸管的触发器，以控制晶闸管整流装置的输出。从闭环结构上看，电流环在里面，称为电流内环，转速环在外面，叫转速外环。这样由两个环构成的双环系统叫转速、电流双环系统。

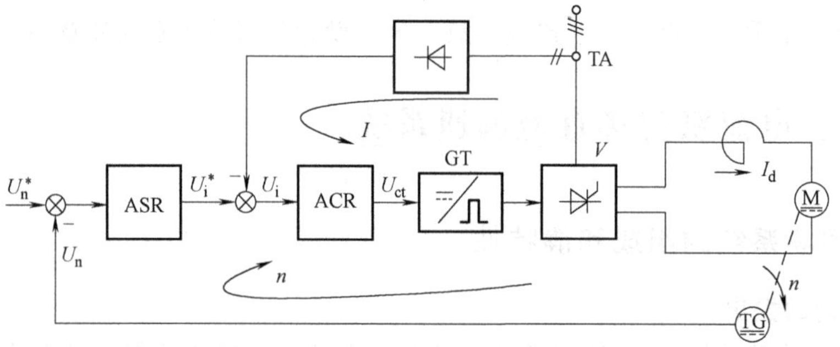

图 8-12 转速、电流双闭环调速系统

为了获得良好的动静特性，双闭环系统的转速调节器和电流调节器一般都采用 PI 调节器。其电路原理如图 8-13 所示。在图上标出了两个调节器输入、输出电压的实际极性，它们是按照触发装置 GT 的控制电压 U_{ct} 为正电压的情况，并考虑到运算放大器的倒相作用而标出的。从图上还可看出，两个调节器的输出都是带有限幅的。转速调节器 ASR 的输出限幅电压是 U_i^*，它决定了电流调节器给定电压的最大值；电流调节器 ACR 的输出限幅电压是 U_{ct}，它限制了晶体管整流器的输出电压最大值。

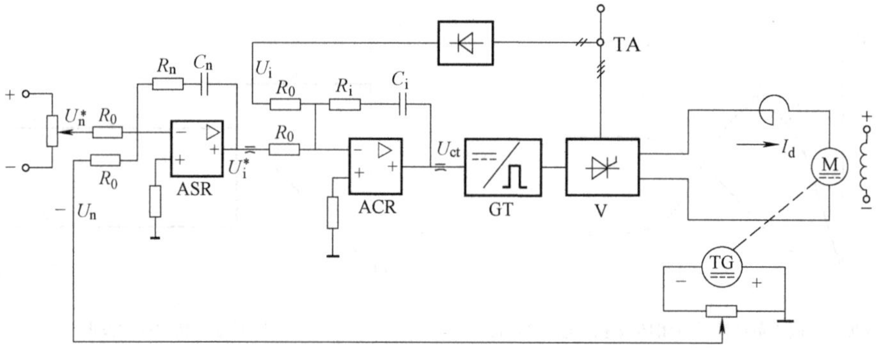

图 8-13 双闭环调速系统的电路原理图

8.2.1.3 稳态结构图和静特性

根据图 8-13 可以画出它的稳态结构图（见图 8-14）。这里要注意的是 PI 调节器的静态

放大倍数用 PI 调节器的特性来表示，该调节器是带有输出限幅环节的。分析静特性的关键是掌握 PI 调节器稳态特性。这种调节器有两种可能：饱和—输出达到限幅值；不饱和—输出未达到限幅值。当调节器饱和时，输出为恒值，输入量的变化不再影响输出，除非有反向的输入信号，使调节器退出饱和。换句话说，饱和的调节器暂时隔断了输入和输出之间的联系，相当于使系统开环。当调节器不饱和时，PI 调节器的输入偏差电压在稳态时总是为零。

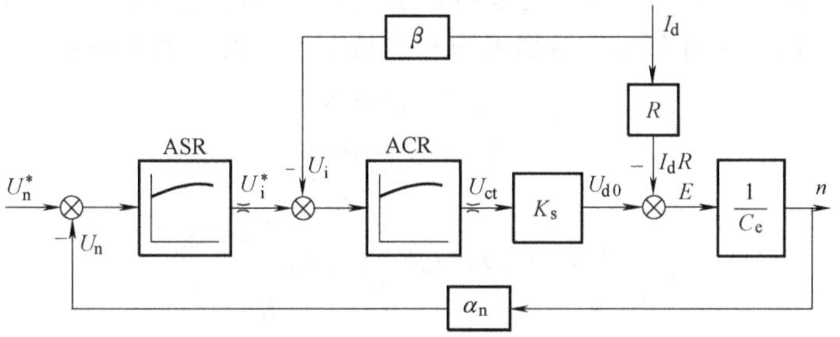

图 8-14　双闭环调速系统稳态结构图

α_n—转速反馈系数　β—电流反馈系数

具有转速、电流双环系统的转速调节器可能处于饱和的情况，而电流调节器在正常的情况下是不会达到饱和状态的。因此分析静特性就有两种情况：饱和或不饱和。

1. 转速调节器不饱和

此时两个调节器都不饱和，所以稳态时，调节器的输入偏差电压仍为零。因此有

$$U_n^* = U_n = \alpha_n n$$

$$U_i^* = U_i = \beta I_d$$

由第一个关系式可得

$$n = \frac{U_n^*}{\alpha_n} \tag{8-15}$$

当 $n = n_0$ 时，得到图 8-15 静特性的 n_0-A 段。

与此同时，由于转速调节器 ASR 不饱和，$U_i^* < U_{im}^*$，从 $U_i^* = U_i = \beta I_d$ 可知：$I_d < I_{dm}$。也即，n_0-A 段静特性从 $I_d = 0$（理想空载转速状态）一直到 $I_d = I_{dm}$，而 I_{dm} 一般都是大于额定电流 I_{dnom} 的，这就是静特性的运行段。

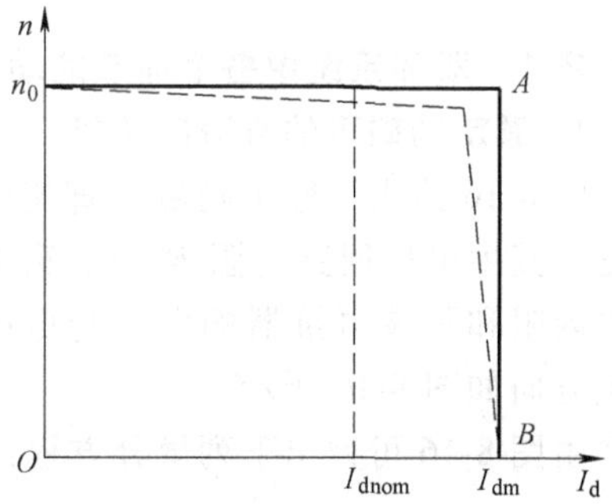

图 8-15　双闭环调速系统的静特性

2. 转速调节器饱和

此时，ASR 输出达到限幅值 U_{im}^* 转速外环呈开环状态，转速的变化对系统不再产生影响（$U_n \leqslant U_n^*$），双闭环系统变成一个电流无静差的单闭环系统。稳态时

$$I_d = \frac{U_{im}^*}{\beta} = I_{dm} \tag{8-16}$$

式中最大电流 I_{dm} 是由设计者选定的，即取决于电动机容许的过载能力和拖动系统允许的最大加速度。式（8-16）所描述的静特性是图 8-15 的 *A-B* 段。这样的下垂特性，只适合于 $n<n_0$ 的情况。因为 $n>n_0$，则 $U_n>U_n^*$，ASR 将退出饱和。

双闭环调速系统的静特性是在负载电流小于 I_{dm} 时，表现为转速无静差，这时，转速负反馈起主要的调节作用。当负载电流达到 I_{dm} 后，转速调节器饱和，电流调节器起主要调节作用，系统表现为电流无静差，得到了过电流的自动保护。这体现了采用两个 PI 调节器分别形成内、外两个闭环的效果。这样的静特性显然比只有电流截止负反馈的单闭环系统的静特性好。根据图 8-14，在两个调节器都不饱和的情况下，有下列关系：

$$U_n^* = U_n = \alpha_n n$$

$$U_i^* = U_i = \beta I_d$$

$$U_{ct} = \frac{U_{d0}}{K_s} = \frac{C_e \phi n + I_d R}{K_s} = \frac{\left(\dfrac{C_e \phi U_n^*}{\alpha_n}\right) + I_{dL} R}{K_s}$$

式中　I_{dL}——负载电流。

上述关系说明，在稳态工作点上，转速 n 是由给定电压 U_n^* 决定的，ASR 的输出值是由负载电流 I_{dL} 决定的，而控制电压 U_{ct} 的大小则同时取决于 n 和 I_d，即取决于 U_n^* 和 I_{dL}。这些关系反映了 PI 调节器不同于比例调节器的特点。比例调节器的输出量总是正比于其输入量，而 PI 调节器则不然，其输出量的稳态值与输入无关，而是由它后面环节的需要决定的。后面需要 PI 调节器提供多大的输出值，它就能提供多少，直到饱和为止。根据 PI 调节器的这一特点，可以方便地计算出转速反馈系数和电流反馈系数。

转速反馈系数为
$$\alpha_n = \frac{U_{nm}^*}{n_{max}} \tag{8-17}$$

电流反馈系数为
$$\beta = \frac{U_{im}^*}{I_{dm}} \tag{8-18}$$

两个给定电压的最大值 U_{nm}^* 和 U_{im}^* 是受运算放大器的允许输入电压限制的。

8.2.2　转速、电流双闭环系统的动态性能

8.2.2.1　双环系统中各个环节的动态结构图

1. 额定励磁下的直流电动机

图 8-16 给出了额定励磁下直流电动机的等效电路，其中电枢回路电阻 R 和电感 L 包含了整流装置内阻和平波电抗器的电阻与电感在内，规定的正方向如图 8-16 所示。

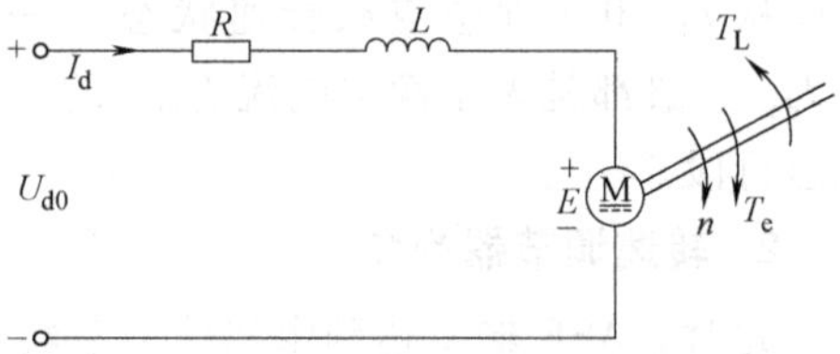

图 8-16　直流电动机等效电路

由图 8-16 可列出下列微分方程：

主电路，假定电流连续，则
$$U_{d0} = RI_d + L\frac{dI_d}{dt} + E$$

额定励磁下的感应电势为
$$E = C_e \phi n$$

根据牛顿动力学定律，得
$$T_e - T_L = \frac{GD^2 dn}{375 dt}$$

式中　T_L——包括电动机空载转矩在内的负载转矩（N·m）。

GD^2——电力拖动系统的运动部分折算到电动机轴上飞轮的转动惯量（$N\cdot m^2$）。

额定励磁下的电磁转矩为　$T_e=C_m\phi I_d$

式中　$C_m\phi$——电动机额定励磁下的转矩电流比（N·m/A），$C_m\phi=\frac{30}{\pi}C_e\phi$。

定义下列时间常数：

T_1——电枢回路电磁时间常数（s），$T_1=\frac{L}{R}$；

T_m——电力拖动系统机电时间常数（s），$T_m=\frac{GD^2R}{375C_eC_m\phi^2}$。

代入微分方程，并整理后得

$$U_{d0}-E=R\left(I_d+T_1\frac{dI_d}{dt}\right)$$

$$I_d-I_{dL}=\frac{T_m}{R}\frac{dE}{dt}$$

式中　I_{dL}——负载电流，$I_{dL}/T_L/C_m\phi$。

在零初始条件下，等式两边进行拉普拉斯变换得电压与电流间的传递函数为

$$\frac{I_d(s)}{U_{d0}(s)-E(s)}=\frac{\frac{1}{R}}{T_1s+1} \tag{8-19}$$

电流与电动势之间的传递函数为

$$\frac{E(s)}{I_d(s)-I_{dL}(s)}=\frac{R}{T_ms} \tag{8-20}$$

感应电动势与转速 n 之间的传递函数为

$$\frac{n(s)}{E(s)}=\frac{1}{C_e\phi} \tag{8-21}$$

将式（8-19）~式（8-21）所表示的关系画出结构图，并将各个结构图合在一起，便可得出额定励磁下的直流电动机动态结构图（见图 8-17）。

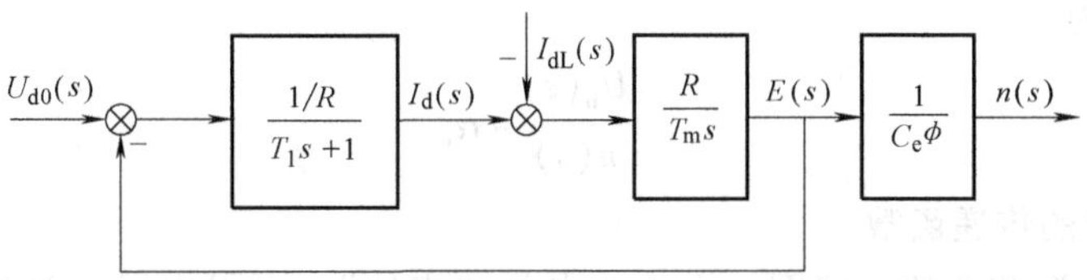

图 8-17　额定励磁下的直流电动机动态结构图

2. 晶闸管触发和整流装置

要控制晶闸管的导通必须要有触发电路，因此常把晶闸管触发电路和整流装置作为一个整体来考虑。这一环节的输入量是触发器的控制电压 U_{ct}，即电流调节器的输出量，输出量是整流装置的理想空载整流电压 U_{d0}。如果把它们之间的电压放大系数 K_s 看成常数，则晶闸管触发电路与整流装置可以看成一个具有纯滞后的放大环节。其滞后作用是由于晶闸管装

置的失控时间引起的。众所周知，晶闸管一旦导通后，控制电压的变化对它就不起作用，直到该元件承受反压关断为止，因此造成整流电压滞后于控制电压的状况。

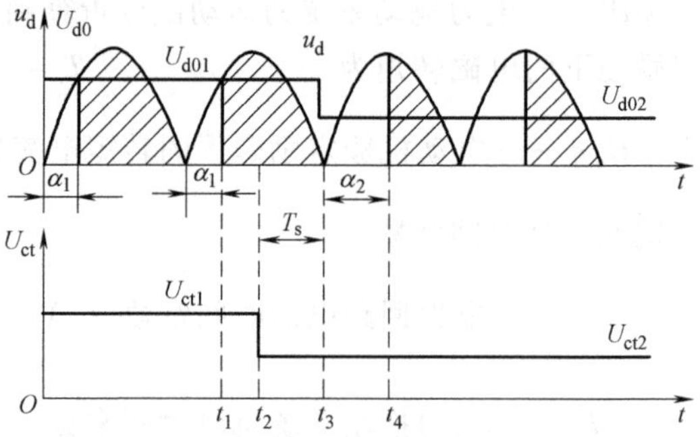

图 8-18 晶闸管触发和整流装置的失控时间

如图 8-18 所示单相全波电阻性负载的整流电压波形，在控制电压为 U_{ct1} 时，触发延迟角为 α_1，输出直流电压平均值为 U_{d01}，而在 t_2 时刻，控制电压从 U_{ct1} 变化到 U_{ct2}，但由于在 t_1 时晶闸管已导通，因此只有到达 t_3 时刻，晶闸管的触发延迟角才变为 α_2，使晶闸管在 t_4 时导通，输出直流平均电压为 U_{d02}。从图中可见，从 U_{ct} 的变化（t_2 时刻）到输出直流平均电压的变化（t_3 时刻）时间为 T_s，这一段时间就称为失控时间。失控时间 T_s 的大小是与 U_{ct} 的变化时刻有关，是一个随机量。最大值是两个自然换相点之间的时间。通常取平均失控时间（见表 8-1）。

表 8-1 各种整流电路的平均失控时间

整流电路形式	平均失控时间 T_s/ms	整流电路形式	平均失控时间 T_s/ms
单相半波	10	三相半波	3.33
单相桥式(全波)	5	三相桥式、六相半波	1.67

用单位阶跃函数来表示滞后，则晶闸管触发和整流装置的输入、输出关系为

$$U_{d0}=K_sU_{ct}(t-T_s)$$

按拉普拉斯变换的移位定理，则传递函数为

$$\frac{U_{d0}(s)}{U_{ct}(s)}=K_s\mathrm{e}^{-T_ss}\approx\frac{K_s}{1+T_ss} \tag{8-22}$$

上述近似式是有一定的近似条件的。在满足近似条件后，触发器与整流装置可看成是一个惯性环节。

3. 测速发电机

测速发电机的输入是电动机的转速 n，输出是转速反馈电压 U_n，它们之间的放大系数也就是传递函数为

$$\frac{U_n(s)}{n(s)}=\alpha_n \tag{8-23}$$

4. PI 调节器的传递函数

图 8-19 为 PI 调节器的电路图。由于 A 点是“虚地”，可得出下列关系：

$$U_{in}=i_0R_0$$

$$U_{ex}=i_1R_1+\frac{1}{C}\int i_1\mathrm{d}t$$

$$i_0=i_1$$

式中 U_{in}、U_{ex} 的极性如图 8-19 所示。

将两式整理后可得

$$U_{ex}=\frac{R_1}{R_0}U_{in}+\frac{1}{R_0C_1}\int U_{in}\mathrm{d}t=K_{pi}U_{in}+\frac{1}{\tau}\int U_{in}\mathrm{d}t$$

式中　K_{pi}——PI 调节器的比例部分的放大系数，

$$K_{pi}=\frac{R_1}{R_0};$$

τ——PI 调节器的积分时间常数，$\tau=R_0C_1$。

初始条件为零时，取上式两侧的拉普拉斯变换，移项后得 PI 调节器的传递函数为

$$W_{pi}(s)=\frac{U_{ex}(s)}{U_{in}(s)}=K_{pi}+\frac{1}{\tau s}=\frac{K_{pi}\tau s+1}{\tau s}$$

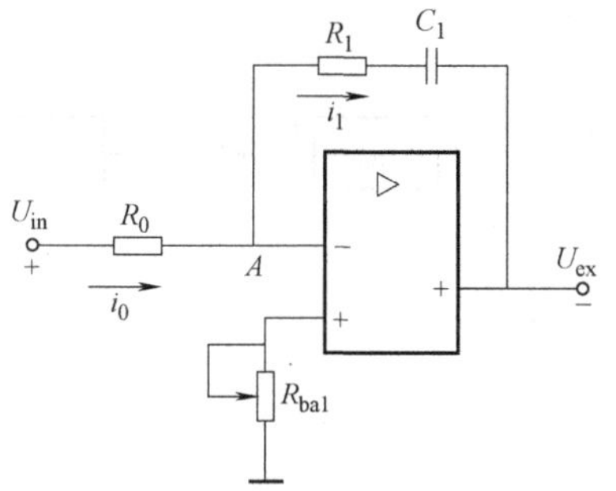

图 8-19　PI 调节器

令

$$\tau_1=K_{pi}\tau=\frac{R_1}{R_0}R_0C_1=R_1C_1$$

则此传递函数也可写为

$$W_{pi}(s)=\frac{\tau_1 s+1}{\tau s}=K_{pi}\frac{\tau_1 s+1}{\tau_1 s}\tag{8-24}$$

式中　τ—— PI 调节器的超前时间常数，$\tau_1=R_1C_1$。

8.2.2.2　双闭环系统的动态结构图

由图 8-20 表示转速、电流双闭环调速系统的动态结构图。转速调节器和电流调节器分别用 W_{ASR}（s）和 W_{ACR}（s）表示，它们都是 PI 调节器。

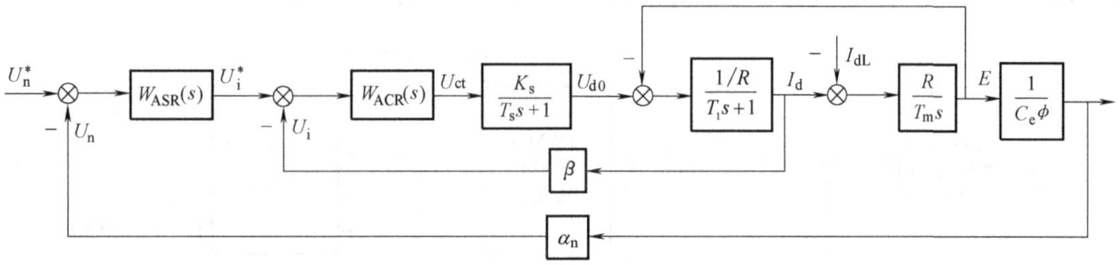

图 8-20　双闭环调速系统的动态结构图

8.2.3　双闭环系统的抗扰性

在本章第一节中，已讲述了反馈控制规律，知道对主通道内的扰动，系统是能够进行抑制的，对反馈通道内的扰动，系统是无法抑制的。在主通道的诸多扰动中，主要考虑负载扰动的影响。对双环系统来说，主要考虑的扰动是负载扰动和电网电压扰动。图 8-21 画出了这两个扰动在动态结构图中的位置。

从图 8-21 可见，负载扰动 I_{dL} 在电流环外，因此系统只能通过转速调节器 ASR 来产生抗扰作用。所以在突加（减）负载时，系统必然会产生动态速降（升）。为了减少动态速降（升），在设计 ASR 参数时，要求考虑使系统有较好的抗扰性能指标。

图 8-21 中，ΔU_d 是电网电压波动在整流电压上的反映，也就是反映了电网电压扰动。它处在电流环内，因此电网扰动出现时，首先引起电动机电流 I_d 的变化，然后由电流闭环

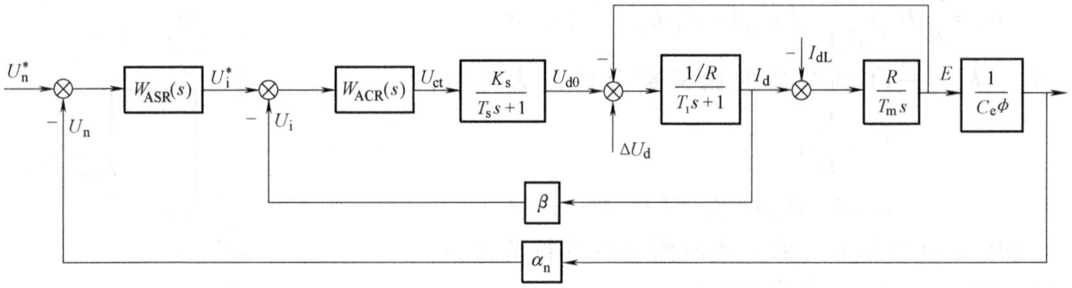

图 8-21　双闭环系统的动态抗扰作用结构图

进行调节。由于电流闭环的动态响应很快，不等影响到转速的变化，电网电压扰动的影响已被消除（或基本被消除），因此在双环系统中，电网电压扰动对转速波动的影响很小。

8.3　直流可逆调速系统

脉宽调制（pulse-width modulation，PWM）式直流调速系统，是一种在 VC-M 直流调速系统的基础上以脉宽调制式可调直流电源取代晶闸管相控整流电源后构成的直流电动机转速调节系统，其典型结构如图 8-22 所示。由于它采用全控型电力电子器件作为功率开关元件，并按脉宽调制方式实现电枢电压调节，因而主电路结构简单，性能优越，是新设计 100kW 以下直流调速系统的首选方案。鉴于该系统的闭环控制方式和分析、综合方法均与晶闸管直流调速系统相同，本节仅讨论其主电路部分的工作原理和静、动态特征。

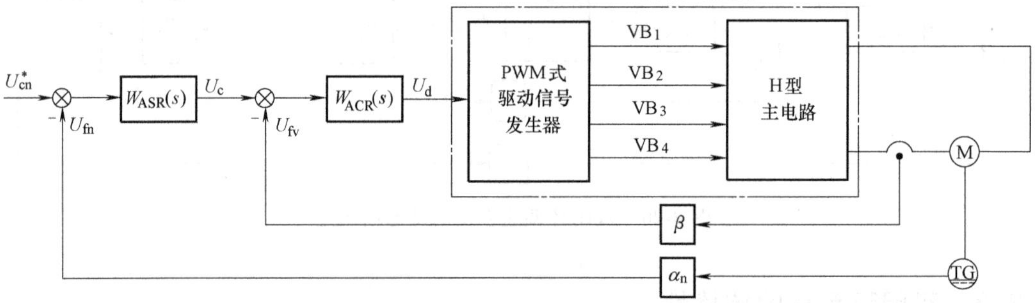

图 8-22　PWM 式直流调速系统结构图

8.3.1　脉宽调制式调压原理

现以图 8-23 所示脉宽调制式（以下简称 PWM 式）不可逆调速系统为例，说明脉宽调制式调压原理。图 8-23a 中仅绘出系统的主电路及其功率开关元件的 PWM 式驱动信号发生器部分，全控型功率开关元件 VT 以大功率晶体管作为代表，VT 与直流电动机 M 的电枢串联后，由不可控直流电源电压 U_d 供电，VD_1 为电枢电流的续流二极管。所谓脉宽调制，其含义是将连续变化的控制电压 u_c，变换为脉冲幅值与频率固定、脉冲宽度与 u_c 瞬时值相关的脉冲电压。此过程于图 8-23a 中由点画线框内的载波信号发生器、相加点 A（即电压比较器）和极性鉴别器三个环节构成的脉宽调制器实现。其中，载波信号发生器产生频率高于 u_c 的频率数十乃至数百倍的等腰三角形载波电压信号 u_T，在不可逆调速系统中，u_T 在偏移电压 u_d 的作用下，瞬时值恒为非负，最小值为零，如图 8-23b 所示。u_T 与 u_c 在相加点 A 上相比较后，其差值 $\Delta u=u_T-u_c$。作用于极性鉴别器的输入端。极性鉴别器的输入-输出特性 $U=f(\Delta u)$ 可知，当 $\Delta u>0$ 时，即在所有 $u_T>u_c$ 的时间区段内，极性鉴别器输出 U 为零电平；当 $\Delta u<0$ 时，即在所有 $u_T<u_c$ 的时间区段内，U 为高电平。因载波为频率固定的等腰三角形波，依简单的几何关系即可看出，极性鉴别器输出的脉冲列 U 幅值固定、频率恒等于载波频率，脉冲宽度则与 u_c 相关，称为 u_c 的脉宽调制波。U 经环节 VD 做适当处理后，作为 VT 的驱动信号。当 U 为高电平时，VT 导通，电动机 M 的电枢电压 $U_a=u_d$；当 U 为零电平时，VT 截止，$u_a=0$。在两个不同 u_c 值（u_{c1} 和 u_{c2}）下，u_a 的波形图如图 8-23b 所示。此电压作用于直流电动机电枢两端时，因电枢绕组电路可视为由电枢电阻 R_a 和电枢电感 L_a 构成的 RL 串联电路，故电枢电流 i_a 必然随时间呈指数规律增减：当 VT 导通时，i_a 在供电电压 U_d 作用下经回路①建立，并呈指数规律上升；而当 VT 截止时，i_a 则在电枢绕组自感电动势维持下经回路②续流，并呈指数规律下降。两不同 u_c 数值下 i_a 的波形如图 8-23b 所示。

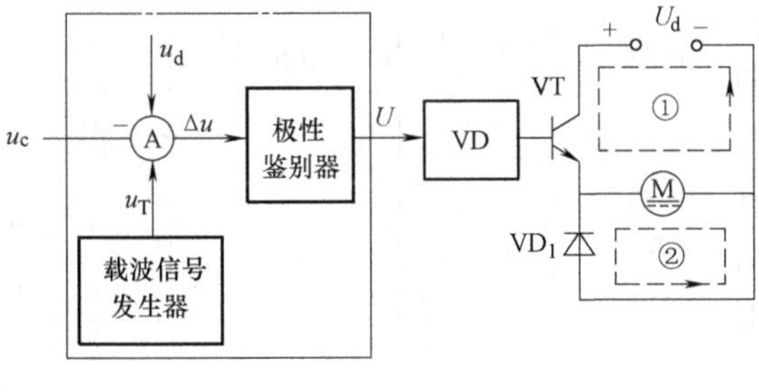

a) 电路原理

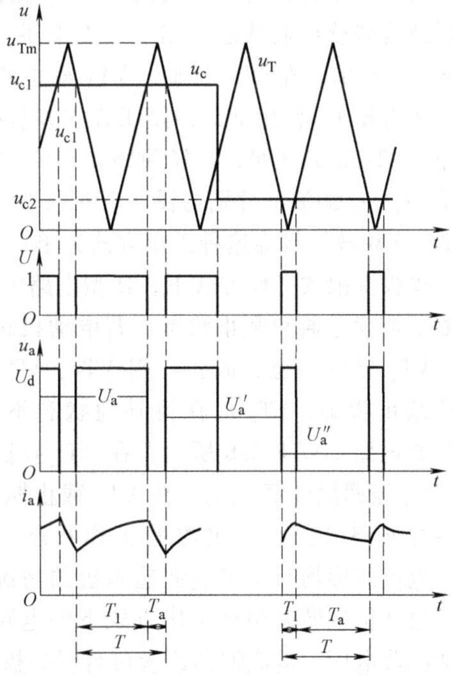

b) 波形图

图 8-23　PWM 式不可逆调速系统

设 VT 的导通工作时间为 T_1，截止持续时间为 T_0，脉冲周期为 $T=T_1+T_0$，则电枢电压平均值可表示为

$$U_a=\frac{T_1}{T}U_d=\rho U_d \tag{8-25}$$

其中

$$\rho=\frac{T_1}{T} \tag{8-26}$$

ρ 称为脉宽调制波的占空比。由图 8-23b 中容易看出，当 $u_c=u_{Tm}$ 时，有 $\rho=1$，$U_a=U_d$；当 $u_c=0$ 时，有 $\rho=0$，$U_a=0$。若在区间［0，u_{Tm}］内连续调节 u_c 的大小以调节 ρ 的数值，即可在区间［0，U_d］内实现对于 U_a 的连续调节，此即脉宽调制式调压的基本原理。

8.3.2 PWM 式可逆直流调速系统

PWM 式可逆直流调速系统的主电路是由四只全控型功率开关元件 VT_1 ~ VT_4 及其续流二极管 VD_{11} ~ VD_{14} 构成的 H 型电路，如图 8-24 所示。图中，U_d 为不可控直流电源电压。因 VT_1 ~ VT_4 的工作方式不同，电路工作方式有单极式、单极受限式和双极式三类。

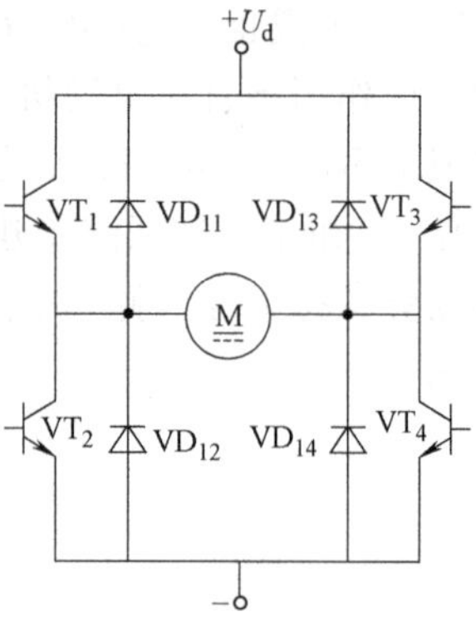

图 8-24 PWM 式可逆直流调速系统主电路原理图

单极式工作方式下，H 型电路中一条桥臂上的两只开关元件交替导通、截止，另一桥臂上的两开关元件则分别处于持续导通、持续截止状态。设 VT_1、VT_2 交替导通、截止，则电动机正转时 VT_3 应保持为持续截止状态，相当于右上桥臂开路；VT_4 应保持为持续导通状态，相当于右下桥臂短路，其等效电路如图 8-25a 所示。在 VT_1 导通、VT_2 截止期间，电枢电流 i_a 在供电电源电压 U_d 作用下经回路①建立并呈指数规律上升；在 VT_1 截止、VT_2 导通期间，i_a 经回路②续流并呈指数规律下降，u_c、u_T 及 u_a、i_a 的波形分别与图 8-23b 相似。由于电枢电压是单极性的 PWM 波，故称这种工作方式为单极式。

单极受限式工作方式下，H 型电路中仅一只开关元件交替导通、截止，另三只元件则分别处于持续导通和截止状态。若电动机正转时，VT_1 交替导通、截止，则 VT_2、VT_3 应保持截止状态，VT_4 应保持导通状态不变，其等效电路如图 8-25b 所示。在 VT_1 导通期间，U_d 经回路①建立 i_a；在 VT_1 截止期间，i_a 通过回路②续流，电路的工作状态与电压、电流波形均与不可逆调速系统的情况相同。电动机逆转时两种工作方式下的电路工作情况及电压、电流波形读者可自行分析。

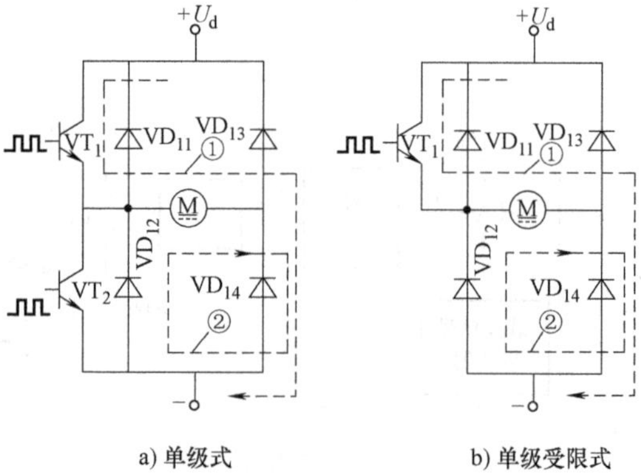

图 8-25 单级式和单级受限式工作方式下主电路的等效电路

双极式工作方式下，H 型电路中的四只开关元件均处于交替导通、截止的工作状态，其中，处于 H 型电路对角线上的两元件同步工作，两对角线上的两对元件则交替通断，u_a 为与载波同频率的双极性脉冲电压，双极性工作方式由此而得名。

现以图 8-26 所示双极式工作方式为例，说明 PWM 式可逆直流调速系统的工作原理。与单极式不同，此处载波信号 u_T 为正负半周对称的交流电压信号，如图 8-26c ~ e 所示。在

图 8-26a 中，u_c 的脉宽调制波 U 经驱动电路 VD_1、VD_4 处理后，分别用于驱动开关元件 VT_1 和 VT_4，其“非”信号 $\overline{U}$ 经 VD_2、VD_3 处理后，分别用于驱动开关元件 VT_2 和 VT_3。当 $U=1$、$\overline{U}=0$ 时 VT_1、VT_4 导通，VT_2、VT_3 截止，$u_a=-U_d$，并经回路①建立电枢电流 i_a；当 $U=0$、$\overline{U}=1$ 时，VT_2、VT_3 导通，VT_1、VT_4 截止，$u_a=-U_d$，i_a 经回路②续流。$u_c>0$、$u_c=0$ 和 $u_c<0$ 三种情况下的电压、电流波形分别如图 8-26c～e 所示。

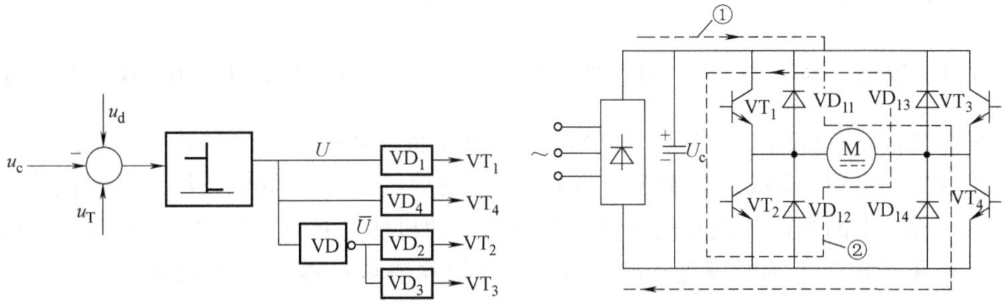

a) PWM式驱动信号发生器　　b) H型主电路

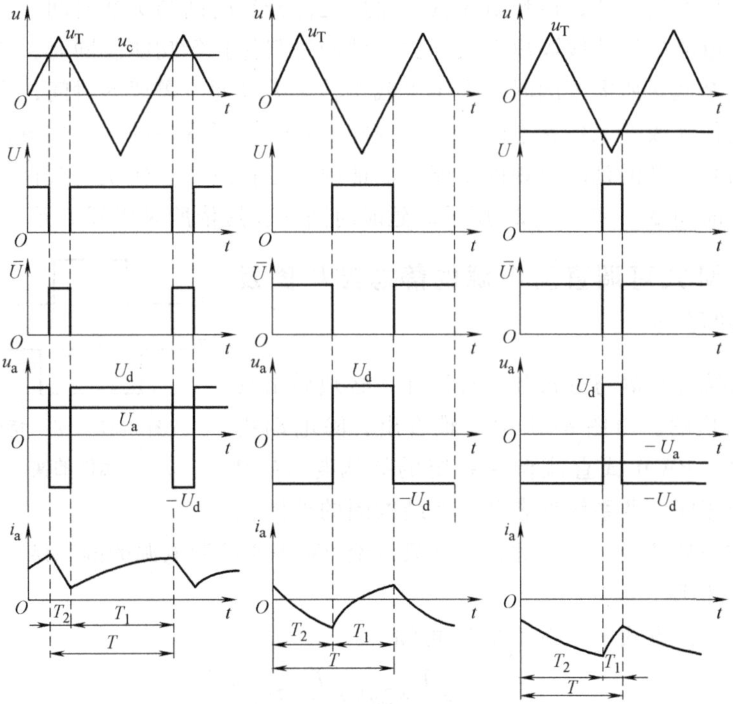

c) $u_c>0$ 时的电压、电流波形　d) $u_c=0$ 时的电压、电流波形　e) $u_c<0$ 时的电压、电流波形

图 8-26　双级式 PWM 可逆直流调速系统

设 $u_a=U_d$ 的持续时间为 T_1，$u_a=-U_d$ 的持续时间为 T_2，则由图 8-26c～e 可知，电枢电压平均值 U_a 可表示为

$$U_a=\frac{U_d}{T}(T_1-T_2)=\rho' U_d \tag{8-27}$$

其中

$$\rho'=\frac{T_1-T_2}{T}=\frac{2T_1}{T}-1=2\rho-1 \tag{8-28}$$

从图 8-26c～e 不难看出，当 $u_c>0$ 时，$T_1>\frac{1}{2}T$ 且与 u_c 成正比增减，故 ρ' 与 U_a 均为正，并随 u_c 一同增、减；当 $u_c<0$ 时，$T_1<\frac{1}{2}T$ 且与 $|u_c|$ 成正比增、减，故 ρ' 与 U_a 均为负，其绝对值随 $|u_c|$ 一同增、减；当 $u_c=0$ 时，$T_1=T_2=\frac{1}{2}T$，故 $\rho'=0$，因而 $U_a=0$。这表明，改变 u_c 的大小和极性，即可控制 U_a 的大小和极性，进而控制电动机的转速和转向，达到调速和可逆运行的目的。由图 8-26d 还可看出，当 $U_a=0$，电动机转速 $n=0$ 时，i_a 为平均值等于零的交变电流，所产生的电磁转矩对处于静止状态的电动机转轴具有一定的锁定作用，同时也说明，即使 i_a 平均值等于零的理想空载状态下，仅依靠绕组自感 L_a 的滤波作用，亦可保证电枢电流不出现断续现象，此乃双极式工作方式的优点之一。

开关元件驱动环节 $VD_1 \sim VD_4$ 的正确设计，在系统设计中具有特别重要的意义。为保证开关元件安全可靠地工作，该环节应具备缩短元件开启时间与关断时间、脉冲放大、控制电路电源与动力电路电源地线隔离以及开关元件的过载保护等功能。同时，考虑到开关元件由导通转化为完全截止所需要的时间大于由截止转化为导通所需要的时间，为确保同一桥臂上的两只开关元件在改变工作状态时不致出现同时处于导通状态的严重故障，驱动环节还必须具备使驱动信号上升沿延时出现的功能，保证两元件在改变工作状态时存在一段同时接收截止信号的死区时间 Δt，如图 8-27 所示。延时时间的长短依所采用开关元件的类型而不同。

8.3.3 PWM 式可调直流电源的静态结构图及传递函数

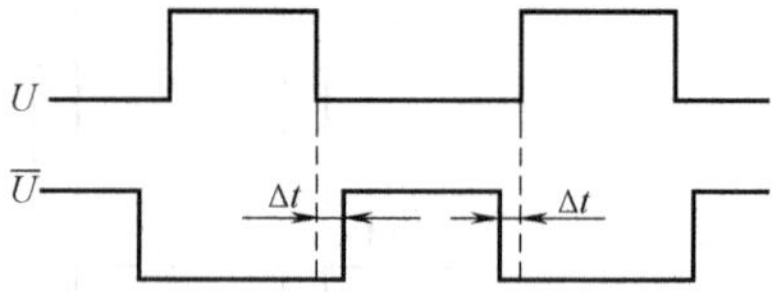

图 8-27 同一桥臂上两只开关元件的实际驱动信号

为了对系统进行静态分析和动态设计，必须导出其静态及动态结构图。由图 8-27 中不难看出，除电动机的供电电源外，PWM 式直流调速系统的结构与 VC-M 调速系统完全相同，两系统静态及动态结构图的差别仅在供电电源这一环节上。基于此，以下只讨论 PWM 式可调电源的静态结构图和传递函数。

1. 静态结构图

在双极式工作方式下，由图 8-28 可知

$$T_1=\frac{T}{2}+2ab=\frac{T}{2}+2bc\frac{ab'}{b'c'} \tag{8-29}$$

$$T_1=\frac{T}{2}+\frac{Tu_c}{2U_{Tm}} \tag{8-30}$$

注意到 $bc=u_c$，$b'c'=U_{Tm}$，即载波电压的幅值；$ab'=T/4$，则以此代入式（8-28）中求出 ρ' 后再代入式（8-27），得

$$U_a=\frac{U_d}{U_{Tm}}u_c=K_{PWM}u_c \tag{8-31}$$

其中

$$K_{PWM}=\frac{U_d}{U_{Tm}} \tag{8-32}$$

K_{PWM} 为双极式可调直流电源的传递系数，显然为常数。由此可知在双极式工作方式下 PWM 式可调直流电源的静态结构为

$$\xrightarrow{u_c}\boxed{K_{PWM}}\xrightarrow{U_a}$$

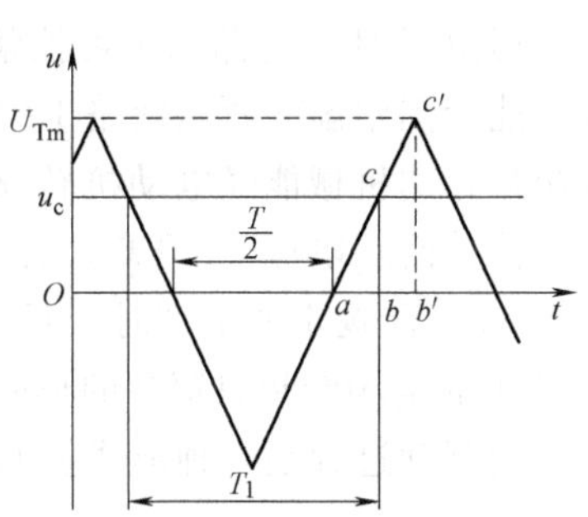

图 8-28　u_c 与 T_1 的几何关系

2. 传递函数

晶闸管相控整流电源的动态模型可表示为一比例环节与一纯滞后环节串联，并在一定条件下可等效视为$\frac{K_v}{\tau_v s+1}$惯性环节，采用三相桥式整流时，$\tau_v=1.7\text{ms}$。PWM 式可调直流电源的动态模型也具有与此相同的特征。因 u_c 的控制作用是以电枢电压平均值 U_a 的形式显现出来，而当 u_c 由 u_{c1} 下降为 u_{c2} 时，电枢电压平均值需经一段 $U_a=U'_a$的时间后才能达到与 u_{c2} 对应的 U''_a。可见，u_c 对于 U_a 的控制作用同样存在着最大为一个载波周期 T 的滞后时间，因而 PWM 式可调直流电源的动态模型亦可用纯滞后环节与比例环节串联来描述。在与晶闸管相控整流电源相同的近似条件下，其传递函数也可表示为

$$G_{PWM}(s)=\frac{K_{PWM}}{\tau_v s+1} \tag{8-33}$$

式（8-33）中，$\tau_v=\frac{1}{2}T$。当载波频率为 3kHz 时，有 $\tau_v=0.17\text{ms}$，仅为三相桥式整流电源的 1/10。

8.3.4　PWM 式直流调速系统的制动过程

由于主电路结构上的特点，PWM 式直流调速系统的制动过程与 VC-M 直流调速系统有所不同。前已指出，VC-M 可逆调速系统可通过他桥逆变实现电动机的回馈制动。PWM 式可逆调速系统则不能。图 8-29 所示为 PWM 式直流调速系统的制动过程及相关电路。虽然 u_c 的突然下降可使 U_a 小于电动机的电枢反电动势 E_a，令电动机具有实现回馈制动的必要条

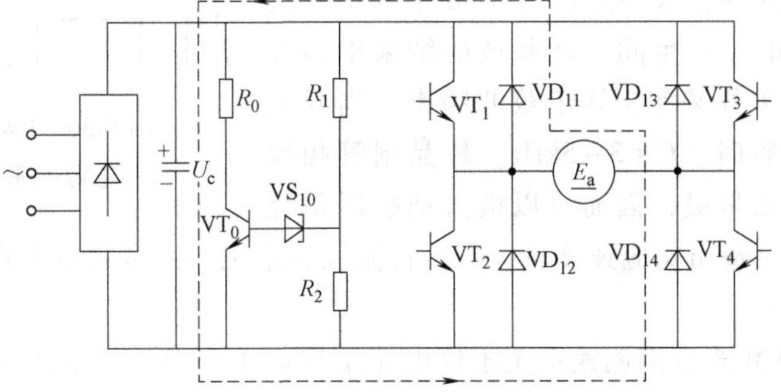

图 8-29　PWM 式直流调速系统的制动过程及相关电路

件，但由于 H 型电路的不可控整流供电电源不可能运行于逆变状态，因而 E_a 产生的制动电流只能沿图中虚线所示回路①向滤波电容 C 充电。从能量平衡关系上看，制动过程中运动系统贮存的机械能经电动机转化为电能后，只能以电场能量的形式暂时贮存在滤波电容 C 中，使其两端电压 U_c 升高，升高的部分电压称为泵升电压。当泵升电压使 U_c 高于图中稳压管 VS_{10} 所规定的限度时，开关元件 VT_0 导通，并接通 C 的放电回路，令制动过程中贮存在 C 中的电场能量以铜耗的形式消耗在放电电阻 R_0 中。上述过程说明，PWM 式可逆调速系统的制动过程是一种形式上的回馈制动、实际上的能耗制动过程。

8.3.5 PWM 式直流调速系统特点

与晶闸管整流装置供电的他励直流电动机调速系统（VC-M）相比，PWM 式直流调速系统的优点主要表现在：

主电路结构简单，所需功率开关元件数少，特别是在可逆系统中，其开关元件数仅为晶闸管三相桥式反并联电路的 1/3。

不存在相控方式下电压、电流波形的畸变因数和相移因数随运行速度一同下降的弊病，因而即使在极低转速下运行时，系统也能保持有较高的功率因数。

系统按双极式工作时，不采用笨重的滤波电抗器，仅依靠电枢绕组本身自感 L_a 的滤波作用即可保证在轻载下 i_a 无断续现象。不致出现电动机动态模型降阶和动态参数改变等一般反馈控制无法克服的模型干扰和参数干扰，有利于系统动态性能的改善。同时，由于在 U_a 极低的深控条件下 i_a 的纹波和与之对应的纹波转矩均很小，使低速下电动机转速的平稳性提高，有利于系统调速范围的扩大。

主电路开关频率高，使系统能具有更高的截止频率，有利于提高系统对于外部信号的响应速度。

上述优点中，前三条均可从 PWM 式直流调速系统的工作原理中直接看出，以下仅就其中的第四条进行必要说明。由于在晶闸管相控整流系统中，控制电压 u_c 仅在产生触发脉冲瞬间对输出电压平均值 U_a 产生控制作用，故相控整流电源实际上是一种对于 u_c 利用采样控制装置，采样频率 f_c 取决于整流电路的形式。在三相桥式整流电路中，$f_c = 300\text{Hz}$。依香农采样定理，此时可还原的控制电压最高频率应为 $f_c/2$，即 150Hz。此极限值限制了调速系统的通频带宽，因而限制了系统对于外部信号的响应速度。PWM 式调压电路对于 u_c 的利用同样是采样式的，这一点从图 8-30 中两不同波形的控制电压 u_1 和 u_2 产生同一调制波的结果中即可看出。但由于此时采样频率 f 等于载波频率，当开关元件为绝缘栅晶体管时，$f_c = 3 \sim 5\text{kHz}$，较晶闸管相控整流电源高出一个数量级，因而可以极大地扩展系统的通频带，为设计制造出响应速度较 VC-M 直流调速系统高得多的新型直流调速系统提供了有利的条件。

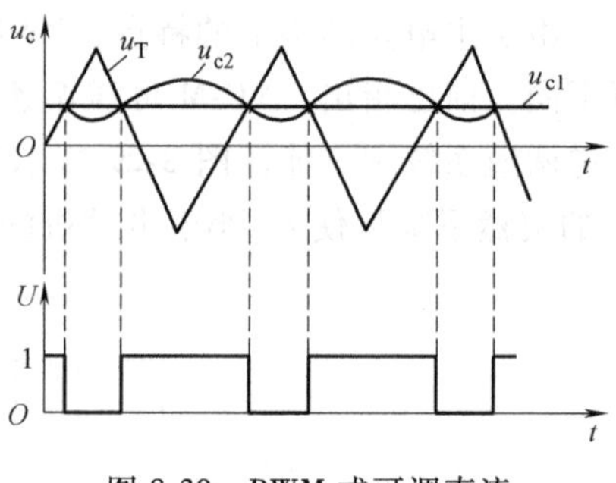

图 8-30 PWM 式可调直流电源的采样控制性质

综上所述，PWM 式直流调速系统不仅电路结构简单，而且性能优越，仅由于目前全控型开关元件容量的限制，暂时阻碍了它在大容量直流调速系统中的应用，但在 100kW 以下的拖动领域内，该系统相对于 VC-M 直流调速系统的优势是无可争辩的。

习　题

1. 什么叫调速范围？什么叫静差率？调速范围与静态速降和最小静差率有什么关系？

2. 某调速系统的额定转速 $n_N = 1430\text{r/min}$，额定速降 $\Delta n = 115\text{r/min}$，当要求静差率 $s \leqslant 30\%$ 时（1）求允许的调速范围；（2）当要求静差率 $s \leqslant 30\%$ 时，求最低运行转速；（3）画出调速范围 D 随静差率 s 变化的曲线；（4）若生产工艺同时要求调速系统的静差率 $s \leqslant 20\%$，$D>5$，求额定速降 Δn。

3. 转速、电流双闭环调速系统中，转速调节器 ASR 有哪些作用？其输出限幅值按什么要求来整定？电流调节器有哪些作用？其限幅值如何整定？

4. 在一个双闭环调速系统中，直流电动机达不到额定转速，分析是什么原因造成的。

5. 晶闸管电路的逆变状态用于可逆系统中的主要用途是什么？

6. 试分析提升机构在提升重物和重物下降时，晶闸管、电动机工作状态及触发延迟角 α 的控制范围？

第9章　交流伺服驱动技术

交流电动机结构简单，运行可靠，维修容易，已经普遍应用于恒速运行的生产机械中。但由于其调速性能和转矩控制性能不够理想，交流调速系统长期以来难以推广使用。随着电力电子技术的发展，PWM 控制技术的日臻完善、矢量控制技术的进步、数字化技术的快速发展，使得交流调速系统性能和经济指标大幅提升，促进了交流调速系统的推广应用。本章对交流调速系统的主要关键技术进行阐述，内容包括交-直-交变频器、脉宽调制控制技术和矢量变换控制系统等。

9.1　交-直-交变频器

诸多异步电动机调速方法中，变频调速的性能最好，调速范围大，静态稳定性好，运行效率高。采用变频调速方法通常使用变频器来实现。变频器可分为交-直-交变频器与交-交变频器两大类。前者又常称带直流环节的间接式变频器，后者没有中间直流环节，又常称直接式变频器。交-直-交变频器技术相对更为成熟，市场上已经形成系列化通用变频器。所以本节主要以交-直-交变频器为对象，来探讨它的相关技术及特点。

9.1.1　晶闸管变频器工作原理

交-直-交变频器根据使用的功率开关器件的不同，可分为晶闸管变频器、GTO 变频器、GTR 变频器、IGBT 变频器等多种形式。本节以典型的晶闸管变频器为例来说明变频器的工作原理。图 9-1 所示为晶闸管变频器的主电路，它由整流器、中间滤波环节和逆变器三部分组成。

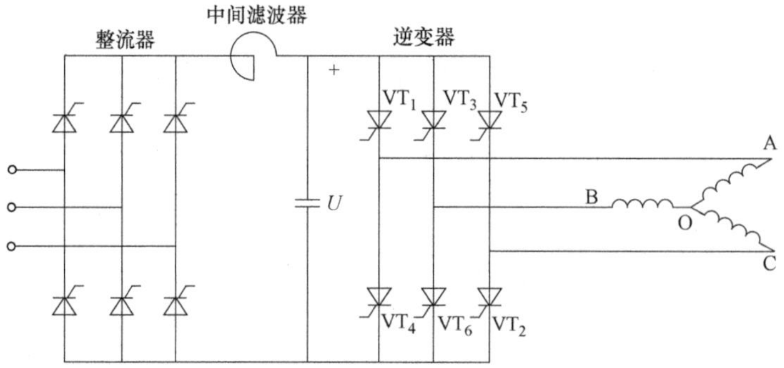

图 9-1　晶闸管变频器主电路

这里整流器为晶闸管三相桥式电路，其作用是将定压定频交流电变换为可调直流电，然后作为逆变器的直流供电电源。逆变器也是晶闸管三相桥式电路，但它的作用与整流器相反，它将直流电变换调制为可调频率的交流电，是变频器的主要组成部分。中间滤波环节由电容器或电抗器组成，它的作用是对整流后的电压或电流进行滤波。

按储能滤波元件的不同，变频器可以分为两种具体形式。采用电容器储能滤波的，称为电压型变频器，其特点是电源阻抗很小，类似于电压源，其逆变器输出的电压波形为一比较平直的矩形波，而输出的电流波形是由矩形波电压与电动机正弦感应电动势之差形成的。若采用电抗器储能滤波的，称为电流型变频器，其特点是电源阻抗很大，类似于电流源，逆变器输出的电流波形为一比较平直矩形波，输出的电压波形由电动机感应电动势决定，并近似为正弦波。

在逆变器中，所用的晶闸管或者晶体管都是作为开关元件使用，因此要求它们要有可靠的导通和关断能力，以及触发导通容易。然而晶闸管的关断却不太容易。因为普通晶闸管一旦触发导通后，门极就失去了控制作用。办法是在阳、阴极间施以反向电压或使阳极电流小于维持电流，即需增设专门的换流电路以保证晶闸管按时关断。

根据变频器控制脉冲信号方式的不同，晶闸管变频器的三相桥式逆变电路有两种典型的工作方式：120°通电型与180°通电型。

9.1.1.1　120°通电型逆变器

120°通电型逆变器的晶闸管的导通顺序仍是 VT_1，VT_2，…，VT_6，各触发脉冲相互间隔 60°，但每只晶闸管导通时间为 120°，在任意瞬间有两只晶闸管同时导通，它们的换流在相邻相桥臂中进行。120°通电型逆变器从换流安全角度来看，120°通电型逆变器同一条桥臂上的两只晶闸管导通之间有60°间隔，所以换流比较安全。

120°通电型三相逆变器的相电压及线电压波形如图 9-2 所示，各区间等效电路如图 9-3 所示。

前面已经说过对图 9-1 中的六只晶闸管轮流触发，一个循环完成一个周期（360°电角度），这样就要求每只晶闸管触发时刻依次间隔 60°。若每一个瞬间同时要求共阳极和共阴极各有一只晶闸管导通。即同时导通两只，则每只晶闸管导通时间正好是 120°，这样轮流导通的晶闸管对为（VT_6、VT_1）→（VT_1、VT_2）→（VT_2、VT_3）→（VT_3、VT_4）→（VT_4、VT_5）→（VT_5、VT_6），导通相序为 AB→AC→BC→BA→CA→CB，其等效电路如图 9-3 所示。

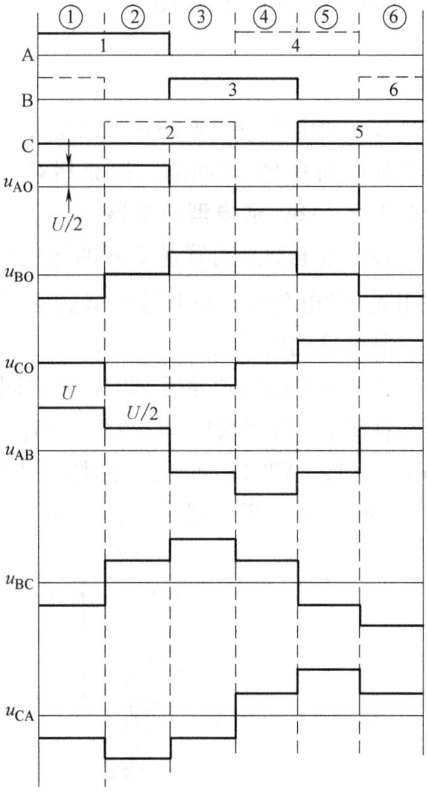

图 9-2　120°通电型逆变器的电压波形图

逆变器为电压型且三相负载对称为电阻性，则在 0°~60°区间 $U_{AO}=U_d/2$，$U_{BO}=-U_d/2$，$U_{CO}=0$，在 60°~120°区间 $U_{AO}=U_d/2$，$U_{BO}=0$，$U_{CO}=-U_d/2$，在 120°~180°区间 $U_{AO}=0$，$U_{BO}=U_d/2$，$U_{CO}=-U_d/2$，同理得 180°~360°区间各相电压数值。

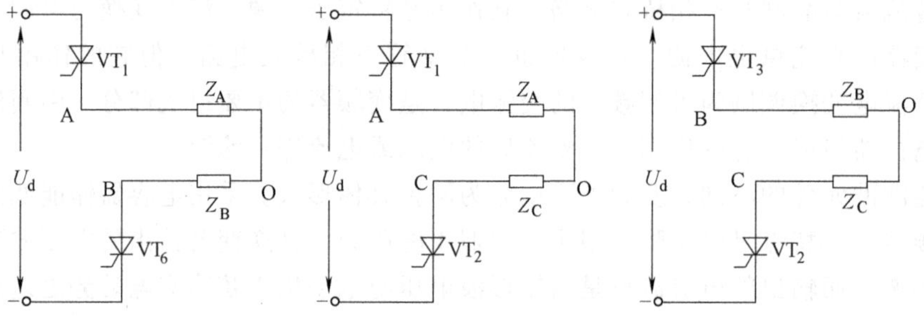

a) 0～60°区间　b) 60°～120°区间　c) 120°～180°区间

图 9-3　120°通电型逆变器的不同区间等效电路

相电压有效值为

$$U_{AO}=U_{BO}=U_{CO}=\sqrt{\frac{1}{6}}U_{d} \tag{9-1}$$

线电压有效值为

$$U_{AB}=U_{BC}=U_{CA}=\sqrt{\frac{1}{2}}U_{d} \tag{9-2}$$

线电压与相电压之比为

$$\frac{U_{AB}}{U_{AO}}=\sqrt{3} \tag{9-3}$$

120°通电型逆变器的换流必然是在相邻两上桥臂之间进行，这样同一桥臂上两只晶闸管的工作时间有 60°的间隔，换流相对比较安全。

9.1.1.2　180°通电型逆变器

180°通电型晶闸管逆变器的导通顺序是 VT_1、VT_2、VT_3、VT_4、VT_5、VT_6，各触发信号间相隔 60°电角度。180°通电型逆变器特点是每只晶闸管的导通时间为 180°，在任意瞬间有三只晶闸管同时导通。

由于每只晶闸管导通 180°，则在同一瞬间必有三只晶闸管导通，而且导通的晶闸管分布在同一桥臂上，导通次序是（VT_5、VT_6、VT_1）→（VT_6、VT_1、VT_2）→（VT_1、VT_2、VT_3）→…→（VT_4、VT_5、VT_6）。可画出各时间区间等值电路如图 9-4 所示。

180°通电型逆变器中，换流是在同一条桥臂上进行。例如，VT_4 导通，则 VT_1 立即关

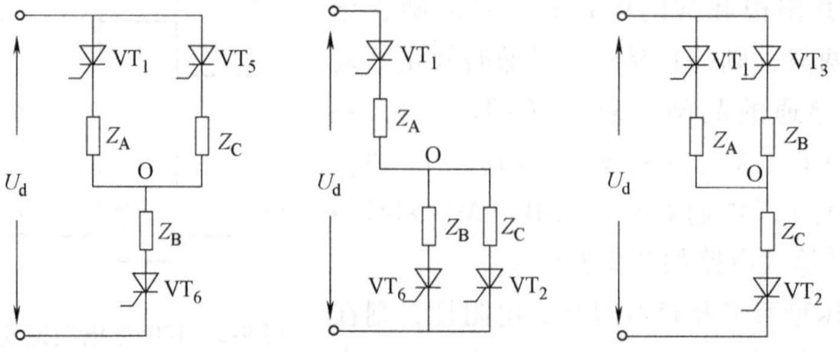

a) 0～60°区间　b) 60°～120°区间　c) 120°～180°区间

图 9-4　180°通电型逆变器的等值电路

断。若 VT_1 稍延迟一点关断，则将 VT_1、VT_4 同时导通，产生电源短路事故，造成变频器损毁。因而需要专门的换流电路，具体换流电路将在后面内容予以专门介绍。

在下面分析中忽略了换流中的一些过程以及逆变器电路中的电压降的缘故，故与实际电压波形稍有不同。

设变频器负载为星形联结，逆变器换流是瞬间完成的。若以中性点 O 点电位为参考点时，则晶闸管 VT_1、VT_2……顺次导通波形如图 9-5 所示，其在不同导通区间的电压可通过图 9-4 中等值电路求得。例如在图 9-5 区间①中，VT_1、VT_6、VT_5 导通，$U_{AO}=U_{CO}=U/3$，$U_{BO}=-2U/3$，其他依次可得到各点电压，于是可得出相电压为一梯形波，线电压波形也可按相电压两波形之差求得。

于是可求出各区间电压瞬时值如下（假设为纯电阻负载）：在 0~60°区间：$U_{AO}=U_d/3$，$U_{BO}=-2U_d/3$，$U_{CO}=U_d/3$；在 60°~120°区间：$U_{AO}=2U_d/3$，$U_{BO}=-U_d/3$，$U_{CO}=-U_d/3$；在 120°~180°区间：$U_{AO}=U_d/3$，$U_{BO}=U_d/3$，$U_{CO}=-2U_d/3$。同理得 180°~360°区间各相电压数值。

据此可画出电压波形如图 9-5 所示。根据波形图可求得

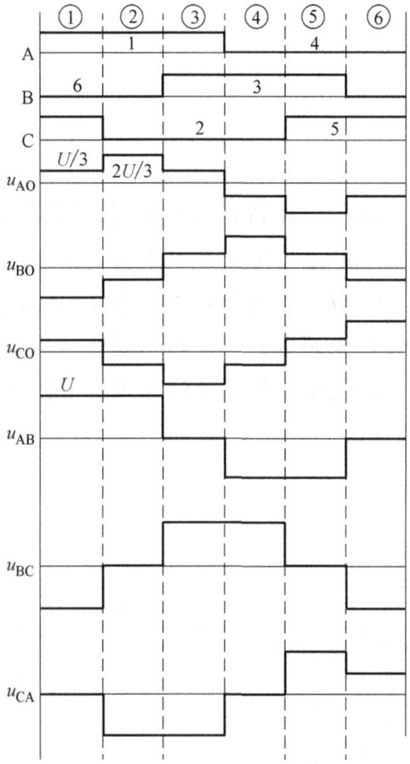

图 9-5　180°通电型逆变器电压波形

相电压有效值为

$$U_{AO}=U_{BO}=U_{CO}=\frac{\sqrt{2}}{3}U_d \tag{9-4}$$

线电压有效值为

$$U_{AB}=U_{BC}=U_{CA}=\sqrt{\frac{2}{3}}U_d \tag{9-5}$$

线电压与相电压之比为

$$\frac{U_{AB}}{U_{AO}}=\sqrt{3} \tag{9-6}$$

9.1.1.3　逆变器换流

异步电动机变频调速中用的逆变器通常采用三相晶闸管桥式逆变电路，因晶闸管关断特性要求，需要专门的换流电路，以确保晶闸管换流可靠。换流电路是逆变器的核心部分，它对变频装置的性能指标、工作可靠性以及装置的造价、体积等方面起着决定性的作用。目前常用的有串联电感式、串联二极管式以及带辅助晶闸管换流式等几种类型。下面分别介绍几种换流电路的工作原理。

1. 串联电感换流电路

图 9-6 所示是串联电感式电压型逆变器，它工作于 180°通电方式，图中 C_0 为滤波大容量电容，VT_1~VT_6 为逆变器主晶闸管，VD_1~VD_6 为反馈二极管，C_1~C_6 为换流电容，L_1~L_6 为换流电感，R_A、R_B、R_C 为衰减电阻。

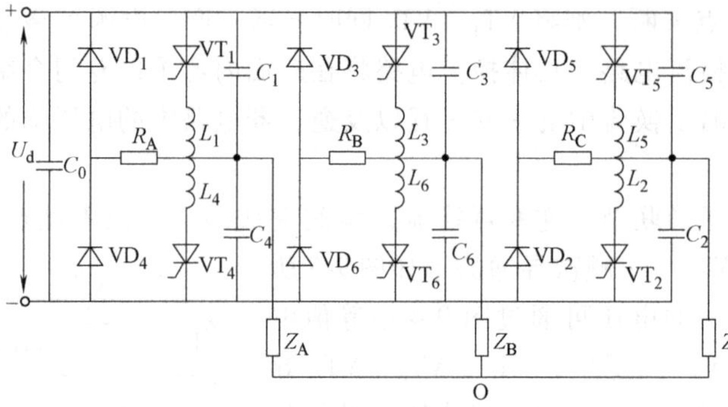

图 9-6　三相串联电感式电压型逆变器电路

由于三相桥臂结构相同，所以只对其中一相（如 A 相）进行分析，如图 9-7 所示。电感 L_1 和 L_4 实际上是一个双线并绕组，具有中心抽头的电抗器。由于耦合得很紧，可以认为 $L_1=L_4=L$，其电感量一般在 1mH 以下。它们串联在同一相的上下两个晶闸管之间，因此称为串联电感式，换流就是利用这个电压使同一相的上下两个晶闸管互相关断来实现的，故属 180°通电型。具体换流原理可分区间分析，如图 9-7 所示。

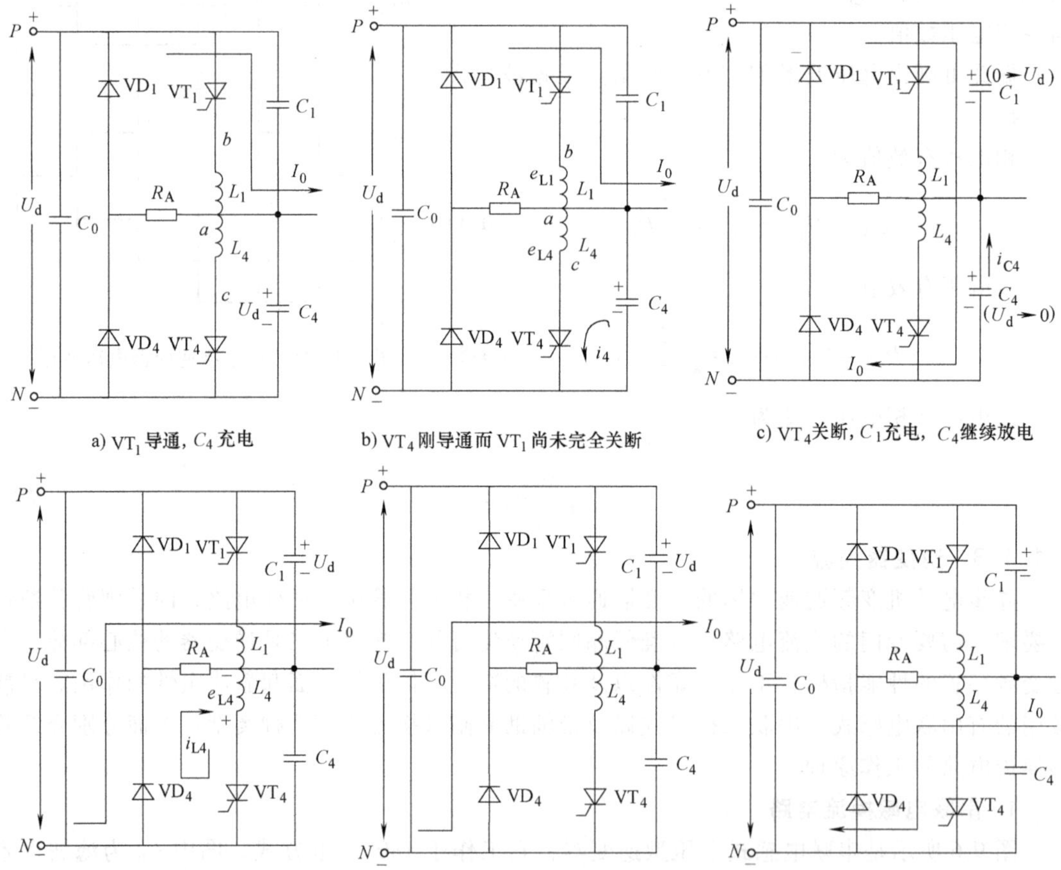

a) VT_1 导通，C_4 充电　b) VT_4 刚导通而 VT_1 尚未完全关断　c) VT_4 关断，C_1 充电，C_4 继续放电

d) L_4 放电回路，续流二极管导通　e) VT_4 在 60° 宽度脉冲时被关断　f) 已换流到 VT_4

图 9-7　串联电感式逆变器换流过程电路

区间 1：假定此时晶闸管 VT_1 已导通，逆变器已处于稳定阶段。对于大电感负载，由于电流变化率小，换流电感 L_1 上的电压降相对于电源电压可以忽略不计，因此负载 a 端可近似认为已与直流正端 P 点相接，即 $U_a=U_d$。电容 C_1 上的电压 $U_{C1}=0$，电容 C_4 已被充电至电源电压，即 $U_{C4}=U_d$，已为换流做好贮能准备，各点电位与电流波形如图 9-8 所示。

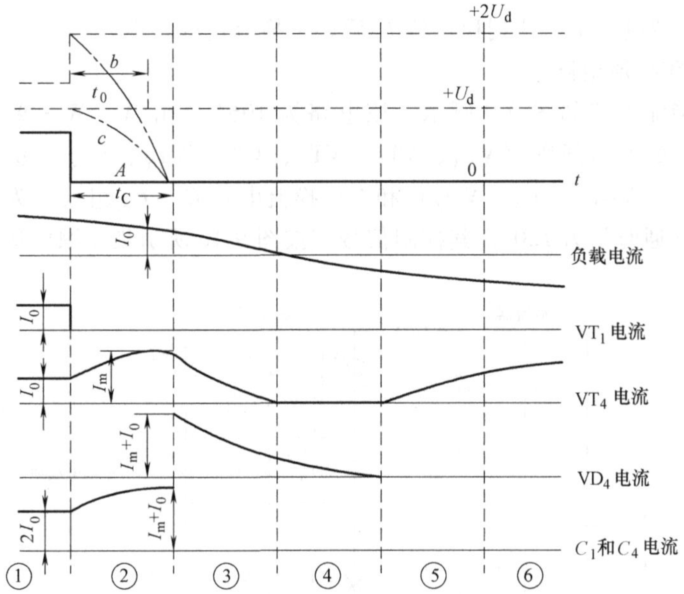

图 9-8 换流过程中各点电位和电流波形

区间 2：当 VT_4 被触发而开始换流时，c 点和直流电源负端 N 点接通，电容 C_4 上的电压 U_d 加到电感 L_4 上，则在 L_1 上感应出同样大小的电压，使 b 点的电位相对电源负端跃升到 $+2U_d$，从而使 VT_1 承受反方向电压而关断。根据磁路中磁通不能突变的原理。为了保持电感 L_1、L_4 中的安匝平衡，先流经 VT_1 和 L_1 线圈的负载电流 I_0，必然立即转移到 VT_4 和 L_4 上，而大电感负载所要求的负载电流 I_0 在换流期间也不会立即改变。因此 C_1、C_4 既要提供向 L_4 的放电电流（初始值为 I_0）又要向感性负载提供电流 I_0，结果必然是电流的初始值为 $2I_0$。

随着 C_4 放电，电感 L_4 上的电压和 b 点电位也相应降低，当 b 点电位降到相对于 N 点为 U_d 时，VT_1 上的反向电压为零。从触发 VT_4 到此时这段时间，即为换流电路所提供的反偏压时间 t_0，当它大于晶闸管所需的关断时间 t_{off} 时，电路就可靠地换流。

C_4 继续放电，到电压为零时，其向 L_4 放电电流 i_4 达到最大值 I_m，显然这时电容 C_1 已充电到电源电压 U_d，这段区间就称为换流时间。

区间 3：当 i_4 达到 I_m 后就开始衰减，于是电感 L_4 上的电势开始反向，这样二极管 VD_4 就开始受正偏压导通，形成一个 L_d 释放能量的回路，如图 9-7d 所示，路径为 $L_4 \rightarrow VT_4 \rightarrow VD_4 \rightarrow L_4$，使能量消耗于电路电阻中，为了加速衰减过程，在线路中已串入了一个消耗电能的电阻 R_A，一般可取 1Ω 左右，这样可降低晶闸管和二极管的电流值。

这时通过 VD_4 的另一部分电流是感性负载电流。它与另外一相构成回路，其路径为 $VD_4 \rightarrow R_A \rightarrow Z_A \rightarrow O \rightarrow Z_C \rightarrow VT_2 \rightarrow VD_4$（如图 9-6 所示），区间 3 是负载电感和换流电感释放能量的阶段。

区间 4：当换流电感 L_4、晶闸管 VT_4、续流二极管 VD_4 和能耗电阻 R_A 构成的回路中的环流衰减为零以后，负载电流尚未过零，这时 VT_1 因无维持电流而关断。

区间 5：当负载电流过零后，VD_4 关断，负载电流开始反向，晶闸管 VT_4 重新导通，I_{VT4} 随负载反向电流逐渐增大，由此可见，为了使 VT_4 能再次导通，触发脉冲应有足够宽度。

区间 6：当负载电流重新达到稳定值 I_0 后整个换流过程结束。

2. 串联二极管换流电路

串联二极管换流电路如图 9-9 所示，该电路为 1964 年由 W · W · Ward 发明，故又称“Ward 电路”，由 6 个晶闸管（VT_A、VT_B、VT_C、VT_X、VT_Y、VT_Z）及 6 个串联二极管（VD_A，VD_B、VD_C、VD_X、VD_Y、VD_Z）和 6 个换流电容 $C_1 \sim C_6$ 组成，为使主 VT 每隔 60° 导通，且各元件导通时间为 120°，其控制信号应按图 9-10 所示规律顺序送入。

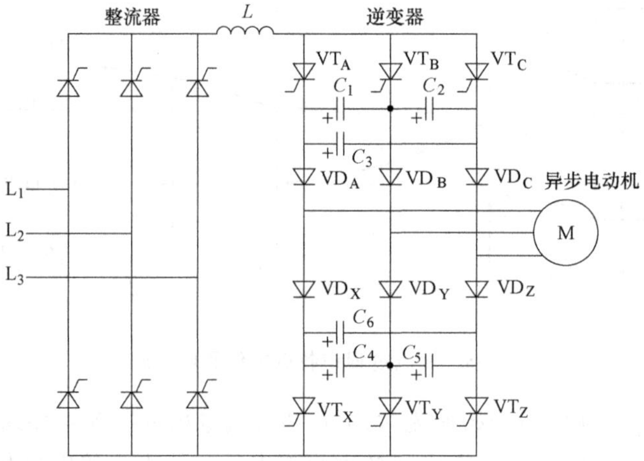

图 9-9　采用串联二极管换流电路的变频器主电路

逆变器的正常工作，应保证在规定输出频率的一周期内换流 6 次，换流各阶段的等效电路如图 9-11 所示。

（1）换流前的状态　如图 9-11a 所示，负载电流经 $P \to VT_A \to VD_A \to$ 负载 $\to VD_Z \to VT_Z \to N$ 的环流通，各换流电容 C_1、C_3、C_5、C_6 上的电压 E_C 极性如图 9-9 所示（左正右负），并处于充电状态，电容 C_2 和 C_4 则处于电荷为零状态。此时 VT_A 和 VT_B 之间换流电容的等效值应为 $C=3C_0/2$（设 $C_1 \sim C_6$ 电容值为 C_0）。

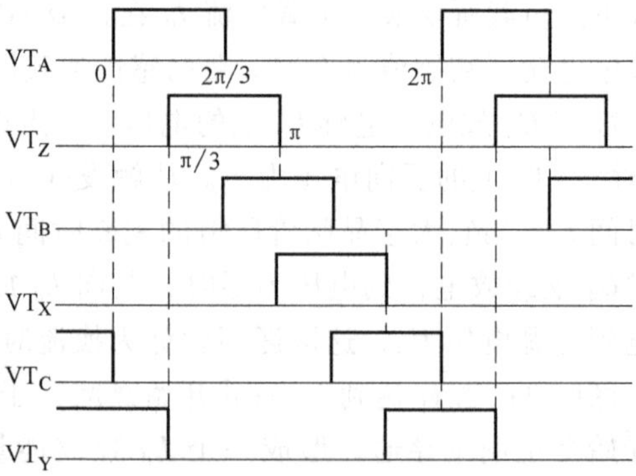

图 9-10　功率元件的控制信号波形

（2）第一阶段　当 $t=t_1$ 时，使 VT_B 触发导通，由于 C_1 的反压强迫 VT_A 关断（设 VT_Z 已导通）负载电流将沿 $P \to VT_B \to C_1 \to VD_A \to$ 负载 $\to VD_Z \to VT_Z \to N$ 的环路流通，当 $t=t_2$ 时，$E_C=0$ 以后即对 C_1 反向充电，使 E_C 改变极性。在此换流阶段，负载电流只经 VD_A 流通，

故称为单回路阶段，所需时间为 T_1，其等效电路见图 9-11b。

（3）第二阶段　其等值电路如图 9-11c 所示，电容 C_1 反向充电后改变 E_C 极性（右正左负）使二极管 VD_B 导通，负载电流经 C_1、VD_A、电动机 A 相绕组和 VD_B、电动机 B 相绕组双路流通。负载电流为二者电流之和，电流重叠时间为 T_2。流经 VD_A 和绕组 A 的这一分支电流，由于感性电流和容性电流相互抵消，将随换流过程的进行而逐渐减小至零。留下的另一路电流，则经绕组 B、C 流过全部负载。

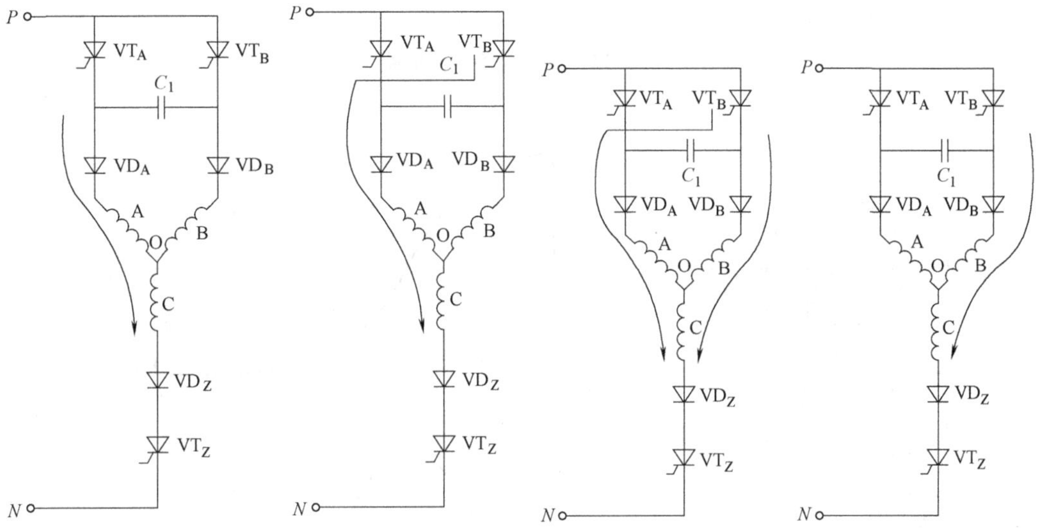

a) 换流前　b) 第一阶段　c) 第二阶段　d) 换流结束

图 9-11　换流各阶段的等效电路

（4）换流过程结束　如图 9-11d 所示，负载电流通路为 $P \rightarrow VT_B \rightarrow VD_B \rightarrow$ 负载 $\rightarrow VD_Z \rightarrow VT_Z \rightarrow N$。至此，即完成了负载电流从 $VT_A \rightarrow VT_B$ 的换流。换流过程中电容上 E_C 和负载电流 I_d 波形如图 9-12 所示。

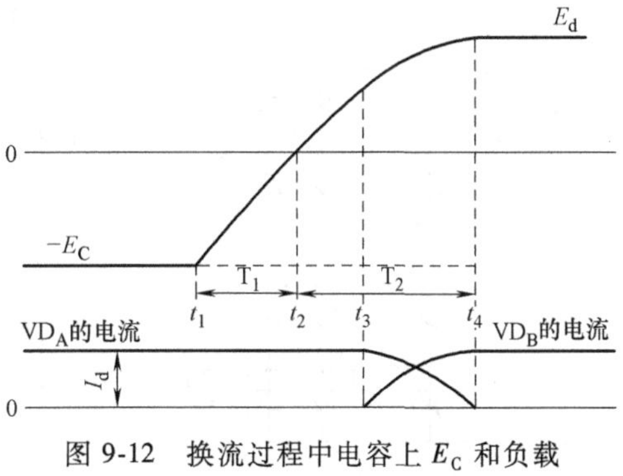

图 9-12　换流过程中电容上 E_C 和负载电流 I_d 波形

3. 带辅助晶闸管的换流电路

图 9-13 为带辅助晶闸管的换流电路图，该电路是 1961 年由 W. McMurray 发明，所以又称为麦克马莱换流电路。

图中 VT_1、VT_2 为主晶闸管。VT_1'、VT_2'为辅助晶闸管，当触发 VT_1'时，利用高 Q 值的 LC 电路谐振可以关断 VT_1，同时 VT_2'可以关断 VT_2。换流过程电路及工作波形如图 9-14 所示。

区间 1：设此时电路已进入稳定阶段，这时 VT_1 导通，所以负载 A 端与电源正端接通。换流电容 C 在前一个换流过程中已充好左负右正的电压。

区间 2：当触发 VT_1'，电容 C 与 VT_1、VT_1'、L 构成谐振电路放电。随着放电电流 i_C 从零开始上升到负载电流，使晶闸管 VT_1 的正向电流逐步下降至零而关断。

区间 3：因负载电感使负载电流 I_L 暂时保持为常数。故当电容放电电流 $i_C>I_L$ 时，多余

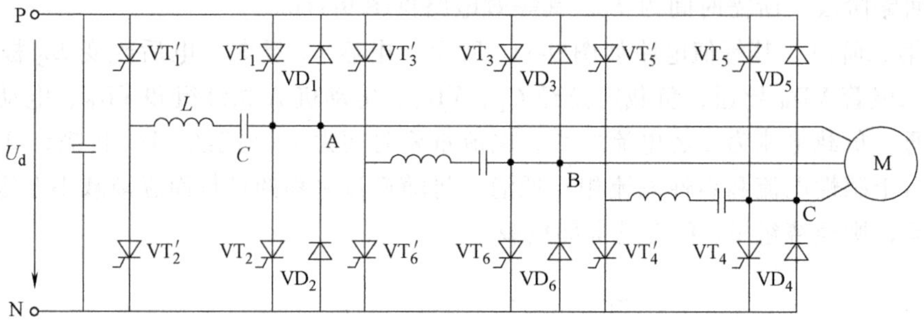

图 9-13　麦克马莱换流电路

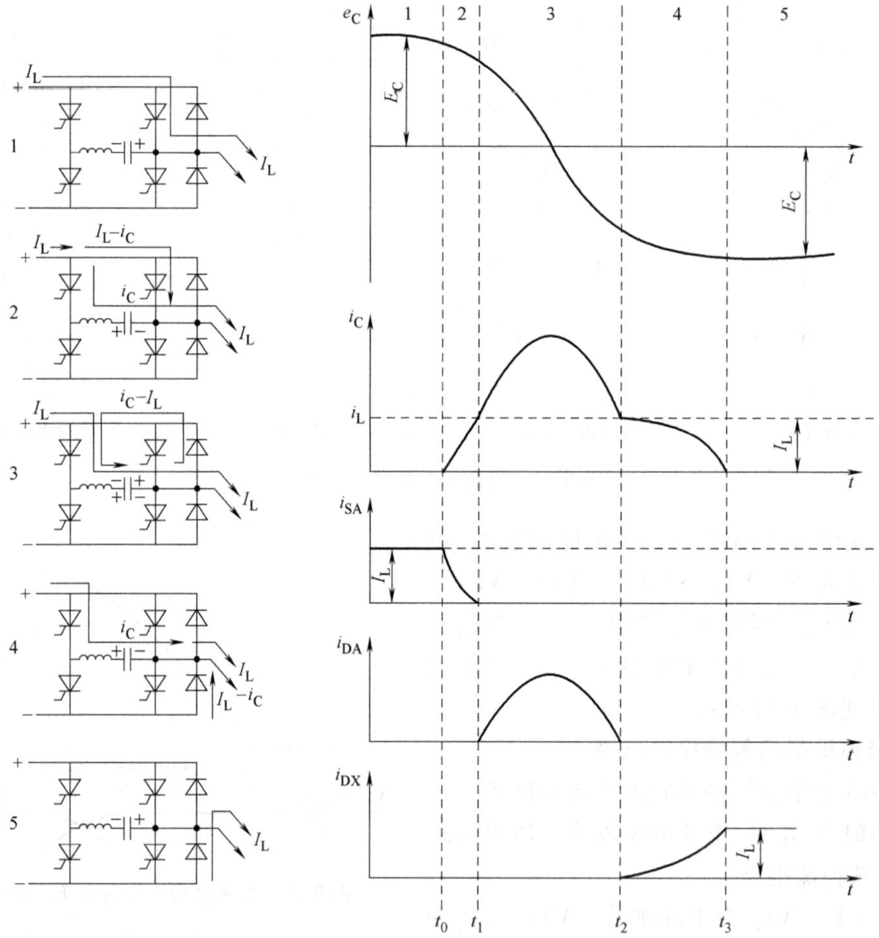

a)　　　　　　　　　　b)

图 9-14　麦克马莱换流电路工作波形

电流经反馈二极管 VD_1 构成电路。因此 VT_1 开始承受一个反向电压（其值为二极管正向电压降约 1V），当电容电压到零时，i_C 达到最大值，此后电容反向充电，i_C 随之下降。

区间 4：当电容放电电流 i_C 再次降到小于负载电流 I_L 值时，二极管 VD_1 自然关断，这时 VT_1 上的反偏压也随之消失，这多余电流经 VD_1 的时间区间即为晶闸管承受反偏的时间 t_0，根据感性负载电流暂时不变的原则，负载可继续通过对 C 反向充电而获得恒定电流，直

到 C 上电压等于电源电压 U_d 为正。之后，由于 A 点电位开始相对于电源负端 N 点为负。二极管 VD_2 开始导通，并使 A 点电位钳位于 N 点。

区间 5：随着二极管 VD_2 开始导电，放电电流 i_C 也开始下降，二者合成的电流仍然应等于感性负载电流 I_0，这时电感 L 中的磁场能量将继续转变为电容 C 上的电场能，直至谐振至 i_C 为零。负载电流 I_L 由二极管电流 i_{VD_2} 取代为止，换流过程结束。这时 VT_1' 自然关断。此时流经反馈二极管 VD_2 的负载电流的路径是与其他相的负载及晶闸管构成回路的，当负载电流衰减为零，VD_2 就截止，此后只要触发 VT_2，就可使 A 相电流反向，这时换流电容 C 上已充好左正右负的电压，为下一次触发 VT_2' 去关断 VT_2 做换流准备。

具有辅助晶闸管换流电路的逆变器具有换流损耗小、效率高的优点，可以适用于工作频率较高的场合。

9.1.2 不同功率器件的变频器及其特点

上面一节以晶闸管变频器为例，着重介绍了变频器的工作原理。从使用的功率器件来看，现在的功率器件越来越成熟，可靠性也大为提高，除了晶闸管外，功率晶体管（简称 GTR）、门极关断（GTO）晶闸管、功率场效应晶体管（P-MOSFET）和绝缘栅双极晶体管（IGBT）也已经广泛应用于不同类型的变频器中，下面分别介绍其各自的特点及用途。

1. GTR 变频器

GTR 变频器主电路如图 9-15 所示，通过 GTR 的基极输入开关信号，控制 GTR 开通与关断，得到接近理想的交流输出波形。GTR 的使用可避免使用晶闸管变频器不能自由关断而必须加换流电路的复杂性。晶体管的发明时间要比晶闸管早，但受到功率范围及晶体管安全工作区的限制，故一直未能在交流拖动上应用。直到 20 世纪 70 年代末期，随着大功率半导体器件的制造技术的进步，能生产出高耐压、大电流器件，逐渐开始用于小容量的交流拖动。如在数控机床、高速步进电动机、高频逆变器等领域中试用。

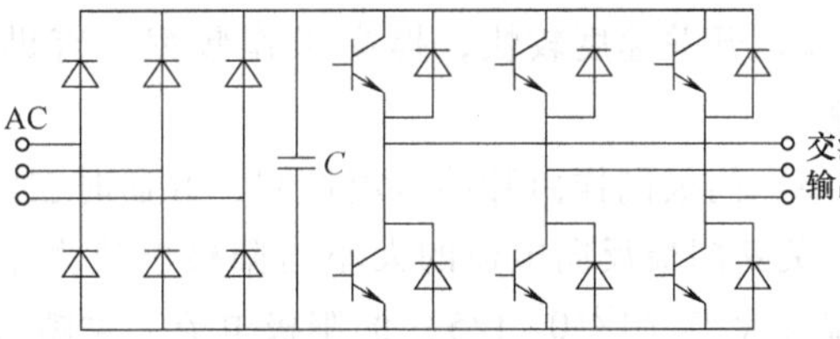

图 9-15 GTR 变频器主电路

GTR 变频器有如下特点：

1）GTR 的驱动信号必须提供持续的而非脉冲的驱动电流，以可靠开通功率晶体管并让其工作于饱和导通状态。GTR 关断应施加反向的基极电流，以提高其关断速度，提高效率；GTR 关断后也应施加反向的基极—发射极间电压，以保证其可靠关断。

2）相对于晶闸管，GTR 的功率有限。鉴于功率晶体管的结构所限，目前 GTR 的最大耐压值不超过 1500V，商品化的 GTR 额定电流也难以突破 1000A，所以目前主要用于中、小功率工况。

3）为了保证 GTR 可靠工作，变频器内部均设置专门的缓冲吸收电路，以保证 GTR 可靠工作在安全工作区内。

4）由于 GTR 的关断频率较高，可用于高频逆变器，特别适用于 PWM 逆变器。

2. GTO 变频器

GTO 是一种具有自关断能力的晶闸管。当其处于关断状态时，如果在阳极施加正向电压，在其门极加上正向触发脉冲电流后，GTO 可由关断状态进入导通状态。处于导通状态的 GTO，如果在门极施加足够大的反向脉冲电流，GTO 由导通状态进入关断状态。所以，无须用外部电路强迫阳极电流为零而使之关断，通过门极加负脉冲电流即可关断。显然 GTO 的这一特点可以明显简化功率变换电路，提高工作可靠性，减少关断损耗，与普通晶闸管相比还可以提高电力电子变换的最高工作频率。另外因为 GTO 的结构特点，GTO 的容量可以做到很大，商品化的 GTO 产品指标已经超过了 6kV/6kA，可以用于兆瓦级以上的大型或者特大型变频器中，图 9-16 所示为某异步电动机调频装置上所用的 GTO 变频器主回路。

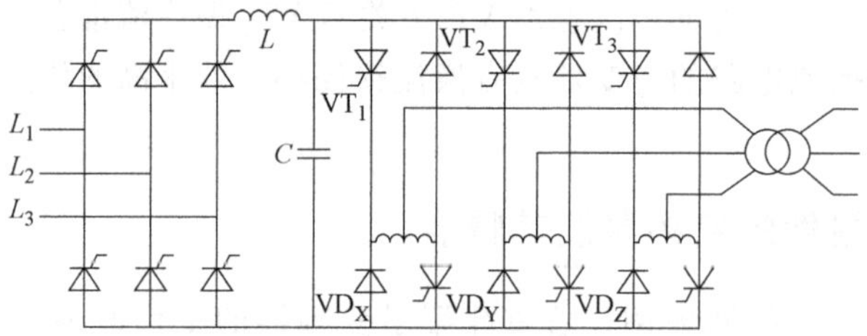

图 9-16　GTO 变频器主电路

GTO 变频器的特点：

1）与普通晶闸管变频器相比，可省去换流电路，提高工作可靠性，减少了关断损耗。

2）开关速度较快，提高工作频率，有助于减小体积和重量，同时也可适用于 PWM 控制。

3）门极同样由脉冲电流控制，开通时在门极施加正向电流，关断时在门极施加反向电流，关断门极反向电流的大小与阳极电流大小相关，要顺利关断 GTO，所需的负脉冲门极电流应大于（1/10~1/5）的阳极电流，关断门极反向电流脉冲宽度应超过 5 倍 GTO 的关断时间，以保证可靠关断。

4）GTO 变频器中的缓冲电路相对简单，*RC* 缓冲吸收电路就可以满足 GTO 正常工作要求，缓冲电路有助于防止 GTO 两端过大的 $\mathrm{d}V/\mathrm{d}t$ 造成 GTO 的误触发而产生严重的后果；GTO 开通时还应防止过大的 $\mathrm{d}i/\mathrm{d}t$，可以与 GTO 串接一个小电感来实现，实际电路中，因为线路中的寄生电感已经满足抑制 $\mathrm{d}i/\mathrm{d}t$ 到达合理的水平，通常不再另加串联电感。

3. P-MOSFET 变频器

实际应用中，功率场效应晶体管通常为 N 沟道增强型绝缘栅场效应晶体管。P-MOSFET 依靠栅极电位形成电场、改变漏源极之间导电沟道的等效电阻，来控制漏极电流，这种控制作用称为电导调制效应。P-MOSFET 通过对栅极施加电压进行控制，N 型沟道均为多数载流子电子导电，为单极型器件，不存在少数载流子的存储效应，因而开关时间短，一般为纳秒级，因而其工作频率在现有的电力电子开关器件中是最高的，可达 500kHz 以上。

MOSFET 通态时的等效电阻具有正的温度系数，电流具有负的温度系数，因此结温升高后，其等效电阻变大，电流减小，这一特点使多个器件并联工作时能够自动调节均分负载电流，使功率器件并联工作时更加容易。而双极性器件具有负温度系数的等效电阻，并联后会导致流过大电流的功率器件，其导通电阻下降，造成电流进一步增加，使得并联工作的各个器件难以均分负载电流。

P-MOSFET 由于结构和导电机理上的原因，通态时管电压降要比晶闸管、晶体管大些，也不易制成高压器件（因为额定电压越高，通态电压降越大）。通常用于低电压、高频电力电子变换及控制电路，现在商品化的 P-MOSFET 的最高电压、电流值为 1000V、200A。由 P-MOSFET 组成的变频器主电路如图 9-17 所示。

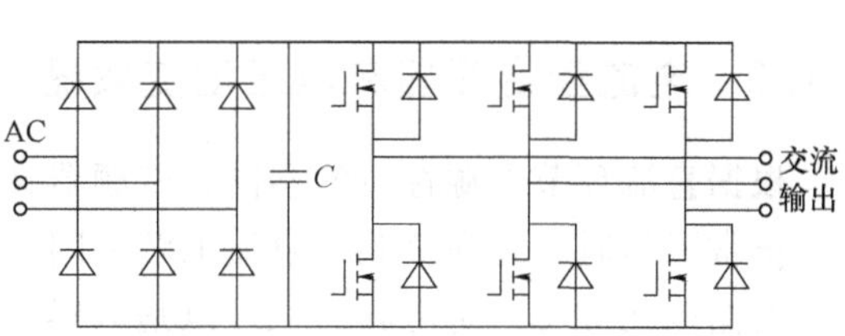

图 9-17 P-MOSFET 变频器主电路图

P-MOSFET 变频器的特点：

1）P-MOSFET 变频器也可省去换流电路，主电路结构简单，工作可靠性高。

2）P-MOSFET 变频器中的 P-MOSFET 功率开关管因为其结构特点，其本身就有一只反并联的寄生二极管，在一些小功率的变频器中，主电路中可以省去外加的反并联的续流二极管，可以节省成本。

3）P-MOSFET 变频器的开关频率可以做到很高，有助于减小变频器的体积和重量。

4）尽管 P-MOSFET 可以并联使用，鉴于其额定电流和电压值有限，目前主要还是用于中小功率的变频器中。

4. IGBT 变频器

IGBT 是一种复合型器件，它的输入控制部分为 MOSFET，输出级为双极结型三极晶体管，因而兼有 MOSFET 和功率晶体管的优点，具有高输入阻抗，电压控制驱动功率小，开关速度快（工作频率可达 50kHz），饱和电压降低，额定电压电流容量较大，安全工作区较宽。IGBT 在额定电流时的通态电压降一般为 1.5~3V，其通态电压降通常在其电流较大（额定值附近）时具有正的温度系数，因此在并联使用时 IGBT 器件具有电流自动调节均流的能力，所以 IGBT 也可以并联使用。IGBT 尽管有诸多优点，但是 IGBT 也存在一些缺点，典型的问题就是擎住效应，主要问题是当瞬间集电极电流 i_C 过大时，其寄生晶体管处于导通状态，尽管这时栅极驱动信号已经撤除，IGBT 仍然处于导通状态，使得 IGBT 失去控制。擎住效应尽管是由 IGBT 的结构特点决定的，一方面 IGBT 制造厂家不断优化其结构，避免擎住效应出现，另外用户在使用过程中，避免出现过大的集电极电流 i_C、过高的集电极与发射极之间的电压 U_{CE}，随着 IGBT 技术的发展，实际使用过程中，擎住效应已经逐渐被克服。由 IGBT 构成的变频器主电路如图 9-18 所示。

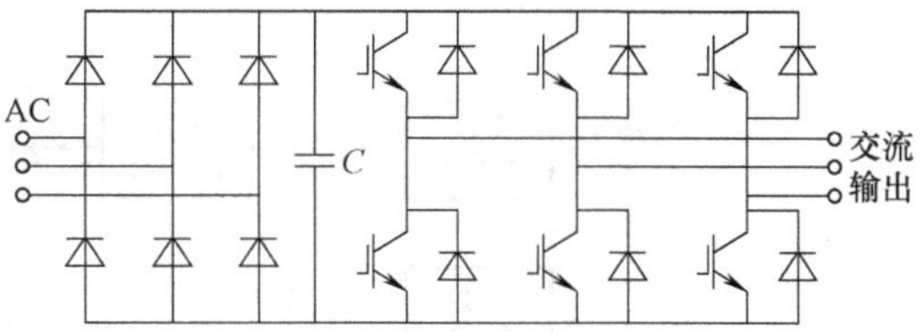

图 9-18 IGBT 变频器主电路图

IGBT 变频器的特点有：

1）IGBT 为全控性器件，IGBT 变频器也可省去换流电路，主电路结构简单，工作可靠性高。

2）IGBT 变频器的工作频率较高（一般在 20~40kHz），变频器的体积和重量可以减小，效率高。

3）目前 IGBT 的额定电流电压可以做到 2000A/5000V 以上，可以用于中大容量的变频器上。

4）IGBT 为电压控制型半导体器件，但当驱动大功率高频 IGBT 时，为了充分利用电压控制型器件的高速能力，驱动电路必须能输出和吸收高值暂态脉冲电流。

9.1.3 电流型变频器和电压型变频器特点

根据直流环节电源性质的不同，变频器又分为电压型变频器和电流型变频器两大类。变频器正常工作时，存在负载和直流电源之间的无功功率交换，用于缓冲无功功率的中间直流环节的储能元件可以是电容，也可以是电感，储能元件为电感的变频器称为电流型变频器，储能元件为电容的变频器称为电压型变频器。

1. 电流型变频器

电流型变频器电路原理框图如图 9-19 所示，可以看出变频器的直流环节采用大电感 L 进行储能滤波，C_d 仅是减小直流侧电压的波动，大电感 L 的作用使 I_d 波动很小，具有恒流特性。电流型变频器的一个突出的优点是，当电动机处于再生发电状态时，回馈到直流侧的再生电能可以方便地回馈到交流电网，不需要在主电路附加任何设备，只要利用网侧的不可逆变流器改变其输出电压极性（触发延迟角大于 90°）即可。这种电流型变频器可用于频繁急加速和急减速的大容量电动机的传动，在大容量的风机、泵类节能调速中也有应用。

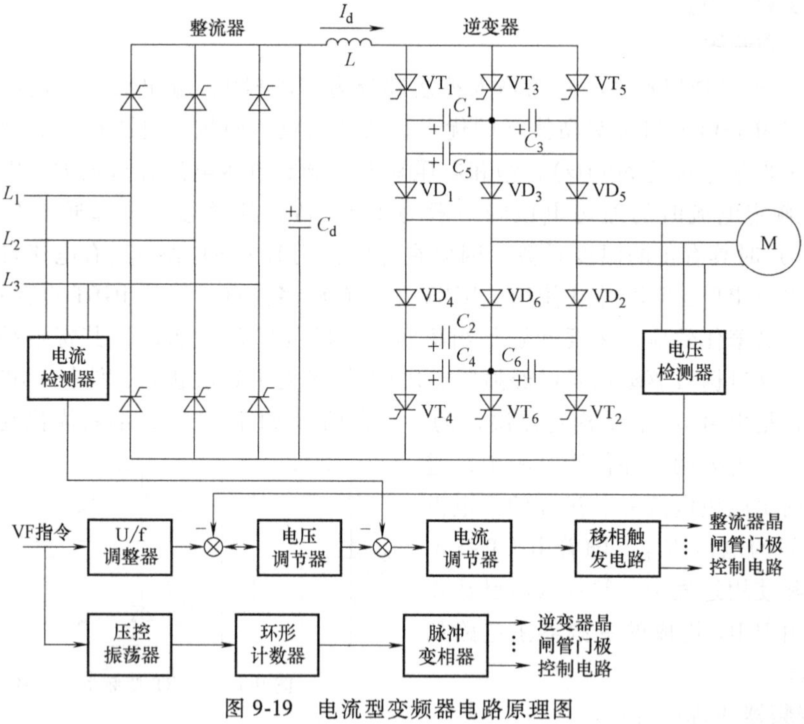

图 9-19 电流型变频器电路原理图

电路中整流器为三相全桥可控整流器，采用恒 U/f 控制方法，其控制电路由 U/f 调整器、电压调节器和电压检测器构成电压闭环，电流调节器和电流检测器构成电流闭环，并配备相应的移相触发电路。U/f 调整器的功能是在调频的同时也改变电压 U，实现恒 U/f 控制。在额定频率 f_N 以上调频时，使 U 等于额定电压 U_N。电压调节的作用是确保可控整流器的输出电压符合电动机起动和转动特性的需求。电压调节器的输出作为电流环的电流给定信号，电流环要保证输出信号满足电动机起动平稳和转动稳速的要求，并且在电流检测器中的电流互感器检测到过电流时将使可控整流器的输出电压为零，实现过电流保护。移相触发电路的功能是输出可移相的触发脉冲，使得可控整流器输出符合要求的直流电压，以满足调频同时调压的需求。

电路中的逆变器为串联二极管式逆变器，$VT_1 \sim VT_6$ 为主开关晶闸管，二极管 $VD_1 \sim VD_6$ 及电容 $C_1 \sim C_6$ 构成换流电路，具体换流原理这里不再赘述，可参见本节前面相关内容。逆变器的控制电路由压控振荡器、环形计数器和脉冲变压器等组成，根据 VF 指令信号电压值，压控振荡器输出相应的频率信号，经环形计数器分频，形成 6 路输出，其逻辑和相位关系满足图 9-2 中开关动作时序的要求，一般为 120°通电型。这 6 路信号经脉冲变压器放大输出，分别控制逆变器的 6 只晶闸管，实现变频输出。

2. 电压型变频器

图 9-20 给出了电压型变频器的电路原理图，变频器的直流侧并联大容量电容 C_7 作为滤波和储能元件，具有恒压源特性，直流电源阻抗很小。通过逆变器加在电动机端的电压为方波或者阶梯波。

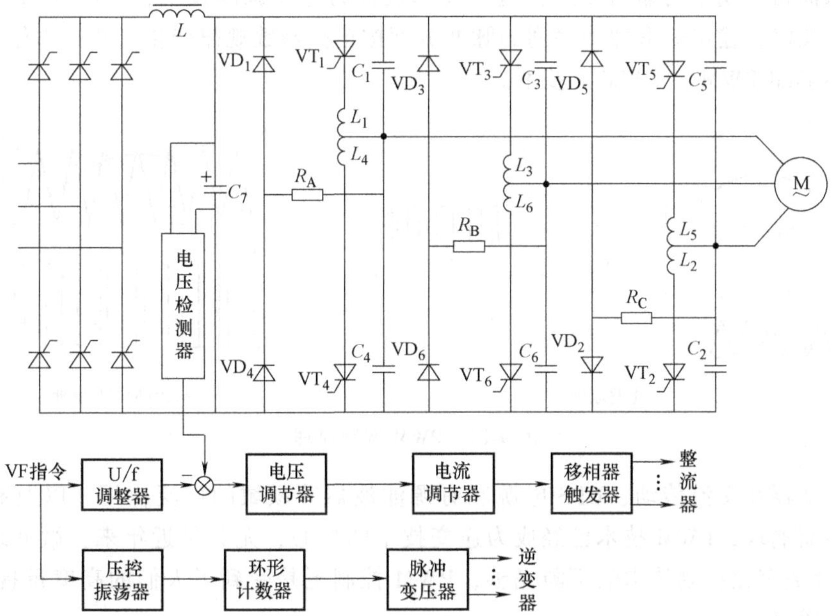

图 9-20　电压型变频器电路原理图

图示电路中整流器依然采用三相全桥全控整流，电压控制只采用电压环控制，根据 VF 指令通过 U/f 调整器输出电压给定值，与直流侧电压采样值进行比较，两者的差值作为电压调整器的输入量，电压调整器据此进行整流器晶闸管导通角大小的调整，并通过移相器和触发电路输送到整流器晶闸管的栅极，从而达到电压调整控制的目的。

图示电路的逆变器为带有串联电感换流的逆变器，$VT_1 \sim VT_6$ 为主开关晶闸管，二极管 $VD_1 \sim VD_6$、串联电感 $L_1 \sim L_6$ 和电容 $C_1 \sim C_6$ 构成换流电路，具体换流原理这里不再赘述，可参见本节前面相关内容。逆变器的控制电路由压控振荡器、环形计数器和脉冲变压器等组成，根据 VF 指令信号电压值，压控振荡器输出相应的频率信号，经环形计数器分频，形成 6 路输出，可以根据需要控制其处于 120°通电型和 180°通电型两种方式。这 6 路信号经脉冲变压器放大输出，分别控制逆变器的 6 只晶闸管，实现变频输出。

对电动机负载而言，电压型变频器是一个交流电压源，在不超过容量限度的情况下，可以驱动多台电动机并联运行，其对负载的适应能力强。电压型变频器在给交流电动机供电时，当电动机处于再生发电状态时，回馈到直流侧的无功能量难于回馈给交流电网。如要实现这部分能量向电网的回馈，必须采用可逆变流器，如在网侧变流器采用两套全控整流器反并联。整流时采用一套，回馈给电网能量时采用另外一套。

9.2 脉宽调制控制技术

脉宽调制（pulse width modulation，PWM）技术是用一种参考波（正弦波，有时也用梯形波或者方波）为调制波（modulating wave），以 N 倍于调制波频率的正三角波（或锯齿波）为载波（carrier wave）。将两者相交并比较，就可以得到一组幅值相等、脉宽正比于调制波函数值的矩形脉冲序列，此脉冲序列作为开关量模拟调制波，通过对逆变器等电路的通断控制，从而得出期望的输出波形，这一技术被称为脉宽调制技术，如图 9-21 所示。当调制波为正弦波时，输出矩形脉冲序列的脉冲宽度按正弦函数规律变化，此时称作为正弦脉宽调制（sinusoidal PWM，SPWM）技术。

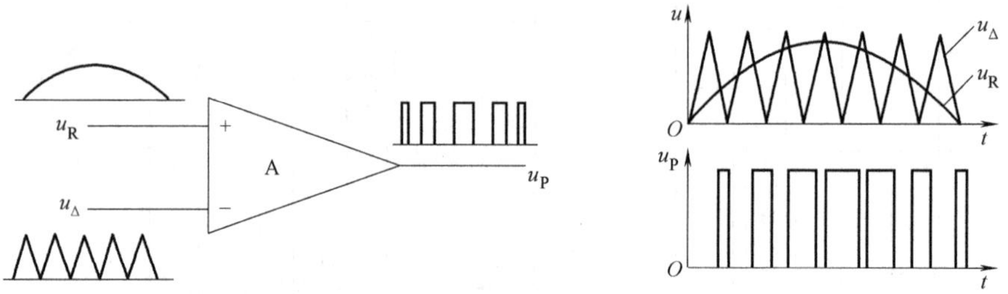

a) 电路原理　　b) PWM产生原理

图 9-21　PWM 调制原理

随着逆变器在交流传动、UPS 电源和有源滤波器等领域的广泛应用，以及高速全控功率器件的不断涌现，PWM 技术已经成为逆变技术的核心，尤其是近年来，微处理器应用于 PWM 技术及数字化控制技术的不断完善，PWM 控制更是受到了人们的高度重视。PWM 技术存在以下优点：

1）电路简单，在变频器中可只用一个功率控制级就可以完成调节输出电压和调节输出频率两个功能；

2）可以使用不控整流电路，同时使系统对电网的功率因数与逆变器的输出电压值无关；

3）可以同时调压和调频，系统动态响应速度快；

4）可以获得更好的波形改善效果，减少谐波的产生。

鉴于上述特点，目前 PWM 脉宽调制技术已经在各种电源变换装置中占据了主导地位。

9.2.1 PWM 调制方式

载波频率 f_c 与调制波频率 f_m 之比称为载波比 N，即

$$N=\frac{f_c}{f_m} \tag{9-7}$$

根据载波比的不同，可以将 PWM 调制分为同步调制和异步调制。同步 PWM 调制时，调制波一个周期内所包含的载波脉冲数是一个定值，异步 PWM 调制时，调制波一个周期内所包含的载波脉冲数是变化的。

1. 同步调制

在 PWM 调制时，当确定载波比 N 为一常数，即变频时控制电路的三角载波与正弦调制波的频率要同步变化，从而保持脉宽调制信号波形数和相位不变。通常选取 N 为 3 的倍数且为奇数，这样同步调制能够保证逆变器输出波形的正负半波始终对称，对三相逆变器来说能够严格保证三相输出波形间具有互差 120°的对称关系，对电压型逆变器来说，这样可以保证在其输出波形中，不存在偶次谐波和 $3n$（n 为自然数）次谐波，对电动机安全运行有利。

当逆变器输出频率很低时，因为在半周期内输出的脉冲数目是固定的，所以由 PWM 产生的载波频率附近的谐波频率也相应降低。这种频率较低的谐波通常不易滤除，使负载电动机产生较大的脉动转矩和较强的噪声，会给电动机的正常工作带来不利影响，这是同步调制控制方式的主要缺点。为了克服这一缺点，一般采用分段式同步调制方法，即把逆变器的输出频率范围划分为若干个频段，每个频段内都保持载波比 N 不变，不同频段的载波比不相同。在输出频率的高频段采用较低的载波比，以使载波频率不至过高；在输出频率的低频段采用较高的载波比，以使载波频率不至过低而对负载产生不利影响

2. 异步调制

当三角载波信号频率一定时，若只改变正弦波基准信号的频率，即让载波比 N 不为常数，同样可以改变输出电压的频率，这样正负半波的脉冲数和相位在不同的输出频率下，就不完全对称，所以称这种控制方式为异步脉宽控制方式。由于正负半波输出脉冲的不对称，会出现偶次谐波，但是在低频输出时，每周所包含的脉冲数增多，正负半波的不对称性降低，可以相应减少负载电动机的脉动转矩，改善低频工作的特性。可以看出，异步调制改善了同步调制出现的低频特性差的问题，同时，在一个调制波周期内，输出的各个脉冲的宽度基本按照正弦规律分布。

当载波比随着输出频率的变化而连续变化时，逆变器输出电压的波形及其相位都会发生变化，很难保证三相输出间的对称关系，会引起电动机工作的不平稳。当载波频率一定时，随着输出频率的提高，也即载波比的下降，这种影响会更加明显。所以在采用异步调制方式时，应尽量提高载波频率，以使在调制信号频率较高时仍能保持较大的载波比（如保证 $N \geqslant 15$），从而改善输出特性。但载波频率的提高会带来功率开关器件的损耗增加，系统的效率降低，所以选择异步调制时，应综合考虑来选定载波频率。

9.2.2 同步式 RPWM 方波调制

当调制波采用方波时，进行的 PWM 调制称为方波调制（rectangle-PWM，简写为 RPWM）。方波调制是 PWM 逆变器中最简单的一种，一般用于逆变器转换次数不高也即开关频率相对较低的情况下比较好的一种调制方法。目前有种趋势是向高频化发展，认为开关频率高，输出波形的畸变率低，进而会使滤波器或者变压器的体积降到很小。但实际上，因为滤波器不单是为滤波而设置的，它还用于减小换流或抑制短路电流，所以无限制地提高开关频率并不能使滤波器的体积无限制地减小，相反却增加了开关损耗。因此对于有些器件

（尤其是大功率逆变器应用的器件），最高转换次数限制在 30 次左右被认为是合理的，这种情况下用 RPWM 调制方法比较好。

1. 单脉冲 RPWM 调制

单脉冲 RPWM 逆变器的主电路如图 9-22a 所示，工作时，它是以方波为调制波，三角波为载波，用方波小于三角波的部分产生脉冲。具体过程如图 9-22b 中的波形所示，在 0~π 的正半波，方波与三角波相交于 a_1、b_1，在 a_1b_1 区间方波幅值小于三角波，此时逆变器中的开关管开关 VT_1、VT_4 导通，在负载上产生脉冲宽度为 $\alpha_1\beta_1$ 的正脉冲；在 π~2π 的负半波，方波与三角波相交于 a_2、b_2，在 a_2b_2 区间方波幅值小于三角波，此时逆变器中的开关管 VT_2 和 VT_3 导通，在负载上产生出脉冲宽度为 $\alpha_2\beta_2$ 的负脉冲。假定方波的幅值为 U_S，三角波的幅值为 U_C，$U_S/U_C=M$ 称为调制度，当 U_S 在 0 到 U_C 之间变化时，也就是 M 在 0 到 1 之间变化时，则输出到负载上的电压脉冲宽度 δ 将从 π 到 0 之间变化，线性地实现脉宽调制。

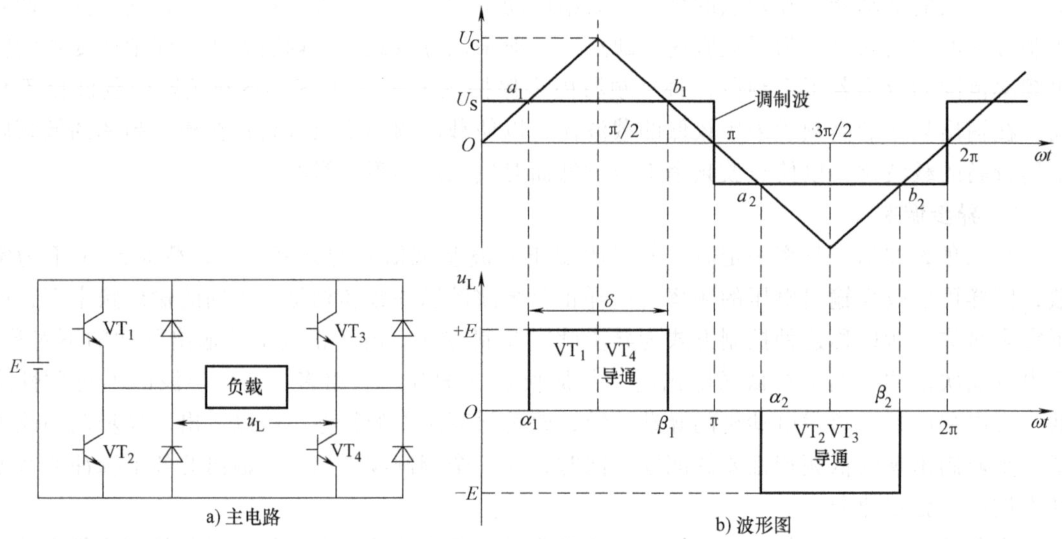

a) 主电路　　b) 波形图

图 9-22　单脉冲 RPWM 调制逆变器工作原理

脉宽调制过程中以矩形波代替正弦波，必然会带来高次谐波，谐波出现会对负载产生不利影响，下面借助傅里叶级数展开对单脉冲 RPWM 调制的负载电压 u_L 进行谐波分析。

由于 u_L 对称于 π/2 轴，所以在其傅里叶级数中没有余弦项和偶次项，并且其直流分量 $A_0=0$，所以

$$u_L = \sum_{n=1,3,5,\cdots}^{\infty} U_n \sin n\omega t = \sum_{n=1,3,5,\cdots}^{\infty} \frac{4E}{n\pi}\cos n\frac{M\pi}{2}\sin n\omega t \tag{9-8}$$

式中　E——直流端电压；

M——调整度；

U_n——n（$n=1$，3，5，…）次谐波的幅值，$U_n=\frac{4E}{n\pi}\cos n\frac{M\pi}{2}$。

显然当直流侧电压一定时，输出电压的基波 $U_1=\frac{4E}{\pi}\cos\frac{M\pi}{2}$ 仅与调制度 M 相关，换句话

说，通过调节 M 的大小，可以达到调节输出电压的作用，并随着调制度 M 的增加，输出电压将逐渐变小。另外，通过调制度的变化可以消除特定次谐波，如当取 $M=0.333$ 时，可以消除 3 次谐波，取 $M=0.2$ 时，可以消除 5 次谐波，取 $M=0.143$ 时，可以消除 7 次谐波。但此种谐波消除方法仅限于消除特定次谐波，其他次谐波难以控制。

单脉冲 RPWM 调制的优点是控制简单，开关转换损耗小，缺点是低电压输出时谐波含量大。

2. 多脉冲 RPWM 调制

多脉冲 RPWM 调制逆变器电路如图 9-23a 所示，与单脉冲 RPWM 调制逆变器电路基本相同。两者的区别在于所采用的调制方式不同。多脉冲 RPWM 调制逆变器每个周波中输出的电压是脉冲数大于 1 的等脉宽脉冲，载波依然为三角波，但半波内个数增加，调制波为方波，载波比 $N=f_C/f_S$ 通常为一个较大的正整数。如图 9-23b 所示，用方波和三角波相比较的方法进行脉宽调制，在方波幅值大于三角波的部分产生脉冲。在 $0\sim\pi$ 的正半周，方波与三角波相交点 $a_1\sim a_{N/2}$、$b_1\sim b_{N/2}$ 分别构成了脉冲的上升沿和下降沿，产生 $N/2$ 脉冲序列；同样，在 $\pi\sim2\pi$ 的负半周，方波与三角波相交点 $a_1'\sim a_{N/2}'$、$b_1'\sim b_{N/2}'$ 分别构成了反向脉冲的上升沿和下降沿，也产生 $N/2$ 脉冲序列。

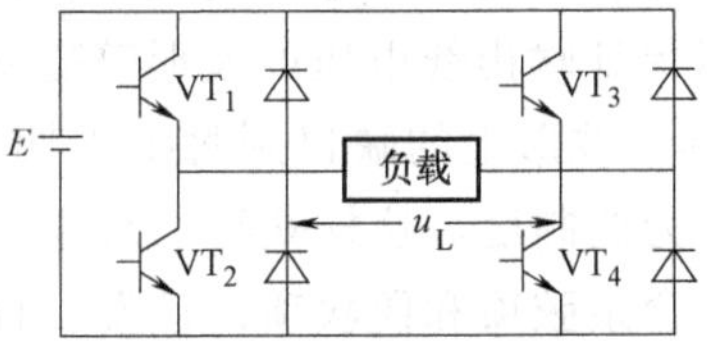

a) 电路图

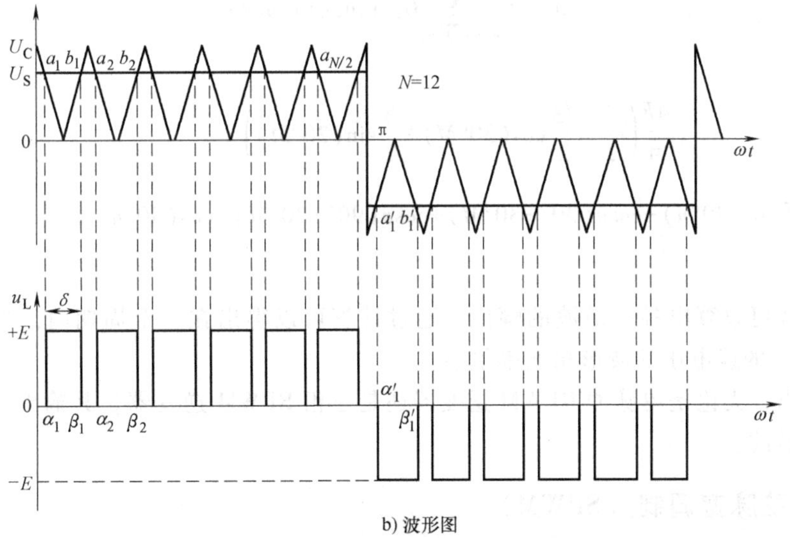

b) 波形图

图 9-23　多脉冲 RPWM 调制逆变器工作原理

设方波的幅值为 U_S，三角波的幅值为 U_C，则调制度 $M=U_S/U_C$，当 U_S 在 0 到 U_C 之间变化时，也就是 M 从 0 到 1 变化时，输出到负载上的电压脉宽 δ 将从 0 增加到 $2\pi/N$，因而可以实现线性的脉宽调制。

因为加在负载两端的脉冲信号 u_L 对称于 $\pi/2$ 轴，故其进行傅里叶级数展开中没有余弦

项和偶次项，且直流分量为 0，所以 u_L 的傅里叶级数展开式为

$$
\begin{aligned}
u_L &= \sum_{n=1,3,5,\cdots}^{\infty} U_n \sin n\omega_s t \\
&= \sum_{n=1,3,5,\cdots}^{\infty} \left\{ \frac{2E}{n\pi} \sum_{k=1}^{N} \left[\cos\left(\frac{2k-1}{N}\pi - \frac{M}{N}\pi \right) - \left(\frac{2k-1}{N}\pi + \frac{M}{N}\pi \right) \right] \right\} \sin n\omega_s t
\end{aligned}
\tag{9-9}
$$

从式（9-9）可以看出，u_L 的各次谐波值不仅与调制度 M 有关，还与载波比 N 有关，随着 N 的增大，谐波分量明显减小，当 N 达到 20 时，整个调压过程中基波分量和各次谐波分量基本上按线性变化。所以即使在 M 较小的低压部分，其谐波分量与相应的基波分量之比已经增加不明显了，也就是说，当 N 达到一定数值后，多脉冲 RPWM 调制克服了单脉冲 RPWM 调制低电压时存在的较大的谐波分量问题。但是当 $M=1$ 时，输出电压波形变成了脉宽为 180°的方波，与单脉冲 RPWM 调制的效果趋同。

3. 三相 RPWM 调制

三相 RPWM 逆变器利用输出变压器△/Y接线和特定的方波控制，可以使输出电压的波形改善，获得比多脉冲 RPWM 逆变器效果更好的脉宽调制方法。图 9-24a 给出三相 RPWM 逆变器的主电路原理图。为了获得较低的输出电压畸变率，在波形调制时，在相电压波形中添加计算好一定宽度的缺口，以保证输出线电压的波形畸变率低。如图 9-24b 所示，相电压 u_{ao}、u_{bo} 的波形上有两个缺口，u_{ao} 波形上的缺口到每个周期开始之间的距离为 $d_{1,2}=120°\pm30M$，$d_{3,4}=300°\pm30M$，其中 M 为调制度。这样获得的线电压 u_{ab} 为奇函数，其波形也关于 $\pi/2$ 轴对称，故其傅里叶级数不含余弦项和偶次项，且没有直流分量。

$$
u_{ab} = \sum_{n=1,3,5,\cdots}^{\infty} U_n \sin n\omega_s t \mathrm{d}(\omega_s t) \tag{9-10}
$$

其中

$$
U_n = \begin{cases} \dfrac{4E}{\pi}\left(\dfrac{\sqrt{3}}{2} - \dfrac{\sqrt{3}}{2}\cos(30°M) + \dfrac{3}{2}\sin(30°M) \right), & n=1 \\ \dfrac{4E}{n\pi}[\cos(30°n) - \cos n(30°+30°M) + \cos n(90°-30°M) - \cos(90°n)], & n=3,5,7,\cdots \end{cases} \tag{9-11}
$$

通过上式可以算出各次谐波的幅值，通过计算可以得出在一个周期内，当开关次数为 12 时，其输出的线电压的波形畸变率很小。

可以看出，无论是单脉冲 RPWM 逆变器还是三相 RPWM 逆变器，其输出的电压均存在较多的高次谐波。

9.2.3 正弦脉宽调制（SPWM）

当调制波采用正弦波时，进行的 PWM 调制称为正弦波调制（简称 SPWM）。如图 9-25 所示，SPWM 技术原理简单，通用性强，控制和调节性能好，具有输出高频谐波少，容易调节和稳定输出等作用，同时随着电力电子器件的发展，开关器件向高频化方向发展，更加凸显 SPWM 的优势，使其在中小功率的变频器中被广泛使用。

下面通过单相大功率晶体管 SPWM 逆变器和三相大功率晶体管 SPWM 逆变器为例进行

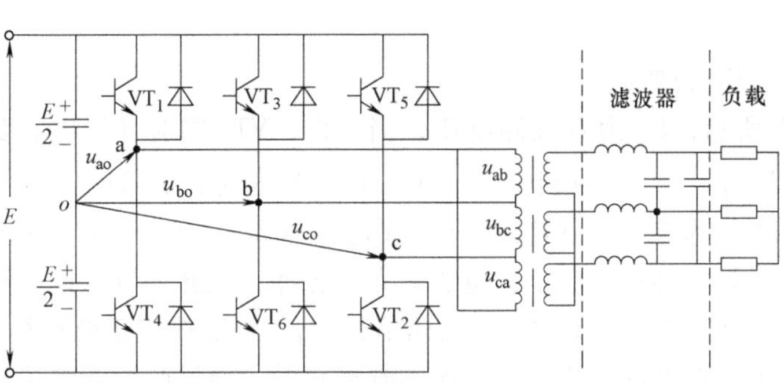

a) 电路图

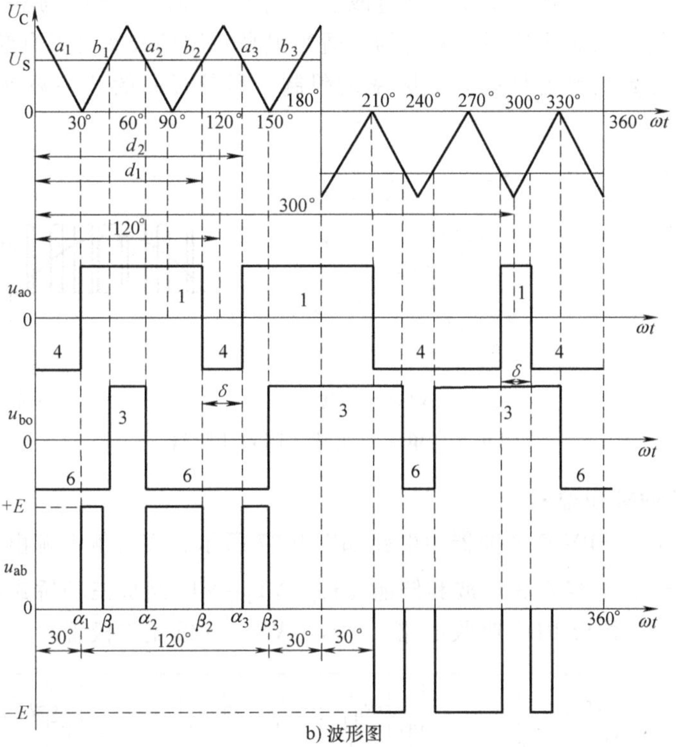

b) 波形图

图 9-24　三相 RPWM 调制逆变器工作原理

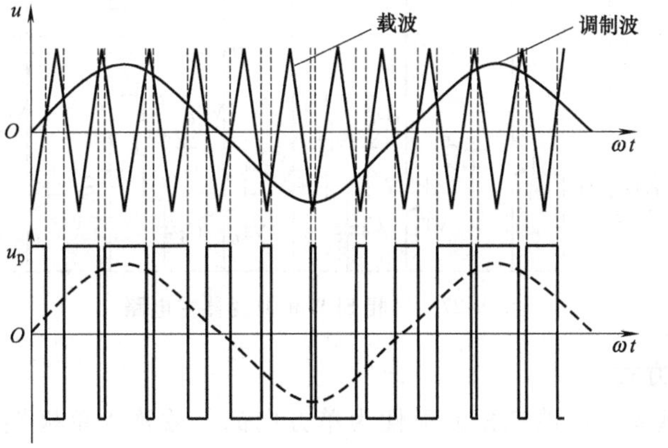

图 9-25　正弦波调制原理

分别说明。

9.2.3.1 单相 SPWM 逆变器

如图 9-26a、b 所示，U_d 为直流侧电压，当 VT_1、VT_4 同时导通时，负载电压为 U_d 方波，极性为左“+”右“-”，当控制 VT_2、VT_3 同时导通时，负载电压极性相反。功率器件都不导通时，负载电压为零。分别控制 VT_1、VT_4 和 VT_2、VT_3 同时导通和截止，且导通时间按正弦函数分布，这样加在负载上的电压为方波脉冲，且脉冲宽度按照正弦规律变化，如图 9-26c 所示，也即逆变器的输出端为一组幅值为 U_d，宽度按照正弦规律变化的矩形脉冲，其基波分量为正弦波。基波的频率与调制波的频率相同，通过改变调制波的频率就可以改变输出正弦波的频率，达到调频的功能。通过改变调制波的幅值，可以调整输出脉冲的宽度，调整输出电压的幅值，从而达到调幅的目的。适当提高载波的频率可以有效减小高次谐波的分量，但载波频率受到功率器件的开关频率的限制，另外过高的开关频率会使开关损耗增加，降低变频器的效率。

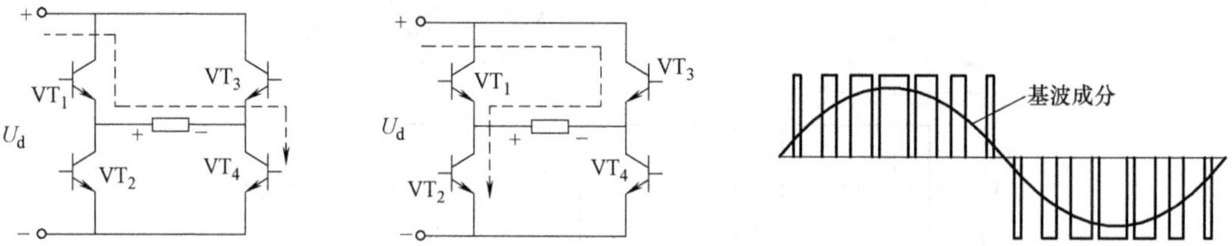

a) VT_1、VT_4 同时导通　　b) VT_2、VT_3 同时导通　　c) 负载电压

图 9-26　单相正弦脉宽调制变频器

9.2.3.2 三相 SPWM 逆变器

三相大功率晶体管 SPWM 逆变器主电路如图 9-27 所示，直流侧电源由 VD_{01} ~ VD_{06} 构成的三相整流电路供给，电容 C 为滤波和储能元件。VT_1 ~ VT_6 组成三相桥式逆变电路，VD_1 ~ VD_6、R_1 ~ R_6、C_1 ~ C_6 构成 RDC 吸收电路，VD_{21} ~ VD_{25} 为续流二极管。

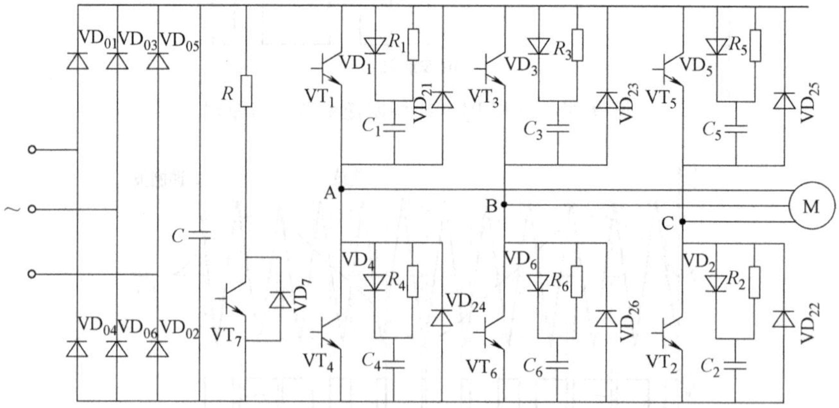

图 9-27　三相 SPWM 逆变器主电路

1. 单极性工作方式

单极性工作方式是以载波三角波极性为单方向的，故称为单极性 SPWM 逆变器。同一桥臂的上、下功率管各工作调制正弦波的半个周期，如图 9-28 所示为 A 相上、下管 VT_1、

VT_4 的工作状态，在正半波的半个周期，VT_1 按照正弦脉宽规律交替导通和截止，VT_4 保持关断状态。在负半周期内，VT_4 按照正弦脉冲交替导通和截止，VT_1 保持关断状态，这样在逆变器的输出端 A 得到一组等幅（$U_d'=U_d/2$）不等宽的矩形脉冲波形，基波分量为正弦波。图 9-29 表示出三相工作时，每个晶体管的工作区间，单极性 SPWM 逆变器大部分时间都有三只晶体管同时工作。当有某相上、下管切换工作时，就只有两只晶体管工作，另外加一只续流二极管导通。一个周期内晶体管导通的顺序为：VT_1、VT_6、VT_5→VT_1、VT_6、VT_2→VT_1、VT_3、VT_2→VT_4、VT_3、VT_2→VT_4、VT_3、VT_5→VT_4、VT_6、VT_5→VT_1、VT_6、VT_5。

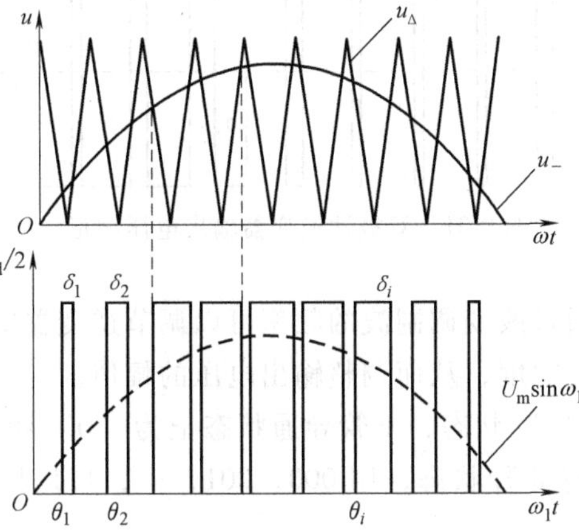

图 9-28　单极性逆变器的工作状态分析

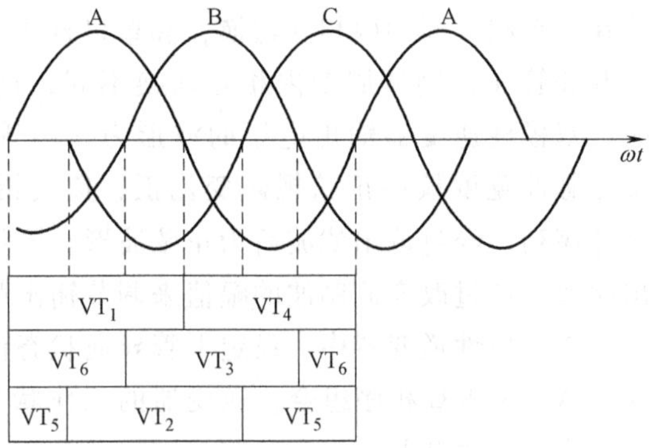

图 9-29　晶体管导通区间示意图

单极性三相逆变器工作时，如图 9-30 所示，VT_1、VT_6、VT_5 同时开通，A、B 和 C 相电流分别为 i_A、i_B、i_C，其中 i_A 的电流流向为 U_d→VT_1→A 相绕组→N，i_C 的电流流向为 U_d→VT_5→C 相绕组→N，i_B 的电流流向为 N→B 相绕组→VT_6→$-U_d$，所以有 $i_B=i_A+i_C$。当 C 相上、下管 VT_5、VT_2 切换时，也即 VT_5 关断，VT_2 还未开通，此时只有 VT_1 和 VT_6 两只晶体管导通，此时 A 相和 B 相电流方向没有改变，但 C 相因为 VT_5 关断，原电流通路截止，这时在电动机线圈的自感电势 $e_L=L\dfrac{di}{dt}$作用，使得负载电流继续流动，此时电流流向为 $+e_L$→N→B 相绕组→VT_6→VD_{22}→C 相绕组→$-e_L$，此时续流二极管 VD_{22} 参与到 C 相电流通路中，所以称其为续流二极管。续流二极管的续流规律为：当上管关断时，下管的反并联二极管续流；下管关断，上管反并联二极管续流。其他相电流流向可以依次类推。

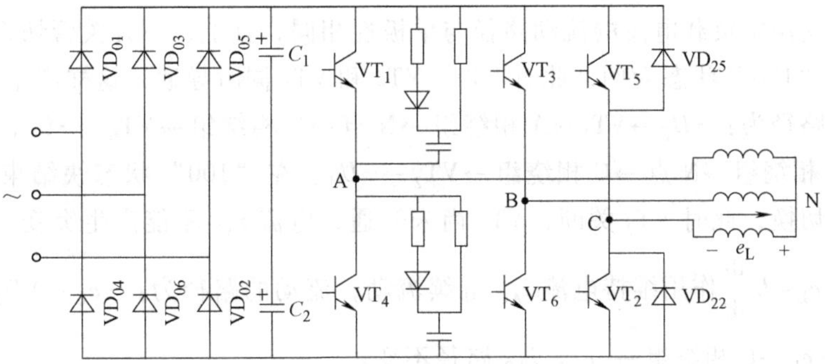

图 9-30　负载电流分析图

2. 双极性工作方式

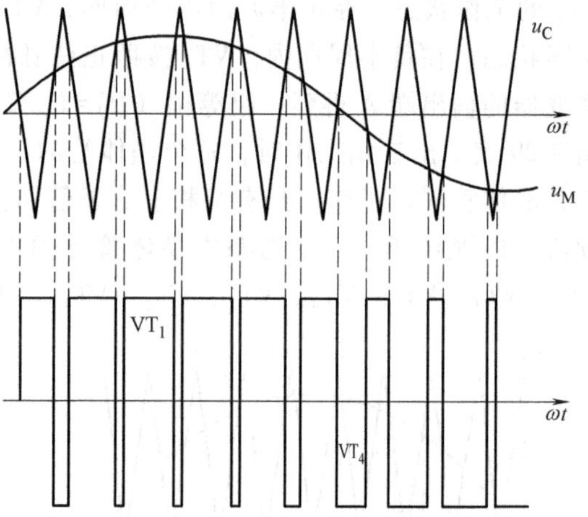

图 9-31 双极性逆变器输出电压波形

双极性 SPWM 逆变器的主电路与单极性 SPWM 逆变器完全相同，如图 9-27 所示，两者的主要区别在于双极性载波信号有正、负两个方向的三角波，如图 9-31 所示，单极性载波信号为单方向的三角波。以 A 相为例，在一个载波周期内，当 $u_M>u_C$ 时，VT_1 导通，VT_4 截止，$U_A=U_d$，当 $u_M<u_C$ 时，VT_1 截止，VT_4 导通，$U_A=-U_d$，即上、下开关管在一个载波周期内相互切换，和单极性上、下开关管在调制波周期内相互切换不同，这时，双极性逆变器输出电压的波形为一组等幅且脉冲宽度按照正弦规律变化正、负交错脉冲序列，经过输出滤波后为正弦波形。同样，通过改变调制波的频率可以调节逆变器的输出频率，通过改变调制波的幅值来调节输出脉冲的宽度，从而调整输出电压的幅值。

在双极性逆变器中，设定上管导通状态记为“1”状态，下管导通状态记为“0”状态，根据 A、B 和 C 相序组合，逆变器的工作状态共有 8 种状态，用 000，001，…，111 表示，工作模式见表 9-1。

表 9-1 双极性逆变器的工作模式

工作模式	状态 ABC	导通的晶体管	运行结果
0	000	VT_4 VT_6 VT_2	不产生电流
1	001	VT_4 VT_6 VT_5	产生线电流 i_{CA}、i_{CB}
2	010	VT_4 VT_3 VT_2	产生线电流 i_{BA}、i_{BC}
3	011	VT_4 VT_3 VT_5	产生线电流 i_{BA}、i_{CA}
4	100	VT_1 VT_6 VT_2	产生线电流 i_{AB}、i_{AC}
5	101	VT_1 VT_6 VT_5	产生线电流 i_{AB}、i_{CB}
6	110	VT_1 VT_3 VT_2	产生线电流 i_{AC}、i_{BC}
7	111	VT_1 VT_3 VT_5	不产生线电流

双极性逆变器中负载电流的流动路径与单极性相同，且上、下开关管切换时，续流的规律也相同。以“100”状态为例，此时 VT_1、VT_6 和 VT_2 同时导通，这样产生两路线电流 i_{AB} 和 i_{AC}，i_{AB} 的路径为：$+U_d$→VT_1→A 相绕组→N 点→B 相绕组→VT_6→$-U_d$，i_{AC} 的路径为：$+U_d$→VT_1→A 相绕组→N 点→C 相绕组→VT_2→$-U_d$。在“100”状态快结束时，此时 C 相 VT_5 和 VT_2 要切换，此时 VT_2 关断，VT_5 尚未开通，电流 i_{AC} 不能产生突变，C 相电感作用产生自感电势 $e_L=L\dfrac{di}{dt}$作用维持电流 i_{AC} 继续流动，流动的路径为：$-e_L$→VD_{25}→VT_1→A 相绕组→N 点→$+e_L$→C 相绕组→$-e_L$。i_{AB} 路径不变。

综上所述，三相双极性逆变器和单极性逆变器的主电路结构相同，其产生负载电流的路径和续流原理也相同。不同的是双极性逆变器的开关管切换次数远远大于单极性逆变器的切换次数。在相同的载波频率和调制比的情况下，双极性逆变器的输出电流更接近正弦波，畸变小。在低电压输出运行时，双极性逆变器的开关管导通和截止时间比较相近，这对异步电动机的低速平稳运行非常有利，因而在很多精度较高的变频调速系统中被广泛采用。相对而言，在低电压输出运行时，单极性逆变器的导通时间很短、截止时间很长，产生的窄脉宽电压会造成异步电动机低速运行的抖动。当然，因为双极性逆变器的开关次数高于单极性逆变器，其产生的开关损耗会增加，对变频器的效率有影响。

9.3　矢量控制变频调速系统

9.3.1　矢量变换控制的基本思想

直流电动机具有优良的调速性能，它的电动机转矩与电枢电流之间的关系为

$$T=C_M\Phi I_a \tag{9-12}$$

从中看出，当直流他励电动机的激磁电流恒定时，T 与 I_a 成正比，调节 I_a 就能够方便地调节转矩。另外，磁通 Φ 仅与激磁电流 i_f 成正比，而与电枢电流 I_a 无关。

对于交流三相异步电动机来说，电动机转矩与转子电流的关系为

$$T=C_M\Phi I_2\cos\varphi_2 \tag{9-13}$$

式（9-13）中，气隙磁通 Φ、转子电流 I_2 和转子功率因数 $\cos\varphi_2$ 都是转差率 s 的函数，而且都是难以直接控制的。可见，T 的调节比直流电动机要困难得多。

本章前几节中介绍的变频调速系统，其理论依据是稳态机械特性，而动态转矩仍未得到控制。如果能够模拟直流电动机控制转矩的规律，来控制异步电动机的转矩，则会提高系统的动态性能。

矢量变换控制的依据是旋转磁场等效原则。三相固定的对称绕组 A、B 和 C，通以三相正弦电流时，产生角速度 ω_0 的旋转磁场 Φ。二相固定绕组 α 和 β（位置上相差 90°），通以二相交流电流 i_α 和 i_β，也产生旋转磁场。当旋转磁场的大小和角速度都与三相绕组相同时，则两相固定绕组 α 和 β 就与三相绕组等效。

如果有两个匝数相等、互相垂直的绕组 M 和 T，分别通以直流电 i_M 和 i_T，产生位置固定的 Φ。如果使两个绕组以 ω_0 速度旋转，则 Φ 也就随之旋转，当 Φ 的大小、速度 ω_0 与上述的三相固定绕组、二相固定绕组的参数相等时，则旋转绕组 M、T 与前面的三相、二相固定绕组等效。如果观察者站在铁心上和绕组一起旋转，则 M、T 绕组对观察者来说是通以直流的互相垂直的固定绕组。当 Φ 的方向与 M 绕组的平面正交时，M 绕组相当于直流电动机的励磁绕组，其上流过的电流称为励磁电流分量 i_M；T 绕组相当于电枢绕组，其上流过的电流称为转矩电流分量 i_T。

对于交流电动机的控制可以通过某种等效变换与直流电动机的控制统一起来，从而对交流电动机的控制就可以按照直流电动机转矩、转速规律来实现。当上述 3 种绕组产生的旋转磁场等效时，电流 i_A、i_B、i_C 及 i_α、i_β 及 i_M、i_T 之间存在着确定的关系，即矢量变换关系，找出它们之间的关系，就可以等效地控制 i_M 和 i_T，像直流电动机那样地进行控制。因为用来进行坐标变换的物理量是空间矢量变换控制系统（Transvector Control System），简称为矢

量控制（Vector Control）系统。矢量变换控制的基本思想和控制过程可用框图表示，如图 9-32 所示。

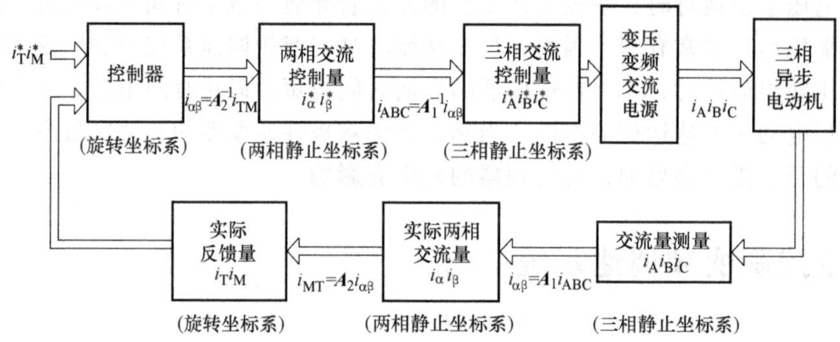

图 9-32　矢量变换控制思想

9.3.2　异步电动机在静止坐标系上的数学模型

图 9-33a 表示一个定、转子绕组为星形联结的三相对称异步电动机的物理模型，其中无论电动机转子是绕线型还是笼型，均等效为绕线型转子，并折算到定子侧，折算后的每相匝数都相等。

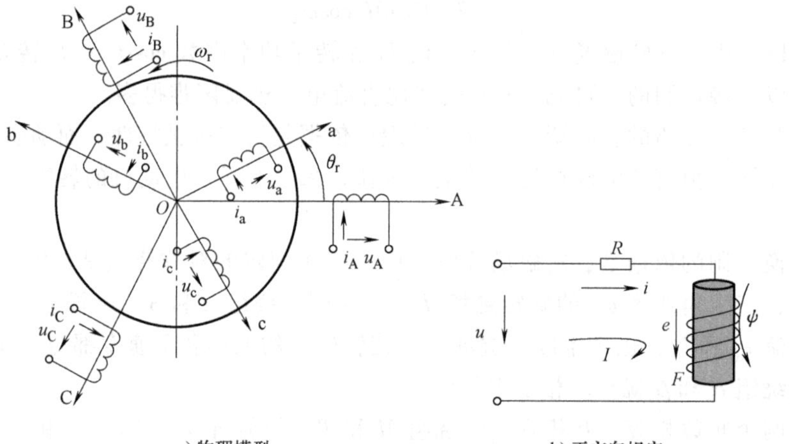

a) 物理模型　　b) 正方向规定

图 9-33　三相异步电动机的物理模型和正方向规定

在建立数学模型之前，必须明确对于正方向的规定，如图 9-33b 所示，可以归纳出恒转矩负载下的异步电动机在静止轴系中的数学模型。

$$\begin{cases} u=Ri+L\dfrac{\mathrm{d}i}{\mathrm{d}t}+\omega_r\dfrac{\mathrm{d}L}{\mathrm{d}\theta_T}i \\ T_{ei}=T_L+\dfrac{J}{n_p}\dfrac{\mathrm{d}\omega_r}{\mathrm{d}t} \\ \omega_r=\dfrac{\mathrm{d}\theta_r}{\mathrm{d}t} \end{cases} \tag{9-14}$$

由式（9-14）可以看出，异步电动机在静止轴系上的数学模型是一个多变量、高阶、非线性、强耦合的复杂系统，分析和求解这组方程是非常困难的，也难以用一个清晰的模型结构图来描绘。为了使异步电动机数学模型具有可控性、可观性，必须通过坐标变换对其进行简化，使其成为一个线性、解耦的系统。

9.3.3　坐标变换

为了求得矢量变换规律，如三相/二相变换（3/2）或二相/三相变换（2/3），矢量旋转变换（VR），需要计算绕组磁动势、电流，根据旋转变换矢量图，建立 i_α、i_β 与 i_M、i_T 之间的关系。

1. 三相静止坐标系和两相静止坐标系之间的相互变换

在三相静止绕组 A、B、C 和两相静止绕组 α、β 之间的变换称为三相静止坐标系和两相静止坐标系间的变换，简称 3/2 变换。图 9-34 给出 A、B、C 和 α、β 两个坐标系，通常为方便起见，取 A 轴和 α 轴重合。设三相绕组每相有效匝数为 N_3，两相绕组每相有效匝数为 N_2，各相磁动势为有效匝数与电流的乘积，其空间矢量均位于有关相的坐标轴上。由于交流磁动势的大小随时间在变化着，图中磁动势矢量的长度是随意的。设磁动势波形是正弦分布的，当三相总磁动势与两相总磁动势相等时，两套绕组瞬时磁动势在 α、β 轴上的投影都应相等，因此有

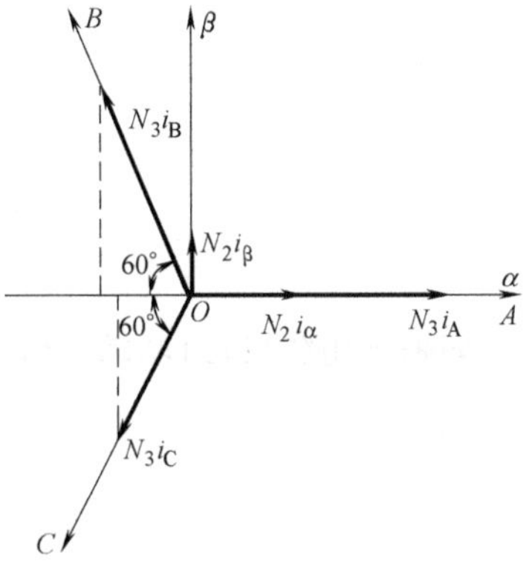

图 9-34　三相和两相坐标系与绕组磁动势的空间矢量

$$N_2 i_\alpha = N_3 i_A - N_3 i_B \cos 60° - N_3 i_C \cos 60° = N_3\left(i_A - \frac{1}{2} i_B - \frac{1}{2} i_C\right)$$

$$N_2 i_\beta = N_3 i_B \sin 60° - N_3 i_C \sin 60° = \frac{\sqrt{3}}{2} N_3 (i_B - i_C) \tag{9-15}$$

写成矩阵形式，得

$$\begin{bmatrix} i_\alpha \\ i_\beta \end{bmatrix} = \frac{N_3}{N_2} \begin{bmatrix} 1 & -\frac{1}{2} & -\frac{1}{2} \\ 0 & \frac{\sqrt{3}}{2} & -\frac{\sqrt{3}}{2} \end{bmatrix} \begin{bmatrix} i_A \\ i_B \\ i_C \end{bmatrix} \tag{9-16}$$

考虑到变换前后总功率不变，在此前提下，可以得到匝比为

$$\frac{N_3}{N_2} = \sqrt{\frac{2}{3}} \tag{9-17}$$

可得

$$\begin{bmatrix} i_\alpha \\ i_\beta \end{bmatrix} = \sqrt{\frac{2}{3}} \begin{bmatrix} 1 & -\frac{1}{2} & -\frac{1}{2} \\ 0 & \frac{\sqrt{3}}{2} & -\frac{\sqrt{3}}{2} \end{bmatrix} \begin{bmatrix} i_A \\ i_B \\ i_C \end{bmatrix} \tag{9-18}$$

式（9-18）为三相静止坐标变换为两相静止坐标的关系式，其中 $\boldsymbol{C}_{3/2}$ 为变换矩阵，有

$$\boldsymbol{C}_{3/2}=\sqrt{\frac{2}{3}}\begin{bmatrix}1 & -\frac{1}{2} & -\frac{1}{2}\\ 0 & \frac{\sqrt{3}}{2} & -\frac{\sqrt{3}}{2}\end{bmatrix} \tag{9-19}$$

通过适当的数学变换，可以得出两相静止坐标变换为三相静止坐标变换矩阵，即

$$\boldsymbol{C}_{2/3}=\sqrt{\frac{2}{3}}\begin{bmatrix}1 & 0\\ -\frac{1}{2} & \frac{\sqrt{3}}{2}\\ -\frac{1}{2} & -\frac{\sqrt{3}}{2}\end{bmatrix} \tag{9-20}$$

如果三相绕组是Y联结不带中性线，则有 $i_A+i_B+i_C=0$，有如下关系式，即

$$\begin{bmatrix}i_\alpha\\ i_\beta\end{bmatrix}=\begin{bmatrix}\frac{\sqrt{3}}{2} & 0\\ \frac{\sqrt{2}}{2} & \sqrt{2}\end{bmatrix}\begin{bmatrix}i_A\\ i_B\end{bmatrix} \tag{9-21}$$

$$\begin{bmatrix}i_A\\ i_B\end{bmatrix}=\begin{bmatrix}\frac{\sqrt{3}}{2} & 0\\ -\frac{1}{\sqrt{6}} & \frac{1}{\sqrt{2}}\end{bmatrix}\begin{bmatrix}i_\alpha\\ i_\beta\end{bmatrix} \tag{9-22}$$

同样按照所采用的条件，上述变换矩阵也同样适用于电压变换和磁链的变换。

2. 旋转变换

（1）定子轴系　两相静止-两相旋转之间的变换，简称为 2s/2r，其中 s 表示静止，r 表示旋转。把两个坐标系画在一起，即得图 9-35。图中，两相交流电流 i_α、i_β 和两个直流电流 i_M、i_T，产生同样以同步转速 ω_1 旋转的合成磁动势 F_s。图中，M、T 轴和矢量 $\boldsymbol{F}_s(\boldsymbol{i}_s)$ 都以转速 ω_1 旋转，分量 i_M、i_T 的长短不变，相当于 M、T 绕组的直流磁动势。但 α、β 轴是静止的，α 轴与 M 轴的夹角 φ 随时间而变化，因此 i_s 在 α、β 轴上的分量 i_α、i_β 的长短也随时间变化，相当于 α、β 绕组交流磁动势的瞬时值。由图可见，i_α、i_β 和 i_M、i_T 之间存在下列关系，即

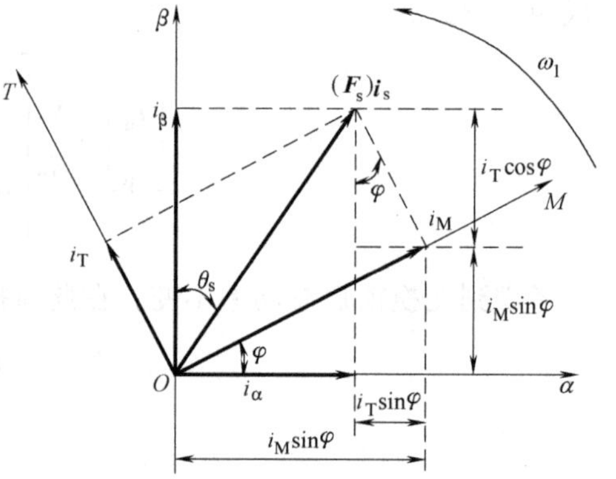

图 9-35　两相静止坐标和旋转坐标变换示意图

$$i_\alpha = i_M\cos\varphi - i_T\sin\varphi$$
$$i_\beta = i_M\sin\varphi + i_T\cos\varphi \tag{9-23}$$

写成矩阵形式，即

$$\begin{bmatrix} i_\alpha \\ i_\beta \end{bmatrix} = \begin{bmatrix} \cos\varphi & -\sin\varphi \\ \sin\varphi & \cos\varphi \end{bmatrix} \begin{bmatrix} i_M \\ i_T \end{bmatrix} = \boldsymbol{C}_{2r/2s} \begin{bmatrix} i_M \\ i_T \end{bmatrix} \tag{9-24}$$

$$\boldsymbol{C}_{2r/2s} = \begin{bmatrix} \cos\varphi & -\sin\varphi \\ \sin\varphi & \cos\varphi \end{bmatrix} \tag{9-25}$$

它是两相旋转坐标系变换到两相静止坐标系的变换矩阵。同样，通过数学变换可得

$$\begin{bmatrix} i_M \\ i_T \end{bmatrix} = \begin{bmatrix} \cos\varphi & \sin\varphi \\ -\sin\varphi & \cos\varphi \end{bmatrix} \begin{bmatrix} i_\alpha \\ i_\beta \end{bmatrix} = \boldsymbol{C}_{2s/2r} \begin{bmatrix} i_\alpha \\ i_\beta \end{bmatrix} \tag{9-26}$$

则两相静止坐标系变换到两相旋转坐标系的变换矩阵为

$$\boldsymbol{C}_{2s/2r} = \begin{bmatrix} \cos\varphi & \sin\varphi \\ -\sin\varphi & \cos\varphi \end{bmatrix} \tag{9-27}$$

电压和磁链的两相静止-两相旋转之间的变换矩阵与电流的变换矩阵相同。

（2）转子轴系　转子 dOq 轴系以 $\omega_1 = \dfrac{d\theta}{dt}$ 角频率旋转，α、β 为静止不动的轴系，如图 9-36 所示，根据两个轴系形成的旋转磁场等效的原则，可以得到

$$\begin{bmatrix} i_d \\ i_q \end{bmatrix} = \begin{bmatrix} \cos\theta & \sin\theta \\ -\sin\theta & \cos\theta \end{bmatrix} \begin{bmatrix} i_\alpha \\ i_\beta \end{bmatrix} \tag{9-28}$$

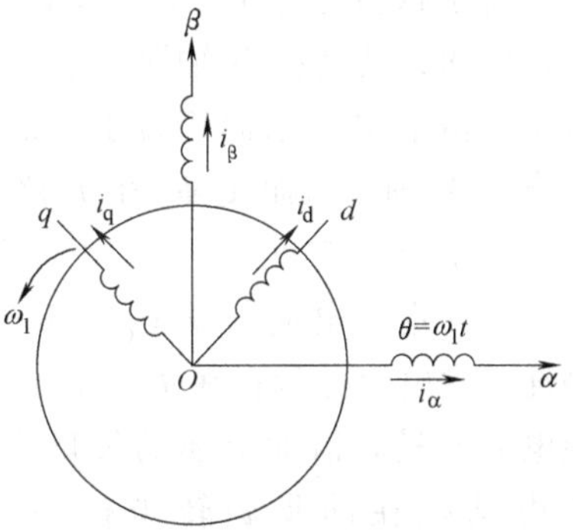

图 9-36　两相静止坐标系和两相旋转坐标系

若存在零序电流，由于零序电流不形成旋转磁场，不用转换，只需在主对角线上增加数 1，使矩阵增加一列一行，即

$$\begin{bmatrix} i_d \\ i_q \\ i_0 \end{bmatrix} = \begin{bmatrix} \cos\theta & \sin\theta & 0 \\ -\sin\theta & \cos\theta & 0 \\ 0 & 0 & 1 \end{bmatrix} \begin{bmatrix} i_\alpha \\ i_\beta \\ i_0 \end{bmatrix} \tag{9-29}$$

同样可以得出三相静止 $\alpha O\beta$ 坐标系到两相旋转坐标系 dOq 之间变换矩阵为

$$\boldsymbol{C}_{3s/2r} = \boldsymbol{C}_{2s/2r}\boldsymbol{C}_{3/2} = \sqrt{\frac{2}{3}} \begin{bmatrix} \cos\theta & \sin\theta & 0 \\ -\sin\theta & \cos\theta & 0 \\ 0 & 0 & 1 \end{bmatrix} \begin{bmatrix} 1 & -\frac{1}{2} & -\frac{1}{2} \\ 0 & \frac{\sqrt{3}}{2} & -\frac{\sqrt{3}}{2} \\ \frac{1}{\sqrt{2}} & \frac{1}{\sqrt{2}} & \frac{1}{\sqrt{2}} \end{bmatrix}$$

$$= \sqrt{\frac{2}{3}} \begin{bmatrix} \cos\theta & \cos(\theta-120^\circ) & \cos(\theta+120^\circ) \\ -\sin\theta & -\sin(\theta-120^\circ) & -\sin(\theta+120^\circ) \\ \frac{1}{\sqrt{2}} & \frac{1}{\sqrt{2}} & \frac{1}{\sqrt{2}} \end{bmatrix} \tag{9-30}$$

由两相旋转坐标系 dOq 到三相静止 $\alpha O\beta$ 坐标系之间变换矩阵为

$$
\boldsymbol{C}_{2r/3s}=\boldsymbol{C}_{3s/2r}^{-1}=\boldsymbol{C}_{3s/2r}^{T}=\sqrt{\frac{2}{3}}\begin{bmatrix}\cos\theta & -\sin\theta & \frac{1}{\sqrt{2}}\\ \cos(\theta-120^\circ) & -\sin(\theta-120^\circ) & \frac{1}{\sqrt{2}}\\ \cos(\theta+120^\circ) & -\sin(\theta+120^\circ) & \frac{1}{\sqrt{2}}\end{bmatrix} \tag{9-31}
$$

9.3.4 转子磁链定向的三相异步电动机矢量控制模型

选择特定的同步旋转坐标系，即确定 MT 轴系的取向，称为定向。如果选择电动机某一旋转磁场轴作为同步旋转坐标轴，则称为磁场定向（Field Orientation）。因此，矢量控制系统也称为磁场定向控制（field orientation control，FOC）系统。

转子磁场定向即按转子全磁链矢量 $\boldsymbol{\psi}_r$ 方向进行定向，就是将 M 轴取向于 ψ_r 轴，如图 9-37 所示。由于 M 轴取向于转子全磁链 ψ_r 轴，T 轴垂直于 M 轴，从而使 $\boldsymbol{\psi}_r$ 在 T 轴上的分量为零，说明转子全磁链 $\boldsymbol{\psi}_r$ 唯一由 M 轴绕组中电流所产生，可知定子电流矢量 $\boldsymbol{i}_s$ 在 M 轴上的分量 i_{sM} 是纯励磁电流分量；在 T 轴上的分量 i_{sT} 是纯转矩电流分量。借助上述的矢量变换可以获得异步电动机在同步旋转坐标系上的电压方程式，即

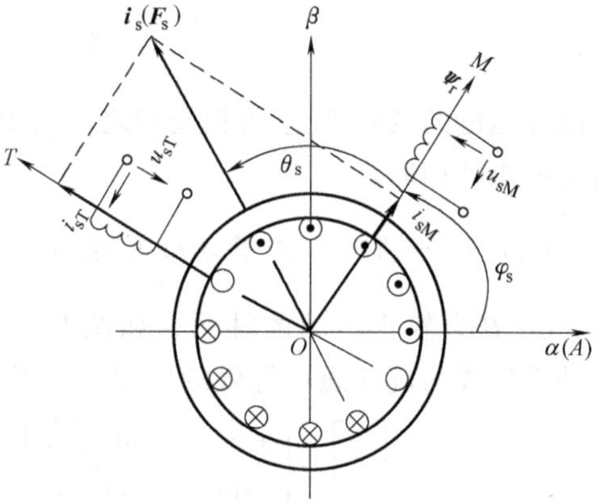

图 9-37 转子磁场定向

$$
\begin{bmatrix}u_{sM}\\ u_{sT}\\ 0\\ 0\end{bmatrix}=\begin{bmatrix}R_s+L_{sd}p & -\omega_s L_{sd} & L_{md}p & -\omega_s L_{md}\\ \omega_s L_{sd} & R_s+L_{sd}p & \omega_s L_{md} & L_{md}p\\ L_{md}p & 0 & R_r+L_{rd}p & 0\\ \Delta\omega L_{md} & 0 & \Delta\omega L_{rd} & R_r\end{bmatrix}\begin{bmatrix}i_{sM}\\ i_{sT}\\ i_{rM}\\ i_{rT}\end{bmatrix} \tag{9-32}
$$

异步电动机的电磁转矩为

$$
T_{ei}=C_{IM}\psi_r i_{sT} \tag{9-33}
$$

式中 C_{IM}——转矩系数，$C_{IM}=n_p L_{md} L_{rd}$。

上式表明，在同步旋转坐标系上，如果按异步电动机转子磁链定向，则异步电动机的电磁转矩模型就与直流电动机的电磁转矩模型完全一样了。

在矢量控制系统中，由于可测量的被控制变量是定子电流矢量 $\boldsymbol{i}_s$，因此需要得出定子电流矢量各分量与其他物理量之间的关系。具体表示如下：

$$
i_{sM}=\frac{T_r p+1}{L_{md}}\psi_r \tag{9-34}
$$

或者写成

$$\psi_{r}=\frac{L_{md}}{T_{r}p+1}i_{sM}$$

式中　T_r——转子电路时间常数，$T_r=L_{rd}/R_r$。

同样可以得出

$$i_{sT}=-\frac{L_{rd}}{L_{md}}i_{rT}=\frac{\Delta\omega T_{r}}{L_{md}}\psi_{r}=\frac{T_{r}\psi_{r}}{L_{md}}\Delta\omega \qquad (9\text{-}35)$$

式（9-34）表明，转子磁链唯一由定子电流矢量的励磁电流分量 i_{sM} 产生，与定子电流矢量的转矩电流分量 i_{sT} 无关，充分说明了异步电动机矢量控制系统按转子全磁链定向可以实现定子电流的转矩分量和励磁分量的完全解耦。同时还可以看出 ψ_r 和 i_{sM} 之间的传递函数是一个一阶惯性环节，这和直流电动机励磁绕组的惯性作用是一致的。

式（9-35）表明，当 ψ_r 恒定时，无论是稳态还是动态过程，转差角频率 $\Delta\omega$ 都与异步电动机的转矩电流分量 i_{sM} 成正比。

根据上述的矢量控制方程式可以给出旋转坐标系上三相异步电动机等效直流电动机模型结构图，如图 9-38 所示。

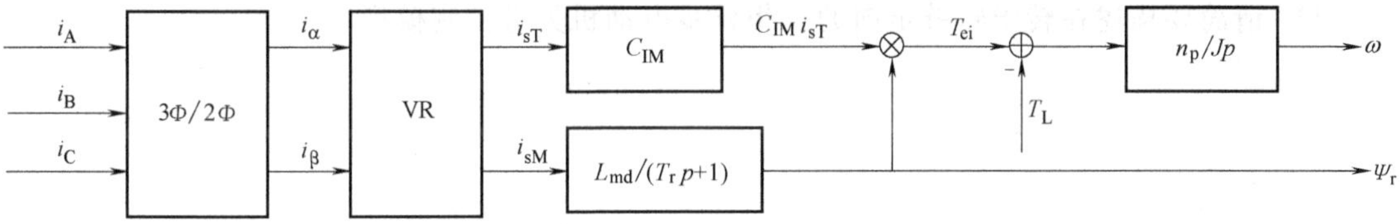

图 9-38　三相异步电动机等效直流电动机模型

依据异步电动机的等效直流电动机模型，可以构造三相异步电动机矢量控制系统的控制结构，如图 9-39 所示。转速调节器 ASR 和磁链调节器 AψR 分别控制转速 ω 和磁链 ψ_r，ATR 为式（9-35）表示的运算得出 i_{sT}^*，$\hat{\psi}_r$ 和 $\hat{\varphi}_s$ 表示模型计算值。

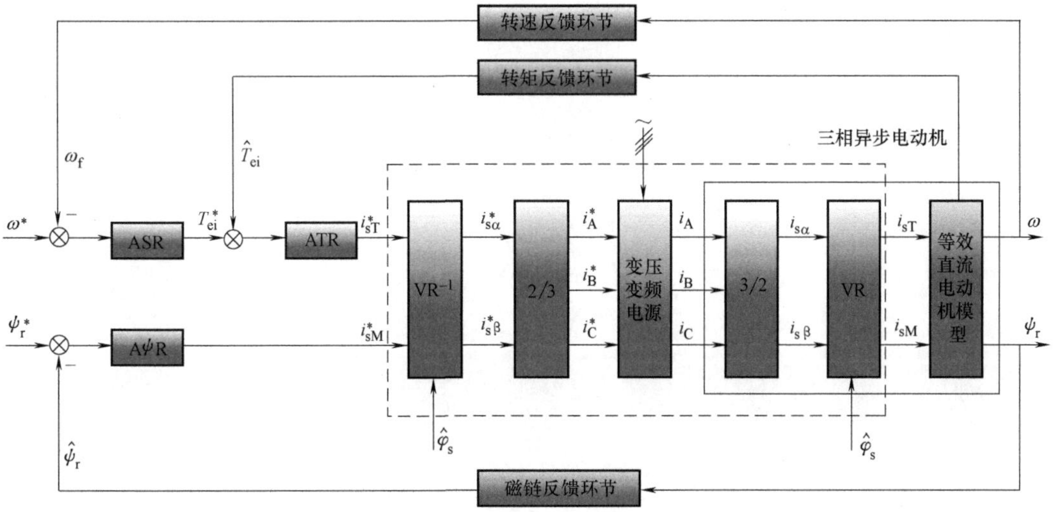

图 9-39　具有转速和磁链闭环控制的矢量控制系统

习　　题

1. 请简述 120°通电型逆变器工作原理。

2. 请简述 180°通电型逆变器工作原理。晶闸管逆变器电路为什么需要换流？请给出一种典型的换流方法，并简述其工作原理。

3. IGBT 变频器的特点有哪些？

4. 请说出电流型变频器和电压型变频器的主要区别。

5. PWM 控制技术的特点有哪些？

6. 同步调制和异步调制的原理和特点？

7. 请简述单相 SPWM 逆变器的工作原理。

8. 请给出单极性逆变器和双极性逆变器的主要区别。

9. 请写出异步电动机三相静止坐标系到两相静止坐标系之间的变换和逆变换。

10. 请写出异步电动机两相旋转坐标系（转子轴系）到三相静止坐标系之间的变换和逆变换。

11. 请简要描述在转子磁链定向的三相异步电动机矢量控制模型。

第10章　计算机伺服控制接口技术及应用

计算机控制系统是当前自动控制系统的主流方向。在现在的伺服系统中，计算机（单片机、ARM、PLC、PC、工控机等）可以说无处不在。利用计算机快速强大的数值计算、逻辑判断等信息加工能力，使得伺服控制系统在控制精度、响应速度和稳定性上都有了非常大的提升，以计算机为核心的伺服控制系统除可以实现常规控制功能之外，还可以实现多种复杂控制策略。

10.1　计算机伺服控制

目前，随着电子技术、计算机技术、现代控制技术、材料技术的快速发展，伺服系统不仅在高科技领域得到了广泛应用，如激光加工、机器人、数控机床、雷达和各种军用武器随动系统等，而且在日常工作生活中也随处可见，如办公自动化设备，智能家电等。

伺服系统是以机械参数为控制对象的自动控制系统，在伺服系统中，输出量能够自动、快速、准确地跟随输入量的变化而变化，因此，又可称为随动系统。

10.1.1　伺服系统的基本要求

1）精度高。输出量能准确按照输入指令执行。

2）快速响应，动态特性好。要求跟踪指令信号的响应要快，过渡过程前沿陡，上升率要大。

3）稳定性好。在给定输入或外界干扰情况下，能在短时间调节过程后达到新的平衡或恢复到原有的平衡状态。

10.1.2　伺服系统的分类

按控制方式来分，伺服系统可分为开环伺服系统、闭环伺服系统和半闭环伺服系统。

1. 开环伺服系统

在开环伺服系统中，信号单向流动，由于没有位置和速度反馈电路，省去了检测装置，不需要进行复杂的计算，系统简单，执行机构电动机多采用步进电动机，其组成如图 10-1 所示，开环伺服系统特别适用于低速、往返、小功率的数字化驱动系统和对精度和速度要求不高的数控系统。

开环系统的精度主要取决于步进电动机的角位移精度、齿轮丝杠等传动元件的导程或节距精度，其执行的准确性靠执行装置自身性能来保证。

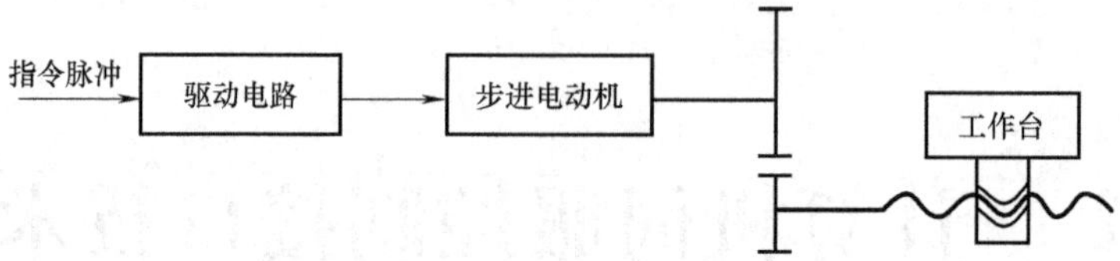

图 10-1　开环伺服系统框图

2. 闭环伺服系统

在闭环伺服系统中，位置检测元件检测工作台的位移，并将测量结果反馈到位置控制电路。由位置检测电路检测反馈信号与指令的偏差，并将此偏差信号进行放大，控制伺服电动机带动工作台向指令位置进给。只要适当的设计系统位置控制电路的结构与参数，就能实现所要求的控制精度。

在闭环控制系统中，从电动机输出轴到工作台的机械传动部分包含在环内，机械系统部件引起的误差可由反馈消除。所以闭环控制可以获得较高的精度和速度，但结构复杂，制造和调试难度大，适合于大、中型精密数控设备。

为保证伺服系统的稳定性，并具有良好的动态性能，在伺服系统中有时还加入速度负反馈通道，形成以位置调节为外环，速度调节为内环的双闭环控制系统。工作时，伺服系统先把位置输入指令转换成相应的速度给定信号，再通过速度控制单元驱动伺服电动机转动，带动工作台移动到指定位置，其组成如图 10-2 所示。

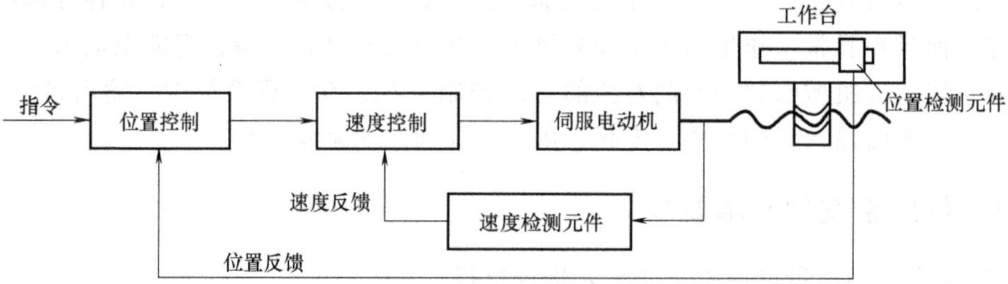

图 10-2　闭环伺服系统框图

3. 半闭环伺服系统

随着各种伺服控制技术的不断发展，将检测元件（如光电编码器、旋转变压器等）直接连接在伺服电动机转动轴上的方式应用更加方便。通过对传动轴或丝杠角位移的测量，可以间接获得工作台位置的等效反馈信号。由于由等效反馈信号构成的闭环系统中不包含从旋转轴到工作台之间的传动链，因此这部分传动引起的误差不能被闭环系统自动补偿，所以这种由等效反馈构成的闭环控制系统为半闭环伺服系统，如图 10-3 所示。

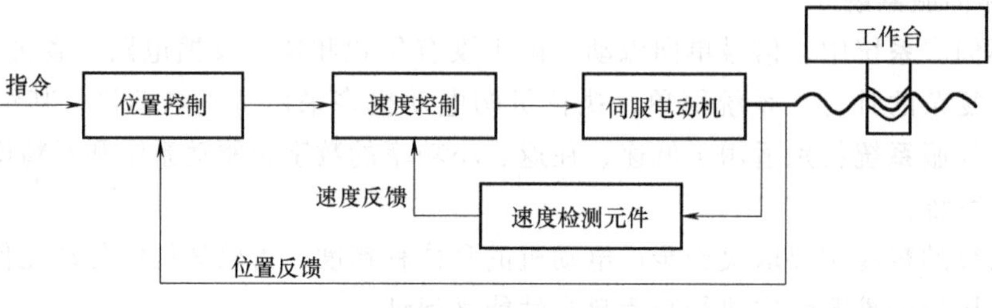

图 10-3　半闭环伺服系统框图

在半闭环系统中，只保证从输入信号到伺服电动机转轴端的控制，电动机所带机械传动部件在控制环之外，它们的误差限制了位置精度，因此，控制精度要比闭环系统差。然而由于驱动功率大，响应速度快，这种“半闭环”伺服系统在工程上得到了广泛应用。

10.1.3　伺服电动机控制系统的构成

伺服系统主要由伺服驱动电路、执行元件和检测装置组成。

现在的伺服电动机控制系统中，大部分都具有电流反馈、速度反馈和位置反馈的三闭环结构，从内到外分别是电流环、速度环和位置环，如图 10-4 所示。

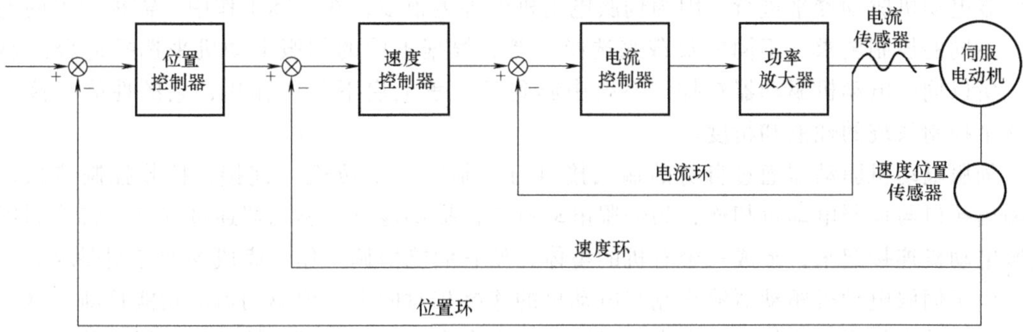

图 10-4　电流环、速度环和位置环

1. 电流环

电流环的输入是速度环 PID 调节后的输出，电流环的输入值和电流环的反馈值进行比较后的差值在电流环内做 PID 调节输出给电动机，电流环的输出就是电动机的每相的相电流，“电流环的反馈”是由电流传感器检测电动机电流然后反馈给电流控制器的。

电流环的作用是使电动机绕组电流实时、准确地跟踪电流指令信号，及时抑制干扰信号，限制电枢电流在动态过程中不超过最大值，使系统具有足够大的加速转矩，提高系统的快速性，并保障系统的安全性。

电流环就是控制电动机转矩的，所以在转矩模式下驱动器的运算量最小，动态响应最快。在系统进行速度和位置控制的同时系统也在进行电流（转矩）的控制以达到对速度和位置的相应控制。

2. 速度环

速度环的输入就是位置环 PID 调节后的输出，速度环输入值和速度环反馈值进行比较后的差值在速度环做 PID 调节后输出到电流环。速度环的反馈来自于编码器（或旋转变压器）的输出值经过速度运算得到的。速度环控制包含了速度环和电流环。

速度环的作用是保证电动机的转速和指令值一致，增强系统抗负载扰动的能力，抑制速度波动。

3. 位置环

位置环的输入就是外部的指令脉冲经过平滑滤波处理和电子齿轮计算后作为位置环的设定，通过比较设定目标位置与电动机实际位置，将其差值通过位置控制器来产生电动机的速度指令。如果电动机起动后位置差值较大，就会产生最大的速度指令，使电动机以最大速度运行，当位置差值减小后，就会产生递减的速度指令，使电动机减速运行直至到达目标位置。为避免超调，位置环的控制器通常设计为单纯的比例调节器。

位置环的作用是产生电动机的速度指令并使电动机能准确定位和跟踪，保证系统静态精度和动态跟踪的性能，这直接关系到伺服系统的稳定性和能否提高性能。

10.2 驱动器的接口技术

现在的控制系统中，执行机构大部分采用伺服电动机，而对伺服电动机的控制，大多通过伺服电动机驱动器来进行。因为伺服电动机的种类很多，在实际工作中，需根据不同的场合、不同的控制要求、不同的负载来选择，然后根据不同的伺服电动机来选择适合的驱动器。所以伺服电动机驱动器在控制系统中起到了“承上启下”的作用，它的性能直接决定了整个控制系统的性能和精度。

伺服电动机驱动器通过自身的输入接口与控制器（上位机）连接，接收控制信息，通过输出接口与伺服电动机相连，为伺服电动机工作提供能量。驱动器通过其接口将控制器和伺服电动机连接起来，形成一个有机的整体，使它们能协调工作，完成各种控制要求。

由于伺服电动机驱动器输出端与电动机的连接相对固定，但驱动器的功能日渐丰富，其输入接口种类较多，连接方法也有所不同，这里在介绍一些有代表性的驱动器的基础上，重点介绍驱动器的输入接口。

10.2.1 步进电动机驱动器

步进电动机驱动器按其输入信号的类型来分，可以分为单端信号输入和双端（差分）信号输入两种类型。由于双端（差分）信号输入的驱动器适配所有类型的控制器，应用方便，适用范围较广。

这里以 MSST10-S 步进电动机驱动器为例来详细介绍。

1. 总体介绍

MSST10-S 步进电动机驱动器采用高速 DSP 芯片控制，电流控制精度高，运行平稳。该驱动器还具有体积小、易于安装、功能齐全的特点，适合 4 线、6 线或 8 线等多种系列步进电动机的控制。

MSST10-S 步进电动机驱动器的运行参数需要通过软件设定，如步频（200～51200 步/转）、控制模式及所控制步进电动机的参数（如电动机电流、转动惯量等）。MSST10-S 步进电动机驱动器可以对输入信号平滑处理，自动微步计算，即使在低细分下也能保证运行平滑，还可以自动计算共振点，有效抑制系统中频共振。同时 MSST10-S 步进电动机驱动器还可采用低速波形平滑算法，抑制低速力矩波动。

MSST10-S 步进电动机驱动器有多种控制模式可以选择，这些控制模式可通过软件设置，即

1）脉冲/方向模式；

2）双脉冲模式；

3）正交相位脉冲（编码器跟随）；

4）速度模式，速度软件设定或模拟量调节电动机转速。

MSST10-S 步进电动机驱动器设有过电压、欠电压、过热和过电流保护等多种保护功能，完善的保护功能使运行更加安全可靠。

MSST10-S 步进电动机驱动器是一款智能化程度很高的驱动器，其控制信号采用双端（差分）输入方式，并且它除步进电动机驱动器常规的脉冲、方向、使能输入接口外，还有模拟量输入接口及数字量输出接口，如图 10-5 所示。

2. 驱动器连接

图 10-6 为 MSST10-S 驱动器的整体接线图。

图 10-5　MSST10-S 步进电动机驱动器

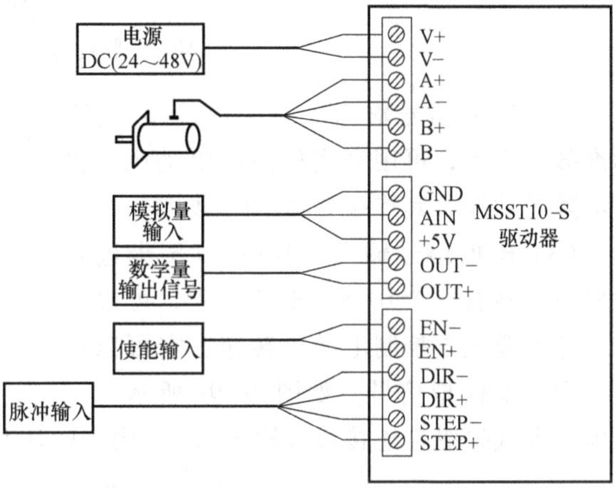

图 10-6　MSST10-S 驱动器整体接线图

3. 驱动器输入/输出接口

（1）脉冲信号输入　MSST10-S 驱动器有 STEP 和 DIR 两个高速输入，可对它们输入 5V 单端或差分信号，频率最高到 2MHz，如图 10-7 所示。控制电压为 12V 或 24V，需在回路中加入限流电阻（一般情况下控制电压为 12V 时，加 1kΩ 电阻；控制电压为 24V 时，加 2kΩ 电阻）。

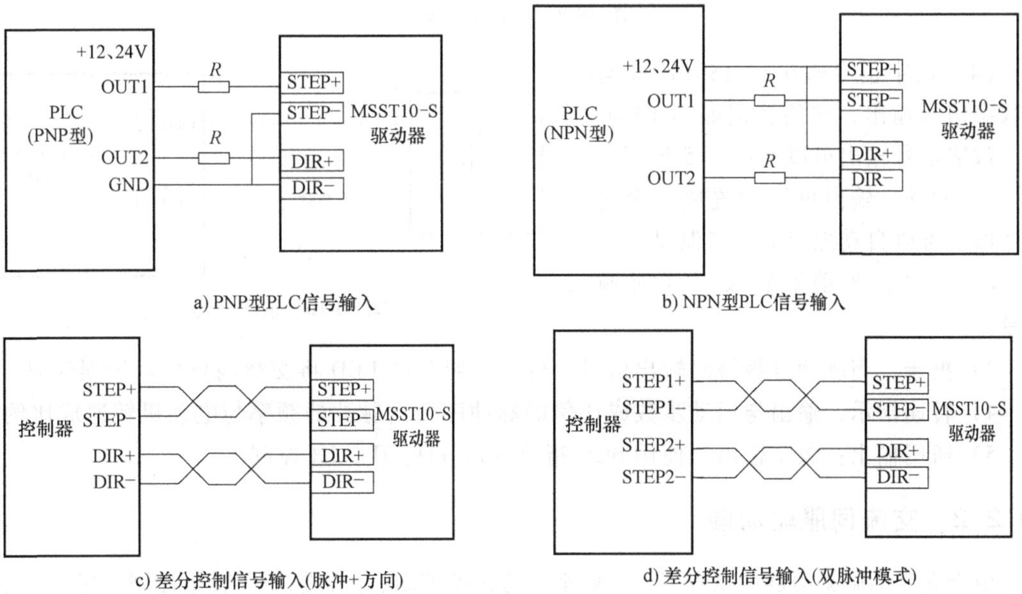

图 10-7　脉冲方向信号输入

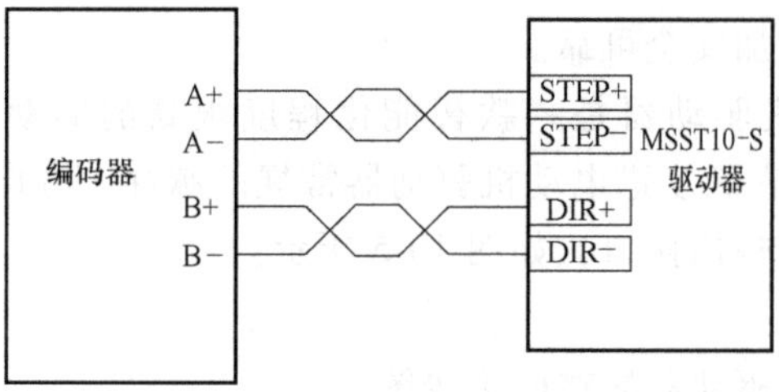

e) 编码器跟随模式

图 10-7 脉冲方向信号输入（续）

（2）使能信号输入　它是一个 5～12V 标准数字输入，可用来实现使能电动机、报警清除等功能，其连接如图 10-8 所示。

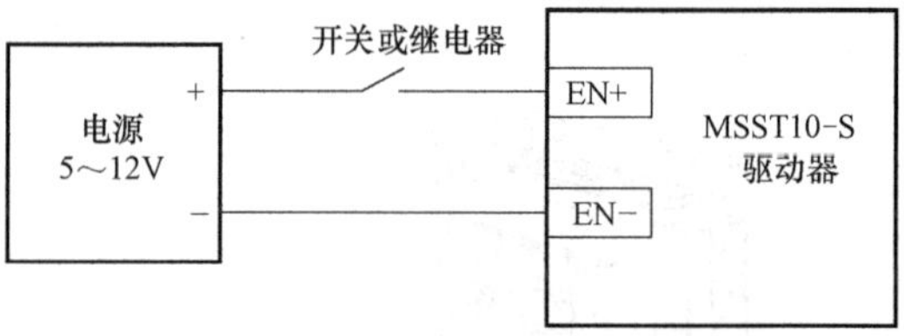

图 10-8 使能信号输入

（3）模拟信号输入　MSST10-S 步进电动机驱动器有一个 0～5V 模拟输入，可以用它在速度模式下控制电动机转速。它可以连接一个标准模拟信号，如图 10-9a 所示，或将电位器或操纵杆连接模拟输入端，如图 10-9b 所示。

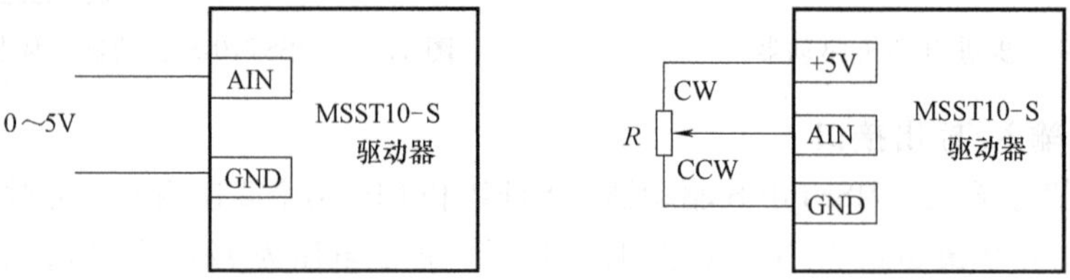

a) 连接标准模拟信号　　b) 连接电位器

图 10-9 模拟信号输入

（4）数字信号输出　MSST10-S 有一个数字信号输出，它的连接如图 10-10 所示，数字信号输出可以有以下 5 种用法。

1）制动：输出可以配置成一个电气制动器，可以自动地释放或者制动。

2）运动：驱动器斩波工作时输出信号。

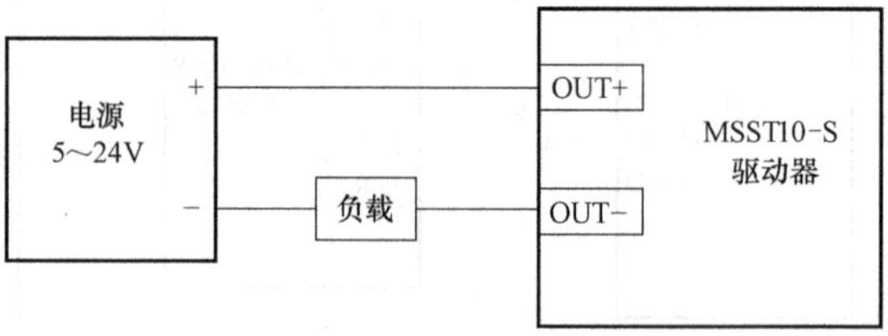

图 10-10 输出信号接线

3）报错：当驱动器报警时输出信号。红色和绿色的 LED 将交替闪烁指示错误代码。

4）转速指示：输出与运动步数成比例的脉冲序列（脉冲的频率与电动机转速成比例）。

5）通用输出：数字输出，使用 SCL 指令 SO、FO、IL、IH 控制。

10.2.2 交流伺服驱动器

由于交流伺服驱动器功能较多，一般都支持速度控制、位置控制、转矩控制等多种控制模式，有些还支持全闭环控制模式，因此交流伺服驱动器配备接口也较多，接线也比较复杂。

这里通过对松下 MINAS-A5 系列伺服电动机及驱动器的接线和使用来介绍交流伺服驱动器各种接口的连接和使用，其外形如图 10-11 所示。

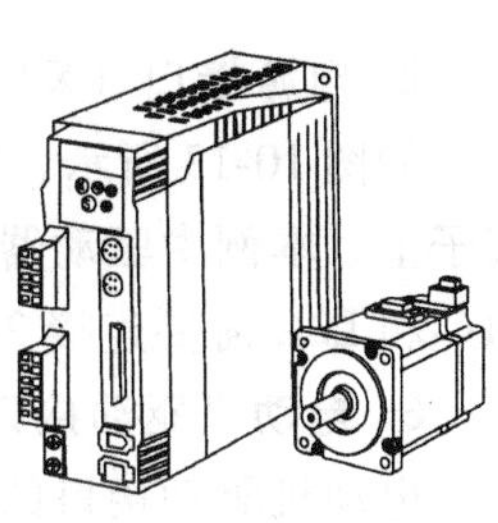

图 10-11　松下交流伺服驱动器和电动机外形图

1. 总体介绍

松下 MINAS-A5 系列伺服电动机及驱动器采用独特的信号处理技术，开发出全新的 104 万脉冲 20bit 编码器。动作平滑、停止时振动小，缩短了高精度定位时间。由于采用低齿槽，可实现高水平的稳定速度。通过采用电动机转子的 10 极化、磁场解析技术的全新设计，减少了脉动宽度，大幅提高了定位的稳定性，具备智能化的自动调整功能，可根据负载惯量的变化，从低刚性到高刚性都可以自动地调整增益。

松下 MINAS-A5 系列伺服电动机及驱动器控制方式介绍：

1）速度控制方式：输入模拟电压，供用户方便灵活地设定运行速度及其变化。

2）位置控制方式：输入信号是脉冲，可以是正/反转脉冲、A/B 相脉冲、脉冲/符号三种形式。采用位置控制方式时，该交流伺服系统的使用和步进电动机一样，可以采用电子电路、单片机、PC 或其他方式非常简便地实现数控功能。

3）转矩控制方式：用电压信号来限定伺服电动机所能输出的最大转矩，单纯选用转矩控制方式时，交流伺服电动机可实现“力矩电动机”的功能。

4）全闭环控制方式：用外置光栅尺直接检测被控对象的设备位置，进行信息反馈位置控制。构建全闭环控制系统，可实现超微指令的高精度定位。

5）以上前四种基本控制方式还可以进行复合控制，以便实现更复杂的控制功能。

由于松下 MINAS-A5 系列驱动器种类较多，相应配备的接口也较多。这里仅以常用的 MADHT1505 为例，介绍其常用功能和连接。并在后面的叙述中给出详细说明。图 10-12 为该驱动器中各接口功能的说明。

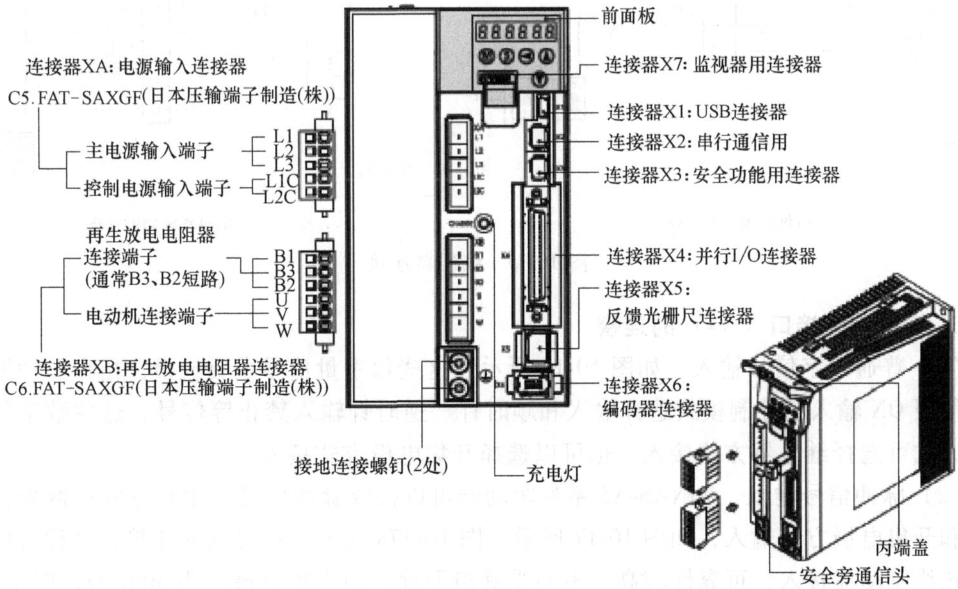

图 10-12　整体接口说明

2. 电源接口（XA）的连接

如图 10-13 所示，对于较大功率的驱动器，需连接三相 200V 电压，接在 L1、L2 和 L3 端子上，本例中驱动器功率较小，使用单相 200V 电压，连接 L1 和 L3 端子即可。控制电源 L1C 和 L2C 需要连接 220V 电压。

3. 电动机驱动接口（XB）的连接

电动机驱动接口的连接如图 10-14 所示，需要注意的是连接时相序不能连接错误，否则运行时会报错。

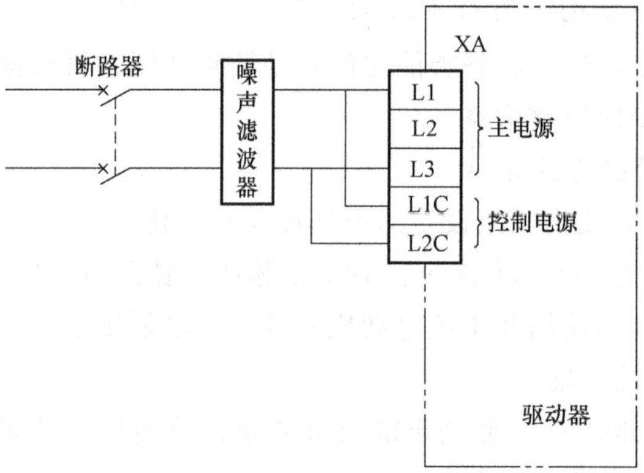

图 10-13　电源接口

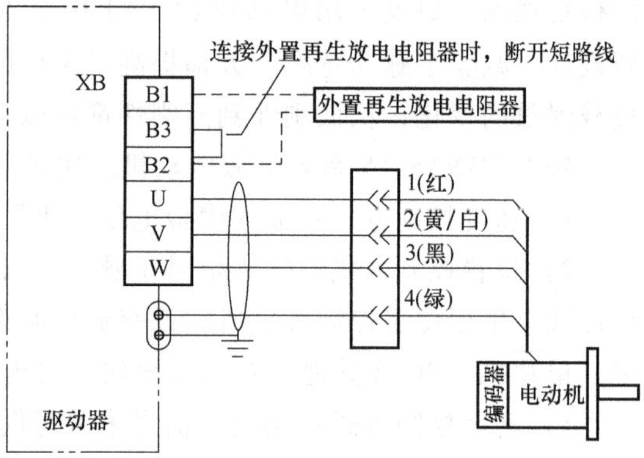

图 10-14　电动机驱动接口

4. 编码器接口（X6）的连接

交流伺服电动机的编码器有增量式和绝对式两种，其接线如图 10-15 所示。

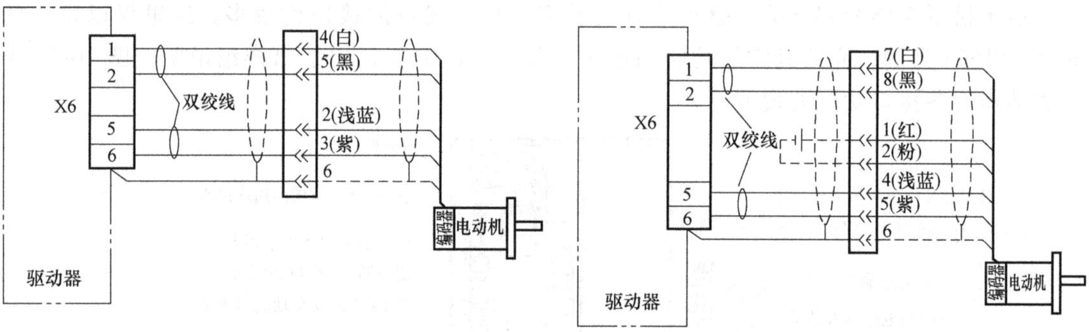

a) 增量式编码器连接　　b) 绝对式编码器连接

图 10-15　编码器连接

5. 控制信号接口（X4）的连接

（1）普通数字信号输入　如图 10-16 所示，这些数字量信号主要包括：指令脉冲输入禁止、伺服 ON 输入、控制模式选择输入和顺时针、逆时针输入禁止等信号。这些数字信号的接入方式可选择继电器方式接入，也可以选择开集电极方式接入。

（2）脉冲信号输入　MINAS-A5 系列驱动器可以接收脉冲信号，接收方式有两种：差分输入和开集电极方式输入，如图 10-17 所示。图 10-17a 为差分信号输入连接，这种方式一般通过长线驱动器接入，可靠性较高，不易受噪声干扰，输入频率最高为 500kHz；图 10-17b、c 为集电极开路输入方式，所不同的是图 10-17b 中的方式需串接限流电阻，输入频率最高为

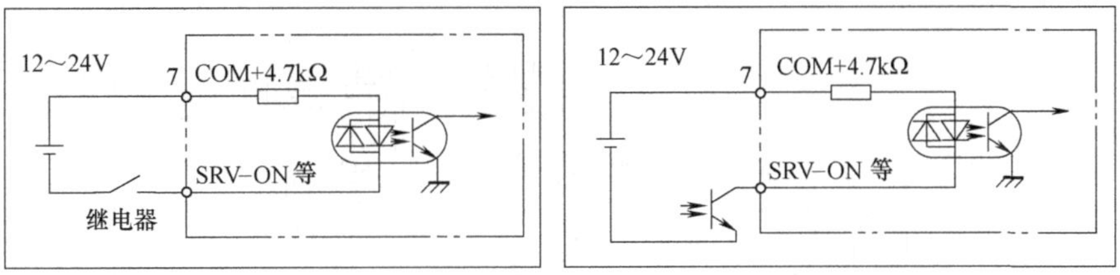

a) 继电器输入　　b) 开集电极信号输入

图 10-16　普通数字信号输入

200kHz；而图 10-17c 中的方式可接入 24V 电压脉冲而不需要限流电阻，但其最高输入频率只能到 2kHz。

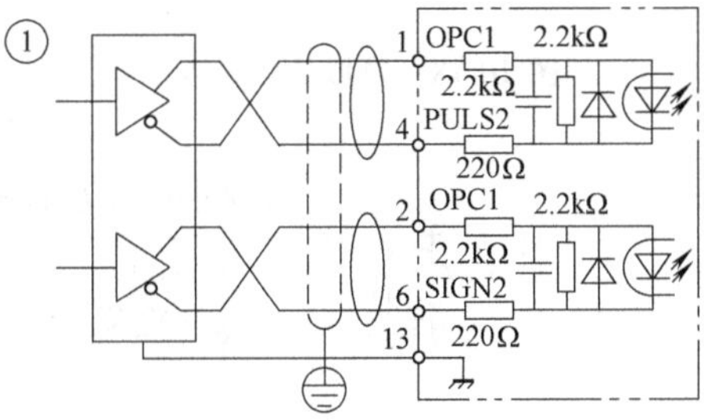

a) 差分输入

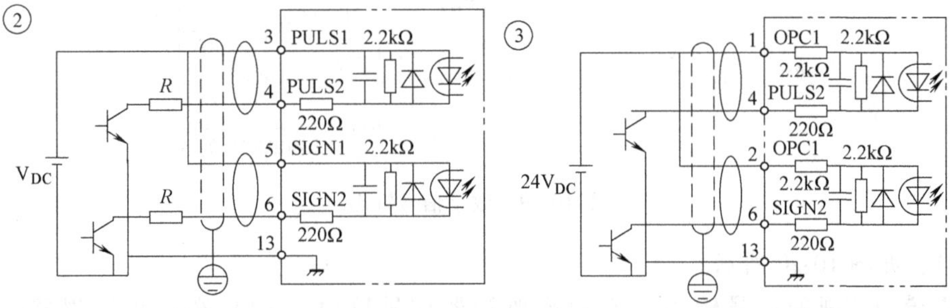

b) 串接限流电阻的集电极开路输入　　c) 集电极开路输入

图 10-17　脉冲信号输入

(3) 模拟信号输入　模拟信号输入有 SPR/TRQR（14 脚）、P-ATL（16 脚）和 N-ATL（18 脚）可以接入，如图 10-18 所示。接入模拟信号电压为±10V。模拟信号可以通过可变电阻电路提供，也可以通过其他控制装置提供。

SPR/TRQR（14 脚）接入信号为速度或转矩设定指令（速度模式或转矩模式），而 P-ATL（16 脚）和 N-ATL（18 脚）接入信号为转矩限制指令。

(4) 数字信号输出　输出电路结构为集电极开路输出，连接继电器和光电耦合电路。输出的信号主要有伺服报警、制动器释放、定位完成等，如图 10-19 所示。

(5) 分频信号输出　它可以输出经过分频处理的编码器信号或外部反馈装置信号（A、

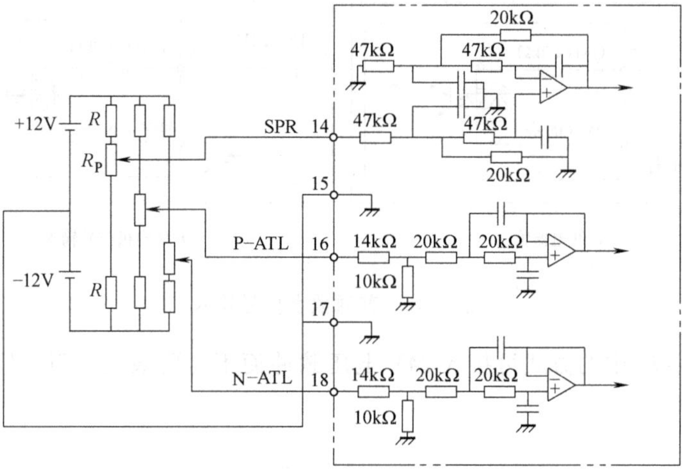

图 10-18　模拟信号输入

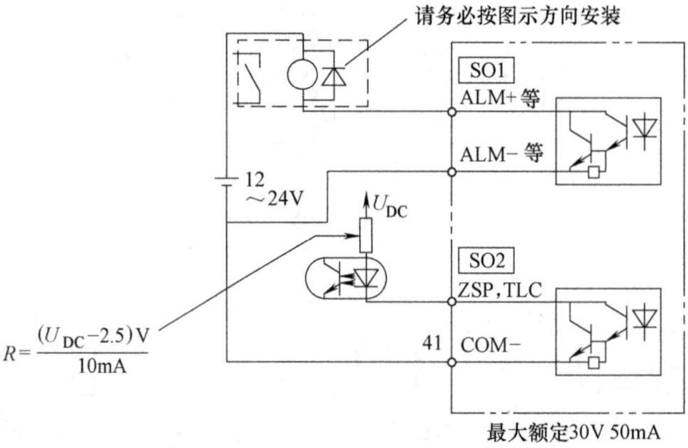

图 10-19　数字信号输出

B、Z 相），如图 10-20 所示。

（6）模拟监视器信号输出　有速度监视器信号输出（SP）和转矩监视器信号输出（IM）两种输出，输出信号幅度为±10V，如图 10-21 所示。

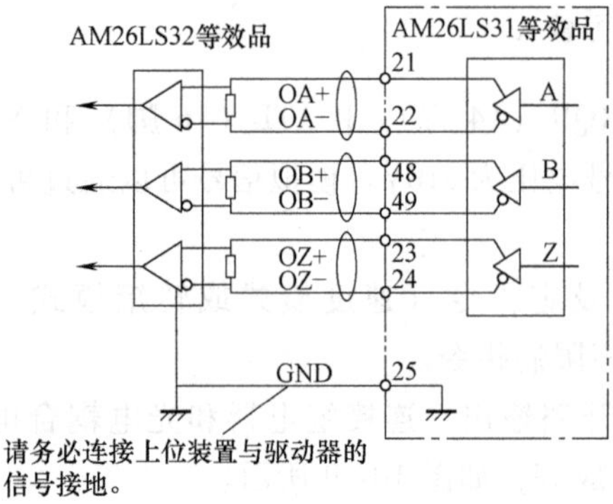

图 10-20　分频信号输出

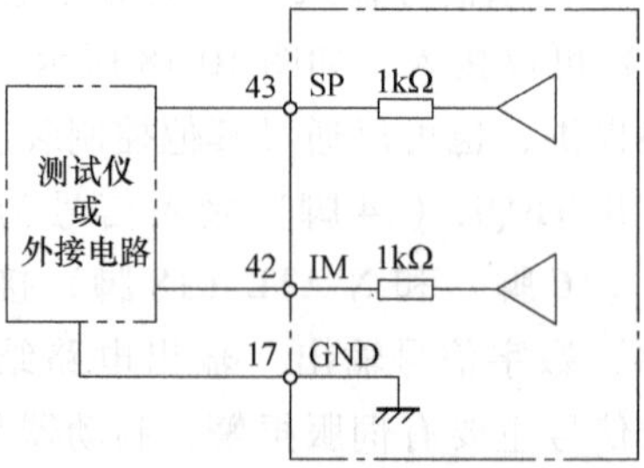

图 10-21　模拟监视器信号输出

10.2.3　直流电动机驱动器

直流电动机驱动器种类较多，从功能上分，有的适用于直流有刷电动机，有的适用于直流无刷电动机，也有些功能全面的驱动器既能控制直流有刷电动机，也能控制直流无刷电动机。这里以 ELMO 公司 Harmonica 驱动器为例介绍。

1. 总体介绍

ELMO 公司的 Harmonica 驱动器（见图 10-22）是完全数字化控制的驱动器，既可驱动直流无刷电动机，也可以驱动直流有刷电动机运行，具有电流控制、速度控制、位置控制及高级位置控制等多种运行模式。

Harmonica 驱动器可采用带编码器、数字霍尔传感器梯形波控制或正弦矢量控制，电流控制精度可达 12 位，控制精度高，电动机运转平稳。

对于组成伺服系统的增益，Harmonica 驱动器有“自动增益调整”功能，实时对已集成的机电系统增益参数进行现场调节，设定系统的最佳工作参数。另外，还可以通过 Composer 软件手动调整系统增益。

Harmonica 驱动器支持多种反馈方式，包括增量式编码器、数字霍尔、增量编码器带数字霍尔、绝对式编码器、模拟正弦/余弦编码器等，在实际工作中可根据控制精度及运行选用。

2. 面板及接口介绍

由于 Harmonica 驱动器功能较全面，所以它配有多个接口，如图 10-23 所示。

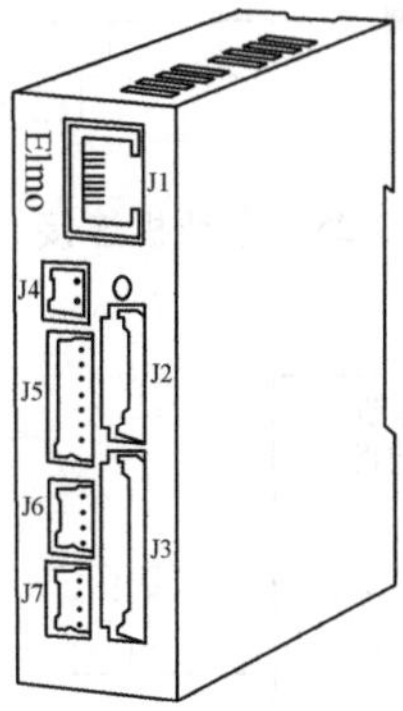

图 10-22　Harmonica 驱动器

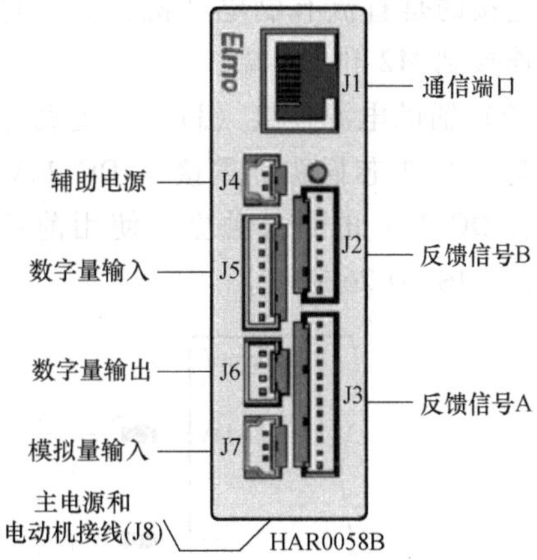

图 10-23　Harmonica 驱动器接口图

各接口功能如下：

J1：8 针 RJ-45 插头，用于 RS-232 或 CANopen 通信。

J2：8 芯 Molex 插头，辅助反馈信号输入，用于编码器追随位置信号输入，以及单端输入或脉冲+方向命令输入。

J3：12 芯 Molex 插头，主反馈信号输入，主要用于接收编码器或旋转变压器的信号。

J4：2 芯 Molex 插头，用于连接辅助电源。

J5：8 芯 Molex 插头，用于数字信号输入。

J6：4 芯 Molex 插头，用于数字信号输出。

J7：3 芯 Molex 插头，用于模拟信号输入。

J8：7 芯 Phoenix 插头，用于连接主电源和电动机。

3. 接口详细说明

（1）主电源和电动机连接（J8） 连接主电源到 VP+和 PR 端，电源电压为直流 10～195V，如图 10-24 所示。

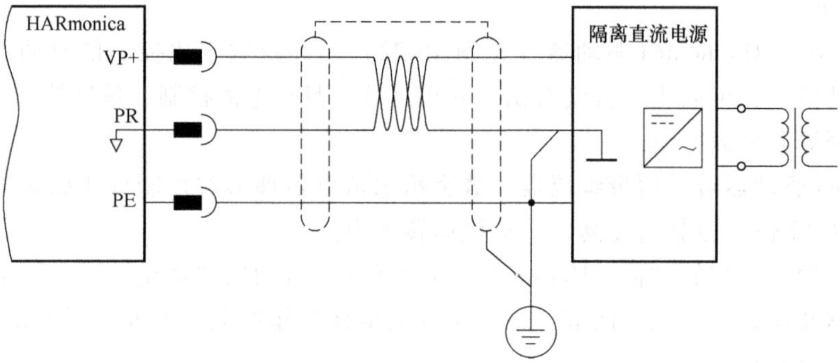

图 10-24 主电源连接

如果要连接直流无刷电动机，需要将电动机连接到 M1、M2、M3 和 PE 端，相序任意安排，因为 Composer 软件在设置时会自动建立连接，如图 10-25 所示。如果需要连接的是直流有刷电动机，需要将电动机连接到 M2 和 M3 端。

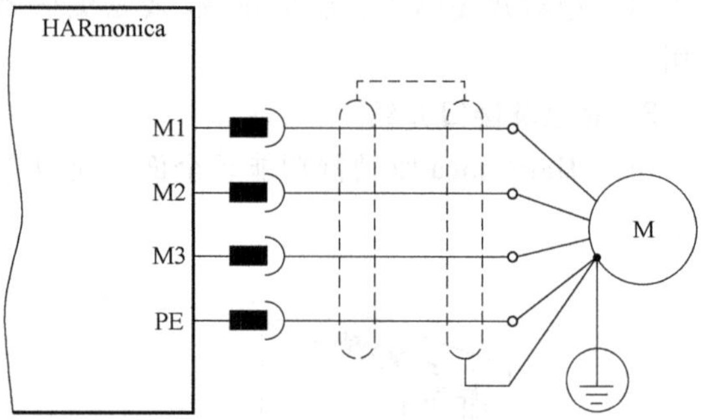

图 10-25 电动机连接

（2）辅助电源连接（J4） 辅助电源插头是一个 2 芯插头，需接入 DC 24V 电压，且 DC 24V 电源应独立，使用前检验极性，如图 10-26 所示。

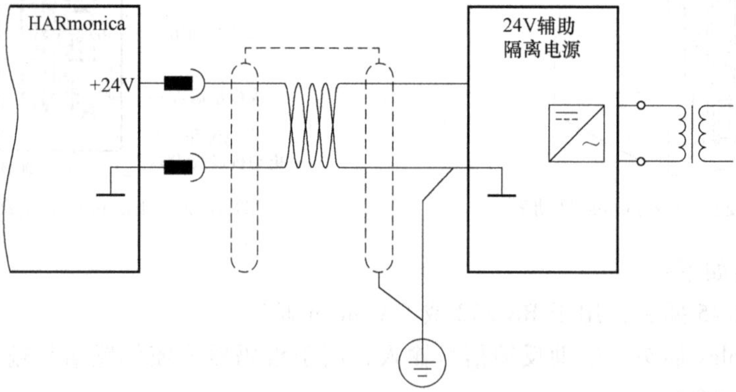

图 10-26 辅助电源连接

（3）主反馈信号连接（J3） HARmonica 驱动器可接入的反馈信号有：增量式编码器信号、增量式编码器带数字霍尔信号、数字霍尔传感器信号、模拟编码器(正弦或余弦)信号以及旋转变压器信号等。

1）增量式编码器带数字霍尔信号连接（见图 10-27）。

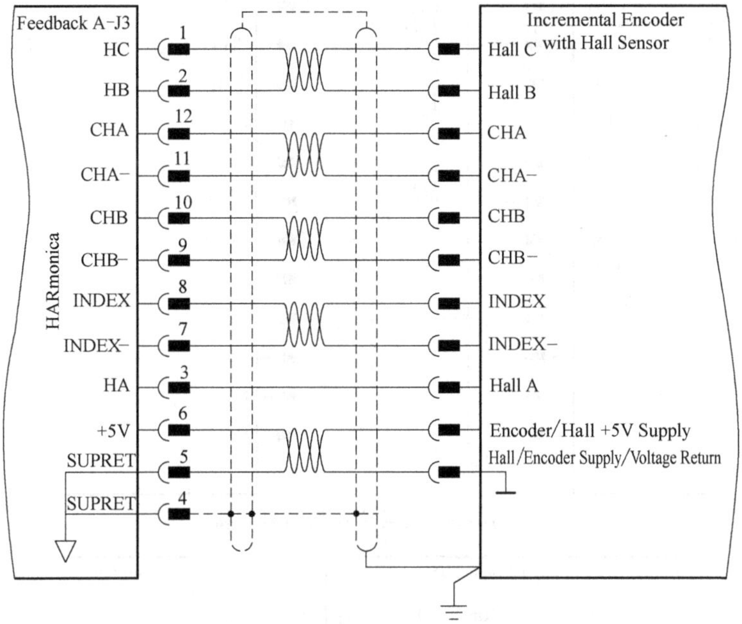

图 10-27　增量式编码器带数字霍尔信号连接

2）模拟编码器信号的连接（见图 10-28）。

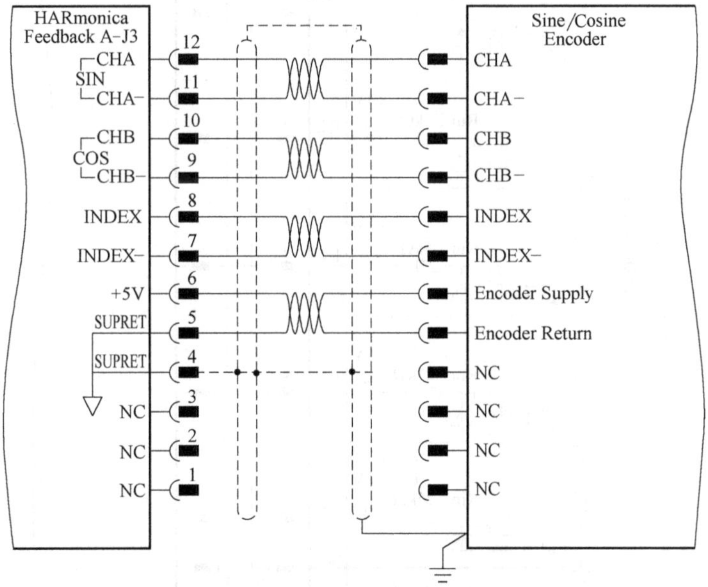

图 10-28　模拟编码器信号连接

3）旋转变压器信号的连接（见图 10-29）。

（4）通用数字信号输入（J5）　输入的通用数字信号共 6 个，功能主要包括：常规功能、起动、停止、强制停止以及单向转动。这些功能可在 Composer 软件中独立设定，可根据需要连接。接线图如图 10-30 所示。

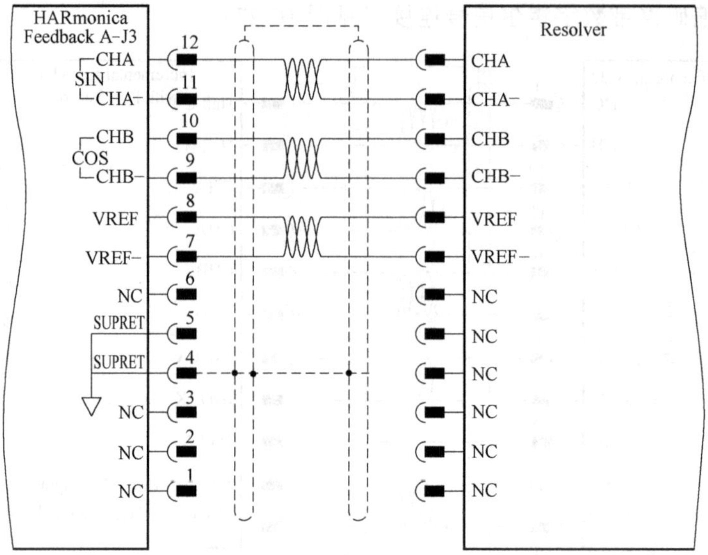

图 10-29　旋转变压器信号连接

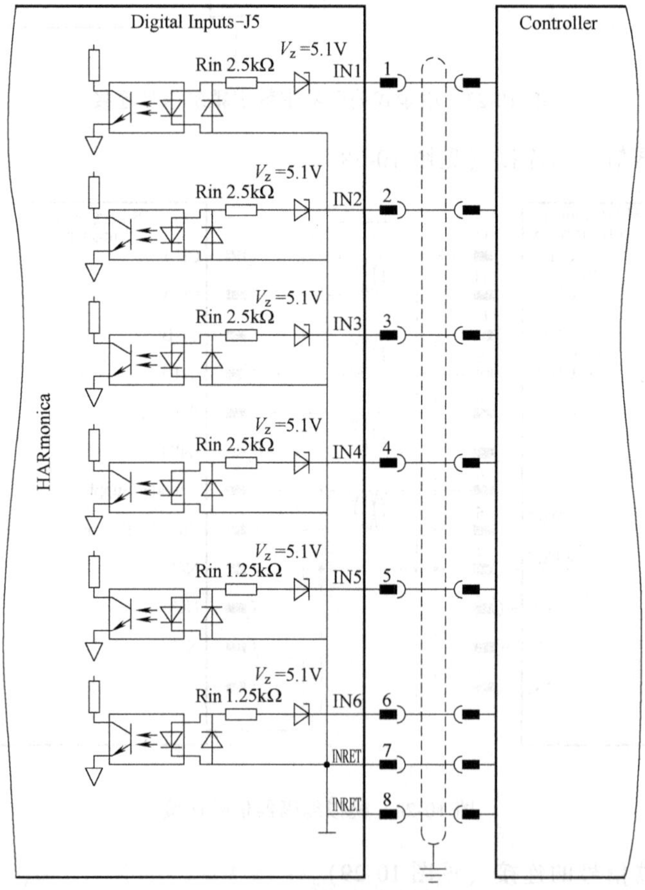

图 10-30　数字信号输入

（5）数字信号输出（J6）　输出的数字信号主要包括：常规功能、制动控制、故障指示等功能，可根据需要连接。接线图如图 10-31 所示。

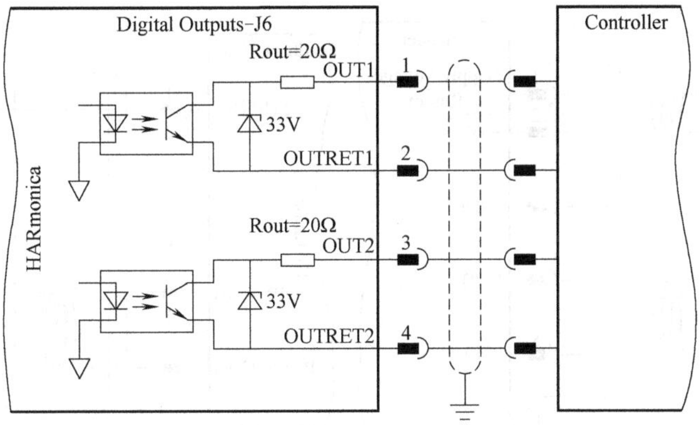

图 10-31　数字信号输出

（6）模拟信号输入（J7）　模拟信号主要用于在速度模式下，设定电动机的转速。接线图如图 10-32 所示。

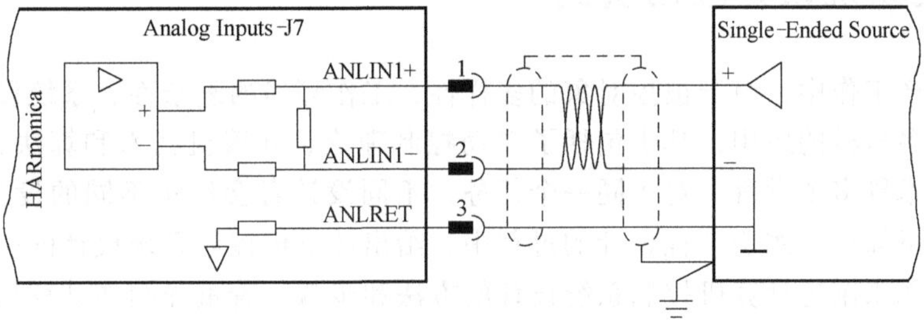

图 10-32　模拟信号输入

（7）辅助反馈信号连接（J2）　辅助反馈信号接口主要用于主编码器信号缓冲输出、差分编码器信号辅助输入、单端编码器信号输入及脉冲+方向命令输入，可根据需要连接。

1）用于主编码器信号缓冲输出连接（见图 10-33）。

2）用于差分编码器信号辅助输入连接（见图 10-34）。

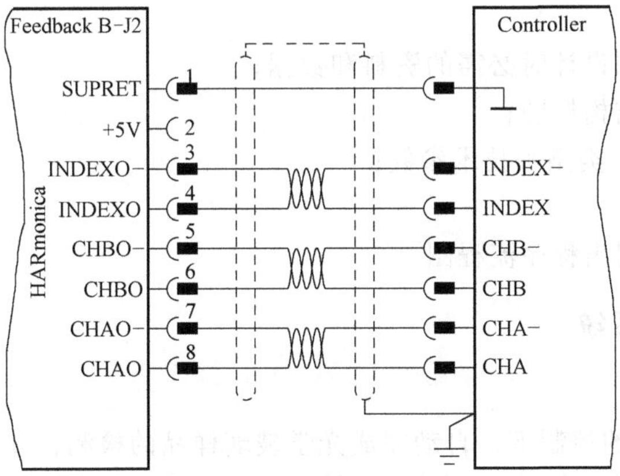

图 10-33　主编码器信号缓冲输出

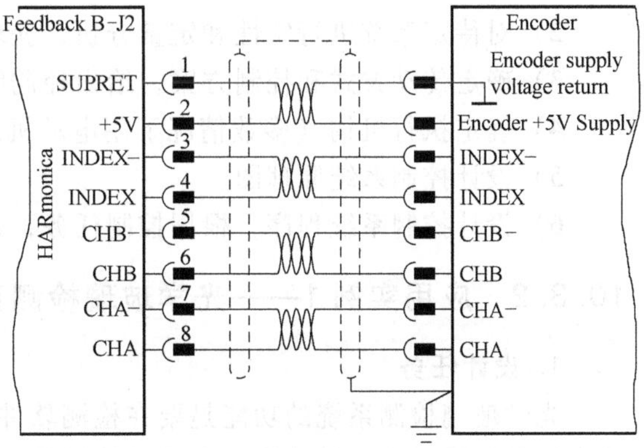

图 10-34　差分编码器信号辅助输入

3）用于单端编码器信号输入连接（见图 10-35）。

4）用于脉冲+方向信号输入连接（见图 10-36）。

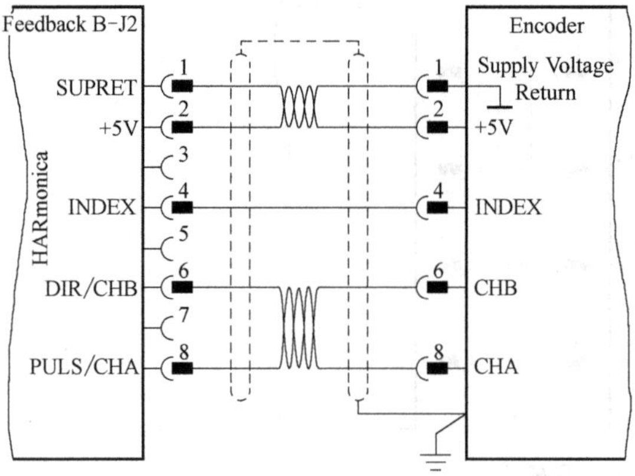

图 10-35　单端编码器信号输入

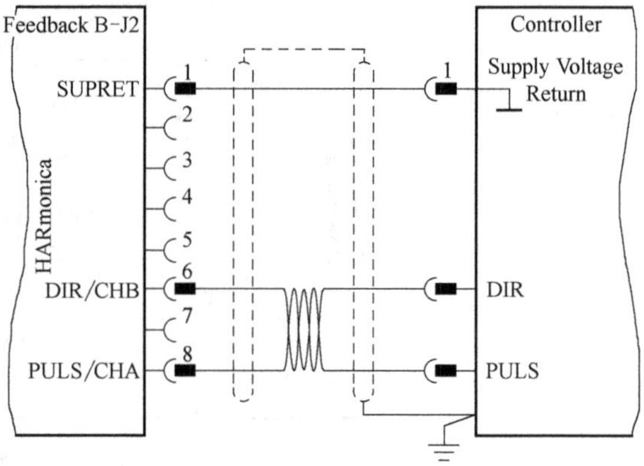

图 10-36　脉冲+方向信号输入

10.3　机电系统设计应用实例

在实际生产工作中，由于被控对象的多样性，工作环境的复杂性，系统设计是个多解的问题，是一个多学科的应用，其中包括了自动控制理论、计算机技术和算法、传感器技术、电动机控制技术等多个学科。对于同一个任务，不同设计者会给出不同的设计方案和结果，本节旨在将本书知识应用于工程设计的过程中，给出计算机控制系统设计的一般过程，并通过两个工程实例来阐述计算机控制系统设计的方法和步骤。着重介绍在计算机控制系统的设计过程中，如何根据实际情况，确定总体方案，选取计算机、伺服驱动器及电动机，选择相应的传感器与接口电路，确定控制方案，编制计算机控制系统的软件，编写控制程序，最后进行现场调试。

10.3.1　计算机控制系统设计的一般过程和步骤

1）拟订设计的任务书（或技术条件），说明设计任务的用途、工艺过程、动作要求和工作条件；

2）对待定系统进行定性和定量分析，获取设计时必需的资料和数据；

3）确定传动方式和控制方案，给出控制结构框图；

4）确定执行机构（多数情况下用电动机）类型和技术参数；

5）设计控制系统原理图；

6）设计控制系统程序，根据控制任务，列出程序流程图。

10.3.2　应用实例 1——光学玻璃检测系统

1. 设计任务

光学玻璃检测系统的功能是要在检测软件的控制下，自动完成光学玻璃样品的检测，并给出检验结果。在这里工作人员只需将样品放在规定位置，并启动检测系统，检测过程由系统自动完成。

2. 对待定系统进行定性和定量分析

1）检测仪器由检测头、光源和工控机组成，检测头在检测范围内需要横向和纵向移动，完成其工作范围内的检测。

2）检测仪工作区域范围为108mm×108mm，对于大部分光学玻璃，检测不可能一次完成，需要分成多个区域分别检测，最后将检测结果合成（合成工作由工控机内的软件完成）。这里将每次在检测仪工作区域范围内的检测称为“分区检测”，如图10-37所示。

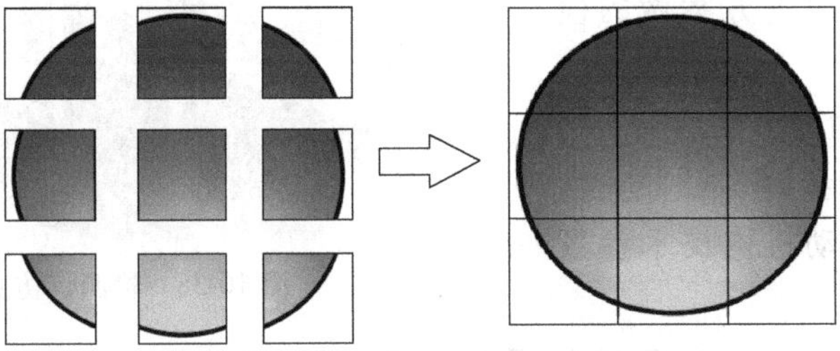

图10-37　分区检测合成

3）由于光学检测的精密性，所以每次分区检测完成后，到下一个检测位置的过程中，需要有一个二维移动平台来完成光学玻璃的移动，平台的移动完全在检测软件的控制下进行，同时这个二维平台必须具备较高的精度，这样合成的结果才能没有死区。

4）考虑到光学玻璃重量较大，不易搬运的问题，这个二维平台还必须承担将光学玻璃从取件位置运送到检测位置的任务，取件位置设计与仪器车相同高度，方便工作人员将玻璃放到平台上。这个二维移动平台的承重量应能达到100kg以上。

3. 确定整体方案和传动方式

1）需要有一个*X*-*Y*二维移动平台，该平台水平行程要求970mm，垂直行程800mm，其定位精度应达到0.1mm，这样，既可以满足从取件位置到检测位置的行程要求，同时也可以满足检测较大面积的光学玻璃样品的移动要求。根据这些要求，机械传动机构选择滚珠丝杠+导轨滑块的方式，不仅结构简单、运行稳定，而且定位精度也可以满足要求。

2）由于移动平台既要有足够的承重能力，又要有较快的移动速度，并且运行过程要求平稳，所以这里选择转矩波动小，可靠性高的交流伺服电动机，并且在垂直方向运动的电动机还必须具有抱闸功能。

3）由于检测仪在检测范围内左右扫描需要较快的速度和较高的精度，同时结构要求小巧轻便，所以采用直流电动机+减速器作为电气执行元件，用编码器作为反馈元件。

4）检测仪工作时上下移动模块只是短时间、小范围调整扫描仪的上下位置，用步进电动机是非常合适的选择，选用高精度的步进驱动器，可满足要求。

5）在控制器选择方面，用单片机、数字信号处理器DSP、嵌入式系统来控制都需要外围扩展和驱动电路，才能和执行机构的驱动装置连接。而可编程控制器PLC无须外围驱动电路，电路会较为简化，同时PLC为模块化设计，组合灵活，同时又具有可靠性高、抗干扰能力强的优点，所以这里选用PLC作为主控制器。

6）选用工业PC，装载检测仪的扫描分析软件，它需要完成的功能：

① 通过总线方式与PLC通信，控制二维平台的移动，完成取件、返回以及分区检测完成后的移动；

② PC检测软件同步控制检测仪检测头的扫描动作，通过以太网通信接收扫描仪的检测

信息，并将扫描仪扫描的分区检测结果合成，形成完整的检测结果；

③ 对检测结果进行分析，得出整体测试报告。

图 10-38 是根据以上方案做的检测仪模拟仿真模型。

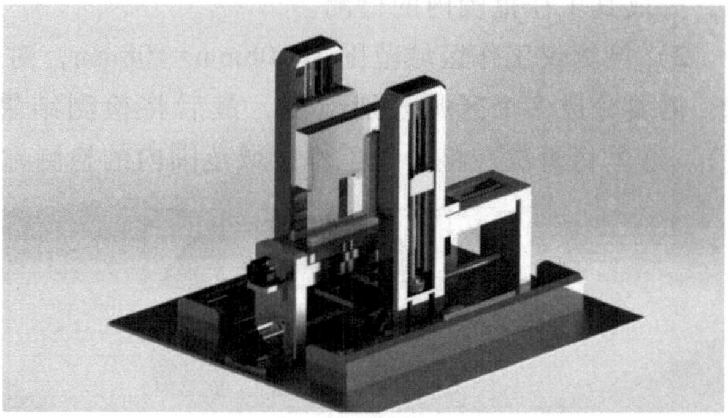

图 10-38　检测仪仿真模型

4. 确定执行机构（多数情况下用电动机）**类型和技术参数**

1）平台水平移动机构技术参数见表 10-1。

表 10-1　平台水平移动机构参数表

元件	技术指标	元件	技术指标
交流伺服电动机	额定功率:200W	滚珠丝杠长度	1500mm
	额定转速:3000r/min	滚珠丝杠螺距	5mm
	额定转矩:0.64N・m	滚珠丝杠直径	ϕ35mm
	光电编码器:2500P/r(增量式)	减速器	$i=20$
交流伺服驱动器	指令输入方式:脉冲+方向信号		

2）平台竖直移动机构技术参数见表 10-2。

表 10-2　平台竖直移动机构参数表

元件	技术指标	元件	技术指标
交流伺服电动机	额定功率:400W	滚珠丝杠长度	1000mm
	额定转速:3000r/min	滚珠丝杠螺距	5mm
	额定转矩:1.3N・m	滚珠丝杠直径	ϕ45mm
	光电编码器 2500P/r(增量式)	减速器	$i=20$
交流伺服驱动器	指令输入方式:脉冲+方向信号		

3）检测仪横向扫描技术参数见表 10-3。

表 10-3　检测仪横向扫描技术参数

元件	技术指标	元件	技术指标
直流伺服电动机(有刷)	额定功率:18W	减速机构	$i=231$
	额定转速:9100r/min	传动装置	带传动
	额定转矩:27.7N・m	滚珠丝杠直径	ϕ12mm
直流交流伺服驱动器	指令输入方式:脉冲+方向信号	反馈装置	编码器(500 线)

4）检测仪纵向移动模块技术参数见表 10-4。

5）控制器选用可靠性高，抗干扰能力强，功能完善的 PLC，参数见表 10-5。

5. 控制系统结构框图

根据设计方案，该系统主要设备连接如下：

表 10-4　检测仪纵向移动模块技术参数

元件	技术指标	元件	技术指标
步进电动机	额定电流:1.5A	步进驱动器	位置控制模式
	步距角:1.8°		指令输入方式:脉冲+方向信号
	保持转矩:0.54N·m		细分:200~51200步/r(软件设定)
	定位转矩:0.025N·m		

表 10-5　控制器参数表

控制器(PLC)	主技术数据	控制器(PLC)	主技术数据
数字量 I/O	16 输入/16 输出	定时器	256 个
模拟量 I/O	2 输入/1 输出	计数器	256 个
高速计数器	6 个	通信口	RS485,2 个
高速脉冲输出	4 路		

1）PLC 分别为平台左右移动电动机、上下移动电动机和扫描左右移动电动机，提供脉冲信号和方向信号，接入相应的驱动器，并通过相应驱动器将电动机编码器信号分别接入 PLC 的高速计数器中。

2）将 PLC 的脉冲 4 和方向 4 信号，接入扫描上、下驱动器中。

3）PLC 和工控机之间通过现场总线连接，工控机通过总线发出控制命令，PLC 接收工控机的命令，然后控制平台左右移动电动机、平台上下移动电动机、扫描左右移动电动机和扫描上下移动电动机运动，同时 PLC 通过总线，将平台左右、上下的位置信息实时反馈给工控机。

综合以上分析，画出控制系统结构图如图 10-39 所示。

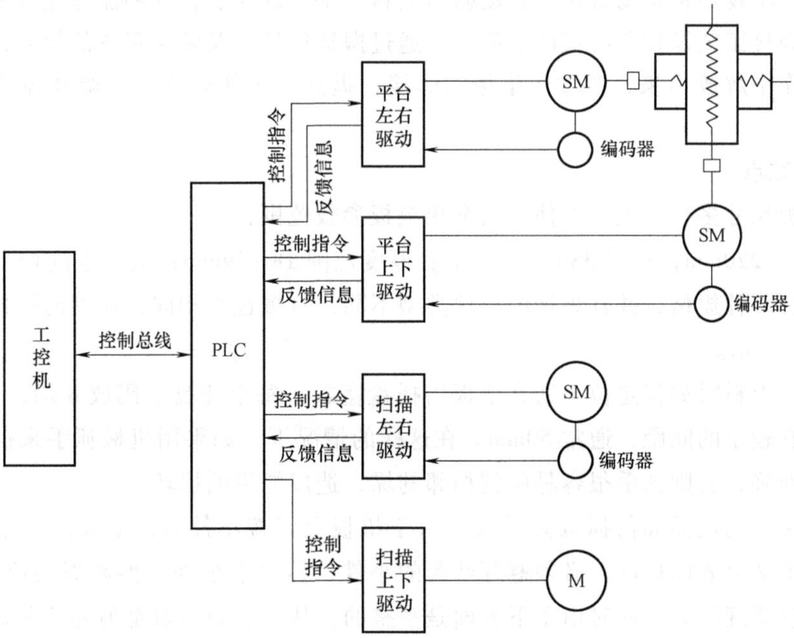

图 10-39　控制系统结构图

6. **控制程序框图**

(1) 工作流程

1) 检测开始前，二维平台运行到“取件”位置，工作人员将样品玻璃放到平台指定位置；

2) 工作人员在检测软件上设置检测参数后，启动检测工作，二维平台移动到初始检测位置，开始扫描检测；

3) 根据计算机指令，执行第一个分区检测，检测完成后，移动到下一分区检测位置，继续扫描检测，直至全部检测完成，计算机给出完整检测结果；

4) 平台将玻璃送回取件位置，工作人员取走玻璃。

(2) 程序流程图（见图 10-40）

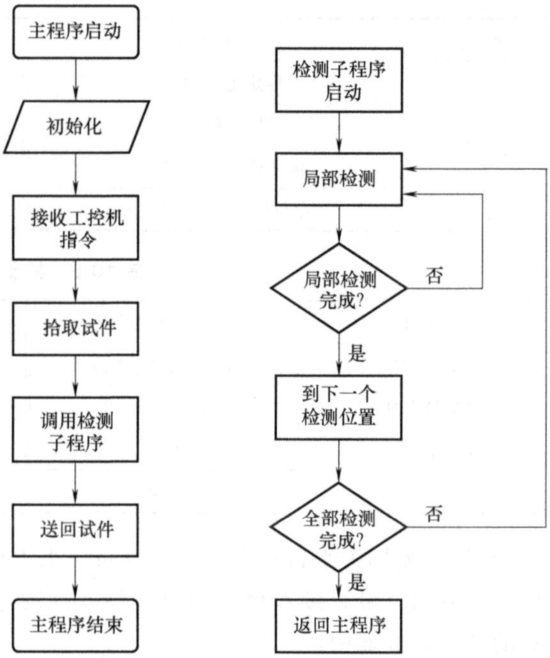

图 10-40　程序流程图

10.3.3 应用实例 2——垫板搬运机器人工作站

1. **概述**

道岔垫板是轨道的重要部件之一，在铁路道岔垫板加工过程中，人工焊接和搬运垫板劳动强度大，效率待提升，但由于道岔垫板种类繁多，小件摆放形式多样，实现道岔的全自动搬运和焊接难度极大。垫板搬运机器人工作站是基于原有工艺工况，通过加入自动搬运及物流输送系统，实现垫板自动拆垛、自动搬运上料、手工焊接、自动物流输送及成品码垛。在不改变现有焊接工艺及作业习惯的前提下，通过搬运机器人及输送系统的加入，将焊工从繁重的搬运工作中解放出来，专注于垫板的焊接，提高了工作效率，大幅减轻了工人的劳动强度。

2. **技术难点**

(1) 垫板尺寸多样　生产线使用的常用垫板参数范围：

宽度 170~220mm；长度 380~1457mm；厚度范围 18~29mm；最大重量 68kg。在这个范围内，垫板有多种规格，并且焊接的小件类型不同，位置也不相同，典型的焊接小件后的垫板如图 10-41 所示。

(2) 抓取上料时如何定位　通常垫板用托盘盛放，每个托盘上码放 8 垛，每垛约 25 块板，垛间留有较小的间距，通常 50mm。在这样的情况下，如果用机械抓手来抓取，抓取位置必须十分准确，否则抓手很容易碰到相邻的垛，造成抓手的损坏。

(3) 焊接后的成品如何抓取并码放　由于垫板上焊接小件后，上表面已不再是平整的面，此时如果从上表面抓取，必须避开凸起的小件，但由于小件类型和焊接位置不尽相同，从上表面抓取难度很大。此时由于下表面是平整的，从下表面抓取是另外一种选择，但必须做相应的工装在输出时将成品垫板翻转，使其平面朝上，然后抓取。

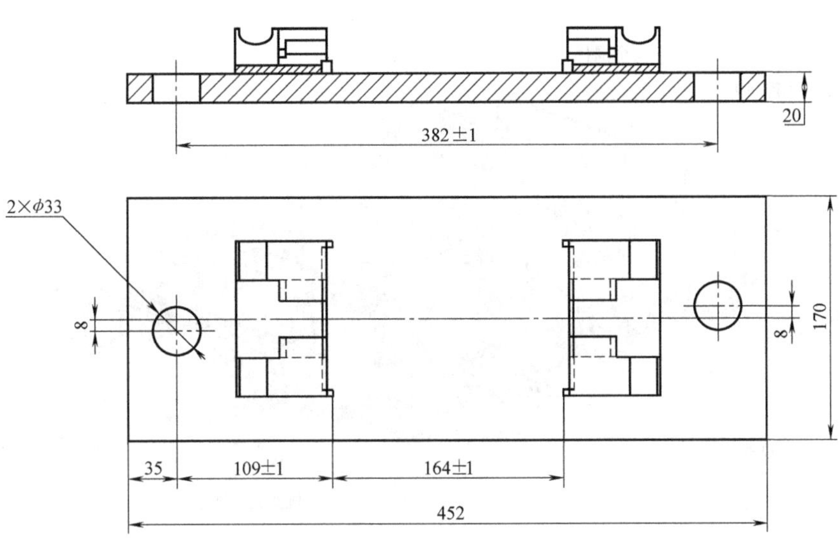

图 10-41 典型垫板外形图（单位：mm）

3. 工作站整体方案

工作站设置 4 个输送单元，每个输送单元采用双层输送带布局，上层为输送带运送底板，同时也是工人码放小件和焊接垫板的工作台；下层为成品垫板下料工作线，用来将成品垫板向外输送；设置升降机，将上层传送带焊接完成的成品垫板运送到下层传送带；设置翻转机，在输送单元末端将成品垫板翻转，使其平面朝上，由机器人抓取后码放在成品垛盘上。

设置一台搬运机器人，配备直轨滑台，机器人可在 4 个工位之间往返移动，负责四个工位的上料和下料，机器人上配备电磁抓手，可抓取底板和成品。

由于工件种类繁多，需对工件进行位姿识别，为此在电磁抓手上安装视觉定位系统，以确保搬运机器人系统能识别底板的位置，并根据底板的位姿准确地进行抓取。

在系统控制方面，由 PLC 控制各工位输送单元的工作，由机器人控制柜控制机器人的抓取工作，每个工位提供人机界面（触摸屏）给用户提供操作接口，供用户下达操作指令。工作站设置总控计算机，配备工作站系统管理软件，协调机器人的抓取上料、下料码垛，以及四个工位输送带的自动输送，同时对各工位的加工情况进行记录和统计。

4. 工作站构成

工作站由机器人抓取搬运系统、垫板输送系统、抓取定位系统、托盘物流系统和安全防护系统构成。工作站整体布局如图 10-42 所示。

（1）机器人抓取搬运系统 机器人抓取搬运系统由搬运机器人、机器人导轨滑台、搬运电磁抓手等部分组成。

搬运机器人采用 ABB 六自由度关节机器人。承重和行程满足垫板上料拆垛和下料码垛的搬运要求，如图 10-43 所示。

机器人导轨滑台能够增加机器人的横向移动距离，实现一台机器人同时为 4 个焊接工位进行底板上料和成品下料作业。滑台采用机器人外部轴控制，可通过机器人示教器进行操控编程，与机器人联动控制。滑台最大速度为 60m/min，运行精度±0. 1mm。

搬运电磁抓手安装于搬运机器人手臂上，其外形如图 10-44 所示，可在机器人控制下，

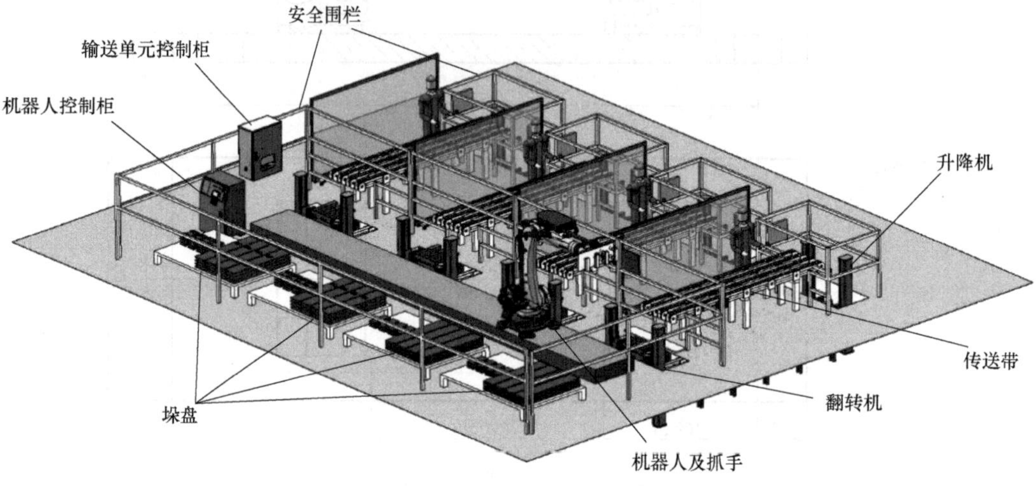

图 10-42　工作站整体布局

完成垫板的抓取与码放工作。电磁抓手由 1 个抓手底座、4 套弹性连杆和电磁吸盘、1 个限位开关组成，并配备有激光测距系统和视觉系统。其中弹性连杆和电磁吸盘，构成四组抓取点，以保障在不同的工件尺寸情况下，都能够得到有效的吸合。特别在大工件时，吸合点更多，吸合力更大，因此可以吸合不同规格的垫板工件。在电磁吸盘与工件接触后，由于弹性连杆具备缓冲作用，可保证电磁吸盘与垫板工件的良好接触。

图 10-43　搬运机器人

（2）垫板输送单元　工作站配置 4 套垫板输送单元，各输送单元之间相互独立。每个输送单元采用双层物料传送带布局模式，如图 10-45 所示，分为上下两层，上层放置底板，同时也是工人码放焊接小件和焊接垫板的工作台；下层为成品垫板下料传送带，用来向外输送垫板。

图 10-44　电磁抓手外形图

上、下传送带长度均为 3.8m，宽 0.8m，能满足所有常规长度规格垫板的焊接和输送，其中上层传送带高 0.8m，方便焊工摆放小件和焊接。上传送带设置 12 个垫板放置位置（10 个焊接工位+1 个上料工位+1 个下料工位），以满足焊工批量焊接的要求。

在输送带的下料工位侧配备垫板升降机，其作用是将焊接完成的成品垫板输送到下层传送带。垫板升降机由支撑框架、升降平台、上料/下料机构构成，升降机定位方式采用传感器定位，并将传感器信号接入输送单元控制系统，通过控制系统进行流程控制。

在输送带的上料工位侧配备成品垫板升降/翻转机，升降/翻转机由支撑框架、升降平台、翻转机构、上料机构和电磁吸盘等构成。它负责将成品垫板从成品传输带向上传输至指定位置，并实现成品垫板的翻转变位，供机器人控制电磁抓手完成抓取。升降机以及翻转机构定位方式采用传感器定位，并将传感器信号接入输送单元控制系统。

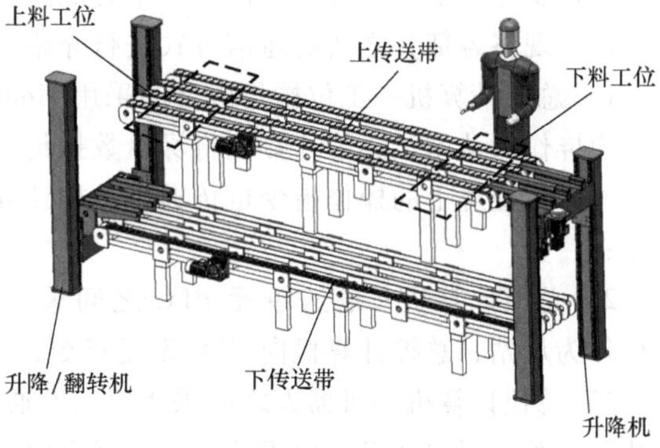

图 10-45　垫板输送单元

(3) 垫板抓取定位系统　抓取定位系统的核心是工业数字相机（见图 10-46）。相机放置于机器人端部中央，当机器人带动相机运动至垫板上方，测距传感器实时检测相机距离工件的距离，当距离达到设定的高度时，机器人控制打开光源，控制相机进行图像采集，总控计算机读取相机采集的图像，并进行图像处理，计算出底板位置，将此位置信息传送至机器人，机器人根据底板位置，执行精确的抓取动作。

图 10-46　工业数字相机

(4) 垛盘物流系统　工作站设置 4 个垛盘，用于原料底板的上料和成品底板的码放，这些垛盘需放在指定位置，由搬运机器人从底板托盘抓取底板，放到各工位上层输送带上料工位，并将各工位成品抓取后码放到成品垛上。

这四个垛盘功能可以由系统指定，既可以用于原料底板的上料，又可以用于成品垫板的码放。对于底板垛盘，要求每个垛盘上码放 8 垛，每垛约 25 块板，垛间距离 50mm；对于成品垛盘，每个垛盘上码放 8 垛，每垛高约 1000mm，垛间距离 50mm。

(5) 安全防护装置　工作站外围安装有安全围栏，围栏上配有安全门和警示灯，在工作站处于自动工作状态时，除焊工在工位完成焊接工作外，禁止其他人员进入。生产过程中如果安全门被打开，系统会自动报警。

只有当工作站处于停止状态或调试状态时，安全门才可以打开，相关人员可以进入工作站维修或调试。

系统安全状态信息会在人机界面上显示和记录，方便操作人员检查。

在工作站总控机柜以及各工位，设置有急停开关，在发生故障和异常情况下，随时可按下急停开关，停止工作站工作，保证焊接人员安全。

5. 控制系统

工作站控制系统由总控计算机、机器人抓取控制系统、输送单元控制系统和工位操作屏等组成，如图 10-47 所示。

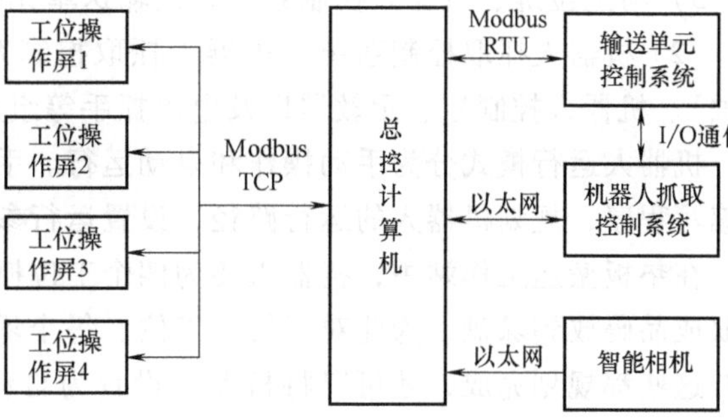

图 10-47　控制系统组成

工作站各单元不仅要完成本单元的

工作，还要互相配合，协同工作，各单元之间通过不同的通信方式连接起来，形成一个有机的整体。现将各部分之间的通信方式进行介绍。

1）总控计算机—工位操作屏之间采用 Modbus TCP 通信，总控计算机作为主站，4 个工位触摸屏作为从站，总控计算机将垛盘数据传递给工位屏，在工位屏和总控计算机上同步显示，同时工位屏上的操作指令也传递到总控计算机，由总控计算机控制输送单元执行相应的操作；

2）总控计算机—输送单元 PLC 之间采用 Modbus RTU 通信，总控计算机作为主站，PLC 作为从站，总控计算机向 PLC 发送指令，同时接收 PLC 工作中的状态信息；

3）总控计算机—机器人之间采用以太网通信，总控计算机向机器人发送各垛盘初始垫板数量，并在抓取时发送位置信息，机器人完成底板的抓取，同时将自己的位置信息、每次抓取底板、码放成品的信息传送给总控计算机，在管理软件中实时更新；

4）总控计算机—智能相机之间采用以太网通信，在机器人每次抓取时，由智能相机先对垛盘上的底板拍照，照片信息通过以太网通信的方式传给计算机，经图像处理软件分析处理后，形成位置信息，发给机器人；

5）机器人—输送单元 PLC 之间采用 I/O 连接方式，因为二者之间只需少量的数字量信息交换即可达到要求，同时这种连接可以提高响应速度，实现快速动作。这里 PLC 传给机器人的信号有 1#~4#输送单元呼叫机器人上料和下料信号，机器人传给 PLC 的信号有在 1#~4#输送单元下料时抓取完成信号。

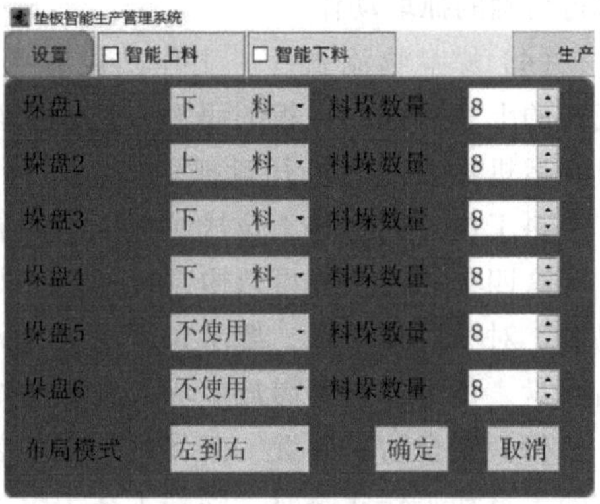

图 10-48　垛盘设置

（1）总控计算机　总控计算机是工作站控制的核心，配置有工作站系统管理软件，该软件提供以下功能：

1）设置垛盘功能（上料或下料）及各垛盘料垛数量（见图 10-48）；

2）工作中，底板垛盘和成品垛盘上垫板数量及每条传送带上、下料数量的实时显示以及机器人的当前位置（见图 10-49）；

3）内置图像采集和处理软件，通过智能相机传来的信息，识别并处理垫板位置，传送给机器人控制系统，为垫板抓取提供位置信息（见图 10-50）；

4）生产数据统计与查询（见图 10-51）；

5）与工位屏、机器人控制系统以及输送单元的数据通信。

（2）机器人抓取控制系统　机器人抓取控制系统由机器人本体、直轨滑台（机器人外部轴）、机器人控制柜、示教器以及电磁抓手等组成，如图 10-52 所示。

机器人运行模式分为手动操作和自动运行。手动操作是通过示教器控制机器人运动，用于编写程序，规划机器人的运行路径，设置运行参数。

在垫板搬运工作站中，机器人要为四个工位抓取底板，而且还要从四个工位的翻转机上抓取成品码放到垛盘，为此对于每个工位、每个垛盘，都要为机器人设置合适的抓取位置。只有这些都规划完成，才可以将机器人设置为自动运行方式，通过输送单元 PLC 的请求信号和总控计算机提供的位置信息来完成抓取上料和下料码放的任务。

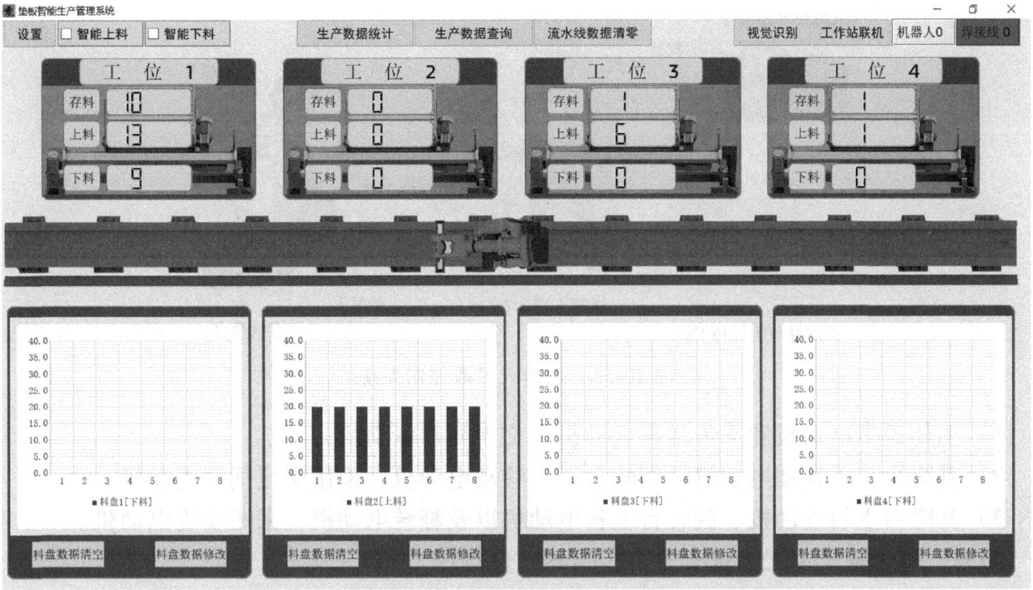

图 10-49　各垛盘垫板情况实时显示及机器人位置

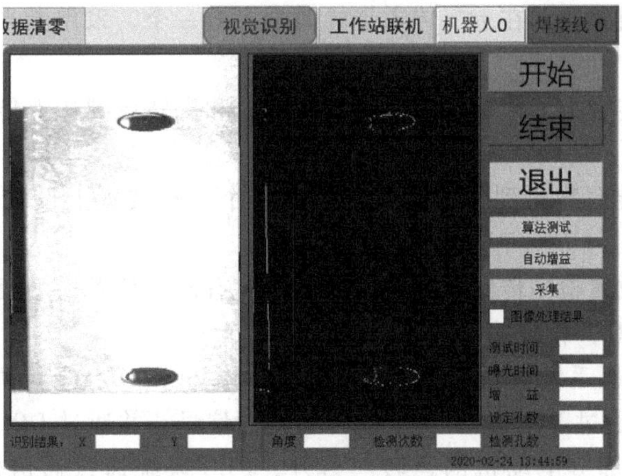

图 10-50　图像信息处理

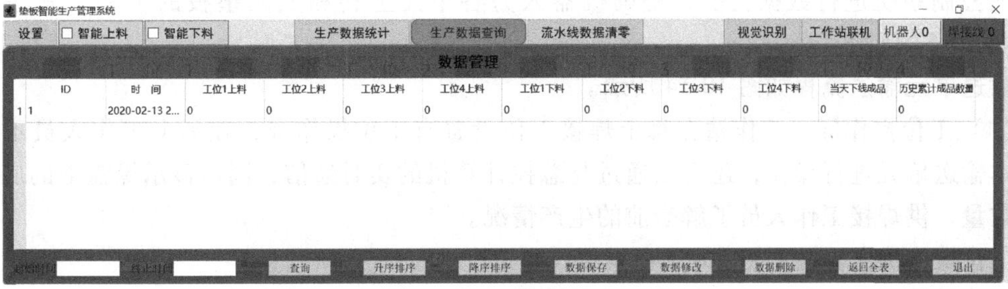

图 10-51　生产数据统计与查询

（3）输送单元控制系统　工作站有 4 个输送单元，每个输送单元装有 7 台电动机，包括：

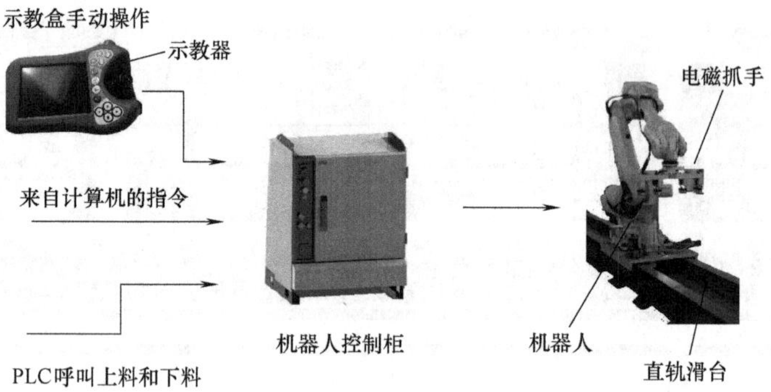

图 10-52　机器人抓取控制系统

1）上传送带电动机和下传送带电动机，交流异步电动机；

2）升降台上下移动电动机、翻转台上下移动电动机，采用交流伺服电动机；

3）升降台上料电动机、翻转台上料电动机以及翻转电动机，采用步进电动机。

另外，每个输送单元配置有多个传感器，包括：

1）传送带步进检测传感器，上下传送带各有一个步进检测传感器，用于传送带行进固定长度的定位。

2）传送带上物料检测，在上下传送带的两端各有一个，采用激光对射传感器，用于检测工件是否到达，同时也起到下料时的保护作用。

3）升降台和翻转台上下位置检测，用于升降台和翻转台到达上传送带或下传送带时的指示。

4）升降台和翻转台物料到位检测传感器，每个上料装置上设置两个物料检测到位传感器。

5）翻转台翻转位置检测传感器：翻转台工作时有两个位置，上翻位置和下翻位置，当到达上翻或下翻位置时，相应的传感器发出信号。

输送单元采用 PLC 系统控制，PLC 系统由 CPU 主机和 DI/DO 模块、AI/AO 模块和通信模块组成，PLC 系统通过 DI、AI 模块接收传感器的信号，并通过 DO、AO 模块发出控制指令，控制输送单元各部分电动机的运转。另外，PLC 系统通过通信模块与总控计算机进行数据交换，接收控制指令，并将各输送单元的状态传给总控计算机；通过 I/O 方式与机器人控制系统进行数据交换，协调机器人为各单元上料和成品垫板的下料。其控制结构如图 10-53 所示。

输送单元输送流程如图 10-54 所示。

（4）工位操作屏　工作站在每个焊接工位设置有工位操作屏，在屏上工作人员不仅可以对本输送单元进行操作，还可以通过与总控计算机的实时通信，同步显示垛盘上的底板和成品数量，供焊接工作人员了解当前的生产情况。

工位操作屏主界面如图 10-55 所示。

上方显示当前工位流水线上料数量及下料数量。

中间部分按钮为输送单元上料及下料的控制按键。

下面部分为实时显示每个垛盘、每个料垛的当前数量，上料垛盘每一垛对应输送单元，以及垛盘是否处于正常工作状态。

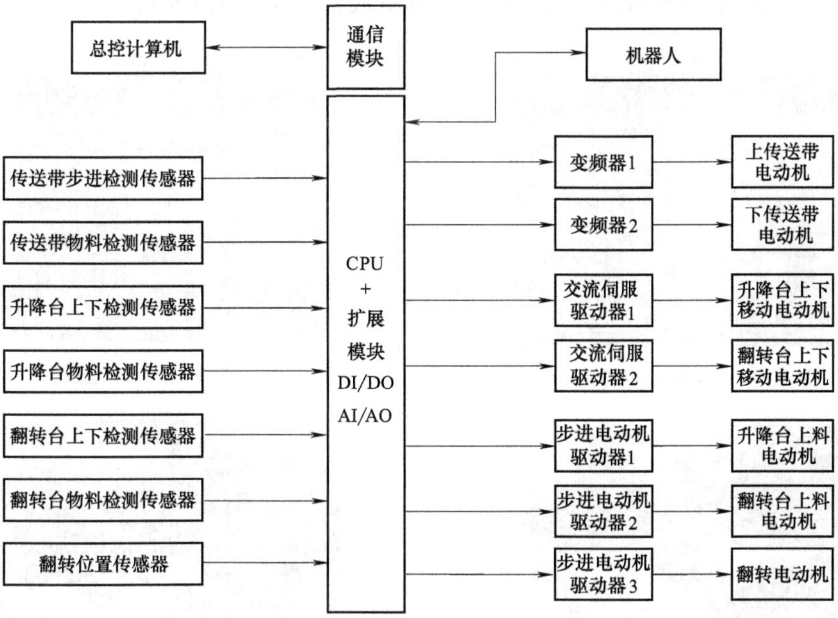

图 10-53　输送单元控制结构

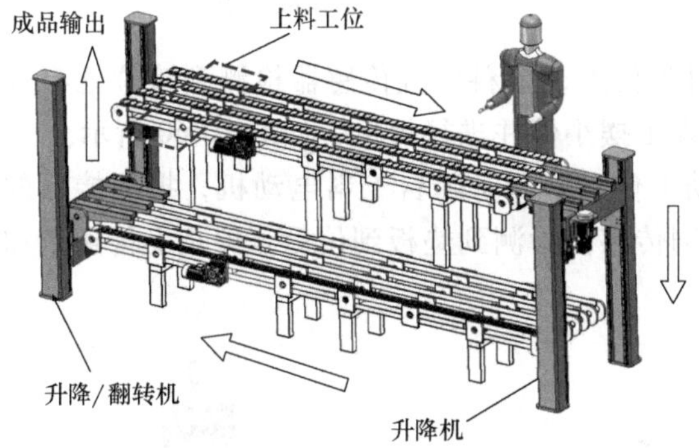

图 10-54　输送单元输送流程

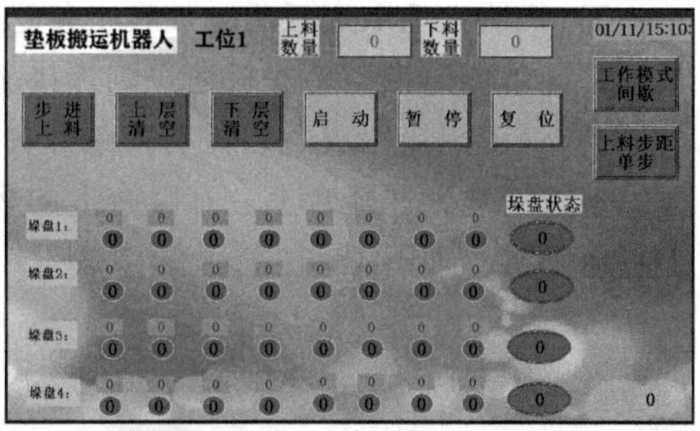

图 10-55　工位操作屏主界面

（5）垛盘的设置与管理　本工作站设置四个垛盘位置，每个垛盘都可在计算机软件中单独设置为“上料”“下料”或“不使用”，管理人员可根据实际情况进行灵活设置。而且料垛数量也可以指定，一般情况下，默认为 8 垛，垛盘设置界面如图 10-56 所示。

机器人在进行上料时，可根据管理员设置的顺序抓取底板，同样机器人在进行成品码垛时，也可根据管理员设置的码垛顺序进行自动码垛。

一般情况下，工作站设置两个上料垛盘和两个下料垛盘，如图 10-57 所示，在这种情况下当一个上料垛盘空了时，系统会发出信号，通知操作人员进行补充，同时机器人可以到另外一个上料垛盘去上料；同样一个下料垛盘码满后，系统通知操作人员进行工件转运，同时机器人可在另一个托盘上继续码垛，避免中间等待时间，提高生产效率。

6. 工作流程

1）机器人到指定垛盘上方，打开光源，开启数字相机拍照，并将结果传给计算机处理，如图 10-58 所示。

2）机器人按照计算机提供的位置指令，抓取底板，如图 10-59 所示。

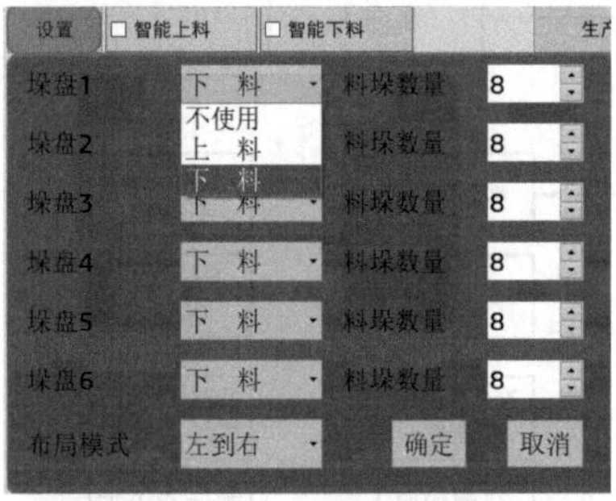

图 10-56　垛盘设置界面

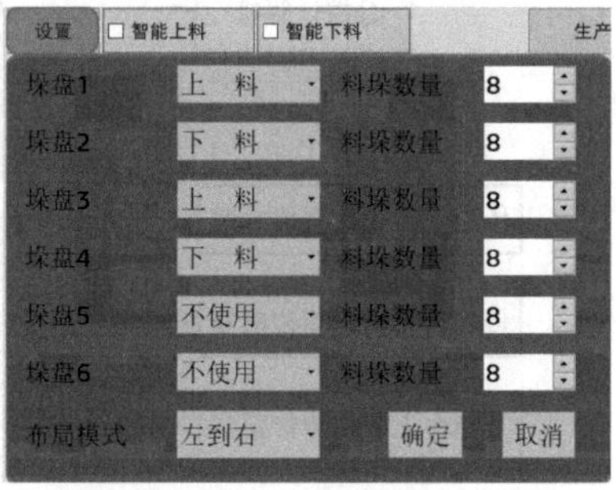

图 10-57　垛盘设置

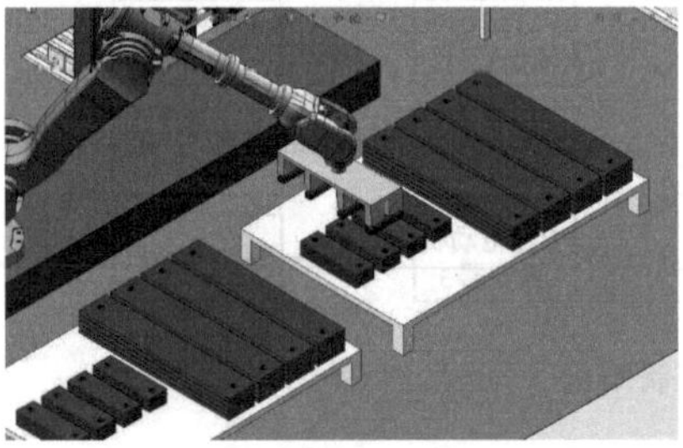

图 10-58　抓取前拍照定位

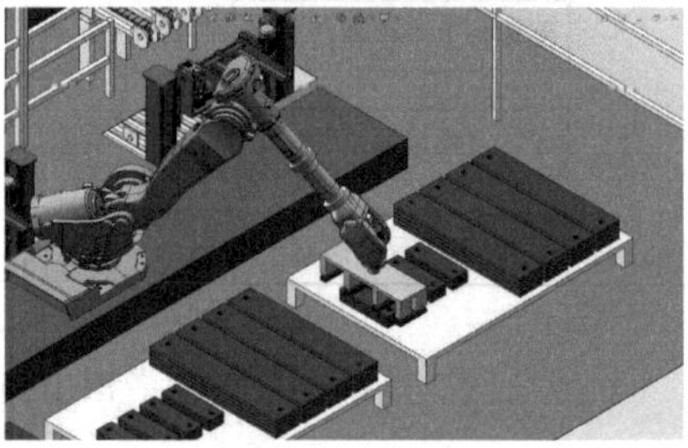

图 10-59　抓取底板

3）机器人抓取底板后，放在上传送带上料工位上，上料位置传感器检测到该位置有底板时，起动传送带，将底板运送到焊接工位，焊工摆小件并进行焊接，如图 10-60 所示。

4）焊工焊接完成后，踩动脚踏开关，起动上传送带和升降台上料电动机，把焊接后的成品垫板输送到升降台上，升降台上的物料检测传感器检测到垫板到位后，停止上传送带和上料电动机，如图 10-61 所示。

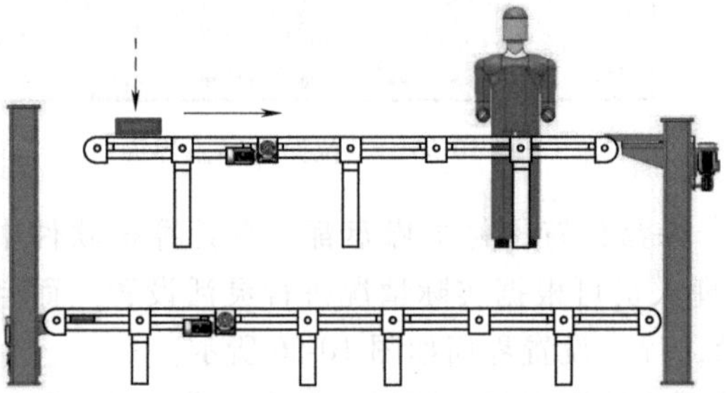

图 10-60　底板上料

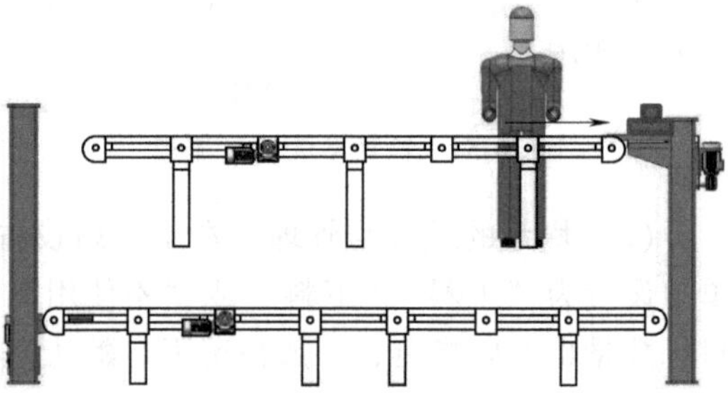

图 10-61　输送到升降台

5）垫板在升降台上就位后，升降台下移到下传送带位置，并将垫板送出到下传送带上，如图 10-62 所示。

6）垫板通过下传送带运送到翻转机一侧，此刻翻转机在下传送带位置等候，当下传送带下料检测传感器检测到垫板到达时，起动翻转机下料电动机，将垫板运送到翻转机上，当翻转机物料检测传感器检测到垫板就位后，停止下传送带和下料电动机，如图 10-63 所示。

7）当垫板在翻转机上就位后，接通电磁吸盘电源，吸住垫板，然后翻转机上升到指定位置，如图 10-64 所示。

8）到达指定位置后，翻转机翻转到设定位置，此时垫板平面朝上，呼叫机器人来抓取垫板，如图 10-65 所示。

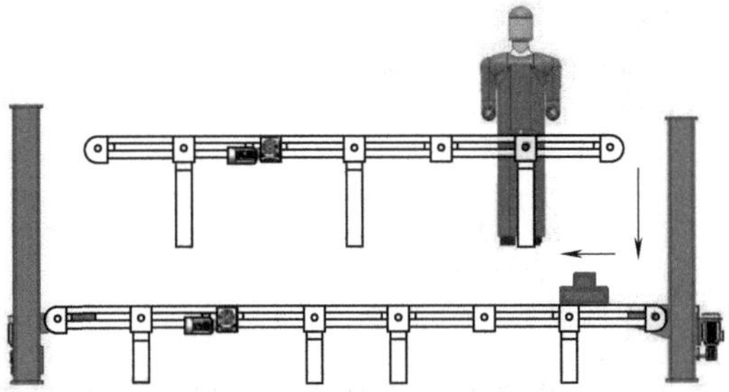

图 10-62　输送到下传送带

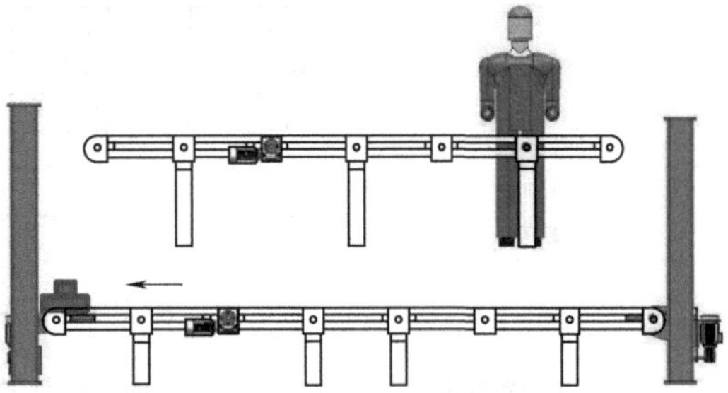

图 10-63　输送到翻转机

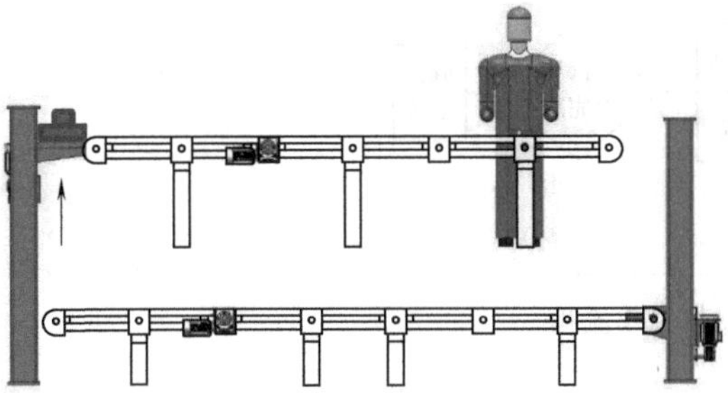

图 10-64　翻转机上升到指定位置

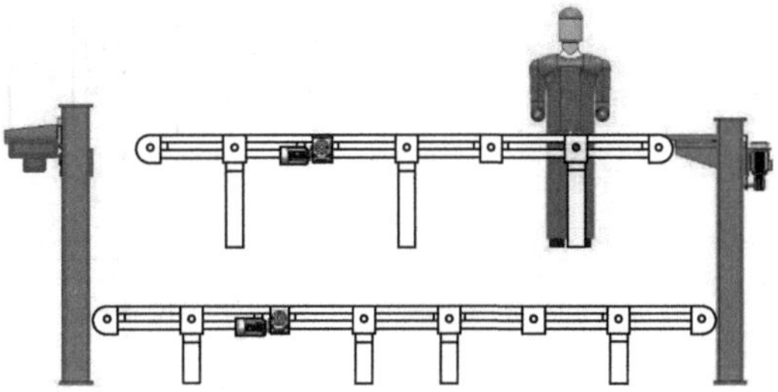

图 10-65　翻转机翻转

9）机器人抓取成品垫板。机器人抓手移动到翻转机上方，缓慢下移，其抓手同时接触到垫板，起动抓手电磁吸盘，同时吸住垫板，如图 10-66 所示。

图 10-66　机器人抓手和翻转机吸盘同时抓住垫板

机器人抓手吸住垫板后，向翻转机发出信号，翻转机电磁吸盘断电，松开垫板，此时垫板由机器人抓手吸附。机器人抓手略下移，并向外移出，如图 10-67 所示。

10）机器人抓着成品垫板，码放到成品垫板垛盘，如图 10-68 所示。

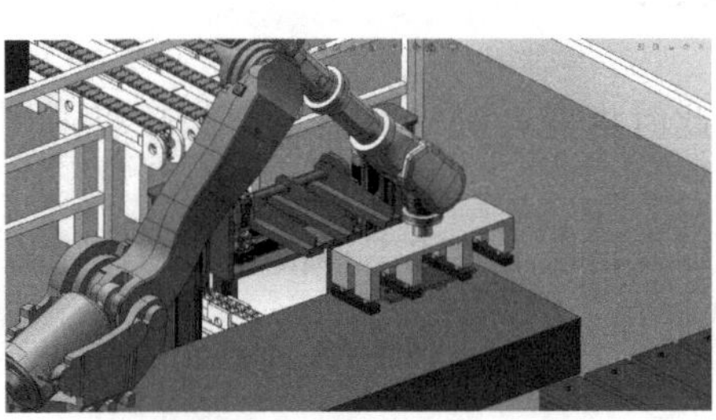

图 10-67　机器人抓住垫板移出

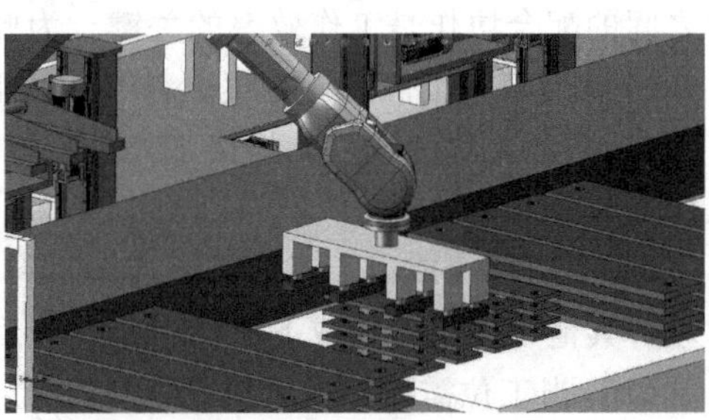

图 10-68　机器人码放垫板

7. 控制方式

（1）连续上料　工作站上料采用连续上料方式时，每个工位连续上 10 块垫板，然后工人开始摆小件，进行批量焊接，焊接完成后下料同样采用连续下料方式。其工作流程如图10-69所示。

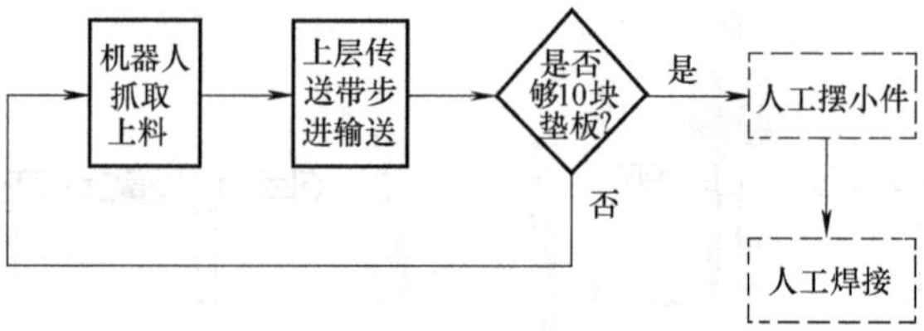

图 10-69　连续上料工作流程

（2）连续下料　在批量焊接完成10块垫板后，可以采用连续下料方式，将成品输送到指定位置，机器人抓取后码放，如图10-70所示。

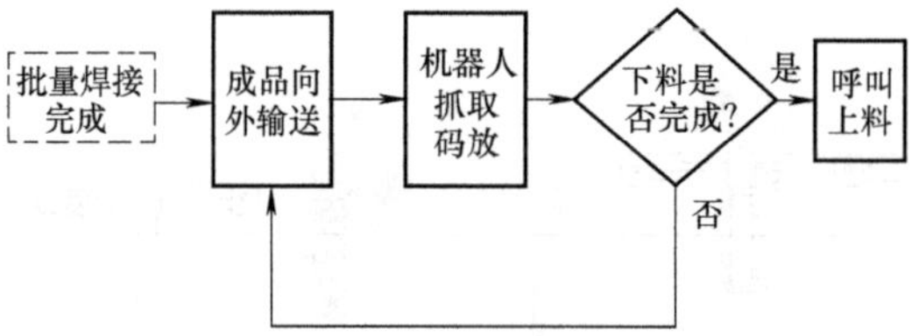

图 10-70　连续下料工作流程

（3）步进上料　工作站上料采用步进上料方式时，工人每焊完一个工件，踩动下料脚踏开关，将焊好的工件送到下层传送带向外输送，同时呼叫机器人上料，其工作流程如图10-71所示。

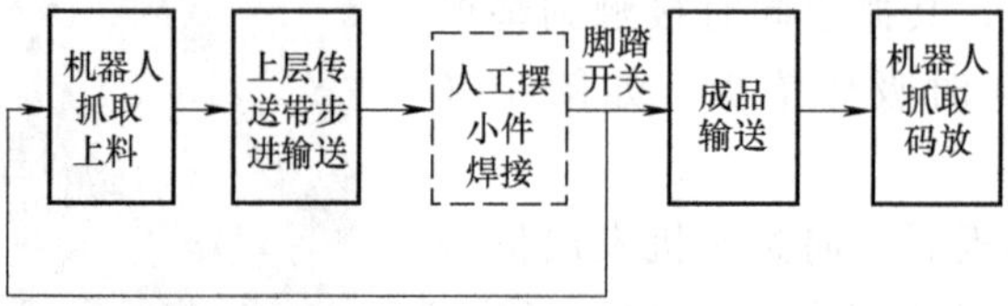

图 10-71　步进上料工作流程

8. 控制策略

由于工作站采用1台机器人同时承担4个工位上料和下料工作，所以机器人与工位输送带之间的配合协作是工作效率的关键，为此做如下设定：

（1）当某一工位需要连续上料或连续下料时

1）垫板上料完成后，焊接工人进行焊接工作，此时机器人响应其他工位的呼叫，其他工位上料或下料；

2）当有两个或以上工位需要连续下料时，最先触发请求上料或下料信号的为优先拾取对象；其他工位的上料或下料请求依照先后次序排队进行。

（2）当工位需要单独上料或下料时

1）当只有某一工位单独请求上料或下料时，机器人直接执行操作；

2）如多个工位请求上料或下料时，总控计算机会依据请求时间和机器人当时所在位置进行优化计算，机器人按照优化的先后顺序执行。

（3）连续上料或下料　当某一工位完成一次批量焊接后，可采用“连续上料”和“连续下料”同时进行的方式，此时的工作方式为：机器人抓取一块底板后，放在上料工位，完成并不返回，而是原地抓取一块加工好的成品码放，以此重复进行。这种方式的优点是机器人可以节省一次在滑台上往返移动的时间，提高工作效率。

本例中，除了传统的机械传动、电气控制、传感器技术之外，还融合了机器人技术、通信技术及图像处理技术，是典型的现代机电一体化的产品。随着计算机技术的不断进步，新的技术不断出现，机电一体化的外延也在不断拓展，这些新技术的不断融入，使得机电控制系统更加完善、更加便捷，同时也更加智能。

习　题

1. 步进电动机驱动器 MSST10-S 有什么特点？有哪几种控制模式？
2. MSST10-S 驱动器接收脉冲指令的方式有几种？试分析其优缺点。
3. 交流伺服驱动器有哪些控制模式，各有什么特点？
4. 交流伺服驱动器各种控制模式在实际中有哪些应用，对于每种模式，试说出一两种。
5. 直流电动机驱动器有几种控制模式，适合在哪些情况下应用？
6. 直流电动机驱动器有哪些信号反馈方式？
7. 找一个身边常见的计算机伺服控制的实例，了解其主要功能、主体构成、控制结构，并根据本章所学内容设计一套控制方案。

参考文献

[1] 胡向东，等．传感器与检测技术［M］．3版．北京：机械工业出版社，2018.
[2] 单海欧，刘晓琴．电力电子变流技术［M］．北京：中国石化出版社，2017.
[3] 苑会娟．传感器原理及应用［M］．北京：机械工业出版社，2017.
[4] 王化祥，张淑英．传感器原理及应用［M］．4版．天津：天津大学出版社，2014.
[5] 邓长辉，李宝营．传感器原理及应用［M］．大连：大连理工大学出版社，2017.
[6] 刘振廷，翟维．传感器原理及应用［M］．2版．西安：西安电子科技大学出版社，2017.
[7] 彭杰纲．传感器原理及应用［M］．2版．北京：电子工业出版社，2017.
[8] 于彤．传感器原理及应用［M］．3版．北京：机械工业出版社，2015.
[9] 张秋菊，王金娥，等．机电一体化系统设计［M］．北京：科学出版社，2017.
[10] 魏连荣，等．变流技术及应用［M］．北京：化学工业出版社，2017.
[11] 林若波，陈耿新，陈炳文，等．传感器技术与应用［M］．北京：清华大学出版社，2013.
[12] 吴建平．传感器原理及应用［M］．北京：机械工业出版社，2016.
[13] 李艳红，李海华，杨玉蓓．传感器原理及实际应用设计［M］．北京：北京理工大学出版社，2016.
[14] 陈黎敏．传感器技术及其应用［M］．北京：机械工业出版社，2013.
[15] 姜香菊．传感器原理及应用［M］．北京：机械工业出版社，2015.
[16] 杨少春，等．传感器原理及应用［M］．北京：电子工业出版社，2015.
[17] 郁有文，常健，程继红．传感器原理及工程应用［M］．4版．西安：西安电子科技大学出版社，2014.
[18] 林敏．计算机控制技术及工程应用［M］．3版．北京：国防工业出版社，2014.
[19] 张志勇，王雪文，翟春雪，等．现代传感器原理及应用［M］．北京：电子工业出版社，2014.
[20] 杜晓妮，吴辉．传感器原理及应用技术［M］．北京：电子工业出版社，2014.
[21] 沈聿农．传感器及应用技术［M］．3版．北京：化学工业出版社，2014.
[22] 路敬祎．传感器原理及应用［M］．哈尔滨：哈尔滨工程大学出版社，2014.
[23] 杨运强，阎绍泽，王仪明，等．机电系统设计基础［M］．北京：冶金工业出版社，2014.
[24] 谢志萍．传感器与检测技术［M］．北京：电子工业出版社，2013.
[25] 李正熙，杨立永．交直流调速系统［M］．北京：电子工业出版社，2013.
[26] 董春利．传感器技术与应用［M］．北京：中国电力出版社，2014.
[27] 门宏．晶闸管实用电路解读［M］．北京：化学工业出版社，2012.
[28] 秦大同，谢里阳．现代机械设计手册［M］．2版．北京：化学工业出版社，2019.
[29] 陈荷娟．机电一体化系统设计［M］．2版．北京：北京理工大学出版社，2013.
[30] 高晓蓉，李金龙，彭朝勇．传感器技术［M］．2版．成都：西南交通大学出版社，2013.
[31] 陈庆，黄克亚．传感器原理及应用［M］．北京：中国铁道出版社，2012.
[32] 金发庆．传感器技术与应用［M］．3版．北京：机械工业出版社，2012.
[33] 方大千，郑鹏，朱征涛．晶闸管实用电路详解［M］．上海：上海科学技术出版社，2012.
[34] 黄卫华，方康玲．模糊控制系统及应用［M］．北京：电子工业出版社，2012.
[35] 陈维山，赵杰．机电系统计算机控制［M］．哈尔滨：哈尔滨工业大学出版社，1999.
[36] 姜培刚，盖玉先．机电一体化系统设计［M］．北京：机械工业出版社，2012.
[37] 廖晓钟，刘向东．自动控制系统［M］．2版．北京：北京理工大学出版社，2011.
[38] 李士勇．模糊控制［M］．哈尔滨：哈尔滨工业大学出版社，2011.
[39] 张旭涛．传感器技术与应用［M］．北京：人民邮电出版社，2010.
[40] 樊尚春．传感器技术及应用［M］．2版．北京：北京航空航天大学出版社，2010.
[41] 赵燕．传感器原理及应用［M］．北京：北京大学出版社，2010.

[42] 袁中凡，李杉杉，陈爽，等. 机电一体化技术 [M]. 2版. 北京：电子工业出版社，2010.
[43] 唐任远. 特种电机原理及应用 [M]. 2版. 北京：机械工业出版社，2010.
[44] 朱玉玺，崔如春，邝小磊. 计算机控制技术 [M]. 2版. 北京：电子工业出版社，2010.
[45] 杨帆，吴晗平，等. 传感器技术及其应用 [M]. 北京：化学工业出版社，2010.
[46] 李春香. 传感器与检测技术 [M]. 广州：华南理工大学出版社，2010.
[47] 李颖卓，张波，王茁. 机电一体化系统设计 [M]. 2版. 北京：化学工业出版社，2010.
[48] 周文玉，杜国臣，赵先仲，等. 数控加工技术 [M]. 北京：高等教育出版社，2010.
[49] 徐航，徐九南，熊威. 机电一体化技术基础 [M]. 北京：北京理工大学出版社，2010.
[50] 石祥钟. 机电一体化系统设计 [M]. 北京：化学工业出版社，2009.
[51] 珠海松下马达有限公司. Panasonic MINAS A5 系列使用说明书：综合篇 [Z]. 2009.
[52] 余成波. 传感器与自动检测技术 [M]. 北京：高等教育出版社，2009.
[53] 于金，等. 机电一体化系统设计及实践 [M]. 北京：化学工业出版社，2008.
[54] 寇宝泉，程树康. 交流伺服电机及其控制 [M]. 北京：机械工业出版社，2008.
[55] 上海安浦鸣志自动化设备有限公司. MSST5/10-S 步进电机驱动器用户手册 [Z]. 2008.
[56] 张建民，等. 机电一体化系统设计 [M]. 3版. 北京：高等教育出版社，2010.
[57] 敖荣庆，袁坤. 伺服系统 [M]. 北京：航空工业出版社，2007.
[58] 张训文. 机电一体化系统设计与应用 [M]. 北京：北京理工大学出版社，2006.
[59] 魏天路，倪依纯. 机电一体化系统设计 [M]. 北京：机械工业出版社，2010.
[60] 梁景凯. 机电一体化技术系统 [M]. 北京：机械工业出版社，2009.
[61] 孙运旺. 传感器技术与应用 [M]. 杭州：浙江大学出版社，2006.
[62] 钱平. 伺服系统 [M]. 北京：机械工业出版社，2005.
[63] 李清新. 伺服系统与机床电气控制 [M]. 2版. 北京：机械工业出版社，2008.
[64] 李元春. 计算机控制系统 [M]. 北京：高等教育出版社，2008.
[65] 芮延年. 传感器与检测技术 [M]. 苏州：苏州大学出版社，2005.
[66] 杨后川，梁炜. 机床数控技术及应用 [M]. 北京：北京大学出版社，2005.
[67] 江冰. 电子技术基础及应用 [M]. 北京：机械工业出版社，2004.
[68] Elmo motion control technology (Shanghai) Co. Ltd. Harmonica Digital Servo Drive Installation Guide [Z]. 2004.
[69] 赵先仲. 机电系统设计 [M]. 北京：机械工业出版社，2004.
[70] 张策. 机械原理及机械设计：下册 [M]. 北京：机械工业出版社，2004.
[71] 程宪平. 机电传动与控制 [M]. 武汉：华中科技大学出版社，2008.
[72] 李恩光. 机电伺服控制技术 [M]. 上海：东华大学出版社，2003.
[73] 阮毅，陈伯时. 电力拖动自动控制系统 [M]. 4版. 北京：机械工业出版社，2010.
[74] 庄效桓，李燕民. 模拟电子技术 [M]. 2版. 北京：机械工业出版社，2008.
[75] 曲永印. 电力电子变流技术 [M]. 北京：冶金工业出版社，2002.
[76] 张先永，尼喜. 电子技术基础 [M]. 武汉：华中科技大学出版社，2002.
[77] 陈杰，黄鸿. 传感器与检测技术 [M]. 北京：高等教育出版社，2018.
[78] 张崇巍，李汉强. 运动控制系统 [M]. 武汉：武汉理工大学出版社，2002.
[79] 祁载康. 制导弹药技术 [M]. 北京：北京理工大学出版社，2002.
[80] 王皖贞. 电子技术 [M]. 北京：国防工业出版社，2001.
[81] 张龙兴. 电子技术基础 [M]. 北京：高等教育出版社，2006.
[82] 李成华. 机电一体化技术 [M]. 北京：中国农业大学出版社，2008.
[83] 冯清秀，邓星钟，等. 机电传动控制 [M]. 5版. 武汉：华中科技大学出版社，2011.

[84] 徐邦荃，李浚源，詹琼华. 直流调速系统与交流调速系统［M］. 武汉：华中科技大学出版社，2000.
[85] 胡泓，姚伯威. 机电一体化原理及应用［M］. 北京：国防工业出版社，1999.
[86] 魏俊民，周砚江. 机电一体化系统设计［M］. 北京：中国纺织出版社，1998.
[87] 倪忠远. 直流调速系统［M］. 北京：机械工业出版社，1996.
[88] 于波，陈云相，郭秀中. 惯性技术［M］. 北京：北京航空航天大学出版社，1994.